国家出版基金项目
NATIONAL PUBLICATION FOUNDATION

丛书主编　于康震

动 物 疫 病 防 控 出 版 工 程

# 动物疫病
# 风险分析

## ANIMAL
## DISEASE RISK ANALYSIS

孙向东　刘拥军　王幼明｜主编

U0384019

中国农业出版社

图书在版编目（CIP）数据

动物疫病风险分析／孙向东，刘拥军，王幼明主编.
—北京：中国农业出版社，2015.10
（动物疫病防控出版工程／于康震主编）
ISBN 978-7-109-20998-5

Ⅰ.①动…　Ⅱ.①孙…②刘…③王…　Ⅲ.①兽疫－
风险分析　Ⅳ.①S851.3

中国版本图书馆CIP数据核字（2015）第239690号

中国农业出版社出版
（北京市朝阳区麦子店街18号楼）
（邮政编码100125）
责任编辑　邱利伟　王森鹤

北京中科印刷有限公司印刷　新华书店北京发行所发行
2015年12月第1版　2015年12月北京第1次印刷

开本：710mm×1000mm　1/16　印张：29
字数：536千字
定价：75.00元
（凡本版图书出现印刷、装订错误，请向出版社发行部调换）

# 本书编写人员

主　　编　孙向东　刘拥军　王幼明
编　　者　(按编写章节顺序)
　　　　　中国动物卫生与流行病学中心：

　　　　　孙向东　刘拥军　王幼明　康京丽　沈朝建
　　　　　韦欣捷　于丽萍　李金花　吴发兴　李　蕾
　　　　　贾智宁　李　印　徐全刚　刘爱玲　刘丽蓉
　　　　　张　毅　赵　雯
　　　　　广西大学新闻学院：
　　　　　吴海荣　陈　娇
　　　　　广西动物疫病预防控制中心：
　　　　　李　军　郑列丰　邹联斌
　　　　　武汉大学公共卫生学院：
　　　　　宇传华　吴洋丽　高　妮　李　鹏
　　　　　南昌航空大学经济与管理学院：
　　　　　彭本红　江铭慎　刘元洪　乐承毅
　　　　　山西大学复杂系统研究所：
　　　　　靳　祯　孙桂全　张　娟
　　　　　中北大学理学院：
　　　　　侯　强
　　　　　武汉大学经济与管理学院：
　　　　　游士兵　苏正华　包丽莉　赵　昕　姚雪梅
主　　审　黄保续

# 总　序

近年来，我国动物疫病防控工作取得重要成效，动物源性食品安全水平得到明显提升，公共卫生安全保障水平进一步提高。这得益于国家政策的大力支持，得益于广大动物防疫人员的辛勤工作，更得益于我国兽医科技不断进步所提供的强大支撑。

当前，我国正处于加快建设现代养殖业的历史新阶段，人民生活水平的提高，不仅要求我国保持世界最大规模的养殖总量，以满足动物产品供给；还要求我们不断提高养殖业的整体质量效益，不断提高动物产品的安全水平；更要求我们最大限度地减少养殖业给人类带来的疫病风险和环境压力。要解决这些问题，最根本的出路还是要依靠科技进步。

2012年5月，国务院审议通过了《国家中长期动物疫病防治规划（2012—2020年）》，这是新中国成立以来，国务院发布的第一个指导全国动物疫病防治工作的综合性规划，具有重要的标志性意义。为配合此规划的实施，及时总结、推广我国最新兽医科技创新成果，同时借鉴国外先进的研究成果和防控经验，我们通过顶层设计规划了《动物疫病防控出版工程》，以期通过系列专著出版，及时将研究成果转化和传播到疫病防控一线，全面提高从业人员素质，提高我国动物疫病防控能力和水平。

本出版工程站在我国动物疫病防控全局的高度，力求权威性、科学性、指导性和实用性相兼容，致力于将动物疫病防控成果整体规划实施，重点把国家优先防治和重点防范的动物疫病、人兽共患病和重大外来动物疫病纳入项目中。全套书共31分册，其中原创专著21部，是根据我国当前动物疫病防控工作的实际需要而规划，每本书的主编都是编委会反复酝酿选定的、有一定行业公认度的、长期在单个疫病研究领域有较高造诣的专家；同时引进世界兽医名著10本，以借鉴世界同行的先进技术，弥补我国在某些领域的不足。

　　本套出版工程得到国家出版基金的大力支持。相信这些专著的出版，将会有力地促进我国动物疫病防控水平的提升，推动我国兽医卫生事业的发展，并对兽医人才培养和兽医学科建设起到积极作用。

农业部副部长

风险分析是研究风险的产生、发展、对人类的危害以及人类如何控制风险的科学。将风险分析应用于动物疫病防控中，能够使决策具有科学性、透明性和预防性。本书将风险分析研究的最新成果和国内动物疫病现状相结合，较为全面地阐述了风险分析的理论与应用技术。这种新的理论与技术融合了分析数学、新闻学、社会学和经济学有关理论、方法和技术，形成具有本土化特色的动物疫病风险分析的理论和相应的技术方法，已经应用到我国动物疫病防控工作中。随着我国动物卫生风险分析研究的逐步深入，风险分析的结果已开始对我国动物卫生决策发挥技术支撑作用，使决策更加科学、合理。近年来，在农业部等有关部门的积极努力下，我国在动物卫生风险评估领域已开展了一系列工作，并取得积极成效。

本书编写借鉴了《OIE陆生动物卫生法典》中规定的风险分析概念。此风险分析系统将风险分析分成四个模块，即危害识别、风险评估、风险管理和风险交流。风险评估又包括四个步骤，即释放评估、暴露评估、后果评估和风险计算。风险评估的概念比较成熟，已经广泛应用于各国动物疫病进口风险分析实践中。

动物卫生风险分析包含了非常丰富的研究内容，包括动物疫病传播风险分析、食品安全风险分析、致病微生物风险分析、药物残留风险分析等多方面。

本书主要针对动物疫病传播中的风险交流、危害识别、风险评估和风险管理方法进行阐述。动物疫病传播具有传染性、干预性、社会反应性和复发性。本书在研究动物疫病传播和发生风险的过程中，充分考虑到疫病的上述特点，有目的地、较为全面地考虑需要在风险分析过程中应用的方法与技术。

　　本书依据理论阐述、技术分析、实证研究的逻辑顺序进行撰写。主要包括几个有机组成部分：一是基本理论和概念部分。主要阐述风险、风险分析的概念，《OIE陆生动物卫生法典》中关于进口风险分析的步骤等内容，这些内容在第二章中。二是风险交流部分。风险交流贯穿于风险分析过程的始终，本书将风险交流内容放在危害识别和风险评估前面，希望读者能体会到作者对风险交流在风险分析过程中的重要性的重视。这些内容在第三章中。三是危害识别部分。危害识别是风险分析的重要内容之一，全面地识别危害才能系统地进行风险分析。这些内容在第四章中。四是风险评估部分。风险评估技术较为复杂，主要包括风险发生的概率计算，疫病传播动力学过程评估和潜在损失评估。关于风险的概率分析技术主要应用统计学方法。统计学方法内容丰富，我们主要对相关主要技术进行阐述，以便有关技术人员在风险分析过程中进行应用。相关统计学技术主要为第五章常用统计学方法、第六章综合评价方法。疫病潜在动力学分析和社会网络分析方法相关内容在第七章、第八章中阐述。五是经济学评估部分，内容在第九章，主要阐述疫病发生风险潜在损失经济学评估理论和方法。六是风险管理部分，内容在第十章。七是进口风险分析，有关内容在第十一章中。

　　尽管作者付出巨大心血，但限于知识所限，书中不足之处，恳请读者批评指教。

编者

本书出版得到公益性行业（农业）科研专项"动物卫生风险分析关键技术与应用研究"（项目编号：200903055）经费资助。

# 目　录

第一章

# 绪　　论

# 一、以往工作

　　风险分析是研究风险的产生、发展、对人类的危害及人类如何控制风险的科学。自世界贸易组织《实施卫生与动植物卫生措施协议》签署之后，风险分析已成为动物卫生管理领域重要的决策支持工具。世界贸易组织、世界动物卫生组织等国际组织力促各成员国应用风险分析技术。在动物卫生领域中应用风险分析技术，可以使动物卫生管理决策具有科学性、透明性和预防性。20世纪80年代，澳大利亚、新西兰、美国、加拿大等畜牧业发达国家开始将风险分析方法应用于动物卫生领域，并取得显著成效。近年来，国内专家学者不断将国际动物卫生风险分析的最新研究成果和国内动物卫生现状相结合，在此基础上进行多学科融合，将分析数学、新闻学、社会学和经济学有关理论、方法和技术应用于风险分析理论创新和实践，逐步形成具有本土特色的动物卫生风险分析的理论和相应的技术方法。其研究结果对国际动物卫生领域的不断完善和发展起到了促进作用，并逐步应用到我国动物卫生管理工作中，对我国动物卫生风险管理和决策发挥重要技术支撑作用。

　　动物卫生风险分析包括多个方面，其中动物疫病传播和发生风险分析是重要内容。我国动物疫病风险分析研究，主要涉及重大动物疫病、人畜共患病和外来病，包括禽流感、口蹄疫、猪瘟、狂犬病、布鲁氏菌病及疯牛病、蓝舌病和非洲猪瘟等动物疫病的风险分析。实现风险分析目标过程中，既应用了定量风险分析技术，也应用了定性风险分析技术。定性研究的目标是确定动物卫生风险因素，主要侧重于利用既往的流行病学资料、现场调查及专家的经验，并结合生态学、信息学等相关学科领域的知识确定风险因素，进而针对既定的因素提出相应的防治措施及相应的规避风险的措施和解决方案。定量研究的目标主要是立足于利用数理统计方法、分析数学方法、社会网络分析、地理信息系统和经济学方法将风险因素量化，分析动物养殖、调运和加工过程中的风险，以及疫病在定植、传播和扩散中的风险，并确立相应的评估指标体系和框架，用于动物卫生风险的评估。定量研究呈现逐年递增的趋势，使风险分析更加科学、客观、明晰，具有更实际的指导意义和应用价值。

　　我国风险分析研究起步较晚，但是进步很快。研究者多采用《OIE陆生动物卫生法典》中规定的风险分析系统。此风险分析系统将风险分析分成四个模块：危害识别、风险评估、风险管理和风险交流。继而将风险评估划分为四个步骤：释放评估、暴露评估、后果评估和风险计算，且风险评估是整个风险分析过程的基础和核心，同时也是进行风险管理的科学依据。动物卫生风险分析系统多采用世界动物卫生组织陆生动物卫生法典规定的相关分析方法，如危害识别层次使用的分析方法为专家调查法、幕景分析法、流程图法、故障树法、现场调查法、风险列举法等。风险评估层次使用的风险发生可能性评估方法很多，常用的包括统计学方法、系统分析方法、分析数学方法和社会学方法。统计学方法包括Logistic回归、决策树等；系统分析方法包括系统评价法、解释结构模型、灰色评价法等；动物疫病动力学模型构建等方法；社会学方法主要应用社会网络分析进行风险点探索。风险评估层次使用的风险损失评估一般应用相关经济学方法等。风险交流技术除了应用传媒学、社会学和心理学有关方法外，进行数据分析的时候还要结合统计学和分析数学方法。风险管理一般涉及行政管理比较多，是上述方法与行政管理的综合应用。

还有研究者采用美国国家科学院设计的风险分析系统（codex risk analysis system，简称Codex系统）开展相应的研究工作。该系统将风险分析划分为三个步骤：风险评估、风险管理和风险交流。其中风险评估包括危害识别、危害描述、暴露评估、风险描述。

随着我国动物卫生风险分析研究的逐步深入，风险分析的结果已开始对我国动物卫生决策发挥技术支持作用，它改变了以行政命令为主的动物卫生决策模式，使决策更加科学、合理。近年来，在农业部等有关部门的积极努力下，我国在动物卫生风险评估领域已开展了一系列工作，并取得积极成效。农业部近年来组织在全国开展了无疯牛病、牛瘟、牛肺疫监测评估工作，农业、质检、商务等部门联合开展了有条件恢复进口美国牛肉、松辽平原和辽东半岛干草对日本出口、熟制禽肉对欧美出口等动物卫生风险评估工作，对保护我国畜牧产业和经济利益、经济安全，扩大动物及动物产品出口提供了重要保证。在控制内源性动物疫病传播方面，采用风险分析技术，我国部分地区建立了以风险分析结论为基础的准入制度，无疑会提高区域间动物疫病传播风险控制的科学性和有效性。在动物卫生状况风险评估方面，支持了国家无规定动物疫病区建设，农业部制定发布了《无规定动物疫病区评估管理办法》和《无规定动物疫病区管理技术规范》，正式确立无规定动物疫病区评估制度；通过应用风险评估技术，我国已成功完成海南岛、辽宁省的口蹄疫无疫状况评估，广东从化14种马病的风险评估工作，成功建成海南岛和辽宁省口蹄疫免疫无疫区及广东从化无马属动物疫病区，提升了我国动物及动物产品的国际竞争力。

## 二、本书目的

中国动物卫生与流行病学中心联合有关研究院所和高校做了很多动物卫生风险分析理论探索和应用工作。这些工作都是以实际需要为导向、坚持理论联系实际，针对我国动物疫病防控实际工作需要而开展。也就是说，为了解决发生的问题、满足动物疫病防控或是保护我国畜禽群体安全而做的工作。这些工作的完成丰富了动物卫生风险分析的理论与技术体系。

　　虽然风险分析研究和应用工作近些年有了长足的进步，但是，目前仍然有很多理论构建、技术研究和应用方面的问题尚未明确，需要进行更进一步探索。在公益性行业（农业）科技专项"动物卫生风险分析关键技术与应用研究"项目资助下，过去5年的时间中，中国动物卫生与流行病学中心联合有关高校、科研院所和地方疫控机构，坚持以动物疫病传播和发生风险分析的"实际需求导向"为原则，对动物疫病传播风险分析技术进行了探索，主要包括动物疫病风险分析概念框架构建、危害识别技术、风险评估统计学方法、动物疫病传播动力学模型构建、社会网络分析应用方法和风险损失经济学评估技术等方面进行了技术引进、实证研究和创新。

　　动物卫生风险分析包含了非常丰富的研究内容，包括动物疫病传播风险分析、食品安全风险分析、致病微生物风险分析、药物残留风险分析等多方面。本书主要针对动物疫病传播中的风险交流、危害识别、风险评估和风险管理方法进行阐述。这里所提到的动物主要是指人工养殖的畜禽。动物疫病传播具有其特点：一是具有传染性。动物疫病都是由病毒、致病菌或者是寄生虫引起，能在畜禽群体间、畜禽—野生动物间、动物—人间进行传播；二是具有干预性。动物疫病一旦发生后，必然会造成经济损失，有些也会造成生态影响和公共卫生影响。因此，利益相关者会进行一定程度的干预，来减少自身损失。这种干预有时会造成疫病扩散；三是具有社会反应性。某些动物疫病发生后，会产生一定的社会影响，特别是重大动物疫病一旦暴发会产生强烈的社会反应，这种社会反应性涉及社会方方面面；四是具有复发性。由于动物疫病致病因子很难在自然界根除，一旦动物疫病发生，即便得到很好的控制，在条件合适的情况下也可能复发。本书在研究动物疫病传播和发生风险的过程中，充分考虑到疫病的上述特点，有目的地、较为全面地考虑需要在风险分析过程中应用的方法与技术。

　　作为一本专著，希望本书出版后，一是使风险分析理论框架更加清晰；二是探索能够对动物疫病传播风险进行分析的定性和定量方法；三是对所探索的方法进行实证应用，检测方法可靠性，并试图通过这些方法解决动物疫病防控中的问题；四是通过这本书推广相关技术。

　　1. 完善风险分析理论框架。本书理论体系的核心是风险（$R$）＝危害发生的概率（$p$）×可能损失（$L$）。所有理论与技术研究的过程都是围绕着这个核心进行科学演绎的。研究过程中，主要应用《OIE陆生动物卫生法典》中有关进口动物及动物卫生产品风险分析程序。这个程序把风险分析（risk analysis）分为风险交流（risk communication）、危害识别（hazard identification）、风险评估（risk evaluation）和风险管理（risk manage-ment）四个紧密相关的有机组成部分，书籍章节也按这个程序进行分别阐述。这个程序是为进口动物和动物产品风险分析设计的，也适用于动物疫病发生和传播风险分析。本书以这个程序为基础，实现了以下理论框架突破：一是不仅使风险交流停留在应用层面，而且在理论上进行了探讨；二是扩大了风险评估技术的范畴，将分析数学方法和运筹学方法等应用于动物疫病风险评估；三是在动物疫病经济损失评估方面，提出了"标准动物疫病损失"的概念，并初步构建理论方法。通过上述技术发展，使以往动物疫病风险分析理论框架更加完善。

2. 探索风险分析方法。所有有关风险分析的书籍中，对笔者影响最大的是David Vose 的《定量风险分析指南》。不仅是因为笔者自己翻译了这本书，而是这本书所呈现出的方法很有代表性。这本书对蒙特卡罗仿真方法进行了系统描述，并运用蒙特卡罗仿真对风险发生的概率进行仿真，书中描述的蒙特卡罗仿真是非常有用的技术。但是这本书有它自身的局限性，一是仅仅对风险评估中应用的统计学模型进行了描述，所有风险评估都用统计学方法，构建统计学模型进行蒙特卡罗仿真；二是这本书没有对风险交流、经济损失评估等关键内容进行阐述。

本书除了对以往常用的进口风险分析进行了简要描述，更多地应用了其他学科应用比较成熟的有关技术，包括统计学方法、疫病传播动力学模型、综合评估方法等对疫病传播的风险评估技术进行了理论和应用方面的阐述；另外，还创新了一些方法与概念，包括对风险交流和经济学评估进行了初步阐述。在实际工作中，仅仅计算风险发生的概率是不全面的，还要对风险其他属性进行描述，特别是需要了解风险的社会学属性和风险损失。

以往有关风险分析的著作中，对统计学方法阐述较多。这是合理的，因为不确定性（uncertainty）和可变性（variability）是风险事件的基本属性，而统计学是研究不确定性和可变性的有力工具。所谓可变性就是通过深入研究和更多的度量也不能进行简化的属性，例如多次掷硬币，无论怎么投掷，也不能完全确定下一次是出现正面或者是反面。可变性是客观的。不确定性是风险分析人员对需要刻画的系统参数知识缺失造成的，这些参数的阈值可以通过更多的测量、研究或者咨询更多的专家获取。不确定性有主观属性，或者称作具有客观性的主观。实践证明，风险是不确定性/可变性与确定性的有机结合体，不确定性可以转化为确定性。但是在进行数据分析或者是研究的时候，有时区分不开可变性和不确定性，有时也没必要区分。因此，本书进行风险分析理论与技术讨论时，为了简便，将可变性和不确定性总称不确定性。在本书中，除了对统计学方法进行研究和应用以外，还探索了其他分析数学方法，比如应用动力学模型和复杂网络技术对风险进行分析。这些技术有些是探索参数的不确定性的，有些是在获取了有关参数不确定性后确定参数对结果的影响的。

以往的有关研究中，风险交流的作用定义为，一是数据获取；二是信息共享；三是传播知识；四是意见沟通。但在研究中发现，风险交流还对风险管理具有特别的意义，一是风险交流是疫病防控的有效措施；二是风险交流能够大幅度提高风险管理有效性。因此，除了围绕风险交流四个基本功能进行研究外，也对后面两个功能进行了初步研究。

风险的可能损失包含的内容很丰富，既包括经济损失、生态损失，也包括公共卫生影响和社会损失等相关方面。本书的研究主要集中在疫病潜在暴发损失方面，提出标准单位疫病损失概念，希望这个概念能对今后风险损失评价提供参考方法。

3. 本书尚未解决的问题。虽然这几年做了很多动物卫生风险分析方面的研究工作，但是仍然有很多理论和技术方面的工作未能在研究中完成，有些方法与技术仅仅是初步探索。因而，本书的出版反映了如下现状：一是未能将动物疫病风险分析建立成一个学科，系统阐明完整的动物疫病风险分析理论体系，而是从应用技术方面对风险分析进行探索；二是未能对风险分析所需要用到的全部技术进行系统阐述，只是阐述了中国动物卫生与流行病学中心在实际风险分析工作中常用的方法；三是书中阐述的有些风险分析技术未能进行实证分析；四是本书最初的目标是希望进行动物疫病防控的兽医人员能够读懂和应用。但是在研究过程中发现，我们对于风险分析这门学科的理解尚未深入到能够将其成熟化、简单化到使仅仅具备初步统计学和数学知识的人熟练应用的程度，即未能解决动物疫病风险分析技术与方法普及化问题。之所以未能做得这一点，一是由于风险评估相关技术涉及较深的分析数学、统计学和社会网络分析等方面的内容，掌握难度较大；二是由于风险分析工作开展时间还相对较短，未能找到较好的替代复杂分析技术的简便方法，因此想要读懂这本书，需要较为丰富的数学、统计学知识。

## 三、本书结构

本书依据理论阐述、技术分析、实证研究的逻辑顺序进行撰写。主要由以下几个有机部分组成：

一是基本理论和概念部分。主要阐述风险、风险分析的概念，《OIE陆生动物卫生法典》内关于进口风险分析的步骤等内容。这些内容在第二章中。

二是风险交流部分。风险交流贯穿于风险分析过程的始终，本书将风险交流内容放在危害识别和风险评估前面，希望读者能体会到作者对风险交流在风险分析过程中的重要性的重视。这些内容在第三章中。

三是危害识别部分。危害识别是风险分析的重要内容之一，全面地识别危害，才能系统地进行风险分析。这些内容在第四章中。

四是风险评估部分。风险评估技术较为复杂，主要包括风险发生的概率计算，疫病传播动力学过程评估和潜在损失评估。关于风险的概率分析技术主要应用统计学方法。统计学方法内容丰富，我们主要对相关主要技术进行阐述，以便有关技术人员在风险分析过程中进行应用。相关统计学技术主要为第五章常用统计学方法、第六章综合评价方法。疫病潜在动力学分析和社会网络分析方法相关内容在第七章、第八章中阐述。

五是经济学评估部分。有关内容在第九章，主要阐述疫病发生风险潜在损失经济学评估理论和方法。

六是风险管理部分。有关内容在第十章中。

七是进口风险分析。有关内容在第十一章中。

第二章

# 风险及风险分析

不管科学发展多么快，人类的实践多么深入，事物的自然属性是不会改变的。不确定性和可变性是事物存在的属性之一，这种属性在动物疫病发生和传播中也起作用。人们处于纷繁复杂的不确定性和可变性之中，事物的这种属性会导致疫病传入、定植、发生和传播的风险。在人们所面临种类繁多的风险中，绝大部分风险对人们的威胁不大，但另外为数不多的风险却对工作目标和生活状况有重大威胁。与此同时，随着生产力的高度发展，人们的福利意识不断增强，迫切要求减少风险所带来的巨大损失。技术的发展就是要消除或减小这种不确定性对生活的消极影响。科学研究的目的就是要掌握风险形成、发展和消亡的规律，提出防范和控制风险的措施以减少风险给人们带来的损失。

## 第一节 风险

## 一、风险的定义

人类对风险的认识已经存在很长时间，但直到近代，人们才科学、系统地研究方方面面的风险问题。现实生活中，风险虽然是人们运用极为广泛的概念，但究竟什么是风险，各个领域的专家学者尚无一致的定义。对于风险的理解或者说定义，在不同国家、不同行业领域、不同时间阶段、履行不同职责的人是不同的。

1901年，美国学者威雷特最早给出风险的定义：风险（risk）是关于不愿发生的不确定的客观体现。在此定义中，风险包含两层含义：第一，风险是客观存在的现象；第二，风险的本质与核心是具有不确定性。20世纪20年代初，美国学者奈特把风险与不确定性作了明显的区分，指出风险是可测定的不确定性。因为不论是当前的风险还是未来的风险，都存在着一定的统计规律。1964年，美国学者C. A. Williams和R. M. Heins把人的主观因素引入风险分析，认为虽然风险是客观的，对任何人都是同样程度的存在，但不确定性则是风险分析者的主观判断。80年代初，日本学者武井勋在吸收前人研究成果的基础上对风险概念作了新的表述，认为风险是特定环境中和特定期间内自然存在的导致经济损失的变化，在他的理论中，风险包含三个特征：第一，风险与不确定性有差异；第二，风险是客观存在的；第三，风险可以被测量。该理论在风险研究中得到较为广泛的认可。美国学者Haynes认为"风险意味着损害的可能性"。另一位美国学者认为"风险是在一定条件下，一定时期内，预期结果与实际结果的差异，差异越小则风险越小，差异越大则风险越大"。我国学者杨梅英在他的《风险管理与保险原理》中提出"风险是人们对未来行为的决策及客观条件的不确定性而导致的实际结果与预期结果之间偏离的程度"。

以上几种风险定义都是从结果和结果的不确定性上来考虑。通过对以上对风险概念解释的理解和动物疫病发生和传播风险分析应用的需求，把风险定义为：风险事件发生的可能性与可能损失的大小。风险具有不确定性、损失性和可测度性等属性。理论上，有必要区别事物的不确定性和可变性，但是实践中，这种区分意义不大，或者说，我们还没有发现它们之间的重要区别。

事物是普遍联系的、具体事物的联系具有多样性和条件性。事物之间发生联系要通过具体的联系方式。联系方式包含联系时间、联系地点、联系条件及联系发生后产生的结果等几种属性。联系结果又有质的属性和量的属性。事物之间联系的普遍性导致联系的复杂性。如果产生的可能结果对人们是不利的，根据人们当前所掌握的知识与数据，人们不知道这些事物之间的联系时间、联系地点、联系条件、联系方式或根本不知道联系结果，这时不利结果的承担者就处于风险状态。承担不利结果的事物叫做风险主体；造成不利结果的事物叫做风险客体；风险主体的损害程度与发生损害概率的综合叫做风险状况，风险状况是风险的度量；在每对风险主体与客体之间的所有联系方式中，能使风险主体遭受风险的联系方式称为风险因素。由于某一风险因素或某些风险因素共同发生作用，而使风险主体受到损失的事件称为风险事件。风险因素蕴涵于风险主体与客体的运动变化之中及未知的风险主体与风险客体的联系之中。风险因素包含风险主体与客体的联系时间、联系地点与联系条件等属性。

## 二、风险模型

风险主体与风险客体的静态关系详见图2－1和图2－2。

从以上的分析可以得出风险模型三要素：风险主体、风险客体和风险因素。

下面是中国疯牛病风险模型（图2－3）。风险客体有两个：羊痒病病毒和疯牛病致病因子（Bovine Spongiform Encephalopathy）。风险因素包括：①牛食用了含有痒病病毒的蛋白饲料。食用时间、食用地点、食用方法、食物种类是该风险因素的属性，消化道传染是风险转化成危害的条件；②直接从国外进口疯牛病病牛。进口时间、进口地点、进口条件是该风险因素的属性；③食用受到疯牛病致病因子感染的饲料。食用时间、食用

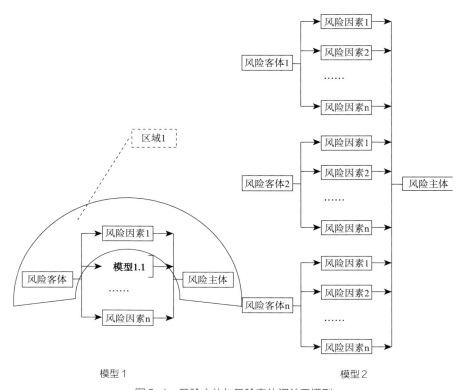

图2-1　风险主体与风险客体间关系模型

模型1说明一个风险客体通过多种风险因素对一个风险主体发生作用,模型2说明多个风险客体通过
多种风险因素对一个风险主体发生作用

地点、食用方法、食物种类是该风险因素的属性;④输血。输血条件、时间、地点、方式等是风险因素属性;⑤医疗器械。手术种类、手术方式、手术者、被手术者、手术时间和地点其他辅助条件等为该风险因素的属性。风险主体是各种易感动物,包括牛、羊、猪、鼠、家禽以及人。易感动物感染疯牛病致病因子的概率与感染后给养殖场、国家和个人造成的损失的综合是疯牛病的风险状况。这个模型属于模型4类型。

　　这是一个一般的风险模型,它说明了在有多种风险主体和风险客体时风险模型的形式。但是,为了研究某种风险客体对风险主体的作用情况和某种风险主体所面临的风险因素时,通常要把这个模型进行分解。分解复杂模型属于分析的方法,这种方法是简化分析条件必不可少的方法。

　　如果单独研究疯牛病致病因子对风险主体的作用时,可以利用以下模型(图2-4)。

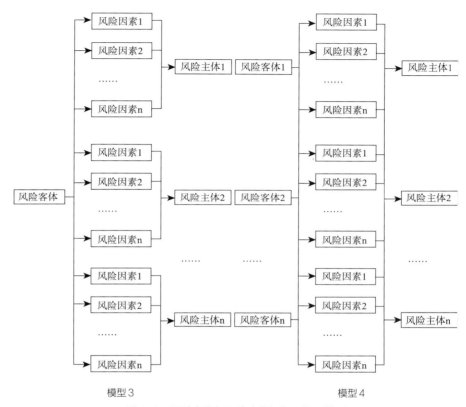

模型3                                    模型4

图2-2　风险客体与风险主体间相互作用模型

模型3说明一个风险客体通过多种风险因素对多个风险主体发生作用，模型4说明多个风险客体通过多种风险因素对多个风险主体发生作用。模型4说明的情况是较一般的情况，但是这种情况研究起来比较复杂。遇到这种情况时，通常把它分解为前面三种情况

　　这个模型是模型3的形式，它属于单风险客体风险模型。

　　这样简化之后便于研究人员对某种风险客体造成的风险或某种风险主体所承受的风险进行研究。

## 三、风险的特性

　　风险的特性包括以下几个方面：

　　（1）普遍性。联系的普遍性导致风险的普遍性。

　　（2）动态性。风险主体、风险客体和风险因素随时间的推移不断变化，使风险也不

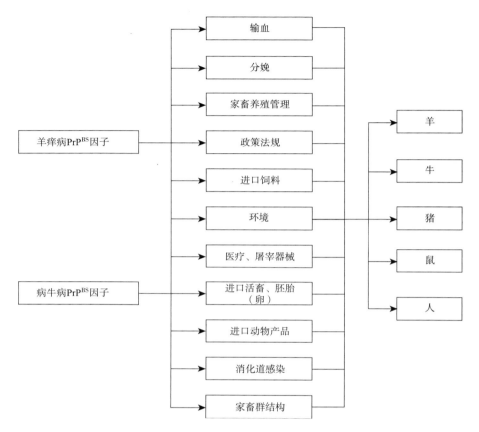

图2-3　中国疯牛病风险模型（模型5）

断变化，而显示出动态性。

（3）不确定性。风险客体是多种多样的，风险因素也很复杂。条件不同，即便是相同的风险客体也会产生不同风险因素作用于风险主体，使风险表现出不确定性。

（4）潜在损失。风险是目前尚未发生、但有可能发生的损害。风险事件还未发生时，损失只具有可能性，是潜在的而不是现实的。

（5）客观风险与主观风险。风险的客观性就是客观风险。客观风险包括：①风险的存在不以人的意志为转移，无论人希望还是不希望它都存在。②风险因素作用于风险主体的方式有其内在的规律性。③风险具有成本。风险成本是为了减少或避免风险主体遭受损失而付出的代价，包括预防与处理风险的费用、风险转化为损害后风险主体的损失、因为规避与控制风险而使风险主体付出的机会成本以及与该风险主体相关联的其他系统

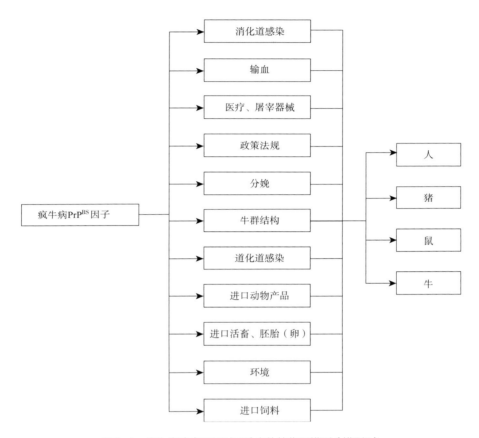

图2-4　疯牛病致病因子对风险主体的作用模型（模型6）

的损失。这些规律也是人们不能改变的。

　　风险的主观性就是主观风险。主观风险包括：①认识的主观性。风险主体、风险客体和风险因素可以为人们所认识。风险虽然表现出不确定性，但对风险的这种不确定性，人们也可以认识与评估。人们不但能认识风险主体与客体的外部联系，还能认识风险主体与环境之间、风险主体与风险客体之间的内在联系。通过这些认识，人们可以对风险因素进行分析，进而规避风险、控制风险；②风险状况的主观性。由于价值观的不同，每个人甘愿冒多大风险要看风险规避给他带来的满足或有用程度而定，所以每个人对待风险的效用是不同的。从而导致每个人对待风险因素的态度方法也不一样，风险状况也不同；③最适保护水平（appropriate level of protection，ALOP）的确定在很大程度上体现出了风险的主观性。《OIE陆生动物卫生法典》指出，各成员在决定最适动植物卫生检疫保护水平时，应考虑将对贸易的不利影响减少到最低程度这一目标。实际上，最适保护水平是经济、社会、政治等多个方面综合考量的结果。

风险的客观性决定风险的主观性，风险的主观性反映风险的客观性。

## 第二节 动物疫病风险

目前，人类所患疫病中的60%与动物疫病有关。在我国，新发病、外来病的风险不断加大，过去有些已经得到控制的疫病卷土重来，这些动物疫病风险都对人们提出了更大挑战。

## 一、动物疫病风险的概念

动物疫病风险指的是在一定区域内，在动物养殖、调运、屠宰和加工过程中，因动物疫病致病因子的产生、传播、扩散而导致社会、环境和动物群体遭受损失的可能性以及损失的大小。这种具有不确定性的损失即为动物疫病风险。当动物疫病风险成为现实，损失即成为事实。

动物疫病风险的存在不等于实际的损失，是可能的损失。这种损失经常表现为人们所承受的经济损失，有时同时表现为公共卫生威胁。

## 二、动物疫病风险的分类

根据研究的需要，人们可以从不同的角度，根据不同的分类标志对动物疫病风险进行分类。根据本书的研究目的，对动物疫病风险进行如下分类：

1. 按从事活动的主体分类。依据从事活动的主体来分，有兽医主管部门风险、疫控机构风险、动物卫生监督机构风险、养殖户风险和国际风险等。对这种分类方法，可以做进一步的分类：如养殖户风险可再分为千百个单个养殖户风险。

2. 按地域分类。从地域上来分，有全球性风险、国际地区性风险、全国风险、省市风险等。地域越大，风险的影响面越大。近年来，由于动物疫病的不断暴发，造成的危害不断加大，各国和国际社会都注重对动物疫病风险的研究、防范和化解。

3. 按影响范围分类。从影响范围来分，有系统性风险、非系统性风险。系统性风险是指全社会承担风险损失，其特点是影响面积大。系统性风险中，受损的既可能是企业、政府，也可能是个人。系统性风险靠单个或少数动物产品加工企业、兽医机构或个人的努力是难以抵御和控制的。例如，在畜牧业生产系统内部，由于单个养殖户的畜禽发生疫病，而引起传播扩散的连锁反应，进而导致的严重经济、社会危机，都属于系统性风险。政府和有关防疫、监督部门要特别注意对系统性动物卫生风险的防范和化解。

非系统性风险是指由个别养殖户、兽医机构、动物产品加工企业或个人原因等产生的，对于系统中其他部分影响不大的风险。这种风险即便转化为危害事件，也只能使个别养殖户、兽医机构、动物产品加工企业或个人等遭受损失，而不会影响到其他场/户、有关部门和机构等。

4. 按产生原因分类。从产生原因来分，动物疫病风险可分为自然灾害风险和人为风险。自然灾害风险是指由于自然因素引起的动物疫病发生和传播的风险，这些风险常常难以预测。例如，由于自然疫源地的存在导致的动物疫病传播。人为风险则是有关人员或机构在动物养殖、调运、屠宰、加工等环节中的行为引起的风险。

5. 按风险发生的过程分类。从风险发生的过程来分，有繁殖风险、饲养风险、动物产品加工风险、动物产品运输存贮风险、动物产品销售风险等。

除上述分类外，动物卫生风险还有许多分类方法，如从风险本身的性质来分，有静态风险和动态风险；从风险的表现形态来分，有有形风险和无形风险；从风险的作用强度来分，有高度风险、中度风险和低度风险等。在此不一一赘述。

为了更好地研究动物疫病风险构成和内在关系，对动物疫病风险除了可按上述办法用单个标志进行分类外，还可按多个标志进行复合分类。如先按地域分类，再按从事活动的主体分类，最后按动物疫病发生和传播的过程分类。

## 三、动物疫病风险的特点

动物疫病灾害具有传染性、干预性、社会反应性、复发性和灾害性的特点。

1. 传染性。动物疫病都是由病毒、致病菌或者是寄生虫引起，能在畜禽群体间、畜禽—野生动物间、动物—人间进行传播。

2. 干预性。传统的畜禽养殖业的主要目的是保障粮食安全、增加农民收入，现代化畜禽养殖是企业赚取利润的手段。无论哪种动物养殖都与从业者的经济收入有关。因此，动物疫病一旦发生，必然会造成从业者经济损失，有些也还会造成生态影响和公共卫生影响。因此，动物疫病一旦发生后，利益相关者会进行一定程度的干预来减少自身损失。这种干预有时对疫病控制是有利的，但是当利益相关者只考虑自身利益，而不考虑社会利益的时候，可能会造成疫病扩散。

3. 社会反应性。动物疫情发生后，一般关系到食品安全、公共卫生安全等。这些影响不但与畜禽从业者、相关管理机构有关，也与普通公众有关，会影响到公众的食品安全和健康安全。因此，动物疫情都会根据疫情程度产生一定的社会影响。特别是重大动物疫病一旦暴发，会产生强烈的社会反应，这种社会反应性涉及社会方方面面。

4. 复发性。动物疫病致病因子是指在畜禽与外界的接触中，可能遇到的引起生物体出现病态的一切因素。例如强辐射、化学有毒物质、病毒等。本书主要研究导致动物疫病的致病菌、病毒等。这些致病因子很难在自然界根除，一旦动物疫病致病因子传入、定植和扩散，最后导致疫病发生，即便疫情得到很好的控制，在条件合适的情况下也可能复发。

5. 灾害性。动物疫情发生往往不仅仅是人为因素在起作用，很多情况下自然因素也会起到重要作用，以自然灾害的形式表现出来。因此，在进行动物疫病风险分析的时候，需要将风险因素区别开，是人为因素的要坚决控制，是自然因素的要尽量规避。

## 第三节　动物疫病风险结构

## 一、风险结构的概念

风险的产生及大小是基于风险因素、风险事件、风险载体和损失后果 4 个要素之间的因果联系。在这 4 个构成要素中，风险因素和风险载体属于自变量，而风险事件和风险影响是因变量。风险因素是风险形成的必要条件，是风险产生和存在的前提。风险载体是影响风险发生和风险大小的重要条件之一。由于风险因素和风险载体的不确定性，一个系统或者一个项目在运行或操作过程中往往可能发生各种风险。系统或项目的总风险是各种风险相互作用的结果，是各风险的集成。所以各种风险之间往往存在一定的依存关系，这种风险要素相互独立、依存，以及风险之间的相互关系就是风险结构。

在风险管理领域，研究人员往往注重风险识别和评估方面，但不同风险之间的关系，也就是风险结构，常常被忽略。这在一定程度影响了人们对于风险及其风险管理逻辑的认识。一般来说，一个风险的产生和发展会影响其他风险的产生和发展，并且有可能对整个系统产生影响。因此，分析各个风险之间的关系非常重要。着重控制主要风险或者上位风险，对于次要风险或者下位风险则可以投入较少的人力与财力，这样风险管理就能起到事半功倍的效果。

## 二、风险结构分析方法

系统风险（总体风险或整体风险）是各种风险相互作用的结果，是所有风险有机构成的整体。风险结构由各个风险及其相互关系构成。进行风险结构分析就是识别一个系统或项目可能发生的风险及风险之间的相互关系。

系统风险或项目风险往往具有风险来源众多、风险性质各异的特点。为了有效、有序地识别一个系统或项目的风险，需要按照一定的方法或理论分析该系统或项目的结构，从中发现存在的问题，识别出相应的风险及其相互关系。例如孙向东等应用解释结构模型法（ISM法）对我国疯牛病传入的风险结构进行了分析；李继清，张玉山，王丽萍等应用灾害学的研究理论探讨洪水灾害的风险性，提出了由致灾因子的危险性、孕灾环境的脆弱绝对性和承灾体易损相对性组成洪灾综合风险宏观结构，并认为洪灾综合风险管理的内容主要包括洪水风险、防洪工程风险、防洪投资风险、洪泛区风险、洪水生态环境风险和防洪决策风险管理6方面的内容，它们构成了以洪水为中心的洪灾风险链的微观结构。

## 三、动物疫病发生和传播机制

动物个体、群体会不会发生疫病，通常取决于宿主、致病因子和环境相这3个因素的相互作用。宿主是感染疫病的动物，年龄、遗传物质、暴露水平和健康状况都会影响其染病的易感性。致病因子是引起疫病的因子（细菌、病毒、寄生虫、真菌、化学毒物、营养缺乏等），一种疫病可能会涉及多个致病因子。环境包括宿主内部或外部的周围环境和条件，可能引起或允许疫病传播。环境可能削弱宿主易感并增加宿主对疫病的易感性，或为致病因子的存活和传播提供有利条件。宿主外部环境包括了自然环境和社会环境。由于畜禽是养殖动物，与人类的商品交易和社会活动存在密切联系，因此疫病传播严重依赖于繁育、养殖、调运、加工等节点构成的社会网络。节点之间通过商品交易、人员流调或动物调运等关系联结起来。这种由节点、关系构成的社会网络称作病因网。病因网可以用来描述现代动物疫病的发生与传播的大部分问题，也就是疫病发生可以用包括宿主、致病因子和环境相互作用的复杂网来解释。因为在现代社会动物疫病存在与否不是一个简单致病因子存在与否的问题，动物疫病的发生和传播，必须有致病因子或传染源、宿主或易感动物以及引起或允许疫病传播的环境。

## 四、动物疫病风险结构

动物疫病风险主要由致病因子的危险性、宿主的易感性和环境的影响 3 个因素的共同作用产生的。因此，根据病因学理论和动物疫病发生和传播机理，可以将病原危险性、宿主易感性和环境的影响作为动物疫病风险的宏观结构。在微观方面，动物疫病风险所考虑的内容包括病原风险、遗传性宿主风险、获得性宿主风险、自然环境风险、社会环境风险、政策性风险、经济性风险和畜牧业发展风险。

### （一）动物疫病风险宏观结构

1. 病原的危险性。病原的危险性就是指病原的致病力。病原微生物的致病作用取决于它的致病性和毒力。

（1）致病性。致病性又称病原性，是指一定种类的病原微生物在一定条件下引起动物机体发生疫病的能力，是病原微生物的共性和本质。病原微生物的致病性是对宿主而言的，有的仅对人有致病性，有的仅对某些动物有致病性，有的兼而有之。病原微生物不同，引起宿主机体的病理过程也不同，如猪瘟病毒引起猪瘟，结核分支杆菌则引起人和多种动物发生结核病，从这个意义上讲，致病性是微生物种的特征之一。

（2）毒力。病原微生物致病力的强弱程度称为毒力，毒力是病原微生物的个性特征，表示病原微生物病原性的程度，可以通过最小致死量（MLD）、半数致死量（$LD_{50}$）、最小感染量（MID）和半数感染量（$ID_{50}$）等指标的测定加以量化。不同种类病原微生物的毒力强弱常不一致，并可因宿主及环境条件不同而发生改变。同种病原微生物也可因型或株的不同而有毒力强弱的差异。如同一种细菌有强毒、弱毒与无毒菌株之分。

一般地，病原毒力越强、变异性越大、病原侵害的部位越重要、传播能力越强、宿主越多，病原的危害性就越大，尤其是人畜共患病。

2. 宿主的易感性。宿主易感性是在相同环境下，不同种类、不同个体患病的风险。从暴露到发病的每一个阶段，易感性（包括先天遗传和后天获得性）均起到重要的作用，是决定疫病是否发生的主要因素。宿主的易感性主要与宿主的遗传特征，以及生长发育、营养、免疫、机体活动状态等有关。在医学上，易感性可以分为遗传性宿主易感性和获得性宿主易感性。遗传性宿主易感性主要表现为不同种动物或同种动物的不同个体由于遗传物质上的一些差异而对某些病原微生物易感程度的差异。而获得性宿主易感性则是通过环境、管理等一些调节使宿主的易感性发生改变，如加强饲养管理和免疫接种都可以使宿主的易感性发生变化。

3. 环境的影响。传染源、传播途径和易感动物是构成传染病流行过程的3个基本环节。病原危险性和宿主易感性决定动物在有风险因子存在的情况下是否能够感染以及感染的后果怎么样。而动物的调运、病原的传播和致病因子的扩散是决定病原是否能够从一个宿主到达另外一个宿主的决定因素，上述因素都包含在环境中。对于动物疫病来说，环境是一个广泛的概念，既包括自然环境，也包括社会环境、政策环境、经济环境以及畜牧业发展状况等。动物疫病流行过程在自然、社会、经济和动物防疫政策等各种环境的影响下，表现出各种流行病学特征。受自然因素影响的例子如疟疾，由于需要蚊子作为传播途径，发病集中于雨水丰沛的热带亚热带，在寒带没有流行。受社会因素影响的例子如2003年的SARS暴发流行，其中一个重要原因就是由于现代交通工具增强了人群的流动性，使疫病在短时间内迅速蔓延到世界各地。

现代的动物疫病防治强调的是综合防治，既有针对病原的控制措施，也有对宿主采取的管理措施，还有对环境的管理和治理措施。重大动物疫病的防控是一项系统性工程，它需要充分协调各种环境，充分调动各方面的力量。如现在国际广泛认可的动物疫病区域化管理就是一种比较有效的动物疫病综合防治实践。这个项目充分考虑了管理区域的自然环境、畜牧经济、动物卫生水平等相关因素，采取包括法律、行政、经济、技术等综合性管理措施。

### （二）动物疫病风险微观结构

1. 病原风险。根据《中华人民共和国动物防疫法》，动物疫病是指动物传染病、寄生虫病。病原包括细菌、病毒、真菌和寄生虫等病原体。动物疫病风险分析往往是针对一些在经济学或公共卫生学上具有重要意义的病原。

一些广泛传播、危害特别严重或影响特别重大的动物疫病则为国际社会所关注并重点防控。世界动物卫生组织（OIE）将全球公认的最重要的影响贸易、人和动物健康和生产的疫病列入《OIE名录疫病》（*OIE Listed diseases*）。农业部根据动物疫病对养殖业生产和人体健康的危害程度也制定了《一、二、三类动物疫病病种名录》。

一些重大动物疫病如口蹄疫病、高致病性禽流感、猪瘟、高致病性猪蓝耳病，人畜共患病如奶牛结核病、布鲁氏菌病和狂犬病，一些外来动物疫病如小反刍兽疫、疯牛病、非洲猪瘟等都是我国防控和关注的重点。

2. **遗传性宿主风险。** 在流行病学调查研究过程中，不难发现不同种类的、不同个体的动物对相同的疫病的易感性或者抗病力存在着差异。抗病力主要是指畜禽对疫病的抗病性或易感性，可分为一般抗病力和特殊抗病力。一般抗病力不局限于抗某一种病原体，它受多种基因和环境的综合影响，畜禽不存在一般抗病力的单基因，这种抗病力体现了机体对疫病的整体防御功能。特殊抗病力是指动物对某种特定疫病或病原体的抗性，这种抗性主要受一个主基因位点控制，这就是人们所称的遗传性宿主抗病性或易感性，它也可不同程度地受其他位点（包括调控子）及环境因素影响。因此，当某种动物缺少某种疾病抗性基因或拥有易感相关基因时，它的发病风险就会大大增加。20世纪70年代，通过以家族研究为基础的连锁分析和以病例—对照研究为基础的相关分析，证实个体对结核病易感性的差异部分是由宿主基因决定的。随着研究的深入，研究者开始筛选人的结核病易感基因。并发现自然抵抗相关基因、维生素D受体基因、甘露糖结合植物凝集素基因等可能与结核病易感性相关。

3. **获得性宿主风险。** 与遗传性宿主风险相对应的是获得性宿主风险，与之相关联的是一般抗病力。一般抗病力越低，患病的风险就越大。环境变化、管理水平低下、营养不足、疾病、年老或年幼都会影响动物的身体状况，削弱机体对疫病的整体防御功能，从而使一般抗病力降低。

4. **自然环境风险。** 很多动物疫病具有地域性特征。从对动物疫病的地区分布及其影响因素的流行病学研究中不难发现，某些疫病之所以能在一个地区存在，与当地自然环境因素有密切关系。最主要的环境因素包括高程、温度、降雨、湿度和植被等影响病原生存、发展、活动和寿命的因素，以及病原的传播媒体、动物宿主。自然环境可能削弱宿主抵抗力并增加宿主对疫病的易感性，或为致病因子的生存、繁殖和传播提供有利条件。当一种动物疫病传入某个地区时，如果当地自然环境适合其病原体的生存和繁殖，其传播风险大大增加。

5. **社会环境风险。** 社会环境对动物疫病的影响主要表现在消费者需求的影响、利益相关者的行为的影响、习俗和文化背景的影响以及公众风险认知水平的影响4个方面。

（1）**消费者需求的影响。** 现代畜牧业是整个大农业产业化程度最高的产业，经济效益是现代畜牧业追求的主要目标。消费者市场是畜牧业发展的导向，消费者的需求驱动整个畜牧业价值链，影响畜牧业养殖结构，投入品、动物及动物产品的流向。在世界范围内，畜牧业不断发展以迎合全球化社会不断变化的需求。这就可能给动物带来新的、不断变化的疫病风险。例如，为了追求生猪的生长速度和瘦肉率，国内养猪企业不断从国外引起优良种猪，同时也引进了猪高致病性蓝耳病。此外，动物及动物产品销售量的上升、销售范围和区域扩大，以及人类和投入物的流动都促使了动物疫病的传播。

（2）利益相关者行为的影响。在畜牧生产和市场体系中，不同利益相关者（个人、集体和组织）可能以不同的方式遭受和应对动物疫病危害。他们也可能面临、觉察到和接受不同水平的风险。不同的利益相关者也可能不同程度地被防控措施所影响，因此他们对防控措施的反应也不一样。一般地，每个利益相关者都受自身"利益最大化""风险最小化"和"成本最小化"等商业要素的支配。一旦自身环节出现问题，首先会寻求保护自我利益，设法将风险转移给产业链上的其他利益主体，从而导致疫病传播和广泛流行。另外，为减少成本，对动物防控的投入也尽量压缩，仅仅满足当前需要，缺少长远规划，这也不利于动物疫病的控制和净化。

（3）习俗和文化背景的影响。畜牧业价值链是在当地消费习俗和文化背景下运行的，习俗和文化背景也成为动物疫病风险因素之一。中国南方地区有追求鲜活农产品流行现宰现卖的习俗，催生大量活禽市场的存在。研究表明，活禽市场是调运环节中的高风险环节，市场常在致病因子和农场常在致病因子在这里混合。同时，市场也为病毒的循环创造了条件。一旦禽类交易产生，疫病也被传播。另外，如南方的部分少数民族地区有生食猪肉和生食猪血的习俗，造成了猪囊虫病在当地呈区域性流行。

（4）公众风险认知水平。公众对动物疫病风险的影响主要表现在对风险后果、可接受风险水平以及动物疫病防控政策的影响。风险事件的影响有时远远超出风险事件本身造成的直接损失，往往包括巨大的非直接损失，就像一块石头掉进水中，会产生一圈圈的涟漪，由中心向外扩散。正如认知心理学的先驱PaulSlovic（1986）提出的涟漪理论所说——涟漪的深度与广度不仅取决于风险本身的性质，而且取决于波及过程中公众如何获得相关信息，以及如何认知和解释相关信息。公众的风险认知水平越高，相关知识和信息掌握得越全面、准确，风险防范和应对能力越强，心理恐慌就会越低，其客观层面的风险接受能力会达到较高水平。如果公众风险认知水平过低，就不会主动吸取相关信息以提高风险防范和应对能力，当公共突发事件到来时，就会产生心理危机。例如，禽流感疫情除了因家禽死亡、扑杀和疫情控制造成的直接损失外，还因公众恐慌而导致家禽销售量和价格的猛烈下跌，在家禽养殖业、食品加工业、饲料加工业等产业链上产生连锁反应，造成巨大间接损失。

公众的风险认知往往也影响动物疫病防控政策。2001英国口蹄疫暴发后，新西兰的Howard J Pharo在分析通过旅客行李箱传入口蹄疫病毒的可接受风险时发现，现实中很难做到每个决策都能以WTO框架下科学风险分析为依据。怎么做决策、怎么确定"可接受风险水平"很大程度上依赖各种政治势力、经济势力和社会势力的博弈。这个结论与世界卫生组织（WHO）提出的可接受风险水平确认方法一致，WHO认为公众和政治是确认可接受风险水平的决定力量。Howard J pharo最终做出的结论：口蹄疫不能侵入新西兰，可接受风险接近零。口蹄疫是一种政治经济病，能影响社会稳定，造成巨大经济损失，政府和公众都只接受零风险。

6. 政策性风险。动物防疫政策是政府为了实现一定的社会、经济及畜牧业发展目标，对动物饲养管理过程中的重要环节所采取的一系列有计划的措施和行动的总称。动物防疫政策会对畜牧业价值链、动物疫病发生发展及后果都产生不可忽视的影响。同时，疫病暴发的影响、持续时间、全部成本及对价值链的各个利益相关方产生的后果都受到疫病防控政策的影响。例如，动物扑杀、疫苗接种以及动物及动物产品的流通和调运控制等。执行这类控制措施对家庭、各行业、市场和经济都会产生各种影响。此外，边境控制措施的性质和执行水平以及市场准入程度（关税/配额），不仅能影响传入和传播疫病的风险，而且还决定疫病引起的市场冲击的程度和时间。市场冲击是由消费者对健康关注的反应产生的。肉类产品的高关税在疫病暴发的情况下限制了当地消费者获得安全肉类产品的机会。而且，由于市场对跨边境地区不断加大的价格差别做出回应，价格的上涨及进口限制能够导致肉类供应短缺，从而会产生边境动物的非法流动。

7. 经济性风险。宏观经济环境对于动物疫病的定植、发生和传播也存在决定性影响，主要表现在基础设施投入、疫病防控经费和技术研发投入、养殖从业者和疫病控制人员职业素质和畜牧业发展产业链的影响等几个方面。

（1）对畜牧业基础设施和从业人员培训的投入。一般地，经济发达国家或地区规模化养殖场畜牧业基础设施完善，从业人员素质高，生物安全措施和管理水平高。而经济欠发达国家或地区小型养殖场和散养户较多，而小型养殖场和散养户的生物安全措施一般较差，中小型养殖场动物疫病风险往往大于规模化养殖场。这主要由于对畜牧业基础设施和从业人员培训投入上的差别。

（2）对动物防疫工作的投入。在世界动物卫生组织（OIE）的兽医体系效能（performance of veterinary services，PVS）工具中，有4个基本要素考察兽医体系的疫病防控能力。其中，第一个基本要素就是人力、物力和财力，物力和财力两项关键能力是考察资金投入的，具体包括以下几个方面：一是日常工作经费，是指兽医机构获取维持其持续运转和政策独立性的财政资源的能力。二是应急资金，是指兽医机构获得应对紧急情况或新发问题所需特拨资金的能力。该能力由需要时调用应急资金或补偿资金（在紧急情况下补偿生产者的安排）的难易程度来衡量。三是资本投入，指兽医机构为持续改善其基础运转设施而获取基本投资和额外投资（物质与非物质）的能力，这也需要大量的资金投入。

兽医机构的日常工作经费也得不到保障的国家或地区，其兽医体系也不能有效运作，并且不能够有效地控制动物及动物产品的卫生和执行动物检疫。经济发展水平较低的地区，对动物疫病进行有效控制的能力通常都是很弱的，其原因是低水平的管理体制，以及动物健康基层服务点参差不齐，不足以发现疫情发生并采取应对措施，从而导致动物疫病传播的风险上升。

（3）经济影响人们的风险认知能力。经济社会发展水平不同，人们所受的风险教育不同，对风险的认知水平存在着差异。另外经济发展水平不同，社会对生产活动的收益和风险注重程度就不一样，主观层面的可接受风险水平也存在较大差异，即经济发展水平越低的国家，人们越注重收益，而往往忽视或淡化风险所带来的种种危害和损失。例如，若干年前，某些地区或机构为了解决温饱问题，大力发展农业经济，滥用饲料添加剂和抗生素促进动物的生长速度，以增加动物性食品的产量和获得较高的收益，而非常重要的食品安全问题却被忽视了。

（4）经济影响着畜牧业价值链。在经济杠杆的调节下，动物及动物产品一般向经济发达地区、消费水平高和赢利多的地区流通。畜产品跨地区和跨国界的流通，使得动物疫病传播的风险上升。尤其是如果有关相邻国家处于经济发展的不同阶段，通过非法渠道走私动物及动物产品会使问题更加复杂化。

8. 畜牧业发展风险。在当前养殖密度大、食品安全空前受到重视的情况下，畜牧业易受动物疫病的影响，动物疫病风险与畜牧业发展风险直接相关。反过来，畜牧业的发展状况也影响着动物疫病的发生和传播。

（1）动物疫病发生和传播与畜牧业生产方式密切相关。大规模集约化饲养便于集中采取动物疫病防范措施，更容易及时控制疫病。同时，集约化规模养殖企业为了减少疫病风险，大都采用了严格的生物安全措施，以限制疫病暴发和传播。而很多动物疫病在某些动物养殖产业系统中长期存在，特别是那些由传统的小规模、混合或粗放生产系统主导的畜牧业。在传统畜牧业占主导地位的国家和地区，由于地方性疫病对于畜牧业损害不是很大，尽管这些疫病也给生产者和消费者带来经济和卫生方面的负担，但是人们对这种疫病通常持容忍态度。然而，随着经济和社会的发展，很多国家和地区都出现了多种生产方式共同存在的情况，动物、人类和病原体在集约化与传统生产系统之间不断移动。因此，动物疫病的系统性风险正在显现，并且影响会越来越严重。

（2）畜牧业养殖结构多元化给动物防疫工作带来挑战。近年来，由于经济的发展，人们的膳食结构发生改变，畜产品结构也随之改变，使养殖结构呈多元化。这给动物疫病，尤其是多种动物共患疫病的防控带来困难。因为不同动物对同一种病原的敏感性不一样，人们往往忽视隐性感染的动物，这会存在很大的风险。例如，口蹄疫病毒能在70多种家养和野生偶蹄动物中引起发病，以黄牛、奶牛最易感，其次是猪、水牛、牦牛、绵羊、山羊等，驴、马不会感染口蹄疫，但会成为口蹄疫病毒的被动载体。水禽是流感病毒的自然病毒库，感染的水禽多为无症状隐性带毒。水禽体内的禽流感病毒为嗜肠型的，在肠道中繁殖并通过粪便排出体外，很容易造成对饲养环境和水源的污染。

（3）动物及其产品调运影响疫病防控体系结构和风险管理措施。由于我国各地畜牧业发展不均和养殖结构不同，活畜禽及其产品的贸易流通非常普遍。不仅有南方地区的家禽运到北方市场销售，也有北方的牛、羊向南方调运，东西方地区动物和动物产品调运也同样频繁。在区域内，动物及其产品再由大型畜禽交易批发市场通过小型批发市场流向终端市场。这些长距离运输和繁杂的流通都增加了动物疫病的传播风险，也给疫病防控体系带来了冲击。其中检疫体系承受前所未有的压力。以往重视产地检疫的防控体系，需要向调运体系检疫方向转变。

## 五、进口动物和动物产品的风险结构

进口风险分析是在进口动物和动物产品时，对某种疫病传入、定植和传播的概率及其危害（风险）进行评估、管理和交流的方法和过程。在分析进口动物和动物产品的风险时，主要是在分析动物及动物产品是否成为潜在传播工具将病原体从出口国引入进口国，在这一过程中主要需要分析两个方面的问题。一是要分析携带病原体的动物从原产地引入某国家或地区的可能性；二是分析进口国或地区的易感动物接触到通过进口动物及动物产品引入的病原的可能性。因此，进口风险分析可以采用情景树分析法进行分析之后再进行结果评估。动物及动物产品成为潜在传播工具将病原体从出口国引入进口国，这一过程可以分为释放和暴露两段情景。商品在生产地、加工和出口过程中危害因子发生的生物途径称为释放情景。释放情景的起点是出口动物及动物产品的来源，终点是动物及动物产品和病原抵达进口国。而暴露情景是危害因子进入进口国并随动物及动物产品抵达目的地并与易感动物接触的生物途径。在对进口某种动物产品引入某种疫病风险进行分析时，整个过程包括释放和暴露的情景树可绘制。图2－5表明，风险事件发生的途径为：出口国存在某种疫病→畜群感染某病原体→选择供屠宰的动物感染病原体→感染病原体的动物被屠宰、加工→病原体存在于动物产品中→病原体在储运过程中存活→携有病原体的动物产品进入进口国→进口动物产品被运送到目的地、病原存活→进口动物产品被加工→进口国易感动物暴露于病原→进口国易感动物受到感染。该情景树为进口风险评估的基本示意图，在实践中根据实际过程，可进一步细化和调整。

综上所述，进口动物和动物产品风险的宏观结构可以分为释放风险和暴露风险，其中释放风险是上位风险，释放风险评估证明没有风险的，风险评估结束，就不需要进行暴露风险评估了。

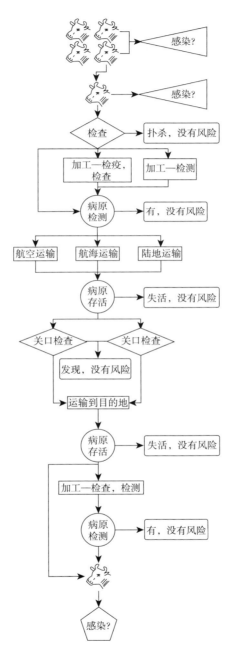

图2-5　动物及动物产品进口风险分析流程图

## （一）进口动物和动物产品的宏观风险结构

1. **释放风险**。进口的动物和动物产品是否携带进口国所关注的病原，主要受病原的特性、出口国疫病流行状况、兽医体系效能建设、相关动物防疫政策、出口动物产品加工储运等一系列相关因素的影响。如果出口国存在这种疫病，并且出口农场的畜群感染了该种病原体，供出口或屠宰的动物感染了该病原体，而且经过检疫、加工、运输等一系列的过程，仍然存在阳性动物或病原体仍然存在于动物产品中，进口的动物或动物产品就存在释放风险。

2. **暴露风险**。携带病原的动物或动物产品进入到进口国并引起动物疫病，也相应地受到病原的特性、进口国人文、地理、环境、兽医体系效能建设、相关动物防疫政策、进口动物产品用途以及易感动物的免疫和管理状况等一系列相关因素的影响。如果进口国兽医体系效能低下，对进口动物及动物产品的管理水平低，不足以发现和排除携带病原的动物或动物产品，而存在易感动物以及适宜和促进病原传播的环境，携带病原的动物或动物产品将可能在进口国引发动物疫病，即存在着暴露风险。

## （二）进口动物和动物产品的微观风险结构

2010版《OIE陆生动物卫生法典》在进口风险分析中，将危害因子释放和动物或人暴露于危害因子时所处的一系列特殊的环境或条件分为生物因素、国家因素和商品因素。在释放风险评估和暴露风险评估中，生物因素、国家因素和商品因素所包括的具体因素有所不同。

1. **释放评估中应考虑的因素**。

（1）生物学因素。主要考虑作为商品的动物及动物产品对潜在病原的易感程度、感染或污染情况以及预防处理情况等。如动物种类、年龄、品种，病原感染部位，免疫、试验、处理和检疫技术的应用。

（2）国家因素。出口国国内疫病流行率，动物卫生和公共卫生体系效能，兽医机构对病原的监测和控制计划，出境口岸的检测能力，区划体系规避风险的能力等。

（3）商品因素。如出品数量，减少污染的措施，加工过程对病原的影响，贮藏和运输对病原的影响。

2. **暴露风险评估中应考虑的因素**。

（1）生物学因素。如易感动物的种类、年龄、性别和感染后发病情况；病原性质，包括病原的传播方式、传染性、致病性和稳定性等。

（2）国家因素。如传播媒介、人和动物数量，文化和习俗，地理、气候和环境特征等。

有利的地理、气候和环境有助于病原的生存和传播。另外有的病原需要一些特殊的传播媒介，如果目的地地区或国家不存在这种环境或特殊媒体，就会大大降低暴露于进口国动物和人类的风险。同时，进口国的养殖方式和动物数量对于疫病的传播有很大的作用。

（3）商品因素。如进境商品种类、数量和用途，生产加工方式，废弃物的处理。

## 第四节　风险分析

　　人们只有对信息掌握不完全、不完整或不准确时风险主体才会处于风险状态。在这种状态下，没有足够的信息来说明风险客体、风险因素或风险状况，风险主体自身对环境和自身未来将要发生的事情不清楚。风险分析就是在风险主体处于风险状态，或人们预测风险主体将会在某种条件下处于风险状态时，风险分析人员利用已知信息推测未知信息、评估风险状态、寻找消除风险的方法，以达到规避风险、减小风险主体损失目的的工作。风险分析不是决策人员在有了不祥的预感后采取的应急措施，而是贯穿于整个风险主体的开发和运行过程的连续行为。风险分析在事物运行之前就应该开始，直到事物完成其使命后风险分析才应该结束。风险分析是人们在对信息掌握不完全、不完整或不准确时，风险分析人员采用恰当的方法与技术，对风险主体未来风险的计算、评估和预测。风险有其独特运动规律，它是人们在对环境信息掌握不完全、不准确和不及时的情况下，风险客体通过各种方式对风险主体的种种潜在威胁。风险是过程，它由产生、发展和灭亡等步骤组成。它也向周围的一切过程一样，在一定的条件下产生，在一定的条件下发展和变化，在一定的条件下灭亡。风险有它自身的发展规律和生命周期，要防范它就首先要了解它。危害与利益往往是一个问题的两个方面，而风险分析考虑的是如何在不损害利益或少损害利益的情况下消除危害。所以风险分析不仅是对风险主体、风险客体和转化条件等构成要素的分析，而且应包括产生、发展和消亡的全过程的系统分析，即风险分析要着眼于时空全要素的系统分析。

## 一、定义

　　风险分析就是利用已知信息和合适的方法、措施、手段推测未知信息，确认风险主体和风险客体及其状况、辨识与评估风险因素、明晰风险的状况、寻找消除风险对风险主体威胁方法的行为。这个定义包括以下几方面的意思，一是了解风险主体和风险客体的状况；二是分析风险因素；三是寻找风险管理的方法。

## （一）了解风险主体和风险客体的状况

风险分析的第一步是危害识别，也就是要明确风险主体和客体。

1. 明确风险主体并且了解风险主体的状况。由于动物疫病风险有社会属性和自然属性，因此动物疫病风险的主体也就存在社会主体和自然主体2个部分。这里的风险主体指的是风险承受者，在动物疫病风险分析中，风险主体往往是与养殖业有关的人员以及所饲养的动物。动物疫病风险包括社会经济风险和自然风险，社会经济风险的风险主体是与养殖、消费有关的人员，这些人员承受可能的经济损失。风险分析中要分析这部分人员的有关属性，所养殖的动物健康受到的威胁。动物遭受的风险通过经济损失表现为养殖业主的风险，通过公共卫生影响表现为公众的风险。

风险主体必须明确，它是风险分析直接保护的对象。风险主体不明确，风险分析无法进行下去。比如对中国疯牛病的风险因素分析中，中国各类牛群养殖群体和所养殖的活牛就是风险自然主体。明确了风险主体之后，还要了解风险主体当前状况，风险主体状况会影响到风险因素，从而影响到风险分析的结果。把风险主体的状况了解清楚，非常有利于剖析风险因素。事物的否定都是事物的自我否定，外部风险因素只有通过事物的内因才能起作用。总的来说风险主体总体性能优良，它的风险小一些；风险主体总体性能差，它的风险大一些。从系统论的观点来看，风险主体都是由相互作用、相互依赖的若干部分结合而成，风险主体承受各类风险的能力与每一部分的状况以及它们之间的相互联系方式密切相关。各个组成部分抵御外界干扰的能力及自身的协调能力各不相同，它们之间的联系方式也不一样。这样那些抵御外界干扰的能力及自身的协调性都比较差的部分风险比较大。另外，由于风险主体的组成部分之间只有靠相互结合才能实现自身在风险主体中的功能，所以它们之间的结合点往往是薄弱环节，也是风险事故常出现的点，它们就是风险主体可能发生风险事故的弱部。风险主体是运动着的，它的组成部分常常会发展和变化，它的弱部是时常变化的。因此特别要用动态的观点来看待风险主体的弱点，应及时把它们与过去对比研究。

2. 明确风险客体。在动物疫病风险分析中，风险客体就是致病因子。由于事物之间联系的普遍性，所以一般风险客体并不是一个。只有明确了客体，才有可能透彻了解风险因素。风险主体与风险客体不一定是完全不同的两个事物，有时风险主体与风险客体是整体与部分的关系。比如一个企业，有由于领导阶层经营不善而使企业倒闭的风险。

这时风险主体与风险客体就是整体与部分的关系。有时也有风险客体不明确的情况。

　　3.　**了解环境因素**。环境因素是风险主、客体之外的因素，包括政治环境、经济环境、自然环境、科学和文化环境等，是一个不可忽视的因素，它常常会对风险因素产生很大的影响，诱发风险事故的发生。因为，任何风险主、客体都处在一定的环境之中，与环境有物质、能量和信息交换，风险主体只能与环境协调运动才能正常运转。其他条件相同，环境恶劣，风险主体不能适应环境，风险客体诱发风险主体产生风险事故的风险就大。反之亦然。环境是很活跃的因素，它总是处在变化之中。如果环境变化了，风险主体要么改变环境，要么改变自身以适应环境。风险主体转化环境的能力一般很小，适应环境是更一般的选择。因此，环境变化之后要了解风险主体和风险客体的变化情况以及敏感风险因素。

### （二）分析风险因素

　　在第一阶段了解了风险主体、风险客体和环境的情况之后，下一步就要分析风险因素。分析风险因素就是科学而全面地寻找风险主体与风险客体的各种联系方式，并从各种联系方式之中分离出能对风险主体可能产生有损害的联系方式。分析风险因素要从风险主体与风险客体联系的特殊性中去寻找规律，弄清每种风险因素的属性。每对风险主体与风险客体之间都有各自特殊的联系方式。联系方式包括联系内容、联系时间、联系地点、联系条件以及环境因素等。另外还要评估每种联系方式满足联系条件的概率，以及风险主体与风险客体发生这种联系之后，风险主体的损失情况。最后对风险因素分类。分类的目的是把风险因素的危害分出层次，以便将来重点对那些危害大、突发性强、发生频繁、先兆明显的风险因素进行监视；对那些危害小、发生概率低的风险因素可以一般观察。

### （三）寻找风险管理的方法

　　根据以往的研究成果和分析人员的经验，在第一阶段和第二阶段的工作基础上详细研究各种风险因素管理的技术和方法，针对风险因素的每种联系方式选择处理方法。选择一种风险管理措施组合对当前风险进行控制和财务处理。在这一阶段风险主体管理人员要与风险管理人员协商，采取积极的态度，寻找风险控制措施以消除风险因素和减少风险因素的危险性。

## 二、风险分析理论结构

　　当前有关风险分析的论著大多只是依据所讨论的问题来定义风险和风险分析，并且根据这些定义规范风险分析的技术。实际运用这些理论时，风险分析人员不能高屋建瓴地宏观把握风险，也就不利于发现风险发生、发展的基本规律并最终影响到风险分析。因此任何对风险分析的研究都要明确风险分析的基本理论结构，在掌握了风险分析的基本理论结构的基础上再把握风险分析在各个领域内的研究方法。

## 三、研究风险分析理论和技术的必要性

由于风险存在的普遍性，使得凡是影响面大、涉及人员多、资金消耗大的大型活动，都要进行系统、科学的风险分析。科学的风险分析并不是仅仅凭借决策者或参谋人员的臆测和猜想就能完成的，它要在大量收集数据的基础之上，既利用以往经验、又充分利用科学理论和技术进行的系统活动。其中运用科学的分析理论和技术是进行正确的风险分析的关键。因此研究风险分析理论和技术很有必要。

1. 风险分析属于一种积极的保障性措施，它的应用范围很广。

（1）政府行为需要进行风险分析。政府行为多涉及制订对内对外政策、法规、命令和条例等具有普遍约束性质和强制性的文件，这些文件一旦付诸实施错误会对社会以及政府形象产生很大影响。由于政府行为的这种特殊性，使政府领导在政策、法规、命令或条例发布前要对所发布的文件的执行难度以及执行失败的可能性、失败的条件和失败后的补救措施有一个系统的评估。因此政府行为需要风险分析科学的支持。

（2）经济活动需要进行风险分析。经济活动多数涉及的是某个经济实体的微观、具体的行为。经济活动离不开决策，正确的决策和错误的决策对一个经济实体的作用是完全不一样的，它可以使一个企业走向兴旺，也可能使一个企业走向没落。风险分析虽然不能告诉决策者应该走哪条路，但是可以告诉决策者不能走哪条路，以及怎样走这条路。

（3）科学研究需要风险分析。科学研究不像政府行为与经济活动那样直接体现出社会效益或经济效益，但是科学研究不仅消耗财力，而且需要消耗科技人员大量的精力。科技人员是社会的财富，要让科技人员充分发挥他们的作用，就要合理使用他们。例如，在核动力军舰研制成功之后，美国人就想研制核动力飞机。但在对这种想法进行了论证之后，美国人得出结论：在当时的技术条件下不可能制造出有实用价值的核动力飞机。这个结论是正确的，即便在21世纪的今天，人们也没能制造出核动力飞机。这样就为国家节约了大量的人力和物力。

2. 风险分析的理论目前还不成熟。表现在以下三个方面：

（1）现在还没有完整、系统的风险分析方法论。风险分析方法论是关于风险与风险分析的一般方法的理论，它能够对各个领域的各种范围与层次的风险分析提供指导原则。

没有风险分析方法论就会导致人们缺乏正确的风险观，不明确风险分析的基本理论和应遵循的原则，对风险分析的适用条件和作用大小也会产生模糊认识。

（2）没有系统、科学的风险分析基本理论与应用技术体系。作为一种理论体系，风险分析应该包括位于最高位置的风险分析方法论、居于中间位置的适用于专门领域的风险分析理论和居于下层位置的风险分析技术。风险分析方法论来自对于各个领域的风险分析理论的抽象，反映风险分析的一般概念和原则。适用于专门领域的风险分析理论和技术是对某个领域的风险分析规律的总结。这三个层次的理论相互依托，共同构成风险分析理论。当前出现的风险分析理论与技术的论著，基本上是针对某个领域而创立的，反映特殊领域的风险分析规律，缺乏感应风险分析普遍规律的方法论。所以风险分析理论需要完善。

（3）目前各个领域风险分析的理论与技术发展不平衡，对风险敏感的领域发展快一些，水平高一些。比如金融市场、工程运行、投资分析、灾害规避与信息安全等方面。还有很多对风险不太敏感的领域发展慢一些。这些不平衡在一定程度上阻碍了风险分析理论体系的完整性，所以从理论平衡的角度来看，发展风险分析理论也很有必要。

以上3个方面相辅相成。如果风险分析在各个领域发展得快，就可以提供更多的素材来建立风险分析的基本理论，进而形成风险分析方法论；建立了完整的风险分析基本理论与正确的方法论，反过来也会推动各个领域的风险分析技术的发展。

通过以上分析可以知道，一方面社会需要风险分析，另一方面风险分析理论体系还不完备。因此对风险分析理论与技术进行研究很有必要。

## 四、风险分析的目的

风险分析的最终目的是彻底消除风险，保障风险主体安全。具体说包括以下几个方面：①透彻了解风险主体、查明风险客体以及识别和评估风险因素；②根据风险因素的性质，选择、优化风险管理的方法，制订可行的风险管理方案，以备决策；③总结从风险分析实践中得出的经验，丰富风险分析理论。

## 五、风险分析的原则及步骤

风险分析的原则是风险分析人员在进行风险分析时辨识和评估各种风险因素所持的态度以及在分析中采用各种技术的原则，它是独立于风险分析的对象（风险主体、风险客体、风险因素等）之外的认知系统所遵循的原则，也就是风险分析人员处理问题效用。

这种效用对风险因素辨识以及风险因素评估准确性都会产生直接影响。一般来讲，风险分析的原则要根据具体问题具体确定，确定这个原则的原则是"公众可接受性"。

虽然风险分析是依据不完整、不详细和不全面的数据对风险主体的风险进行预测的行为，但是风险分析是一个严整的推理过程。它包括危害识别、风险评估、风险管理和风险交流既相互独立又互相依赖的4个方面，这4个方面相辅相成、缺一不可，共同构成完整的风险分析过程。风险分析流程见图2-6。

风险交流是风险分析人员相互学习、相互交流经验、相互提高的阶段，它既是本次风险分析的终点，又为下次风险分析提供理论和经验依据。通过对于风险的充分交流，可以进行较为完整的危害识别。风险评估是对前一过程识别出的风险状况进行评估，这个阶段是风险分析的主体，也是风险分析人员的主要工作。风险管理是风险分析的关键。风险分析的最终目的就是要消除风险，风险管理是达到这一目的的直接手段。通常风险分析人员要与决策者共同决定风险管理方案。

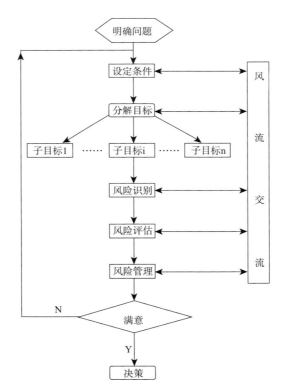

图2-6　风险分析流程

## （一）风险交流

风险分析人员获取信息、与他人交换相关意见、交流风险分析经验和总结风险分析规律的过程就是风险交流。这个定义包含以下几个方面的内容：

（1）获取信息和意见沟通。风险交流不仅包括语言交流，而且还包括查阅他人收集的数据、学习经典的风险分析方法和资料交流等。在风险分析过程中，任何一个风险分析人员都不可能不与他人交流、不查阅资料独自完成风险分析。这是由风险分析的工作性质决定的。风险分析人员要与基层做实际工作的人员交流，以便得到第一手资料。风险分析人员要通过相互交流来相互学习、取长补短。决策者要与风险分析人员交流来减少决策的失误。交流有三个好处：第一，可以利用间接经验；第二，可以充分利用个人的知识互补性；第三，可以进行分工合作，提高工作效率。

（2）建立信任。风险分析人员和利益相关者进行交流的重要目的之一是要使利益相关者理解风险分析人员的意图，建立起对风险分析人员的信任。

（3）总结规律。风险分析通过对不完整、不完全和不精确资料的分析，预测风险主体未来的风险状况。风险分析人员对风险状态未来的预测不是臆测，而是依据以往总结出的规律做出的科学推测。没有以往的经验和规律总结，风险分析不可能进行，现在总结出的规律是将来风险分析工作的基础。因此，可以看出总结规律是风险分析事业发展的保证，风险分析人员不进行规律总结，风险分析事业就会退化和萎缩。

（4）风险交流贯穿于风险分析的始终。在风险分析过程中，根据实际需要，风险交流可以随时随地通过各种方式进行。除了贯穿于危害识别、风险评估和风险管理过程中的交流以外，还可以专门组织人员进行交流和专题研讨。

风险交流的原则：①风险交流应该是有多方参加的、反复的过程，风险分析过程开始，风险分析也应该开始，风险分析过程结束，风险分析才应该结束；②风险分析过程开始前应该制订风险交流计划；③风险交流应该是开放的、交互的、反复进行的和透明的信息交流；④交流的重点应该放在模型中的假设、不确定因素和风险评估中的风险估计。

## （二）危害识别

危害识别是风险分析的基础。只有在这个阶段，风险分析人员在风险交流的基础上广泛收集数据、查阅资料和征求意见，并且在此基础之上详细、透彻地分析风险主体及其环境的各种相关因素，确定风险因素。危害识别工作进行得是否全面、深刻，将会直接影响到风险分析的价值。

1. 危害识别的定义。危害识别就是根据以往的经验或对相关信息的科学分析，系统地、连续地对与风险相关的各种部分进行观测、鉴别或推测。与风险相关的部分包括风险客体、风险主体和风险因素。

这个定义包含以下几个方面：

（1）虽然危害识别的最终目的是明晰各种风险因素，但是明晰风险因素需要一个过程。这个过程包括查阅资料，分析环境，研究风险主体、风险客体和它们之间的联系方式，风险分析人员相互交流，最后才能确立风险因素。

（2）由于依据的是不完整、不详细和不全面的数据，所以风险分析人员不能完全依靠逻辑推理进行危害识别。一方面，风险分析人员要在充分利用现有资料的基础上，凭借以往的经验对风险因素进行识别、想象和猜测；另一方面，风险分析人员还要对风险主体和风险客体的性质和特性进行详细的研究，利用逻辑推理、模型分析等方式分析它们之间的各种联系方式，并且最终从中分离出风险因素。

（3）由于风险主体、风险客体、环境因素、风险主体和风险客体之间的联系方式随时间的推移不断变化，所以风险因素也在不断变化。因此危害识别应该连续进行。

2. 危害识别的作用。危害识别是风险分析的起始阶段，它的作用大体包括以下几个方面：

（1）确立风险分析的具体目标。确立风险分析的具体目标就是明确本次风险分析直接指向的风险因素。

（2）估算风险分析占用和消耗的资源，包括人力资源、物质资源和信息资源。为了达到风险分析的目的并实现资源的最优配置，风险分析人员和决策者需要了解本次风险分析需要占用和消耗的资源，通过与现有资源对比，制订资源分配和资源采集计划。

（3）收集和整理资料。为了解决风险分析需要大量资料和现有资料相对较少的矛盾，危害识别的过程中要对资料进行收集和整理。需要收集和整理的资料包括：①由于首次涉足到该领域而对该领域相关统计数据和技术资料进行彻底收集并加以整理；②以前收集过该领域的数据和资料，本次需要对更新的统计数据和技术资料进行收集和整理；③对与风险分析相关的理论、方法和技术的新进展的资料进行收集和研究。

（4）对风险进行初步评估。风险分析的各个阶段虽然相互独立，但是并不是截然分开的。相反它们相互依赖、相互支持。对风险的识别本身就是风险评估的一种形式，即有和无的评估。但是这里所说的对风险进行初步评估不仅仅限于有和无的评估，而是对风险状况的大体的匡算。这种匡算虽然粗略但很有必要，它可以指出风险评估和风险管理的主要方向和风险分析资源的主要消耗领域。

　　3．危害识别的方法。每一个风险分析人员梦寐以求的事就是在完全占有信息的基础之上对未知的事物进行逻辑推理。可是完全占有信息就不是风险分析了，因为风险是一种潜在的可能性，之所以是潜在的可能性就在于不完全信息无法使人们得到确切的推断。所以风险分析的实质就是对不确定性的辨识。风险分析人员要尽量多的采集、整理甚至推测数据，这是风险分析必不可少的措施。但是，当风险分析人员采集到了他们需要的所有数据，完全了解所要分析的事物及事物之间的相互关系的时候，风险分析人员否定了自己，他们不再是风险分析人员了。事物就是这样矛盾着的。

　　危害识别是在信息不清楚、不完全和不准确的情况下识别风险因素的过程。在这种情况下，由于缺乏推理所必须的条件，风险分析人员不可能完全按照逻辑推理得出结论。只能用一些定性的、模糊的方法来对实际情况进行分析、模拟、仿真和判断。由于信息和方法的限制，危害识别的方法难免有臆测的成分，识别的结果也不一定与客观事实完全吻合。但是这些方法也从一定角度、一定范围内和一定程度反映了风险主体的风险状态。

　　危害识别的方法包括两类，一类是具有普遍指导意义的危害识别方法，它们主要包括统计学方法和经验识别法，称作第一类方法。下面是这类方法中的几种：

　　（1）风险列举法。风险列举法是根据风险主体的各项活动的记录做出流程和其他参考资料，通过这些资料来分析风险主体可能遇到的风险。风险列举法一般包括财务报表分析法、流程图分析法和环境分析法。

　　（2）流程图分析法。流程图分析法是一种动态分析的方法，它是通过对风险主体的运作流程的每一个环节逐一进行调查分析，以发现导致风险发生的因素。

　　（3）环境分析法。环境分析法是系统地分析风险主体的外部环境的变化带来的风险。

　　（4）情景树分析法。情景树分析法是通过对风险主体进行各种类别的风险仿真或模拟，以描述风险主体未来状况。风险分析人员依据这种仿真或模拟来分析未来可能危害到风险主体的因素，并对这些因素进行归纳以得出风险因素。

　　（5）表格与问卷识别法。风险分析人员利用他们掌握的知识，设计一些内容清晰明确又容易回答的问卷发放给相关人员和聘请的专家。这种方法具有风险主体化、规范化的特点，对风险主体进行危害识别。这种方法包括德尔菲法和头脑风暴法。

　　德尔菲法：德尔菲法是美国兰德公司于20世纪50年代提出的方法。这种方法能够集思广益，特别适用于大型项目。德尔菲法是管理人员先把设计好的问卷分发给有关专家，然后由这些专家进行背对背的填写。这些问卷汇总到管理人员以后，管理人员进行统计分析处理和问卷内容调整，之后再反馈给那些专家。如此反复直到取得满意结果。

　　头脑风暴法：头脑风暴法是美国人奥斯本于1939年首创的。它是一种刺激创造性、产生新思想的技术。头脑风暴法是根据风险预测和危害识别的目的和要求，组成专家小组，通过会议的方式让大家畅所欲言，最后综合这些意见得出结论。

（6）定性仿真方法。定性仿真相对于传统的定量仿真而言，力求非数字化，克服定量仿真的弱点，用非数字手段处理输入、建模、行为分析和输出等仿真环节通过定性模型推导系统的定性行为描述。传统的定量仿真首先是建立精确的数学模型，将对象系统的结构与功能表示成以微分方程为主的一系列数学方程，然后通过解方程之类的数学变换，导出基于函数解或数值解的系统行为描述。定性仿真技术是一门新兴的高新技术，它提供了构造无法构造精确定量模型的复杂系统和处理无法定量处理的知识的方法。定性仿真能够提供更友好的人机接口，使仿真结果与人们的思维习惯相一致。由于定性仿真的这些特点，使定性仿真非常适合处理风险分析中的不确定数据。

另一类是依据风险分析对象的专业性质研究出的特殊危害识别方法。这种方法很多，比如，对企业生产经营中的危害识别经常用到的财务报表分析法和资产—损失分析法等。这类方法称为第二类方法。

财务报表分析法：财务报表分析法主要分析企业财务上的风险，主要使用于一些盈利性单位。财务报表分析法根据企业的资产负债表、财产清单和盈亏状况表等对企业资产运营中的风险进行识别。

资产—损失分析法：该法的内容分为两类：资产类和潜在损失类。资产类可分为有形资产和无形资产；潜在损失类分为直接损失、间接损失和第三者损失。资产—损失分析法有利于风险分析人员了解风险主体财产上的风险。

4. 危害识别的成果。危害识别之后要把结果整理出来，写成书面文件，为风险评估做准备。危害识别的成果应该包括下列内容：

（1）风险来源表。风险来源表是一张罗列各种风险的表格，在其中应该列出所有风险。风险来源表要列出所有风险，不管风险事件发生的频率和可能的损害有多大都要一一列出。

（2）风险的分类与分组。危害识别的最后阶段要将风险进行分组或分类，分类的结果应该便于风险评估和风险管理。

（3）风险症状。为了以后步骤的更好进行，危害识别的结果中要把各种风险症状列出来。风险症状是风险事件的各种外在表现。

### （三）风险评估

正确的危害识别是风险评估的基本条件，风险评估是危害识别的必要发展。这个阶段的任务很艰巨，风险因素的性质在这一阶段要确定下来。没有正确的风险评估就不会有恰当的风险管理。

1. 风险评估的定义。风险评估是以风险因素为研究对象，说明每种风险因素产生、发展和消亡的规律，评估由每种风险因素导致的可能风险事件对风险主体的损害概率与损害程度。

在风险评估阶段，风险分析人员要说明：①风险因素的产生条件；②风险因素的发展轨迹；③风险事件的发生概率；④风险事件对风险主体的危害。之所以要在风险评估中说明这几点，是因为：首先，了解了风险因素产生、发展和消亡的规律，才能知道风险发生的可能时间、可能地点和可能发生方式，从而在制订风险管理措施时有的放矢。其次，对每个风险事件的发生概率和对风险主体的危害的正确评估，是制订恰如其分的风险管理措施的基础。风险事件会使风险主体受到损失，同样风险管理也会消耗资源和可能产生机会成本。为了使风险损失与风险成本之和最小，风险分析人员和决策者要在风险管理阶段制定出恰如其分的风险管理措施。

定性风险评估和定量风险评估是两种风险评估的方式。定性风险评估一般采用描述性语言来描述风险评估的结果。比如，"极有可能发生""可能发生"和"很少发生"等。采用定性风险评估的原因如下：①风险分析人员可用的数据比较少，不足以进行定量评估；②根据经验或推理主观认为风险不大，没必要进行定量评估；③定量风险评估的预备评估。定性评估的优点是花费较少的时间、费用和人力资源就可以进行。缺点是评估不够精确。

定量风险评估是精确的风险评估方法，它的结论通常以数字的形式表达。采用定量风险评估一般有以下原因：①资料充分；②风险对风险主体的危害可能很大，确有必要对风险进行定量评估。定量风险评估的成本一般较高。

2. 风险评估的原则。风险评估是风险管理的主要依据，对于风险评估要把握以下原则：①风险评估的结果只能是一个大致的参考值，不能指望它可以给出一个绝对精确的数学答案，使评估的结果与将来的实际情况完全一样；②风险评估的结果很可能会发生变化；③评估风险的方法通常是根据风险变动的一般规律或数理统计的定理设计的，在风险评估过程中要避免以简单的形式逻辑推理替代辩证逻辑思维；④风险评估的方法多种多样，主要取决于评估的意图、评估对象和评估的条件。风险分析人员可根据自己的情况做出选择，也可以综合运用多种方式来进行。

3. 风险评估的意义和作用。风险评估承前启后，它既是危害识别的必然延续，又为风险管理做准备。

4. 风险评估方法。风险评估的方法不外乎分析与综合。分析就是依据一定的原则或方法对整体风险因素进行细分，得到结构细分风险因素和过程细分风险因素。然后针对每一种细分风险因素进行定性或定量评估，并推测风险事件发生后风险主体损失情况，这样得到每一种细分风险因素的风险状况。最后对每一风险事件导致的损失状况进行综合评判，得到总体风险大小。结构风险因素指的是不同性质的风险因素，这种风险因素属于一种静态风险因素，它们之间相互独立，是并列关系。过程风险因素是同一风险因素的不同步骤，它属于一种动态风险因素，这些因素之间相互依赖、相互作用，是因果关系。风险分析逻辑关系详见图2-7。

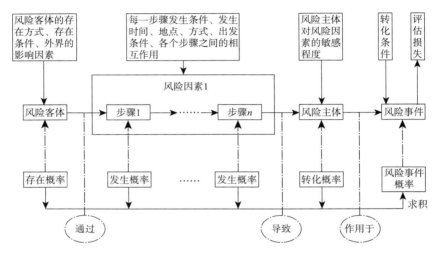

图2-7　风险分析逻辑关系图

这个风险模型属于过程风险模型，它反映了风险因素对风险主体的作用条件、作用步骤、风险因素的形成过程以及在形成过程中每一步骤对风险主体的影响，直至最后得出风险事件评估结果的全过程。很多这种过程交织在一起共同构成风险结构的基本单位。风险评估就是把这种单位作为第一评估对象，利用合适的估算方法估算出每个风险事件的发生概率和可能损失。然后再利用得出的每一个风险事件概率和损失绘出树状图，并最终估算出风险主体总体损失的条件概率以及相应的损失。

牛感染疯牛病的重要渠道是因为牛吃了含有痒病（Scrapie）因子的饲料，牛吃了含有这种因子的饲料后，就会在身体里产生出一种疯牛病致病因子，从而导致牛发病。由于牛吃了用患痒病的羊的躯体加工而成的含肉骨粉的饲料而感染疯牛病的风险分析逻辑流程详见图2-8。

（四）风险管理

风险管理是风险分析的关键步骤，也是实现风险分析目标的直接手段。在前两个步骤中，风险分析人员对风险主体、风险客体、风险因素的相关问题分别作了论证。如果

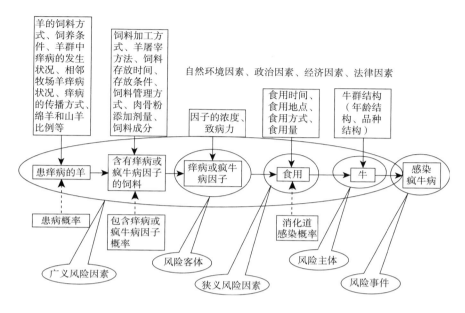

图2-8　饲喂含有痒病的饲料导致牛发生疯牛病的风险分析逻辑流程

说在前两个阶段更强调风险分析人员的作用的话，在这个阶段则更要强调风险分析人员、决策人员和基层具体工作人员的合作。

1. 风险管理的定义。风险管理就是相关人员依据危害识别和风险评估得到的结论，制订风险管理方案并付诸实施的过程。这个定义包含以下几方面内容：

（1）风险管理方案是决策、分析和操作等多方面人员在分工协作的基础上制订出来的。这一点风险管理与前两个阶段不同，前两个阶段以收集资料、整理资料为主，是从实践中总结规律，把以直接经验和间接经验形式的感性认识上升到理性认识的过程。前两个阶段主要需要的是具有较高理论水平的科研人员工作。而风险管理是把前两个阶段得到的理性认识反过来指导实践并在实践中加以验证的过程。在这个阶段，研究人员与决策人员一方面要与做具体工作的人员共同研究制订出最接近实际的方案，另一方面要使做具体工作的人员在管理风险的过程中贯彻方案意图并且反馈信息，以便实现风险的动态管理。

（2）风险管理阶段实际包含两个部分。第一部分是风险管理方案的制订阶段，第二部分是把方案付诸实施阶段。要消除风险主体的风险，纸上谈兵达不到目的，必须在实践中展开方案。这两部分不能截然分开，它们是一个问题的两个方面。在实践中往往需要首先把制订好的风险管理方案拿到管理实际中去检验，然后利用反馈回的信息修改原有方案。得到修改好的新方案再去检验，这样反复做下去直到满意为止。如果没有这个过程，实际情况变化以后仍然使用原有的风险管理方案，那么风险管理不会达到满意效果。

（3）风险管理是过程。这句话包含两个意思：第一，风险管理具有时间的持续性，制订方案、管理风险具有一定的周期，需要消耗时间；第二，风险管理有开始、展开和结束的过程。风险管理方案是由针对具体的风险因素的一个一个管理措施组成的，狭义上说风险管理过程可以理解为：当消除或控制了某一风险之后，针对这一风险的管理措施停止运作。广义上可以理解为风险主体消亡了以后，风险管理也就结束了。

2．风险管理的方法。风险管理的具体方法依据各个领域的工作性质不同而很不相同，但万变不离其宗，大体上不会脱离以下几种方法：

（1）风险规避。风险规避是指风险主体事先放弃某种行为从而完全躲避开某种风险因素的侵扰。风险规避有一定的条件。风险造成的可能损失很大，或这种风险是纯粹风险而不是机会风险，是风险规避的客观条件。风险状态有能力并且有时间来规避风险是风险规避的主观条件。

风险规避是针对某种风险因素而言的，并不是针对风险主体面对的所有风险因素而言的。一种风险因素可以规避，而风险主体的总体风险则不能规避。

风险规避可以认为既是最积极的风险管理方法，又是最消极的管理方法。对于纯粹风险来说，风险规避是最积极的风险管理方法。因为纯粹风险只会为风险主体带来损失，不能为风险主体带来利益，躲避开它就能使风险主体避开损失，所以它是最积极的。而对于机会风险来说，风险规避又是最消极的管理方法。因为机会风险的矛盾对立面是机会利益，通常因为害怕风险而完全放弃利益并不是最好的选择。

（2）风险预防。风险预防是指风险主体不改变行动计划，而在事先制订出防止某种风险发生的措施，对风险进行预先控制的风险管理方法。风险预防的实施条件是风险分析人员对某种风险因素的发生和发展规律有较多的了解，能够制订出切实可行的风险预防方案。

（3）风险控制。风险控制是在事先尚未清楚了解风险因素的情况下，风险主体在实现其目标的过程中对风险进行控制的一种方法。这种风险管理方法相比较前两种方法来说，是更一般的方法。由于不确定因素众多，决策者和风险分析人员不可能对它们了如指掌。另外，事物的永恒变化也使风险出没无常。这些都决定了他们不可能全面地制订出各种风险因素的管理方法。所以只有依据推测来制订出一些方法、措施或制度。这些方法、措施或制度一般来说针对性较差，不是主要的风险控制措施。主要的控制措施在于当出现风险事件时决策人员的处理措施。

（4）不采取任何措施。不采取任何措施也是一种风险管理的方法，但是这种方法是一种极端的方法。采用这种方法一般具备至少一种以下的条件：①风险极小，没必要采取措施；②由于对风险的来临麻痹大意或完全没有信息来源而不采取任何措施；③风险虽然较大但没找到方法来控制或规避它。这三种情况下，只有第一种可以算作是一种风险管理方法，它是一种有控制的"放任"。后两种并不算是风险管理的方法，它们是无奈的选择，是无控制的"放任"。

究竟采取以上几种风险管理方法中的哪一种，要依据已具备的条件和利益原则来选取。在既定条件下，选择风险管理的方法要依据风险管理带来的利益与风险管理的成本进行比较。因此在选择风险管理方法时，要避免两个极端：一是放任风险的发生和发展。这样对风险主体的危害可能很大，甚至是灭顶之灾；二是不计成本的管理。这样既浪费资源，不利于风险主体的运行，也不利于集中精力管理重大风险。

3. 建立风险保障体系。真正科学的风险管理策略是建立起风险保障体系。这个体系由三个部分组成：人员、信息以及资金和设施。

（1）风险管理的人员。风险管理的人员包含决策人员、研究人员和操作人员，这三种人员的任务可以交叉。他们构成了从制订到选择再到实施风险管理方案三个管理层次的具体实施者。这种有分工、有交流、有协作的人员体系有利于系统地管理风险与节约成本。

（2）风险管理的信息。风险管理的信息包括两个方面：①包括与危害识别、风险评估以及风险管理的理论研究和规划制定相关的资料、数据、理论和方法等；②包括实施风险管理的保障措施、规章、制度和方法等。它们是风险管理必不可少的条件。对它们的合理利用是高效管理的基础。

（3）风险管理的资金和设施。风险管理要有一定的设施占用和资金消耗是起码的常识。

# 第五节　2008 年马流感发生风险分析

为进一步做好全国马流感防治工作，降低马流感发生风险，为2008年北京奥运会马术比赛提供技术支持，2008年，我国开展了马流感风险评估工作。

## 一、概述

OIE规定马流感（Equine Influenza，EI）为法定报告动物疫病，我国列为三类动物疫病。1996—2006年，欧洲、北美洲、南美洲、大洋洲、亚洲、非洲均有马流感发生，发病国家超过30个。全球马流感疫情呈现流行范围广、发病频次高、连续性强的特点，马属动物及其产品贸易和频繁调运使马流感传播风险加大。2007年，澳大利亚、日本等国赛马发生马流感疫情。我国历史上曾发生3次大的马流感流行，每次大流行均波及多个省份，且持续一年以上。2007年9、10月，我国新疆出现大面积马流感疫情，并有一定数量的赛马、野马和驴发病死亡。

马流感是由马流感病毒引起的马属动物呼吸道传染病。其临床症状包括发热、结膜潮红、咳嗽、流浆液性或脓性鼻液等，怀孕母马可发生流产。病理表现包括急性支气管炎、细支气管炎、间质性肺炎，也可继发支气管肺炎。马流感病原是正黏病毒科甲型流感病毒属的马流感病毒。该病毒主要表面抗原是血凝素（HA）和神经氨酸酶（NA），其中HA还是流感病毒毒力和宿主特异性的主要决定因素。迄今，马流感病毒只发现 H7N7（马甲1型）和H3N8（马甲2型）两个亚型。马流感病毒对外界抵抗力较弱，对紫外线、甲醛、稀酸等敏感，脂溶剂、肥皂、氧化剂等一般的消毒剂均可使其灭活。

马流感出现历史久远，地理分布广，全球多个国家时有发生。马、驴、骡等马属动物易于感染马流感病毒。马流感传染源是已经感染或发病的马属动物。没有发现马属动物隐性携带马流感病毒现象。康复动物可获得免疫保护。易感动物吸入病马咳嗽喷出含有病毒的飞沫是马流感主要感染方式。马流感病毒还可随风传播2~8km。衣服、车辆、马厩或饲料污染马流感病毒，会引起马流感传播。马属动物远距离移动是马流感迅速发生和扩散的重要风险因素。潜伏期短、传播速度快，多呈暴发性流行，经1周或稍长时间，同群绝大多数易感马感染发病。发病率高、死亡率低。马流感发病率可达到20%~100%。成年健康马出现症状7~10d后一般自然康复。马流感可引起病畜死亡，死亡率一般不超过1%。马流感一年四季均可发生，4~10月流行概率相对较高。

## 二、全球马流感流行情况

### （一）全球马流感发生情况

1996—2006年，全球马流感流行具有以下特点：①流行范围广。欧洲、北美洲、南美洲、大洋洲、亚洲、非洲均有流行，发病国家超过30个（图2-9）。②发病频次高。美洲委内瑞拉、巴西、哥伦比亚等国通报疫情50次左右，病马超过1.7万匹；欧洲俄罗斯、乌克兰、瑞士等国超过20次，病马达2万匹；亚洲蒙古、日本等国11次，病马超过2 000匹。③疫情的发生在年度间连续性强，发病态势平稳。近10年来全球各年度均有疫情发生，1997年和2004年马流感疫情出现较大规模暴发。④在区域发生、扩散和流行方面，南美洲流行的强度最为显著，1996年南美洲报道发生2次疫情，2006年14次。欧洲年度发病频次稍有增加，亚洲疫情相对平稳。⑤发病国家具有明显的地理特征。1996—2006 年疫情发生国家几乎都是国际上贸易交流和经济活动频繁的国家，均具有良好的海上通道（蒙古是唯一内陆国家），说明贸易特别是动物和动物产品频繁交流可能对马流感的发生具有潜在影响。

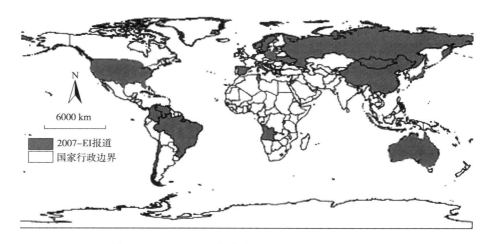

图 2-9　1996—2006年全球马流感发病国家和地区分布

### （二）2007 年马流感发生状况

2007年，全球马流感疫情形势严峻。据OIE官方网站通报：法国在6月、9月、10月和11月连续发现H3N8马流感疫情，确诊马匹均被扑杀和销毁；澳大利亚在8、9月连续发生竞技赛马H3N8马流感疫情，约2 000匹马发病；日本在8～12月间，滋贺等6县竞技赛马场连续发生H3N8马流感疫情，至少2 000多匹马感染；蒙古国科不多省、巴彦乌烈盖省4个县10月连续发生H3N8马流感疫情，1万多匹马感染发病，4个疫情县均与我国接壤或邻近。与此同时，我国新疆阿勒泰等地区发生H3N8马流感疫情，5 000多匹马感染。除此之外，还有美国、智利、挪威、加拿大等国发生了马流感疫情，详见图2－10。

### （三）我国马流感疫情概况

我国历史上曾发生 3 次大的马流感流行，每次大流行均波及多个省份，且持续一年以上。2007年9、10月出现的新疆疫情，分离到的马流感病毒出现了明显变异，疑似病马4 500匹。本次疫情流行特征可以概括为三个方面：①疫情波及范围广、传播速度快，9、10两个月内，5个地州先后报告出现疑似疫情，发病马属动物24 292匹；②发病宿主范围

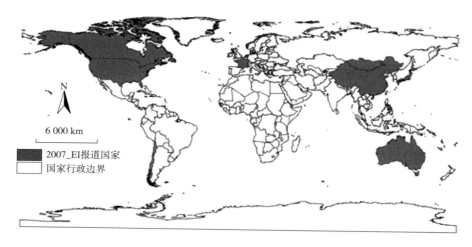

图2-10　2007年马流感疫情国家分布

广，除大量马匹发病外，还出现了一定数量的野马和驴发病死亡，野马发病在我国尚属首次；③民间赛马活动后出现严重疫情。

## 三、我国马流感发生风险评估

### （一）评估原则和数据来源

1. 评估原则。遵循世界动物卫生组织框架内的风险评估原则，首先明确释放风险，而后评估暴露风险，最后运用定性方法实施评估。

2. 数据来源。国内马流感疫情数据主要来自中国动物疫情数据库、《动物疫病志》和相关文献报道；国际马流感疫情数据来自中国动物卫生与流行病学中心国家动物卫生信息系统国际动物疫情数据库，以及世界动物卫生组织官方网站；马属动物养殖数据来自《中国畜牧业年鉴》以及联合国粮食与农业组织（FAO）数据库；分子流行病学病毒核酸序列原始信息和国外马流感研究情况来自美国国立生物技术信息中心网站；马流感流行病学信息来自澳大利亚兽医应急计划（AUSVETPLAN）。

### （二）释放评估

释放评估主要包括两个方面，一是输入动物释放评估；二是本地区马匹释放评估。

1. 输入动物释放评估。

（1）进口马匹释放风险。近10年来，马流感疫情分布在欧洲、北美洲、南美洲、大洋洲、亚洲、非洲等6个大洲近30个国家，疫病扩散性强，发病动物数量多，发病频次高，疫情发生在时间序列上连续性强，国际贸易交流和经济活动带来的疫情潜在风险加大，南美洲局部地区近期流行强度显著增加。参加奥运会的马匹未经过参赛国在当地进行马流感监测，国外疫情具有向我国扩散的风险。

（2）周边国家自然释放风险。我国北部边境省份相邻的一些国家，如俄罗斯、蒙古等，历史上曾多次发生马流感疫情。边境马群存在放牧或贸易接触机会，并有野驴越境移动，存在邻国疫情自然传入我国的风险。

2. 境内风险。统计表明，2000年以来，我国分别从澳大利亚、荷兰、德国、法国、加拿大、日本、俄罗斯、瑞典、蒙古等国家输入马2 026匹，具体流向区域不详，见图2-11。向我国输出马匹的国家中，多数国家在近10年内发生过马流感疫情，进口马匹存在输入疫情风险。

2000年以来，我国马流感疫情发展进入较低发病水平。但随着社会经济活动以及人畜流动频率增加，近年来马流感疫情有反弹趋势。2003年3月，甘肃和青海地区报道发生2起马流感疫情，2007年9、10月新疆5个市州连续发生多起马流感疫情。

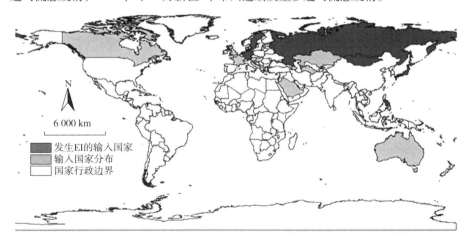

图2-11　2000年向我国出口马匹的国家分布

综上所述，我国目前存在马流感释放风险，一是发病国家马匹进入我国的释放风险；二是马流感疫情随野生动物传入我国的释放风险；三是我国存在的马流感病毒产生的释放风险。

（三）暴露评估

1. 我国马属动物存栏状况。我国马匹存栏数量约为800万匹，占全球马存栏总量的15%左右。存栏量较大的省（自治区）依次为新疆、四川、云南、贵州、内蒙古和吉林，存栏数量在50万匹以上；西藏、广西、黑龙江、河北等省（自治区）存栏量在30万～59万匹，其他省份存栏量较小。2006年，我国驴、骡存栏量1 076万匹。其中驴存栏731万匹，新疆、甘肃、辽宁、河北和内蒙古为养殖大省（自治区）；骡存栏345万头，云南、甘肃、内蒙古和河北为养殖大省（自治区）。

2. 北京地区暴露风险。北京地区是我国竞技马比较集中的地区。北京市农业局统计数据表明，北京目前有赛马场和马术比赛场地54个，共有约3 883匹赛马，存在暴露风险。

3. 中国香港特区暴露风险。广东省是我国经济发达地区，赛马活动多，马匹调运频繁，广东主要赛马场地集中在深圳和广州2市。深圳与香港特区仅一河之隔，深圳市马流感的发生将会对香港奥运会马术比赛产生影响。

### （四）后果评估和风险估计

由于存在释放风险和暴露风险，奥运会期间，我国存在马流感发生的可能性。

如果我国发生马流感疫情，可产生如下严重后果。

1. 对香港2008年奥运会马术比赛产生负面影响。2008年奥运会马术比赛主要设在香港特区，如果我国大面积出现马流感疫情，广东、香港等地区就具有非常大的疫情发生和流行风险，一些参赛国及其运动员会因此产生顾虑，甚至取消参赛计划，或在参赛后不愿将马匹运回国内。

2. 对北京2008年奥运会部分赛事产生负面影响。2008年奥运会在北京设有现代五项和马术表演等项目。虽然参赛马匹全部来自国内，但由于北京2008年发生马流感的风险较大，如果马匹在训练或比赛期间发生马流感疫情，则可能影响奥运会的正常进行。

3. 马流感对其他动物的影响。美国新近发现犬感染马流感病毒，并出现两次较大规模流行。马流感病毒如果在犬群中传播流行，会对残奥会产生影响。

4. 马流感扩散对于中西部地区的影响。我国马属动物存栏量较大，主要分布在经济发展比较落后的中、西部和边疆农作地区。马流感风险的流行和扩散将影响相关地区农村经济发展。

5. 马流感对野马的影响值得关注。

## 四、风险管理有关建议

### （一）有关国际组织做好马流感疫情信息通报

及时了解全球马流感发生信息、毒株信息及疫情发生国防控信息，对评估外来疫情传入风险、制定风险管理措施、防范外来疫情传入、确保奥运会马术比赛安全具有重要意义。当时，一些马流感发生国家没有及时向OIE通报疫情，一些国家尚未公布病毒序列及防控措施，鉴于当时全球马流感疫情形势复杂，建议致函OIE、FAO、国际马联和奥马委，要求各成员国及时通报马流感发生及防控情况等信息。

### （二）北京奥组委和港方做好参赛马匹管理工作

针对当时全球马流感发生态势严峻，我国香港存在可能发生疫情的风险，及时通过北京奥组委致函香港特区政府，再通报该评估报告，并建议：一是做好参赛马匹出入境时隔离检疫工作；二是建议参赛马匹按程序做好疫苗免疫接种工作，建议参赛马免疫接种梅里亚等公司生产的针对北美型毒株的马流感疫苗；三是严格当地马流感监测，并做好免疫接种工作；四是联合有关方面，做好参赛马发生马流感的应急预案。

### （三）加强内地马流感防控工作

一是赴北京参加表演赛和现代五项的马匹应实行严格的产地检疫和强制免疫措施，严格参赛马进京后的卫生管理措施。建议在北京附近选择隔离条件较好的场所，饲养60匹应急备用马匹。二是广东、北京、天津及河北省环北京地区的县市所有存栏马属动物，应尽快实施马流感强制免疫。三是在奥运会前3个月内以及奥运会期间，在广东省、北京市、天津市及河北环北京地区主要交通要道设置动物防疫监督站，严格控制马属动物活体运输。四是加强入境检疫监管。五是加强疫情监测。加强全国马流感疫情监测工作，尤其加强西北、东北、京津塘，以及广东省等重点地区马流感、犬流感疫情监测工作。先期开展对京津地区和广东省的主动监测工作。六是开展相关方面研究。从长远看，要做好马流感快速诊断技术及疫苗研发储备工作。重点要做好我国马流感流行病学和分子流行病学研究工作。七是制订2008年我国内地马流感应急预案。

### （四）加强两地信息交流

2008年，内地加强了与香港特区有关马流感防控方面的信息交流。同时适时开展在京津地区及香港周边地区的马流感发生状态的流行病学调查工作，以进一步明确这些地区马流感发生态势及其潜在风险。

## 参考文献

李继清，张玉山，王丽萍，等. 2005. 洪灾综合风险的结构特征分析 [J]. 长江流域资源与环境，14（6）：805－809.

梁肇海. 2009. 细胞因子基因多态性与肺结核关系的研究［D］. 南昌大学医学院.

刘义威，李文，卢耀娟，等. 2009. 广西玉林市505例狂犬病流行病学调查［J］. 疾病监测，24（10）：755－760.

陆承平. 2002. 兽医微生物学［M］. 第2版. 北京：中国农业出版社.

吕元聪，吴泰才，王树声，等. 2004. 广西狂犬病流行特征及回升原因分析［J］. 广西预防医学，10（6）：352－354.

莫兆军，李浩，陶小燕，等. 2007. 广西狂犬病病毒分子流行病学研究［J］. 应用预防医学，13（5）：255－262.

盛圆贤，赵德明. 2009. 狂犬病流行态势及其防控策略的研究进展［J］. 中国兽医科学，39（9）：835－838.

谭明杰，李荣成，莫兆军，等. 2005. 广西2000—2004年狂犬病流行病学特征分析［J］. 疾病监测，20（11）：566－570.

熊毅，刘棋，盘龙波，等. 2008. 广西狂犬病分子流行病学的研究［J］. 西南农业学报，21（4）：1131－1135.

徐快慧，刘永功. 2012. 产业链视角下多利益主体参与的动物疫病防控机制研究［J］. 中国畜牧杂志，48（10）：17－22.

杨进业，莫毅，谭毅，等. 2013. 广西1951—2010年狂犬病流行特征分析［J］. 中国人兽共患病学报，29（3）：294－299.

杨毅昌，皮振举，岳洪亮，等. 2001. 狂犬病传播途径［J］. 中国兽医杂志，37（2）：44－46.

殷震，刘景华. 1997. 动物病毒［M］. 北京：科学出版社.

张建海，王俊东. 2009. 社会环境对动物及人类传染病发生的影响［J］. 中国动物保健，（3）：77－84.

章玲珠，杨进业，刘伟，等. 2001. 1996—2000年广西狂犬病流行病学调查分析［J］. 广西预防医学，4：28－212.

章文杰，解武杰. 2002. ISM模型在风险结构分析中的应用［J］. 商业研究，（3）：1－3.

赵华，陈淑伟. 2010. 社会风险的结构及治理途径［J］. 东岳论丛，31（12）：160－163.

赵维宁，郑增忍. 2008. 动物疫病区域化管理国际规则与我国无规定动物疫病区建设策略研究［J］. 中国动物检疫，25（12）：1－3.

赵子轶. 2006. 广西三黄鸡抗马立克氏病相关基因筛选的研究［D］. 广西大学.

中华人民共和国卫生部，中华人民共和国公安部，中华人民共和国农业部，等. 2009. 中国狂犬病防治现状［M］. 北京：人民卫生出版社.

邹蓓蓓，彭宗超. 2009. 公众大流感风险认知的调查研究［N］. 人民网－理论频道.

FAO. 2009. 全球和区域紧急问题：本地区跨界动物疫病和探讨影响疫病发生的环境因素

　　［R］. 泰国曼谷：第二十九届粮农组织亚洲及太平洋区域会议.

Nigel Perkins, Mark Stevenso著，王承芳译. 2004. 动物及动物产品风险分析培训手册［M］.
　　北京：中国农业出版社.

Dhaene J, Denuit M, Goovaerts M. J, et al. 2002. The concept of comonotonicity in actuarial sci-
　　ence and finance：theory［J］. Insurance：Mathematics and Economics, 31：3－33.

Gury Dohmen F, Beltrán F. 2009. Rabies virus isolation in the salivary glands of insectivorous bats
　　［J］. RevSci Tech, 28 (3)：985－993.

Mark Stevenson, EpiCentre, IVABS. 2008. An Introduction to Veterinary Epidemiology［M］. Mas-
　　sey University.

OIE. 2010. Tool for the Evaluation of Performance of Veterinary Services［M］. 5th ed.

Pharo H. J. 2002. Determination of the acceptable risk of introduction of FMD virus in passenger lug-
　　gage following the UK outbreak in 2001［J］. Epidemiology Programme of the Australian College of
　　Veterinary Scientists Science Week.

Vaughn J. B, Gerhardt P, Newell K. W. 1965. Excretion of street rabies virus in the saliva of dogs
　　［J］. J. Am. Vet. Med. Assoc. , 193：363－368.

第三章

# 风 险 交 流

第一节　动物疫病风险交流的内涵和外延

　　　　风险交流观念的形成和实践的发展是在发达工业社会展开风险分析的背景下出现的。1984年开始使用"风险交流"一词。以1986年为界，"风险交流"开始成为风险分析研究中引人注目的焦点。从此，风险交流成为风险分析活动中不可或缺的组成部分。无论是学术界还是实践方，对于风险交流的内涵和外延的理解都在快速发展。风险交流在信息交流、构建共识和大众健康素养提高等方面的作用已经被广泛认可，但是风险交流作为动物疫病防控措施的职能却不为人知。

## 一、风险交流的含义与类型

　　1989年，美国国家研究院风险认知与交流委员会出版的《改善风险交流》书中提出，风险交流是在个人、团体、机构间交换信息和意见的互动过程。这个定义的含义不只与风险相关，还包括风险性质的多重信息和其他信息，这些信息关注风险信息或风险管理法律和相关机构，还包括了关于利益相关者在风险降低方面的意见和反映。

　　1997年，FAO提出，风险交流是一个交互性过程，这个过程是在风险评估方、风险管理者、消费者和其他利益相关者之间关于风险的信息和意见的交流（FAO/WHO，1997，国际食品委员会：21届会议报道，罗马）。

　　《OIE陆生动物卫生法典》中提出，风险交流是这样一个过程，在风险分析中，从潜在受到影响的利益相关群体中收集有关危害和风险的信息和观点，然后将风险评估和以风险评估的结论为依据提出的风险管理措施传播给进出口国家的决策者和利益相关者。这是一个多维的、反复螺旋或迭代的过程，并且最好始于风险分析起点并贯穿全过程。

　　以上三个定义强调三个要点，一是传递或交换危害和风险信息，二是风险分析中各个主体之间的互动，三是风险交流是一种有目的的行为，即主体间的信息和意义的传递与分享。

风险交流的类型可以以交流的目的、是否重视公众反馈以及是否处于危机状态等几个标准进行划分。以风险交流的目的作为划分标准，Covello 提出风险交流有四大类型：一是教育与信息提供；二是行为改变与保护措施；三是灾难警告与紧急信息；四是冲突与问题的解决。以是否重视公众和反馈为划分标准，可以把风险交流分为"内容导向"和"过程导向"两种类型。内容导向的风险交流以交流的内容为主，交流的主导方将信息施加在一定载体工具上，将信息传播给信息接收方。过程导向的风险交流以互动为主，风险交流的过程中包含主导方和信息接收方互动的要素，以提高交流的质量和效率。

以外来病、突发病及新发病是否暴发作为划分标准，将风险交流分为非危机状态下和突发事件或危机状态下两种类型。动物疫病风险分析的基本出发点是防范风险，我国动物疫病防控也提出坚持预防为主的方针。为了落实这个疫病防控方针，需要按实际需求、经常性地开展风险分析工作。为了开展风险分析工作，风险交流需要经常开展。非危机状态下的风险交流是指动物疫病未暴发的时候，对认识到的危害只进行常规风险分析时展开的风险交流。非危机状态下的风险交流是最重要的风险交流类型，是风险分析活动中需要常态展开的活动。其活动的成效不仅直接影响到风险分析的质量，也构成突发事件状态下风险交流活动的基础，对突发事件状态下风险交流活动会产生重大影响。Lundgren & McMakin 还进一步将非危机状态下的风险交流细分为保护交流（care communication）和共识交流（consensus communication）。保护交流是动物卫生风险信息的传递，告知个人如何保护自己免受这些风险之害。共识交流则希望将各方组织起来，对风险分析形成共识。提高非危机状态下风险交流的质量需要做出长期的努力，需要建构和完善的工作机制和制度，在人、财、物等方面资源上作长期的投入。

突发事件或危机状态下风险交流活动是指外来病、突发病及新发病疫情暴发时展开的风险交流，是风险分析工作展示的重要窗口。此时，高质量的风险交流活动有助于动物疫情的处置，有助于消除公众的恐慌，也有助于提高政府和相关组织的公信力。而不恰当的风险交流活动不但不利于动物疫情的处置，还可能引发新的危机。突发事件状态下风险交流活动的基本特征是应急性，可借此清楚地检验非危机状态下的风险交流活动的成效。

## 二、风险交流的要素

动物卫生风险交流是一个系统，由主体、受体、风险信息、信息传播途径和新闻媒体、反馈等要素组成。这个系统是在一定的社会环境中处于动物卫生风险背景下运行的。风险交流系统详见图 3 - 1。

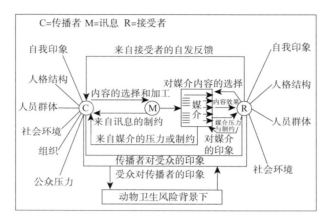

图3-1　风险交流系统

风险交流的主体和受体是指在一次信息交流行为中的发送者与接受者。这是一个相对的概念。由于风险交流是一个反复螺旋或迭代的过程，信息交流的主体和受体会经常互换角色。信息交流的主体和受体不是抽象的，他们会受一系列社会、心理因素和其他风险交流要素的影响。这些社会和心理因素包括自我印象、人格特征、所属群体和组织、宏观社会环境及其他公众压力等。正是因为这样一些因素的存在，风险交流的主体和受体在信息交流过程中的编码和解码就具备了多样性和复杂性，这也是风险交流多样化的社会属性和文化特征的来源。理解和把握这种多样性是顺畅展开风险交流的基础。

风险信息是一种社会信息，指风险交流的内容和符号。风险交流的内容包括危害的识别、确定和鉴定、暴露量评估、风险的鉴定和评估、对策选择和评估、对策选择和实施以及风险交流管理中的监督和复检等。符号是风险交流内容的基本载体，包括语言符号和非语言符号。

作为社会信息，风险信息具有其他信息所不具备的特殊性质。它伴随着人的精神活动，而不是单纯地表现为人生理层次上的作用和反作用。而符号本身也是人的精神活动的创造物。顺利展开风险交流需要对风险信息的这一性质有充分的把握。

信息传播途径和新闻媒体是指风险交流内容传播的途径和媒体，包括各种人际传播、群体传播、组织传播、大众传播和新媒体传播等方式途径。具体包括咨询、讨论、培训、文件传达、发放小册子、传单、活页和宣传画、召开新闻发布会、运用报纸、广播、电视、互联网和手机短信等。不同的途径和媒体各有其特点，适用的人群不一样，产生效果也不同。研究表明，当前在我国农村地区，在狂犬病预防保健健康知识传播方面，短信传播方式较培训方式效果要好得多。因此，动物卫生风险交流具体使用哪种方式，需要根据交流任务结合疫病类型、信息受体特征等因素综合考虑。

反馈是电子工程学的概念，这里借用过来是指风险交流过程中信息受体对收到的风险信息所作出的反映。反馈概念的引入是现代风险交流确立的标志。风险交流过程中树立反馈概念才能真正取得交流效果，保证风险交流质量的提高。风险交流的一系列活动，如公众动物疫病健康保健知识和技能素养的调查和监控、相关动物卫生公共组织公信力维护等都是在反馈概念引入背景下出现的。

风险交流是系统工程，是在一定的社会环境和动物卫生风险背景下运行的。这实际是在强调风险交流是社会的子系统，具有开放性特点，需要对外伸出触角，与外部环境进行积极互动。风险交流作为开放的信息交流过程，一是要适应外部环境的变化，二是要影响外部环境。

风险交流系统具有自我创造、自我完善的特性。风险交流活动是以人为主体的信息活动，而人的认知、记忆、学习、传播、推理等都是具有可塑性的。风险交流主体具有创造性，能够主动地发现社会自身以及社会和自然之间的不平衡，进而主动做出调整使之实现平衡。这种创造性和可塑性使得人类能够不断发现和克服风险交流系统的障碍因素和交流隔阂，使其不断走向完善。后文阐述的人类风险交流的实践发展历程也证明了这两个特性。

## 三、风险交流的主要角色

风险管理过程中利益相关者的政治和社会地位的不同，各层面的利益相关者都可能是风险交流的发起者和接收者，各方承担的责任和扮演的角色也不尽相同。

### （一）政府及相关机构

动物卫生风险的管理是公益性、社会性活动，进行风险管理时，无论采取什么管理方法，政府和相关机构都应该主动制定恰当的风险交流方案，并与利益相关者进行风险交流活动。风险交流过程中，风险管理者应该在职权范围内向所有利益相关者提供全面的风险信息。而对于贯穿整个全局的风险沟通过程，政府部门有统筹全局的责任。政府部门决策制定者有义务在利益团体间确保沟通渠道畅通、高效，并协调公众和其他利益相关者参与到风险分析过程中去，并且鼓励和保持积极进行风险交流的热情。风险管理者同样有义务理解公众的反应，并对公众潜在忧虑有明确的回应。政府及其相关部门还要批评阻碍风险交流的个人、群体和机构，确保在风险交流过程中各方有获得利益的平等机会。

　　政府在传播风险信息过程中应该对有关各方一致、透明。对于不同的目标公众或不同的风险议题，交流技巧需要应时而变。在某些特定集团对某一风险有不同的看法时这更是不言自明的。由于不同的利益相关者处于不同的经济、社会和文化环境，代表不同群体的立场，对于这些风险的感知可能不同，应该承认这些利益相关者的意见，并且尊重他们的观点。由于风险分析的目标是有效地管理风险、消除风险，为了达到这个目的，需要尊重代表不同利益群体的观点，并运用恰当的方法。

　　政府如果是国际组织成员，就需要在国际间的风险处理过程中扮演积极的角色。政府及其机构应该确保国内的所有利益相关者（企业、消费者、国内组织等）以适当、理性的方式作为国内意见的代表，在国际间的讨论中占有一席之地。政府需要扮演一个有效的角色，做好多方的协调和沟通工作，让国内的利益相关者知晓并且理解国际组织的决策，同时也向国际组织传达国内利益相关者意见。在恰当场合，政府及其机构要主动参与到国际贸易规则制定过程中，使国际贸易和风险交流规则更加透明、一致，提高国内利益相关者在国际贸易中的地位，改善动物和动物产品贸易中的被动局面。

　　风险演变成危机时，利益相关者和公众的健康或者财产安全会遭受伤害或损失。因此，平时政府及其机构需要对公众的动物卫生健康教育负责。在这些工作中，风险交流能够把重要的信息传递给特定的目标集体，比如动物散养户和其他动物疫病易感人群。

## （二）利益相关者

　　动物疫病风险的利益相关者包括动物养殖、活动物和动物产品调运、加工、消费和社会管理方。具体说包括兽医主管部门主管人员、疫控和监督机构人员、养殖场（户）主、动物调运和销售人员、动物及其制品加工从业人员以及相关消费者等。很多风险的源头都可以依据动物和动物产品市场价值链进行追溯，无论是产业技术的风险还是产业导致的污染等。比如对于动物食品安全的风险，生产食品的工厂就必须对产品的质量负责。企业应该承担把产品生产过程中有可能涉及风险的信息传达给可能的风险承担方的责任。在风险分析所有方面的产业链参与者对于有效的决策制定都是至关重要的，是主要的风险评估和管理的信息来源。产业链所涉各方和政府之间日常的信息流动通常包括对标准的设定和对新技术、要素或标签的认可。比如，动物食品标签通常包括食品的成分和对如何安全使用食品产品给予的指导信息，都可以视为一种风险管理的传播工具。

　　风险管理的一个关键目标是确定最适保护水平（appropriate level of protection, ALOP）。最适保护水平的确定需要特殊的技术过程变量知识和蕴含在风险处理和操作系统里的能力以及产业链所涉各方具有这方面最完备的知识。他们提供的信息对风险管理者和风险评估方的沟通至关重要。

### （三）公众

风险分析过程的开放性是风险分析的重要属性，这种属性通过广泛的风险交流体现，开放的风险分析过程才能保证风险管理对公众健康进行最恰当的保护。在风险分析过程中，公众或者消费者组织的早期参与能够确保消费者普遍理解有关风险的实质、消除恐慌，坦然地面对风险，积极配合风险管理措施的实施。风险分析过程的开放性无论对风险评估过程，还是进行风险管理决策都非常重要，会进一步对由风险评估导向的风险管理决策提供支持。公众和公众组织有责任向风险管理者们在卫生风险问题上表达他们的关注态度和提出意见和建议。国际和国内公民组织在向普通民众传布关于健康风险的信息时扮演着很重要的角色。群众组织应该密切与政府、企业合作，确保传递给公众的风险信息的准确性，摆脱一切都依赖政府的惰性思想。向政府及其机构传递的信息需要简洁明了，并以容易接触到的工具实施。

### （四）学术界和研究机构

学术界和研究机构提供科学、专业知识，在风险分析中扮演着重要的角色。在政府及其机构、媒体或者其他的利益相关者咨询、请教或请他们提出建议的时候，有关学术机构和科学家要以严谨、负责的态度对待这些咨询和请求。在公众和媒体眼中，科研机构通常具有高度的可信性。同时，他们经常被看作不受其他影响的独立信息来源。学术机构研究公众的风险感知或与公众交流方法，以及在风险交流过程中遴选恰当的研究人员，也可以有助于风险管理者获得风险交流方法和策略方面的建议。

### （五）媒体

媒体在风险交流中扮演着关键角色，公众接收的、关于动物卫生风险的很多信息都来自于媒体。大众媒体所扮演的角色根据所涉及的题目、情境和媒体类型会有所改变。媒体可能仅仅传递信息，但也可以生成、解读信息。他们并不只限于官方信源，他们的信息常常能够反映公众和社会其他部门的关注点。自从风险管理者开始对媒体有所意识之后，它们能够也确实促进了风险交流。

### （六）国际组织

国际组织可以作为中立的论坛，为风险评估、制定适当的风险管理策略以及在国内和国际间传播风险信息等活动提供服务。与动物卫生相关的国际组织，包括FAO、OIE、WTO、WHO等在国际间的风险交流中都起到重要作用。

## 四、风险交流的特点及其与宣传教育和危机传播的异同

风险交流作为风险分析的有机成分，贯穿于风险交流的始终，其活动具有科学性、艺术性和挑战性等特点。

风险交流是一个科学性的工作。确保风险交流产生良好的效果，需要对风险交流的各个要素有较为全面的把握。除了运用兽医学与流行病学的知识，还通常需要综合运用其他学科（如传播学、政治学、心理学、社会学、统计学）知识和研究方法。例如，为了把握公众对狂犬病的风险认知，就需要综合运用兽医学、流行病学、心理学、统计学、传播学等学科的知识和方法。风险交流实施过程中，必须遵循各个学科的科学规律。现代信息技术的发展为风险交流带来极大的便利，把握不同媒体的特点，使得风险信息的传导效率提高，资源运用更为合理，成本大大节省。

风险交流是一个艺术性的工作。"言之无文，行而不远。"风险交流通过文字、图片、声音、影像、绘画、表演等各种符号方式形成文本传递风险信息，有的还要塑造特定的艺术形象，使受众在愉悦中认知和接受风险信息的传播，并从中获得一定的艺术欣赏和美的享受。艺术性给风险交流附加审美的价值，赋予风险信息文本旺盛的生命力，艺术形象越鲜明、越具有创造性，就会越感染受众，从而产生更好的传播效果。即便为专业读者撰写的研究报告，也要讲究可读性。

动物卫生风险交流是一个具有挑战性的工作，平衡、协调各方面的利益具有相当的困难。一是很多公众有"零风险"的心理期待，对于这种期待，风险交流过程要进行解释、疏通工作，讲事实、摆道理，说明最适风险水平的重要意义和"零风险"的危害。二是动物疫病种类多，一些重大动物疫病发病特点出现新变化，有的病原体很难定量化研究，很多评估只是建立在推测的基础上。动物卫生风险的这些特点往往引起公众的不信任，造成风险交流的重大障碍。因此，风险交流过程中要说明动物疫病风险的不确定性，争取得到广泛的认知和理解。三是现代风险交流的过程本身就是一个利益相关者信息和意见的互动过程。风险交流的这些特点往往使得风险交流在实施过程中面临着多方面的关注，甚至引起争议和猜忌。

综上所述，风险交流是在争议压力环境下开展的科学性与艺术性统一的活动。科学性与艺术性缺一不可。缺乏科学性的风险交流是无根之木，生命力不长久；缺乏艺术性的风险交流是无枝无叶之木，面目丑陋，没有吸引力。科学性与艺术性高度统一，风险

交流才能根深枝繁叶茂，生机勃勃。

风险交流、传统的宣传教育和危机传播既有相同点也有不同点。传统的宣传教育同样也是一种信息传播活动。从风险交流研究的视角来看，可以把它看作是风险交流的早期形态。Chess称之为内容导向（content－oriented）模式。SheldonKrimsk称之为"信息理论"模式。Grabill和Simmons称为DAD模式，即决定（decide）、宣布（announce）、辩护（defend）。其特征表现为单向告知的线性过程，信息流向为从上到下，从技术精英到普通民众。也就是说宣传教育的主要目的是学会怎样将风险资料解释得更好。

而上面介绍的一些国际组织对风险交流的认识表明，现代风险交流已经走出了精英导向的信息传播模式，强调在各方之间相对平等的对话，并且这是一个多维的反复螺旋或迭代的过程，不是单向的信息传播活动。美国环保署在其发布的《风险交流七项主要原则》中，第一条就认为"接受和容纳公众作为合法的合作伙伴。公众有权参与那些可能对其生命、财产和其他珍视之物产生影响的风险决策，风险交流的目标不是降低公众的担忧和避免他们采取行动，而是要培养知情的、参与的、有兴趣的、理性的、有思想的、致力于解决问题的合作群体。"这个原则很好地说明了现代风险交流活动和早期风险交流活动的差别。

风险交流与危机传播也存在异同点。比较风险交流与危机传播的异同首先可以从概念入手。风险（risk）是潜在的，还未浮出水面的。一些社会科学专家，如从事风险分析的心理专家Paul Slovic认为"通过心理测量范式进行风险研究所遵循的理论逻辑是，风险是一种心理学概念，也是一种社会建构的现象。风险的本质是主观的，建立在人的感知基础之上。风险感知不只是对特定危险量的属性的感知，还是对特定危险质的属性的感知，如意愿性、可控性和潜在性等。"而危机（crisis）是真实的已然发生的。当然，如果对风险放任发展，最终必然演变成危机。

危机传播是在危机已经出现的时候，为了化解危机、克服突发动物公共卫生事件对个体和群体造成的不良影响而开展的传播活动。风险交流的核心任务是避免或防止出现危机，危机传播的主要任务是如何化解已经出现的危机，减少或消除危机的危害。

在目标重点上，风险交流更关心一般民众对风险本身的看法、认识与接受度；危机传播则比较以组织为中心，思考点是在危机发生前、发生当时与发生之后，如何与民众进行沟通。

风险交流和危机传播在以下三方面还存在较为明显的区别。一是从议题选择上看，风险交流研究更多地讨论关于公众健康、环境和安全方面的议题，偏重于由科技引发的危机；如核能安全、传染病、水污染等。危机传播研究更关注组织危机。史安斌认为，"包括政府、企业、非政府组织等在内的各种组织都是危机传播的潜在研究对象。"二是从价值取向上看，风险沟通更强调保障公共利益，实现社会共识从而推动公共政策，而危机传播研究更聚焦于维护组织的利益和形象。三是从学科支援上看，风险交流吸收了心理学对"风险感知"研究的成果，更关心一般民众对风险的看法和认识，强调利益相关者之间的"对话"。危机传播脱胎于危机管理学，偏重于组织对危机的管理和控制，往往遵循"组织——传播者"中心主义思维模式。其中，"互动性"是风险沟通和危机传播的最大差异。当然，在动物卫生突发事件暴发时，风险交流也要承担危机传播的任务。

## 第二节 开展风险交流的意义与作用

目前，全球畜牧业快速发展、动物及其产品国际贸易加快，重大动物疫病和卫生事件呈多发态势。在这样背景下，积极开展风险交流有着重大的社会意义。

## 一、有效预防动物疫病的需要

当前，我国动物疫病防控面临诸多压力。一是养殖总量持续增加；二是千家万户的饲养模式仍占主体地位；三是活动物跨区域流通频繁；四是外来病传入风险因素增多；五是重大动物疫病的免疫压力。这些因素使得动物疫病传播速度越来越快，传播方式、渠道越来越复杂，病毒不断变异。

在这样不确定性不断增加的背景下，有效预防动物疫病，除了需要政府等公共组织继续大力加强工作、完善各种长效防控机制以外，还需要公众和养殖户的积极参与和充分努力。研究表明，动物疫病的预防工作完全依靠政府等公共组织是不可行的。国内外疫病防控的实践都证明，在政府主导下，整合相关资源，取得社会广泛支持，是预防、控制和扑灭动物疫病的有效防控模式。对于调动社会多方参与，动物卫生风险交流起着关键作用。也就是说，政府不能包揽全部工作，而是要依靠广大的利益相关者、消费者和大众才能把动物疫病防控工作做好。20世纪50年代，我国牛瘟扑灭过程中，群防群控、社会多方参与的工作模式起到了关键作用。印度于1985年掀起一场针对普通群众的预防狂犬病的交流教育宣传运动，获得了政府、医疗系统和其他部门的广泛支持，最终达到了狂犬病死亡率下降的目标。《澳大利亚兽医应急预案——动物疫病控制策略》在阐述猪瘟、牛海绵状脑病、痒病、蓝舌病、禽流感、水泡性口炎、狂犬病七种疫病控制策略时，明确将提高公共防控意识作为控制策略之一。WHO把健康交流教育与健康促进作为当前预防控制疾病的三大措施之一，列为21世纪前20年全世界减轻疾病负担的主要策略。

　　改革开放以来，我国畜牧业持续快速发展的同时，畜牧业领域的利益关系也出现了根本性的变化，呈现利益主体分化，利益差别扩大化，利益诉求多样化、公开化的态势。动物疫病防控在调动公众、养殖户的积极性和主动性时，单靠简单的行政命令或强制执行相关法规，效果并不理想，甚至还引发其他危机。过去在计划经济时期形成的疫病防制体系在一些地区跟不上时代步伐，综合性防治措施难以得到落实。积极开展动物卫生风险交流，从长期性、基础性、渗透性三方面工作入手，以此影响利益相关者的态度和行为，从而调动公众、养殖户的动物疫病防控积极性和主动性。

## 二、有效开展动物风险分析的需要

　　OIE在其陆生动物卫生法典中提出风险分析的框架时，明确将风险交流、危害识别、风险评估和风险管理列为风险分析的4个组成部分，并强调在每次风险分析的开始就要将风险交流策略纳入其中。风险分析组成部分及其关系详见图3－2。

图3-2　风险分析组成部分及其相互关系

　　OIE之所以如此强调风险交流在风险分析中的地位和作用，是因为这是由风险分析活动性质特点和局限性与人类心智特异性决定的。

　　风险分析最重要的任务是提出相应的动物卫生管理决策建议，而任何科学决策的基础都在于掌握信息是否充分，是否反映了动物卫生的实际。在风险交流过程中，分析者会面临一系列信息障碍。一是由于商业、部门利益等原因，政府部门、企业或个人不愿意提供各自掌握的动物疫病情况。二是由于动物疫病传播和发生风险的复杂性，数据收集任务非常艰巨，有些甚至在当前技术水平上无法收集，很多评估只是建立在推测的基础上，这也容易带来争议。三是公众对风险的认知和感受性不同。屡屡会看到这样一种社会现象，带来极大生命危害的风险没有引起公众重视，而那些只会造成小危害的风险却让公众感到非常恐惧，一些公众还有"零风险"的心理期待等不正确对待风险的社会现象。

　　提高风险分析的质量需要克服这一系列的信息障碍、争议挑战和公众风险理解的局限性，这正是风险交流大显身手的时候。通过科学的风险交流，建立动物疫病信息系统，能够从总体上把握疫病风险信息。通过艺术性的风险交流，可以帮助公众改善其风险认知。当风险被忽视的时候，就当敲响警钟；当风险被夸大时，应当以科学的态度加以评论，引导群众理性行动。在争议发生时，有相应的机制讨论分歧，反复协商，最后达成共识。

专家应当以科学为唯一准则，不能迎合或屈从政府与公众或某些利益群体的非科学的见解。但是，必须理解，专家的意见只有被政府采纳，才能变成决策；只有通过各种方式传播，才能使广大公众受益。而且，现代科技发展使风险不确定性加大，通过积极的风险交流才能营造信任的大环境，为政府、专家、公众和其他利益相关者共同协作与支持提供基础，从而理性处理不确定性。

## 三、促进动物产品国际贸易的需要

随着畜牧业，尤其是畜禽养殖业的迅猛发展，我国已经是世界猪肉和鸡蛋第一生产大国，鸡肉产量名列世界第二。但是，由于产品质量和卫生方面与国际标准相比还有很大差距，我国畜禽产品在加入WTO后难以将规模优势转化为市场竞争优势。另外，发达国家利用其在国际组织的影响力，将国际贸易规则向对自己有利的方向修改，建立各种技术壁垒和非技术壁垒，这些不利因素都需要我国动物疫病防控人员，积极研究相关国际贸易规则，研究风险分析技术，才能够大大提高我国在国际上的话语权。积极开展动物卫生风险交流，一方面可以向国内养殖户、养殖企业传递国际畜禽产品市场要求信号，促进国内畜禽业规范化管理，生产出安全优质的肉蛋奶，另一方面可以向有关国际组织和畜禽产品进口国阐述我国畜禽产品安全监测的有关政策、法规和标准及相应的安全管理工作机制，从而不断增强他们对我国畜禽产品的信心。此外，动物卫生风险交流还可以搭建国内国外畜禽产品利益相关方的讨论互动平台，增进彼此了解，逐步达成共识或知情同意，为更深入合作奠定基础。

## 四、提高政府公信力和树立责任政府形象的需要

公信力，是指因社会公众的信任所产生的社会影响力和支配力，反映的是民众对政府行为和能力的评价，即对政府的满意度和信任度。政府公信力是在长期对公共事务管理中日积月累而形成的，是政府的一种无形资产，本质上是政府影响社会和公众的一种能力。其公信力程度是公众对政府履行其职责情况的评价。在动物卫生突发事件处置中，政府及时发布信息可以将政府处理危机的治理理念传播出去，使政府的处置措施为公众

知晓，反映政府积极的姿态，提升政府的公信力。

反之，则将极大损害政府在公众中的形象。例如，在英国疯牛病事件中，为了维持消费者对英国牛肉安全的信心，当时的英国保守党政府一再隐瞒实情，不让普通大众了解英国牛肉产品和人类感染疯牛病的危险性。危机暴发后，英国上议院科学技术特别委员会发布的两个调查显示，与政府有关的人员包括科学家、官员等几乎完全失去了公众的信任，调查结果详见表3－1和表3－2。表3－2主要表明了最有可能告知公众疯牛病危险的2~3个信息来源。

**表3-1　英国疯牛病暴发期间民意信任调查结果（%）**

| 信息来源 | 你最信任谁 | 你其次信任谁 | 你最不信任谁 |
|---|---|---|---|
| 政府部门里的科学工作者 | 4.6 | 11.3 | 26.4 |
| 消费者组织里的科学工作者 | 18.0 | 35.4 | 1.5 |
| 大学里的科学工作者 | 42.0 | 23.0 | 0.5 |
| 肉类加工企业里的科学工作者 | 26.7 | 8.8 | 13.5 |
| 为报纸撰文的科学工作者 | 0.9 | 10.1 | 2.4 |
| 为报纸撰文的记者 | 0.4 | 1.1 | 52.0 |
| 以上都不是 | 4.5 | 2.0 | 1.0 |
| 不知道 | 2.3 | 3.0 | 2.1 |
| （拒绝回答/无效回答） | 0.6 | 5.2 | 0.6 |

**表3-2　最有可能告知公众疯牛病危险的信息来源**

| 信息来源 | 选择比例（%） |
|---|---|
| 独立科学家（例如大学教授） | 57 |
| 农场主 | 22 |
| 全国农场主联盟 | 21 |
| 农业、渔业和食品部的公务员 | 18 |
| 政府科学家 | 17 |
| 电视 | 16 |
| 报纸 | 12 |
| 食品制造商 | 11 |
| 朋友或家庭 | 9 |
| 超市 | 6 |
| 政府官员 | 4 |
| 政治家 | 2 |
| 其他 | 1 |
| 以上都不是 | 4 |
| 不知道 | 3 |

英国政府主要认识根源在于对公众风险感知能力认知不足。以往，人们常常认为科学知识是态度的直接决定性因素。而有关风险感知的研究表明，公众所持的态度与他们所具备的科学知识之间不存在对等关系。公众有自己的理解参照体系，而且这种体系更多地受到心理学因素、社会因素和政治因素相互作用的影响。

2005年中国出现禽流感。全国尽管有10多个省份发生禽流感疫情，尤其是确诊了3起人禽流感疫情。由于有了"非典"的经验和教训，中国政府在处理禽流感问题上开展了积极的风险交流。有关部门在不到2个月内就禽流感防控情况召开3次新闻发布会和新闻通气会。有关部门还多次邀请中外媒体记者一起到疫点采访。积极的风险交流使公众对禽流感疫情有了较为充分的了解，知道如何预防，现在疫情发展到什么程度，自己如何避免感染等，有效地消除了公众心中的疑虑。中国政府的公信力得到中外舆论极大认可。

## 第三节    国外风险交流的背景、实践与研究

风险交流的发展与发达工业社会对风险分析技术的储备不足紧密相连。早期的风险分析与管理是把公众排除在外的。风险分析专家们的主要精力集中于掌握相关风险技术的设计、执行和运作。认为只要能将风险控制在可接受的水平内，就没必要向公众谈及这些风险。这一阶段，Vincent Covello和Peter M. Sandman称之为"前风险交流阶段"，Baruch Fischhoff则从风险管理专家角度把这一阶段特征归纳为"我们所要做的一切就是准确地获取数据并得到正确计算结果！"（All we have to do is get the numbers right！）。Baruch Fischhoff认为风险管理专家没有动力和公众接触主要源于"没有人问""没有人听""我们已经向政府报告了所有事情"等。而Vincent Covello和Peter M. Sandman则认为上述做法建立在这样的观念之上——"绝大部分人都是令人绝望愚蠢的，无可救药非理性的"。"保护公众的健康和环境，但是无论如何不能让他们参与风险政策的制定，因为他们只会把事情搞砸。"

Vincent Covello和Peter M. Sandma认为公众的知情权长期被专家和社会管理者忽略，而且公众并不因为被忽略而感到有什么不安。这种境况持续到20世纪80年代中后期。此时，环保主义运动成为强大的社会运动。在此背景下，环境政策制定过程中，对公众参

与的忽视引发极大的争议。美国核能源产业和化工产业发展政策制定就经历过这种争议。为增加公众的参与热情和提高公众的参与能力，1983年第二次就任美国国家环境保护局局长的William Ruckelshaus遵循了美国开国元勋杰斐逊的理念——在环境风险管理中必须以公众知情和公众参与作为基本原则，并开展了很多有意义的工作。与此同时，1982年欧盟委员会颁布"洗沃索指令（post-seveso directive）"，要求欧盟国家在重大灾难发生时，各国政府应该让灾区民众知道如何防范以减轻伤亡。1986年，美国国会通过"超级基金修订与重新授权法案"（SARA：the superfund amendments and reauthorization act），在其第三章"紧急应变与社区知情权利法案"中指出"知情权利"为该法案的基础。这个阶段就是Vincent Covello和Peter M. Sandma所说的"真正的风险交流的第一个水平阶段"。"风险交流"一词于1984年第一次使用。

1986年，美国第一个环境风险交流研究计划在罗特格斯大学开始实施。同年7月，全美首届风险交流全国研讨会在华盛顿举行。1987—1988年，美国相继建立了一些风险交流的基础和应用研究中心，包括哥伦比亚大学风险交流中心、波士顿大学法律及科技中心等。这标志着风险交流领域开始走向成熟。多米尼克·戈丁尔对美国风险研究主要刊物《风险分析》的文献分析表明，以1986年为界，"风险交流"开始成为不同行业的研究中的关键和焦点问题。从此，风险交流成为风险分析、决策和管理活动中不可或缺的有机组成部分。

风险交流的早期模式，Chess称之为内容导向（content-oriented）模式，Sheldon Krimsk称为"信息理论"模式，Grabill和Simmons称为DAD模式，即决定、宣布、辩护。其特征表现为单向告知的线性过程，信息流向为从上到下，从技术精英到普通民众。这种模式下，风险交流的主要目的是学会怎样将风险资料解释得更好。

然而，这一模式很快遭到挑战。一是随着原子能等新技术的出现，估计风险的任务变得更加困难。模型和数据中的不确定性，加上专家在模型假设和数据解释方面的不一致性，经常导致风险估计值存在较大差异。这种由科学家的学术争议引起的风险结果差异，造成普通公众对于研究结果的质疑和对信息来源的不信任，从而构成风险交流的重大障碍。二是保罗·斯洛维奇等人所开展的风险感知心理研究表明，由于公众对于暴露的自愿性、风险危害、可控制性、对未来的影响等的预期影响公众对风险的反应，风险专家和管理者们提供的数据和专业研究结果，不能使公众理性地评估风险并采取恰当的行动。公众的风险感知与风险专家和管理者的分析结果往往存在极大的差异。风险专家和管理者们所说会带来极大生命危害的风险没有引起公众重视，而那些只会造成小危害的风险却让公众感到非常恐惧，并且会因此批评相关部门重视程度不够，进而导致一系列实质性的经济和社会后果，有时甚至会带来更多的物质风险。

这就意味着风险管理并不是依靠管理者单向的信息发布就可以解决的，而是需要公众更多地理解、参与和互动，管理者需要关注公众的感知和反应，进而采取相应的措施。

风险交流的第三个阶段被Chess称为过程导向（process – oriented）模式。Vincent Covello和Peter M. Sandma认为，风险交流进入新阶段的标志性事件是1988年美国国家环境保护局颁布的政策指导性文件《风险交流七项主要原则》。它的核心观念的前提是公众理解的风险含义与技术专家相比要复杂、广泛得多。在这个阶段，对风险交流的认识更加深刻，显著特点是认为风险交流必须建立在共同体对话基础之上，尤其是需要与那些感兴趣的、涉及切身利益的和希望亲身参与风险管理的利益相关者进行对话。

1989年美国国家研究院风险认知与交流委员会出版的《改善风险沟通》一书指出，风险交流并非从专家到非专家的单向信息传递，而是在个人、团体、机构间交换信息和意见的互动过程。该书进一步指出，风险交流不只与风险大小的认识相关，风险交流还包括对风险性质的多重信息和其他信息的了解、沟通和交流，这些信息在法律和制度性安排方面表达了对风险信息或风险管理的关注、观点和反应。从风险分析和管理的角度看，风险交流不再是风险分析和管理的最后一个环节，而是贯穿在整个分析和管理过程之中不可分割的部分。

这种风险管理需要把公众当作共同面对风险和应对风险的伙伴，而不是旁观者或对立面。然而，强调积极对话的风险交流模式带有很强的理想主义色彩，在实践中因为参与性制度的缺乏或者建立制度的困难而屡屡受挫。Vincent Covello 和Peter M. Sandma认为，这种模式之所以难以完全实现其目标，一是因为需要公众和组织的价值观念和文化方面的根本改变；二是因为从性情来说技术领域的主流人群不喜欢谈判、对话以及与公众建立伙伴关系；三是因为环境行业的从业者更愿意以科学的、确定性事实的方式与风险打交道，而不愿意和公众及他们的心理打交道；四是因为在政府和企业中还有很多人认为公众是非理性的；五是因为每个行业的主管人员都希望绝对控制管理的权力，不愿意与利益相关者分享他们的管理权；六是因为风险管理者的工作满意度和自尊心满足偏好不同等。

尽管还存在各种困难，自1989年到现在，至少在法律或政策条文层面上，这种过程导向的风险交流模式已经成为欧美各国和主要国际公共组织处理风险交流问题的主导范式。美国国家环境保护局颁布的政策指导性文件《风险交流七项主要原则》中第一条原则就是"视公众为合法的合作伙伴，接受他们并与他们同舟共济"（accept and involve the public as a legitimate partner）。这种范式对其他类型风险交流实践的影响也日渐深远。

对风险交流阶段的演变，1995年Baruch Fischhoff依据风险交流的核心策略特征，阐述了风险交流更加细微的变化。他认为风险交流共分为八个阶段：

第一阶段：获取准确数据；

第二阶段：数据共享；

第三阶段：解释数据的实际意义；

第四阶段：使利益相关者明白自己已经承受过类似的风险；

第五阶段：使利益相关者明白这是一个对他们有益的处理方式；

第六阶段：善待各层面的利益相关者；

第七阶段：进行广泛合作；

第八阶段：做好上述每个阶段的关键内容。

第一阶段就是本文说的前风险交流阶段；第二至第五阶段是本文所说的内容导向阶段；第六至第八阶段就是本文所说的过程发展阶段。

当然，风险交流阶段的演变不是简单的替代关系，每个阶段的发展都以前者为基础。风险交流的逐步发展，推动了组织和制度变革，促使风险交流以更新、更好的模式代替原有的模式。但是即便如此，风险交流的基本任务还是研究怎样把风险资料解释好，以及怎样使利益相关者之间的对话能够顺利展开。

在动物卫生领域，风险交流引起广泛关注是在英国疯牛病事件之后。1986年10月，英国暴发疯牛病疫情，这最初只是一场普通的新发病暴发，最后演变成为英国乃至整个欧洲地区的社会、政治危机。这一事态演变的根源，一是英国政府没有意识到现代科学技术具有的不确定性和公众权利意识的增强，对于影响公众风险感知的风险交流方法处理不当；二是风险管理中处理已知危害和未知风险问题矛盾的方法不当。几个方面综合作用的结果造成了一场波及整个欧洲的危机。此后，英国在风险交流等风险管理措施方面做出了相应调整，建立起政府、科研人员和公众之间对话机制。

英国疯牛病事件持续20多年，引起各方面的关注和反思。1998年，联合国粮农组织（FAO）和世界卫生组织（WHO）关于食品标准和安全事务的联合专家咨询报告中对风险交流做出了较大篇幅的阐述。OIE在其陆生动物卫生法典中提出风险分析的框架时，明确将风险交流、危害识别、风险评估和风险管理列为风险分析的4大要素，并强调在每次风险分析的起始就要将风险交流的策略纳入其中，并贯穿始终。

2001年1月，欧盟委员会发表《食品安全白皮书》，要求保证食品生产和销售情况的透明度。2002年1月28日，欧盟委员会和欧洲议会正式通过第178号规定，要求成立欧盟食品安全管理局，其职能之一就是向公众提供关于食品风险的相关信息。

美国相关的食品法律要求，政府在制定法规时，必须有科学的根据，同时需要通过媒体向公众解释。当需要进行紧急风险交流时，可以在全国范围将食品安全系统与媒体连接起来发出警告，使公众了解这种风险，并向国际组织及其他国家迅速通报。

2003年7月1日，日本成立食品安全委员会，以委员会为核心，建立起了由政府机构、消费者、生产者等参与的风险信息沟通机制，对风险信息实行综合管理。该委员会由7名委员组成最高决策机构，委员经国会批准，由首相任命，其中一名委员来自日本放送协会（NHK），类似于中国中央电视台。

2007年澳大利亚政府颁布了进口风险分析手册，要求将约见利益相关者作为进口风险分析过程的重要组成部分。生物安全部门在这一过程中，要及早与利益相关者磋商，并全过程保持联系。磋商可以是正式的，也可以是非正式的。

## 第四节 风险交流的目标任务

在食品标准和安全方面，1998年FAO和WHO联合专家组提出如下风险交流的目标：

（1）促进所有参与者对风险分析过程中具体事项的认识和理解。

（2）在达成和实施风险管理决策时，增加一致性和透明度。

（3）为理解所提出和实施的风险管理策略提供坚实基础。

（4）提高风险分析过程整体的有效性和效率。

（5）如果风险信息传播和安全教育计划是风险管理的必要措施，那么风险管理者就应该积极推动风险交流措施制定和信息传播。

（6）提高公众对食品供应安全性的信心和有关部门公信力。

（7）与所有参加者保持密切的工作关系，确保相互尊重。

（8）促进所有利益相关者的适度参与。

（9）就所涉食品风险和相关议题方面，促进利益相关者之间的知识、态度、价值、行为、认知方面信息的交流。

综上所述，风险交流的目标是推进风险管理措施在各个利益相关者之间达到更高程度的和谐一致，并得到各方的理解或支持。具体目标任务主要包括建立社会信任、共享信息、构建共识、教育公众树立科学的风险意识和提高其动物卫生健康素养。

## 一、建立社会信任

建立社会信任，是指在受到风险潜在影响的利益相关者之间建立相互期待和相互认同的关系并保持相互信任的状态。信任有两种形式，一种是人际的信任；另一种是社会信任，或者说公信力。风险分析和管理领域主要探讨社会信任问题。信任在所有形式的人类社会互动中都是至关重要的，谁都不愿意和一个言而无信的人打交道，在风险分析和管理领域也是如此。如果人们信任风险管理者，交流就会易如反掌。如果缺乏信任，任何形式的交流都会举步维艰。研究表明，社会信任和风险感知是相关的。也就是说，社会信任度越高，风险感知越高，反之则相反。因此，风险交流的首要目标就是建立社会信任，在此基础上才可能实现共享信息、构建共识或知情同意等目标。

信任有一个长久以来广为人知的最根本特征——脆弱。建立信任是缓慢的过程，而摧毁信任却是刹那间的事——只需一个灾难或错误足矣。Cvetkovich的研究证实了这个常识，他发现，公众对那些之前不受信任的风险管理者依然不太信任，即使他们当前各种举措传递出的信息在公众看来是积极的。

研究表明，有很多风险管理和交流行为会对社会信任造成直接侵蚀。这些行为包括专家之间的互不认同、风险管理组织之间缺乏协作、风险管理权威不够重视公众对倾听、对话和公共参与的强烈要求、不愿意承认风险、不愿意及时发布和分享信息以及在履行风险管理职责时不负责任、粗心大意或漫不经心等。如果利益相关者与风险管理者具有相同价值观，那么对于风险管理者的社会信任就会大大提高，并且能够影响到利益相关者对风险大小的判断。

因此，斯洛维奇等专家从社会制度建设角度提出，重建信任可能需要一定程度的公开性和公众参与，需要远远超出一般的公共关系和双向沟通，较以往需要更多的权力共享和公众决策参与。在重建信任的过程中，最好采用更受信任的部门发布信息，并将心理学要素运用于信任重建，这些要素包括关心他人和具有同情心、献身精神和承诺、能力和专业、诚实和公开等。

## 二、共享信息

任何风险管理决策的实施都建立在信息分析基础之上。动物疫病风险交流活动的基本目的，就是使参与交流的利益相关者能够共享与动物疫病相关的信息。这些信息包括动物疫病传播和发生有关风险的性质、实施风险管理措施后获得的利益性质、风险评估中的不确定性、风险管理措施以及相关费用和效益等。

## （一）风险的性质

风险的性质是理解风险和进行风险分析的关键因素。风险性质包括：

（1）所关注的危害的特征和重要性。

（2）风险的程度和严重性。

（3）危害的紧迫性。

（4）风险正在加强还是减小。

（5）利益相关者暴露于危害的可能性。

（6）构成重大风险的危害数量和分布状况。

（7）处于风险之下的人群特征和规模。

（8）哪类人群面临的风险最大。

## （二）实施风险管理措施后获得的利益性质

实施风险管理措施后获得的利益性质包括：①实际或者预期的与风险有关的利益；②谁会受益以及受益方式；③风险和利益之间的平衡点；④利益大小和重要性；⑤所有受影响群体的利益总和。

## （三）风险评估中的不确定性

风险评估中所运用的数据具有不确定性，这些不确定性主要来源于以下几个方面：①每种不确定因素的重要性；②所获得数据的缺陷或精度；③预测依据中的假设和论据；④预测对假设变化的敏感性；⑤评估结论的变化对风险管理的影响。

## （四）风险管理的措施

风险管理措施包括：①控制和管理风险所采取的行动；②个人为了减少损失可以采取的行为；③选择一个特定风险管理措施的理由；④特定措施的有效性；⑤特定措施实施后的收益；⑥管理风险的成本和谁来承担成本；⑦在风险管理措施实施之后仍存在的风险。

在风险交流的过程中，不仅要提供上述类型信息，还需要对共享信息的标准做出明确规定。有三种标准可供选择：①专业标准，即根据一般动物医学实践和经验告知多少信息，对参加各方也告知多少信息；②理性标准，根据一个有理性的人参加具体风险分析做出决定需要知道多少信息，就告知受试者多少信息；③个体特异标准，即根据每一个人的特点来决定告知多少信息给参加者以及告知方式。

共享信息说起来容易做起来难，需要在多个方面做长期的努力。共享信息需要进行有效的动物疫病信息资源系统的建设和维护，需要培育向非专业人士通俗易懂地传达信息的专门技能和人员，从而能够对信息进行说明和阐释，使得所有相关人员都能够有较为充分的认识和理解，也需要建立相应机制处理由于各个参与方风险感知差异带来的信息理解分歧。

## 三、构建共识或知情同意

风险管理决策的达成与实施必须建立在共识或知情同意的基础之上。面对相关风险议题，参与各方在知识、态度、价值观、行动、认知等方面显然是有差异的。有效的风险交流可以帮助构建共识，而更多情况下也许不能够解决各方存在的所有分歧，但可以有助于更好地理解各种分歧，从而可以增加对风险评估和风险管理决策理解和接受的广泛性。在风险分析和风险交流中，有必要引入"知情同意"的观念。

知情同意（informed consent）并非一个新词。在西方国家，医学之父Hippocrates在他的《传染病学I卷》中指出，为了治疗疾病，病人必须与医生协调一致。这种协调当然意味着病人必须服从医生的一切命令，但它也意味着，为了达到协调的目的，病人也必须对治疗方法知情，并且同意医生的治疗方法。但那时的知情同意与医生对患者的尊重毫不相干，医生这么做并非相信患者有这样的权利，而是认为这样做可以使病人参与自己的治疗措施，从而提高疗效。

现代意义上的知情同意则是吸取第二次世界大战（简称"二战"）中的教训。二战中，纳粹德国医生进行人体试验，而没有获得受试者的同意，战后人们对德国医生的这种做法进行了尖锐的批评。在二战以后出台的《纽伦堡法典》强调了知情同意原则，即一切治疗或实验都必须向病人或受试者说明情况，包括所施程序的依据、目的、方法及潜在损伤、风险和不可预测的意外等情况，然后在没有威胁利诱的条件下获得病人主动同意，或在可能的多种选择办法中做出自由的选择。

在动物疫病风险分析和风险交流中需要面临不确定性。比如，疯牛病在20世纪80年代就被确认，但是是否会对人类产生威胁一直到1996年才得以明确。在不确定性背景下所做的风险评估和风险管理决策本身就具有一定的风险。这种风险是需要参与各方共同来承担的。显然，知情同意此时成为一个必然选择。

知情同意，字面看来似乎清晰明白，但在实践中，达成知情同意，既有认知上的障碍，也有制度上的障碍。比如，在同意方式方面，在一般的医学治疗实践中，病人同意的方式一般有口头和书面两种，以书面的同意方式更普遍、更常用。而在动物疫病风险分析和风险交流中不少利益相关者是不确定性的匿名群体，同意方式此时就变得非常模糊和微妙。这些正是风险交流需要着力解决的困难。

## 四、教育公众树立科学的风险意识和提高健康素养

现代风险分析活动一个重要特点是对风险的裁量权不但属于专家，而且还属于利益相关者，其中公众也是重要的利益相关者。因此，公众的风险意识是否科学、动物卫生健康素养是否达到相应水平等因素成为影响动物卫生活动质量的重要因素。

研究表明，公众风险意识有其明智的一面，也有难以令人满意的一面。戏剧性的或耸人听闻的死亡原因，比如事故、癌症、灾害等的风险容易被大大高估。而非戏剧性的死因通常表现为不突然致命的形式，而是慢慢夺走一个人的生命，比如一些慢性疾病，这些死亡的风险容易被低估。研究还表明，当人们被强迫解决有得有失、得失情况不确定的冲突时，他们很难做出决策。结果，无论可能性多大，人们都倾向于通过否认不确定性来减少因为面对不确定性而产生的不安全感，这样使得风险要么看起来很小，以至于可被安全地忽略，要么看起来很大，以至于明显应当被避免。

我国公众的动物卫生健康素养也令人担忧。与高致病性禽流感相比，狂犬病或布鲁氏菌病对公共卫生的危害要大得多。但是，人们对狂犬病的关注远不及高致病性禽流感。由于自我防范意识淡薄和免疫预防知识缺乏，群众普遍对狂犬病的防制与危害性认识不足，预防意识不高，警惕性不强，对狂犬病的许多认识还停留在表面，防治方面还存在不少误区。有调查显示，社区居民对"健康犬"可能携带狂犬病病毒的认识不足，知晓率仅为31.0%。有些人被宠物抓咬后未引起重视，有些人重视却因未掌握科学的处理方法致使狂犬病发作而丧失生命。许多群众认为咬伤超过24h后接种狂犬疫苗不起作用，存在超过24h就不需要接种狂犬病疫苗的认识误区。

通过长期性、基础性、渗透性的风险交流工作，提高公众动物卫生健康素养和风险意识的科学性，这正是落实预防为主原则的要求。这一工作的成效越高，风险管理的决策就越容易得到理解，处置动物疫病的其他措施也就越容易实施。

2006年，中国疾病预防控制中心在黑龙江省龙江县和吉林省洮南市开展布鲁氏菌病健康教育就取得较好效果。一方面基层医生对布病的诊断意识和水平提高了，另一方面

患病群众也能主动就医了。布鲁氏菌病患者急性期诊断率呈上升趋势，疫情呈下降趋势，尤其在干预示范乡，新发病例下降幅度比较大。

 **第五节 公众与媒体活动的特点**

## 一、公众特点

从风险交流的演变过程来看，交流其实是一直存在的，只是开始的几个阶段限于传统的风险评估和管理方之间的交流，也就是政府、企业、媒体等集团之间的沟通，是把公众排除在外的交流。正是公众的逐步参与促进了风险交流的进步。所以，对于公众的特点需要特别予以关注和研究，后文将集中讨论公众在风险交流中表现出来的特点和影响因素。

### （一）被公众所感知的风险

风险具有主观性特点，一旦被感知，就带上了人的印记。公众对风险的感知是一个主客观的结合体。公众对于风险的判断，是社会、文化和心理等诸多方面综合作用的结果。McComas认为，个人对风险的判断不但是对风险本身的物理评估，还带有此人社会性的印记。因此公众对风险的感觉往往是不科学的。风险交流学者Slovic的研究结果表明，非专业公众对风险的判断大体包括以下几个方面的内容，一是风险是否自发；二是风险是否可控；三是风险是否会引起大灾难，四是风险是否能得到科学的解释，五是风险对未来是否有影响，六是风险是否影响人群心理，使他们产生恐惧感。

Vincent 和Sandman两位学者合作对影响人们处理风险信息的心理和社会因素进行了研究，他们认为至少有以下6个影响因素影响到公众对风险信息的处理和对风险的判断。

（1）对风险的思维定势或者称为启发式的思考。人们都有依据最熟悉的知识做出判断的倾向，换句话说，公众对风险的认识并非是对所有因素进行理性思考获取的，而是当时想到什么就得到对风险的什么认识。

（2）漠视没有察觉到的风险。对并没有察觉的风险往往会采取冷漠的态度。

（3）过于自信和乐观。忽视风险信息，认为自己不会成为受害者，过于自信，具有不切实际的乐观态度。

（4）不掌握具有不确定性的信息。对于不熟悉的活动或者技术，尤其是在这些信息被展现的方式又是以公众不熟悉的方式的情况下，公众不加以注意。

（5）迷信科学、确定的结论。公众往往希望专家给出完全科学、确定的分析结果。

（6）不愿意改变固有观念。

普通人对于某个风险的判断经常和实际情况有很大的偏差。作出判断所依据的因素经常在公众风险感知中是扭曲的。20世纪60年代关于风险的非科学感知研究表明，特定环境中面临的风险与个体或群体实际感受到的风险之间几乎没有关系。甚至有些像吸烟这样的行为，虽然大家明知道是有风险的，但为了所谓的"酷"或者就是跟风，心甘情愿地冒着健康风险。还有些风险是受人追逐的，如赌博，刺激的运动。这和个体心理特点有关，具有冒险倾向，追求变化、新奇、复杂和激烈的感觉和体验的个人，会愿意采取对身体、社会、法律和金融有风险的行动。

相关研究还表明，公众感知的风险可以分为4个水平：可忽视的、可以接受的，可以忍受的，不能接受的。公众根据自己对风险的感知把各类风险归于以上4类，从而采取不同的行动。

### （二）公众处理风险信息的心智模型

公众在面对风险信息时，往往会加上自己主观的感受，把传递给他们的风险信息扭曲化、鲜明化。许多关于风险交流的研究对这种主观层面的风险信息"再包装"进行了深入的探讨，据此提出"心智模型"概念。心智模型是由人们最基本的风险知识体系决定。在获取必要的信息后，公众在心智模型的作用下，平等地进行风险意见交换，并提出理性的建设性意见。

在"心智模型"的概念启发下，生发出了很多揭示公众处理风险信息的模式。下面对这些模式做一些简单的描述。

1. 风险信息寻求和处理模式（risk information seeking process, RISP）。RISP模式表明，人们对风险的认知和人们认为自己的应知之间存在一个"知沟"。

Griffin等认为，这个知沟会影响人们对信息的处理。在人们认为知沟很大的情形下，有更大可能会采取主动、系统的信息寻求行为；反之，如果人们认为自己对某一特定风险已经知道得够多了，那他们对于近在眼前的风险信息都有很大可能采取视而不见的态度。公众对信息的寻求行为一般可以分为三种：主动、正常、消极躲避。

知沟的判断和社会文化具有很强的相互关系。通过人际交流和长期的大众传播，一定时间以后会形成一个信息足够度的社会标准。人们对于自身和大众之间是否存在知沟和知沟大小的判断基本就是和这个社会标准进行比较以后形成的。当人们觉得自己掌握的信息没达到这个标准时，会产生社会压力、更强烈的心理反应并转化成行动，即他们会更积极地去寻求信息。而知沟越大，个人就会更系统地去寻求信息。

2. 扩展的平行处理模式（extended parallel process model, EPPM）。当人们感知到危险、有害怕等情感体验的时候，他们就会有动力去减少这种情感。

这里包括两种方式。一是危险控制法（danger control），人们会采取控制危险的行动（如寻求更多信息、采取保护措施）；二是恐惧控制法（fear control），人们采取忽视信息、认为信息来源不实的行动。这个模式的前身是由耶鲁大学教授 Howard Leventhal 在 20 世纪 70 年代提出的平行处理模式（the parallel process model），他认为当人们进入控制危险的过程，或者考虑控制危险的办法时，他们有可能按照推荐的行为方式改变自己的行为，保护自己不被危险伤害。这就是说，他们将采取措施控制危险。相反，当人们进入控制恐惧的过程或关注如何控制他们的感受时，他们最有可能采取方法控制恐惧造成的不愉快的感觉，并忽视危险。

后来 Witte 把此理论进一步延伸，把人的自我感知效能与此结合在一起，认为采取哪一种控制法取决于公众对解决这个风险的自信程度。自信心越高越会采取前者。进一步的研究集中表现了自信心、感知到的风险和信息寻求行为之间的关系：当某人有高度自信且感知风险大的时候，那他就更有可能去寻求信息。由此可见，增加自信也是促进公众参与风险交流的一个突破点。研究表明，当公众对风险更有意识，或者知道具体的避险措施时，也会增加有意识的信息寻求行为，这也就对传递给公众的风险信息内容提出了要求。

3. 习得理论（learning theories, LT）与恐惧驱动模式（fear-as-acquired drive model, FADM）。恐惧驱动模式的技巧在于唤起人们足够的恐惧，并促使人们行动，而推荐的行动必须能够消减恐惧，并成为人们的固有习惯。

4. 保护动机理论（protection motivation theory, PMT）。当恐惧诉求信息中的元素改变了公众自身的认知（如感知的严重性、期望的方向和对推荐行为的信任）之后，公众就会不由自主地激发保护动机，导致自我保护的行为转变。1983 年，提出该理论的 Rogers 进一步对其进行修正，加了一个新的变量——自信心（self-efficacy），即对自己能否完成推荐行为的相信程度。这个变量和推荐行为的功效一起影响着结果。

5. 精细或然性模式（elaboration likelihood model, ELM）。Petty 和 Cacioppo 对精细或然性模式进行了研究。精细或然性模式理论研究信息如何处理和解读信息处理过程和行为改变之间的关系。对于相同信息，两个人可能用完全不同的方法来处理，因为他们的文化背景、经历、性格和所处的状态不同，会得出完全不同的结论（行为意向）。该理论认为，对于最终的行为改变有两条截然不同的路线：中央路线和外围路线，即是选择直接去了解风险，还是选择通过间接方式了解风险。

6. 精神噪声模型或称为关注范围（the attention span, AS）。对这个模型，有一个简单的数字表达形式：25 – 7 – 3，指的是27个单词 – 9秒钟 – 3条信息。神奇数字7，加2秒或减2秒，是处理信息能力的某个固定时长。神奇数字3，加2或减2，是高压情境下接收、处理和记住信息的某个极限。27指的是所有的三条信息一共包含的字数，每条信息9个字。这个模型对在风险情境下编织的信息长度提出了理论上的要求。

7. 负面统治模型。1N（negative）＝3P（positive），当人们压力大或沮丧的时候（在风险笼罩的氛围中），他们对于负面信息的关注度更高。

## （三）影响公众风险感知的因素

上面列举的公众风险感知模型表明，人们对风险的感知并不以专家给出的统计数字为转移，而更多地依靠人们的主观感知因素，统计数字和公众感知到的风险大小并不成正比。在1994年美国公共健康服务部改编自1981年剑桥大学出版社出版的《可以接受的风险》的《关于健康风险传播的原则和实践的入门书》中，给出了A与B两组风险（表3-3），实证研究表明，关于风险的某些特质使得A组的风险比B组更容易接受。

### 表3-3　风险特征

| A | B |
| --- | --- |
| 自愿的 | 强加的 |
| 可控的 | 不可控制 |
| 好处明显 | 几乎没有好处 |
| 公平 | 不公平 |
| 天灾 | 人祸 |
| 统计上的 | 损失惨重的 |
| 来源可信任 | 来源不可信任 |
| 熟悉的 | 陌生奇异的 |
| 涉及成人 | 波及儿童 |
| 即刻的 | 延时的 |

注：Covello认为与风险认知直接相关的15项影响因子，分别为：

(1) 是否为非自愿接受的风险事项。

(2) 是否为不可控制的风险事项。

(3) 是否为陌生的风险事项。

(4) 是否为不公正待遇下的风险事项。

(5) ＊ 是否为利益规则不明的风险事项。

(6) ＊ 是否为难以理解机理的风险事项。

(7) ＊ 是否为概率难以确定的风险事项。

(8) ＊ 是否为容易引发恐惧情绪的风险事项。

(9) 是否为涉及不可信机构的风险事项。

(10) 是否存在不可抗后果的风险事项。

(11) 是否为直接涉及自身利益的风险事项。

(12) ＊ 是否为违背社会道德的风险事项。

(13) 是否为人为导致（而非自然灾害）的风险事项。

(14) ＊ 是否为确定致死的风险事项。

(15) ＊ 是否为已确定会导致疾病、伤亡的风险事项。

＊ 是表3－3 AB组没有给出的影响因子。

1998年在加拿大召开的国际风险感知和交流学术会议上，哈佛风险分析中心的教授格拉汉姆在他题为《理解风险》的发言中，用形象的语言说明面对风险，公众患上了"大惊小怪和漠不关心综合征"。公众对于从统计数字上看风险很小或者几乎没有的风险往往大惊小怪，而且通常反应过度。而对于统计数字上看风险等级并不低的风险，比如家庭暴力、吸烟、酗酒、肥胖症、缺少锻炼等风险不小的生活方式，以及不会正确使用烟雾报警器、安全带等基本安全设备的潜在风险相当大的行为却往往采取忽视、漠不关心的态度。造成这种奇特的"综合征"的原因有很多，公众所要承担的责任很大一部分转嫁给媒体、政府和企业等其他风险相关者。

近些年，风险交流研究在风险感知心理研究的基础上，提出了"风险＝危害＋愤怒"（risk ＝ hazard ＋ outrage）这一重要命题。等式中hazard代表的是"客观"的风险统计数字，当然由于风险的不确定性只能是相对客观，所以这里仍然加上了引号。Outrage指的是公众主观对某一风险持有的特定态度因子，被称为"风险因子"或"愤怒因素"（outrage factors）。"愤怒因素"不仅扭曲了人们对风险实际危害的感知，它本身也成为风险的一个重要组成部分。在某种程度上说，公众对于风险的感知就成为了风险的现实，它有可能完全就是主观的，这样才会产生前面所述的那么多"大惊小怪和漠不关心综合征"现象。

可以表现为"愤怒因子"的因素很多，具体包括20个风险因子/愤怒因素：

（1）是否自愿接受（voluntariness）。

（2）是否受个人自身控制（controllability）。

（3）是否熟悉（familiarity）。

（4）是否公平（fairness）。

（5）是否具有收益性（benefits）。

（6）是否可能带来灾难性后果（catastrophic potential）。

（7）被理解程度的高低（understanding）。

（8）不确定性的大小（uncertainty）。

（9）造成影响时间长短（delayed effects）。

（10）对儿童的影响（effects on Children）。

（11）对未来时代的影响（effects on future generations）。

（12）受影响者的可辨识度（victim identity）。

（13）是否造成恐惧威胁或忧虑（dread）。

（14）对相关个人/机构/组织的信任程度（trust）。

（15）媒体的报道量大小（media attention）。

（16）事故的历史（accident history）。

（17）危害是否具有可逆转性（reversibility）。

（18）是否关乎个人的利益（personal stake）。

（19）伦理/道德本质（ethical/moral nature）。

（20）人为或自然造成（human vs. natural origin）。

## 二、媒体的特点

普通人对风险的感知很大一部分是通过大众媒体的报道形成的。不可否认，媒体对于大众风险意识的形成有着不可替代的作用。但实证研究也表明，公众风险认知上的扭曲也和媒体不无关系，公众对于风险的不正确估计与理解大多数都是由媒体造成的。

近几年新媒体如火如荼的发展态势，它突出的交互性、分享性和瞬时的传播速度等特征对于风险交流势必会造成不小的影响，由此也开拓了新的研究领域。

### （一）媒体的作用

有关动物卫生风险相关议题想要引起大众的关注，依赖与大众联系紧密的媒体进行报道。大众传媒的信息传播，提高了风险情境的"社会可见度"。而风险本质的"不确定性"也提高了新闻报道的大众吸引能力。同时，媒体有能力也有责任承担起向大众进行风险信息传播的责任。我国风险交流专家郭小平认为媒体具有"对抗风险""揭露风险""具象化风险"等方面的重要责任。

但传统新闻媒体主要是在社会范围内起到影响效果，而并非针对个别的人或群体。人际传播或者现在的新媒体传播才能达到点对点的功效。但有研究表明，把媒体作为主要信息源的人会比其他人更加重视风险、更有危机感。

大众媒体能够营造有风险的社会氛围，但具体到个人，还是相互之间的交流（比如社交）更能对个人对风险的评估产生影响。即在个人层面人际传播的影响大于大众传播。但也并非所有的研究结果都得到一致结论，在媒体风险报道特别集中的时候，大众媒体也能显著影响公众对风险状况的评估和判断。

### （二）媒体的局限

大众媒体对于风险交流具有重要作用，然而媒体也存在局限性，就是所谓的风险交流的悖论——风险社会构成了媒体的传播语境。媒介的风险信息传播，即风险报道与评论，既赋予了传媒作为重要风险交流载体的地位，也为信息传播本身给社会造成的风险奠定了物质基础。就新闻传媒本身来说，很多媒体为了不同的目的在人为制造社会风险。具体说，一是新闻传播越来越受到资本集中等结构上的限制，二是片面追求轰动效应与利润，对风险短期狂热却忽视信息的完整性，三是不断地复制与放大危险画面，遮蔽了其他社会事实，四是新闻业与风险产业的公关联合操纵"渴求风险信息"的受众，五是媒体夸大或缩小、甚至错误的报道，政府通过传媒操纵风险信息也引起争议。

研究表明，新闻媒体提供的有关风险内容的报道真正有价值的信息不多，起不到让观众看后准确评估风险的作用。数据使用很少、对风险的描述使公众不能准确明白风险的实质，有时甚至会产生误导大众的反作用。如，新闻媒体对造成大众对风险的"漠不关心与大惊小怪综合征"也具有一定责任。1997年，Frost对新闻媒体有关风险报道的内容分析表明，新闻媒体对于有的风险会进行明显过度的报道，比如交通事故，对于有的风险则报道不足，而被低估的则有吸烟、心脏病等。

现代媒体普遍存在偏见和煽情主义行为，几乎每一家媒体都有过扭曲或者选择性使用信息的行为，社会对这种倾向的批评屡见不鲜。大部分节目在制作过程中，考虑的不是公民教育而是观众的收视率，因此接近、使用新闻媒体本身就存在风险。由于风险是关乎公共利益的，所以扭曲或者选择使用信息所造成的后果又会特别严重。瞒报、报道扭曲信息，或者用令人费解的语言传播信息，这些行为也会使公众对于风险管理和评估方间接地产生不信任。

对于新闻媒体来说，如果不把将要或已经面临的风险告诉公众，那么新闻媒体"守望者""看门者"的称号就不再符合实际。在现今居于行业垄断地位的新闻媒体垄断信息的时代，对于有特权阶级势力支撑的信息传播，新闻媒体可能更多扮演的是"宠物狗"的角色。在这样的情况下，公众将面临更大的人为风险。

但是，如果新闻媒体事无巨细地将太多的风险告诉人们，那就会产生风险信息的爆炸，公众会变得麻木和无所适从。恰如社会学家默顿所说，有关社会风险的预言往往因为人们麻木的态度而成为自我实现的预言。所以，对于风险报道度的把握也是新闻媒体需要思考的问题。总的来说，媒体应采取自律性与主动性的预防性原则，在对于风险信息的播报上应该特别注重小心求证，而信息传播本身不应该成为另一种风险源。

公众经常将风险交流视为分享权力和权利的一种手段，但风险管理者则将之视为达成健康与安全任务的一种手段，两者认知的差距容易造成沟通的不畅。针对这一现状，Hance等人提出"公众参与"模式，从以政府为主体的参与模式转变为以公众为主体的互动、参与模式。Hance的"公共参与"模式，在新闻传播上体现为"公共新闻学"的方法。

公众是否主动参与风险交流体现出公众的新闻媒体素养。新闻媒体素养包括以下含义：一是能够认识和使用各种传播媒体，获取目标风险信息或知识；二是正确解读、批评和评估风险报道，以做出较为科学的风险决策；三是有效接近、使用新闻媒体，制作传播产品，参与社会的风险论争。公众新闻媒体素养的提升，会消解媒体成为"风险源"的影响。

总的说来，新闻媒体素养是个人素质的一个重要组成成分，要提高新闻媒体素养也不是一蹴而就的。一方面需要公众有这样的自省意识，在接触媒体的时候进行有意识的甄别和比较。另一方面社会各界也要提供一些外界的帮助，比如可以对一些哗众取宠真实性差的小报类媒体进行适当的批评和通报，让更多的公众知晓严肃报纸与小报在真实度上的差别。这样在遇到风险信息的报道时，公众自身会形成一个相对正确的判断。

### （三）新媒体与风险交流

新闻界将互联网平台、手机信息平台称为新媒体。对于新媒体来说，信息传播实际上是信息沟通和交流。新媒体的瞬时传播信息特征可以使风险从风险源的爆发到公众对其知晓之间的时间差近乎为零。新媒体的交互性对于风险交流是方便、及时的，新媒体的平台对于多元化观点的展示提供了极佳的平台。

但这种优点在某种角度看来，很有可能成为缺点。新媒体的匿名性使得观点多样，新闻自由也达到传统媒体没法做到的地步。但匿名、不负责任谣言的传播也成为新媒体为人诟病的一大原因。而谣言对于风险信息真实度的影响是很大的，由于在新媒体上传播虚假信息特别简单、容易，所以虚假信息的迅速扩散很容易引起大众的恐慌，更有甚者，在真正的风险出现的时候，反而会导致大众的这类信息的麻木，从而不引起关注。除了谣言的隐患，新媒体传播的无序性、碎片化也导致事件的完整度、逻辑性受到了破坏，这造成了新媒体对于风险信息传播的不可忽视的缺点，因为如果对于某一风险只有一知半解的了解，那么任何人都不可能依据这种碎片信息对风险或事件作出相对正确的判断，从而形成正确的态度和采取理性的行动。

## 第六节　风险交流面临的困难与障碍

即便现代信息传播技术有了革命性的进步，风险交流依然存在一定的障碍。根据来源，风险交流的障碍大致可分为两类，第一类是内部障碍，包括机构障碍和程序障碍，第二类是外部障碍，这种障碍在所有的风险交流情境中都可能碰到。风险交流的障碍是存在的，甚至可以说是固有的。意识到这些障碍和知道怎么克服它们，对有效的风险沟通来说相当重要。

## 一、风险交流过程的内部障碍

为确保风险管理策略能有效减小风险对公众造成的危害，风险交流在风险分析过程中扮演着至关重要的角色，在这一过程中的很多交流是在内部进行的，包括风险管理者和风险评估者之间的信息交互传播等。在风险分析过程中，危害识别和风险管理这两个关键环节需要所有的利益相关者之间进行广泛的风险交流，以帮助提升决策的透明度和提高结果可接受度水平。

### （一）信息获取

风险分析过程中很多关键信息并不是轻而易举获取的。很多情况下，出于保护自身商业竞争地位的需求或者其他商业上的原因，企业或者私人团体对所掌握的风险关键信息不愿和政府机构共享。有时，一些政府部门自身也不愿意公开讨论他们掌控的风险因素的信息。

无论是对风险管理者还是其他利益集团来说，在任何情况下，完全掌控所有相关风险信息都是不可能的。由于无法获得关于风险的关键数据，危害识别和风险管理中的交流工作会更加艰难。

### （二）交流过程中的多方参与

风险分析过程中，利益相关者参与的缺失会对结果造成相当大的影响，这对于有效的风险交流是个很大的障碍。利益相关者的参与是必要的。参加了风险交流，利益相关者在风险交流过程中有参与定义风险的机会，在决策制定环节中也有表达自己对相关措施的态度和看法的机会。这样，能够保证各方利益都会在决策过程中被考虑到。通过多方参与，风险交流的效率和深度得到了提升。不同层面的利益相关者广泛地参与决策，也能够改善各利益集团对风险分析过程和决策的目标指向的总体理解，当他们的关注点在交流过程中已经得到了充分表达，其困难也得到解决的时候，对风险管理措施的交流也会相应变得更简单，利益相关者对于决策提出质疑和抗拒的可能性会减小，协同抗拒风险、采取一致行动的可能性会变大。

然而，这一过程中所有利益相关者的有效参与并不是容易达到的目标。总体上，在政府和产业界这方面，发达国家已经有了相当大的进展，但在很多发展中国家，很多利益相关者还不能参与风险交流。理论上，风险分析过程中能够参与交流的利益相关者涵盖得越广泛，对于国家水平的风险管理就越有效。但相当多的国家政府还没有建立一套能够让所有利益相关者在风险分析关键环节中都参与进来的机制。

有些参与缺失在于风险分析过程以外的因素。比如，很多民间组织甚至还有一些政府，缺乏具有较高专业素养的专家和必要的资源。有些参与缺失在于风险分析过程内在的障碍。比如，有些关键会议出于历史和管理原因不对公众开放，这使得利益团体在决策过程中被排除在外。

针对这个问题，相关机构应该尽量寻找有资格的专家和必要的利益相关者作为决策过程参与者，提升自身的影响力。还需向公众代表团体、消费者组织和其他利益集团提供培训项目，使他们有能力、有效率地参与到风险分析过程中来。

## 二、机制障碍

风险交流机制上的缺陷是导致风险交流障碍的关键问题。风险交流机制上出现问题，也会导致交流过程不畅。比如，讨论会过程太短，没有足够的时间允许利益相关者进行充分讨论，很多需要的文件在会议开始前都没有准备好，报告文书也倾向于把焦点放在决策结论而不是过程上面，这使得结论通常会显得模糊不清。

风险交流机制除了受科学性的影响，也受到法律、法规和各种规章制度的影响。没有统一的法律和规章制度，风险交流就没有统一的指导原则。统一指导原则和行动纲领的缺失，会导致风险交流过程中主观性起主导作用，对于科学的风险交流是重大障碍。建立合法、统一的风险交流原则在风险分析中是去除障碍的一个关键步骤，能够改善了风险交流的宏观环境。

## 三、复杂社会环境中的交流障碍

风险交流是科学的、社会的、多维的和反复的过程，在复杂社会环境中，利益相关者之间的风险交流遇到的很多困难都会在某些方面具有一致性。

### （一）看待风险的不同角度

对同一个风险，每个人感知到的风险会有很大差别。一些公众对风险的理解可能与风险评估者和管理者对重要危害的特性，与这些危害相关的风险的严重度、广度，风险的重点、梯度等问题的解释不尽相同。还有公众只对解决有关他们切身利益的信息感兴趣，对专家提供的技术上的风险评估不注意。比如，某个风险在经专家评估以后，认定是低风险的，但是一部分公众感觉他们不是自愿而是被迫要承受这个风险，那对比另一种更高风险的但是公众感觉他们对此是可选、可控的，公众很有可能会对低评级的风险表现出更加明显的恐惧感。

风险交流的有效性能够通过在利益相关者和大众之间建立对话机制得到提升，可以通过公开会议、重点问题讨论、民意调查和其他方式进行。

### （二）接受度的差异

面对风险，很多人都存在侥幸心理，很多人天生态度乐观，相信他们自己是幸运的，风险不会变成危害，或者相信他们比其他人遭受风险的概率要低，从而没必要关注风险信息。有些人则盲目相信他们比普通人掌握更多的知识，他们会忽略那些自认为传播给"普通大众"的风险信息。同时，有些人喜欢冒险行为，甚至渴望参与冒险行为。上述这些人通常会错误理解风险以及风险可能带来的危害。

要和这些不善于接受风险信息的大众进行有效沟通，关键是要理解他们的态度、信念和关注点，然后在风险交流的信息中去解决这些关注点。

### （三）对科学分析过程理解的缺失

过度运用复杂深奥的科学术语可能会使得大众不容易理解风险分析的结果。如果信息和结果表述晦涩难懂，那么分析结果很有可能被误解。除非科学的不确定性已经得到了普遍承认，并且已经存在于大众语境之中，否则公众可能不会对风险的已知和未知有准确的认知。同样，除非利益相关者已经对风险的判断具有了统一的标准，而这种统一的价值判断标准是进行风险评估和风险管理的有机组成部分，在进行决策的时候参考同样的判断标准，公众才有可能准确理解风险分析过程、决策过程依据的判断原则以及其科学性。公众态度，一旦形成是很难改变的，因为公众倾向于选择那些支持他们已有信念的信息。

为了解决这些障碍，风险交流应该尽可能运用非技术的词汇，不得不用的技术术语也要加上简单清晰的解释。风险分析人员要对分析过程和所依据的原则进行必要的解释，使得不具备专业知识的人员能够理解这些信息和依据这些信息得出的结论。风险信息传播者要努力减小他们和大众之间的"知沟"，明确清晰地解决任何在风险分析中的不确定处和价值判断信息。

### （四）来源可信度

公众对所有信息来源的信任程度不完全一样。在不同的风险信息从不同的来源处获知的情况下，公众只会对更有可信度的信息源作出积极反应，而低估其他信息源发出的信息。

提升信任和可信度的因素包括公众对传播者的准确度和知识及公众对公共利益关注度的感知。如果传播者表现出对公众风险关注点的注意，则也会促进信任的建立。如果公众感知到传播者有所偏见，或者传播者过去有过不准确信息传播的"不良记录"，那不信任就无可避免了。在包含有很多不确定因素的情况下，或者公众认为没有精确的结论时，信任显得尤为重要。风险评估和管理过程的透明程度、是否可以公开受到公众的质询，这些因素对于信任也同样重要。一旦失去公众的信任，要想再次获得信任非常困难。

### （五）媒体

公众获知关于风险的信息部分来源于媒体，但有时候大众传媒做不到对风险信息的精确传播。特别是媒体报道涉及复杂技术和科学知识的风险信息的时候，需要新闻媒体具有足够的科普知识和丰富的报道经验。媒体在涉及高端技术问题信息传播的时候，要想写出一篇科学性和可读性很高的报道是很难的，尤其是在面临截稿时间压力的情况下更是如此。媒体对于报道的新闻价值有自己的判断方法和过程。在风险管理者和其他技术专家看来，媒体经常把笔墨过于集中于冲突和争议的阐述和讨论，偶尔也会以煽情的手法夸大风险以期获得受众对报道的注意。虽然媒体的报道不是篇篇如此，但也会对风险交流造成一定的影响。

如果风险管理者和其他负责风险交流的组织或人员不熟悉新闻媒体的工作方式，不知道怎么和记者协调合作，那么有关风险交流的质量和准确度就会受到影响。比如，在动物食品安全领域，当出现一个食品安全危机时，危机造成的灾难迫在眉睫、引起公众极大不安的时候，更需要媒体和风险管理者加强合作关系。

风险传播者需要培训自身的新闻媒体技巧，应该和新闻记者建立长期的合作关系。在紧急情况下，在风险交流计划制订和信息反馈过程中都需要有专业人员负责专门应对媒体和负责信息发布工作。在这样的情况下，由于风险交流的需要，某些媒体认为"没有新闻价值"，但是确实对公众消除恐慌、理解风险实质有帮助的信息，就需要由专家负责组织，通过公众服务通知或付费广告的形式传播给公众。

## （六）社会特征

动物疫病风险交流与所处社会环境的特征有关，特定的社会特征会造成风险交流障碍。这些风险交流的障碍与风险信息发布者和接收者的特征没有关系，也和媒体、信息本身无关。能够产生风险交流障碍的社会特征因素包括语言差异、文化因素、宗教、文盲率、贫穷、法治、技术和政策资源的缺失，也与风险交流所必要的基础建设的不健全有关。这些因素在国家内或国家与国家之间都有所不同。

除了上述的因素，群体与群体之间社会经济地位的极端不同所产生的社会交流障碍显得特别突出。比如，如果温饱都成问题，那对动物食品安全的关注自然无足轻重。其他障碍还包括物理上或者地理上的因素，在一些地理区域的人要想获知风险信息特别艰难。同样，政治压迫会使信息的自由交流受到限制。

进行风险分析的过程中，需要考虑所处环境的社会特征因素。不同社会的风险分析过程只能借鉴，而不能照搬。在风险交流目的、过程和措施的设计过程中，都要考虑所处社会的特征因素。在风险交流过程中，要特别注意解决阻碍风险交流的文化和社会特质障碍，并且这些障碍需要当作风险因素看待。放置在市场、健康中心、学校、公共汽车的展览板、海报和传单等传统信息传播媒介很适合用来进行社会准则教育。在一些国家，公民经济状况和社会福利的改善，包括在减少贫困方面做出的进步，都能够提升个人和政治的自由度，在所有领域提升教育的普及程度，并且社群活动的参与度也得到显著加强，这些对风险交流的有效性的改善都会做出贡献。比如为了增强动物食品安全沟通，提升农村妇女的地位就会是一个特别有效的社会策略。

## 第七节 风险交流的原则和流程

## 一、风险交流的原则

### （一）理解公众，取得信任

心理学研究表明，公众的风险感知存在很多不科学和感性的因素，为了更好地进行风险交流，需要把公众置于由利益相关者构成的信息交流网络中。要实现有效的风险交流，站在广大公众的角度看问题，设身处地地为公众着想，同情和理解公众是不可或缺的。

实施风险交流之前，应该对受众群体进行分析，并将他们分解成不同的子群，分析每个子群的动机和观点。理解公众的担忧和感受，在风险分析者、管理者与公众之间构建并保持开放的沟通渠道。聆听所有利益相关者的诉求是风险交流的一个重要组成部分。

理解公众，开展有效的风险交流，是要培养知情和参与的合作群体，而不是把公众当作被动受体，不是避免公众采取行动。只有这样，才能取得他们的信任、支持与合作。

### （二）保障相关专家客观和独立参与

风险分析者只有与不同层面的及代表不同利益群体的专家进行沟通，允许这些专家参与，才能保证分析结果的全面性、科学性。专家可以被看作风险评估方，他们的任务是能够解释风险评估所涉及的概念和过程。专家要能够解释他们评估的结果和所依据科学数据的意义，还要解释假设和依据客观数据得出的判断的意义，使风险管理者和其他的利益相关者能够清楚地理解风险。专家还必须清晰地将他们了解的情况以及他们不了解不知道的信息传播给大众，并且需要解释风险评估过程所涉及的不确定性。反过来，风险管理者必须能够解释风险管理决策是怎么形成的。需要注意的是，要保障各方专家客观、独立地开展研究，充分发挥科学家对政策进行建议和监督的作用，避免政治控制科学或以特殊的方式变相让科学成为错误决策的依据。

### （三）尽早实施科普

在实施风险交流过程中，管理者和专家需要向利益相关者传递大量相关的有用信息，这些信息会涉及大量的专业知识。然而，对不同公众需求的回应（公众、养殖户、媒体等）和因群体而异地准备有效的信息等，都需要耗费大量的时间和精力。在危机暴发时，风险管理者和技术专家们可能没有时间或者技术来完成复杂的风险传播任务。因此，在风险交流开始阶段必须尽早开展所涉专业知识的普及。通过重复地传播，很多专业知识有可能变成常识。

### （四）确保传播信息的准确性

来自可信任信息源的信息比缺少可信度的信息源更能够影响到公众对风险的感知。信息源可信会根据目标公众所受危害、文化、社会、经济地位和其他因素的特性有所改变。如果从不同的信息源获取了前后一致的信息，信息的可信度就有了保障。

决定信息源可信度的因素包括传播源的能力、专业素质、确实性、公平度以及表现出的零成见姿态等。比如，经调查，普遍被公众冠以高信度的词语有：事实的、博学的、专家、公众利益、负责任的、充满信任的和无污点历史记录。机构或者个人的可信度必须小心培植和维护，哪怕有了一次没有效果或者不适当的信息传播，信任就会受到侵蚀，公信度会下降。研究表明，公众认为的不可信任或低可信度通常和信息的夸张、扭曲和利益牵涉有关。

### （五）共担责任

全国、区域和地方层次的政府部门、事业单位和科研院所等公共机构，对于动物疫病风险交流需要共同负起相应的责任，各司其职才能够使风险交流更加有效。公众期望政府在管理公共卫生风险时能起到领导的作用。当风险管理决策需要调整监管或者自我控制的时候更是如此。而当政府的风险管理措施是不打算采取任何行动时，也需要给出合理可靠的解释。为了理解公众的关注点，确保风险管理决策能够对这些关注做出适当的反应，政府需要调查公众对风险的了解程度，也要调查公众对不同的风险管理措施的理解程度和认知程度。

媒体在交流过程中扮演着关键性的信息传播媒体的角色，因此也需要承担相应的责任。对于涉及人类健康的直接风险，尤其是会导致潜在重大公共卫生后果的风险，比如食物中毒，对这类风险的信息传播方式就不能和影响较小的、间接的食品安全问题一样。

企业对风险交流也要承担起责任,特别是当风险的来源就是它们的产品或者是生产过程导致的情况下更是如此。风险交流过程涉及的其他利益相关者(比如媒体和消费者)对沟通的结果也负有共同的责任,他们各方所负的责任或许各不相同,但是必须依据各自的社会责任承担相应的后果。由于科学必须作为最终决策的基础,所有利益相关者应该懂得支持风险评估和风险管理决策政策的基本原则和数据。

### (六)理解事实和期望的不同之处

制定政策时,一定要区分事实和大众的期望。进行风险交流时,报道和传播已知的事实非常必要,同时也必须关注风险管理决策中的不确定部分。风险信息传播者应该负起解释已知和告诉公众未知情况的责任。在对风险可接受水平的确定上,公众的期望起到了很大的作用。风险交流应该劝说风险的可接受水平让公众接受。比如,很多人认为"安全食品"就是零风险食品,但是零风险通常是不可能达到的。实际上,"安全食品"通常的意思是"足够安全"的食品。风险交流的一大功能就是要把这个弄清楚。

### (七)保证过程透明

为了让公众接受风险分析过程和结果,整个风险分析过程必须是透明的。在尊重立法保护和保持某些必要隐秘性(私有信息或者数据)的前提下,风险分析要保持透明度,包括风险分析的过程是开放的,并且保证在分析过程中接受利益相关者监督。在风险管理者、公众和其他利益集团之间的有效、多方交流既是风险管理的重要组成部分,也是获取透明度的重要手段。

### (八)正确理解风险

对于风险的正确理解,是公众风险素质的表现之一。正确理解风险的前提是将风险、风险分析有关技术和过程放在当前社会和利益背景中考察。正确理解风险的方式是进行风险类比,把想要掌握的风险和另一种在相同背景下的风险进行比较。不过,在进行风险类比时,如果故意将其与那些能使当前风险看起来更容易接受的风险进行比较时,就会造成利益相关者对风险观点的扭曲。风险类比只有在以下情况下才能使用,一是两个(所有)风险都是在科学基础上进行分析的,二是两个(所有)风险的利益相关者有共同特征,三是两个(所有)风险的不确定度相似,四是风险分析者已经将风险对公众进行了合理的解释,并且已经基本解决了公众担忧的问题,五是有关的物质、产品或者活动自身都是可以直接比较的。

## 二、风险交流的流程

良好的动物疫病风险交流首先要收集背景和所需信息，接下来是交流准备、数据整理和散布信息。这是一个反复和迭代的过程。

### （一）背景和信息

风险交流需要精心设计，文森特教授总结出了风险交流的3个步骤，一是风险对比，二是风险叙述，三是信息展示。在风险交流过程中，一定不能低估受众，不能认为接受信息的大众是被动的、消极的或者木讷的。交流过程中，一是需要在信息中加入足够的背景信息；二是数据要形象化、具体化；三是用频数描述统计数字，而不是用概率描述；四是使用图表或照片等直观的载体描述的数据更容易被受众接受；五是使用受众容易接受和理解的语言；六是谨慎选择风险的横向比较对象。

在进行风险交流前，需要做好以下准备工作，一是理解风险的科学背景和相关不确定性；二是通过民意调查、访谈等方式理解公众对风险的感知；三是明白人们想知道什么样的风险信息；四是从公众的视角来看待风险和理解风险。

### （二）准备和集成

做好风险交流，要做好以下准备工作，一是避免将熟悉的风险和新风险作对比，这样的类比可能会不够严谨准确，除非两种风险确实很相似；二是不但能够认识和理解科学的数据，还要能够认识到风险感知的情感层面，做到"通情达理"。带有同情心进行交流，对于明显感情用事的公众不要只用逻辑性语言进行说服；三是对于同一风险，可以用几种不同的方式表达，确保不回避风险问题；四是对风险评估和标准设定中的不确定因素做出清晰的解释；五是在所有的交流活动中保持开放、灵活，并需要有明确的公众意识；六是了解不同利益相关者在风险过程中的损失和收益，以便在风险交流过程中对风险利益进行说明。

### （三）散布和传播

进行风险交流过程中，需要做好以下工作，一是以可以理解的方式，通过描述风险/利益的信息和控制措施表明公众是交流过程的合法参与者；二是解释公众所关注的问题，减轻公众的忧虑，不回避可能会发生的危害，对于公众所关心的风险内容要和对待专家提供的风险数据一样重视；三是在讨论所有问题的过程中保持诚实、坦率和公开；四是在解释风险评估过程所给出的数据时，在展现数字之前先解释风险评估的过程；五是和其他可信的信息来源合作；六是对媒体的疑问需要积极回应。

### （四）回顾和评估

应该定期、系统地对风险交流的努力程度、计划实施进程和效果进行评估，以确定它们的有效性或做出相应的调整。首先对交流是否达标进行评估。这应该包括风险交流覆盖的风险人群比例、降低风险措施的正确性和危机解决的程度这几项内容。此外，还需要对风险交流涉及的各个环节及环节之间的衔接与合作状况进行评估。

为了调整和改进不断进行的传播活动，从风险交流积极成功的经验和消极失败的教训中学习是很重要的。只有通过贯穿整个交流过程的系统性评估，风险交流的效力才会加强。

 **第八节 风险交流策略**

风险交流策略需要结合实际问题制定，不同的情境需要应用不同的风险交流策略。在制定策略过程中，需要考虑交流的目标、任务和可能面临的困难、障碍以及有效开展风险交流的原则等方面。尽管风险之间有很多相似之处，不同的风险之间还是存在着明显的差异，由于这些差异，风险交流需要运用差异性的风险交流策略。

## 一、风险交流的策略模式

经过多年的风险交流实践，有关学者提出了APP模式、CCO模式和TBC模式。这些模式各有千秋，在实践中需要根据实际情况借鉴有关模式的要旨。

1. APP（期望—准备—行动，anticipate-prepare-practice）模式。这个模式强调的是要做充分的准备工作。APP是指要合理设想会出现的情境，即风险承担者和合作者等会提出的关于风险的问题和关注点。在这样的基础上准备相关信息进而采取必要的措施和行动。

2. CCO模式（即同情—确信—乐观，compassion-conviction-optimism）。这个模式强调在交流中信任营造的重要性。研究表明，在风险交流开始的7～30s之内，表现出倾听、关心和同情姿态的传播者在随后进行的沟通中最有效。风险信息接收者决定是否接收一条风险信息时，信任在所有影响因子中占到了50%的权重。因此，在风险交流方案设计过程中，需要考虑如何获取对方信任，这个因素是风险交流成败的关键因素之一。

3. TBC模式（即信任—利益—控制，trust-benefits-control）。这个模式强调的是对交流各方情感和理性因素的把握。"信任"是指风险交流人员在风险交流过程中，要表现出倾听关心的态度，展示专业知识和能力，使信息接收者感受到诚实、透明、可信。"利益"是指交流中充分考虑到了相关各方的利益，并在交流过程中体现对方的利益。"控制"是指在风险交流过程中，风险交流人员使交流参与者感受到风险已处于掌控之中。

## 二、结合公众"愤怒因子"的交流策略

这里所谓的"愤怒"指的是公众的关注程度。萨德满教授认为完善的风险交流在考虑风险主体的"感知"因素基础上，需要对针对风险的"危害"和公众"愤怒"因子的不同组合，进行差异化的处理，选择不同的风险交流策略。

根据"危害"和"愤怒"因子组合的不同采取的风险策略也应该是应时而变的。总的来说，有下面所列特征的风险，公众的关注程度会更高：

（1）未知的、不熟悉的或者稀少的灾害。

（2）由他人控制的风险。

（3）来自企业行动或者新技术的风险。

（4）科学不确定性显著的风险，专家之间就危害的可能性和严重性意见不一致的风险。

（5）引起道德伦理问题的风险，比如风险分配不均，社会某部分群体置另一些人于风险之中。

（6）不负责任或者不透明的风险评估决策制定过程。

据此，萨德满教授把风险交流分为4大类型（图3－3）。

（1）预防策略（precaution advocacy）。当风险主体不知情，但是一旦风险发生会造成

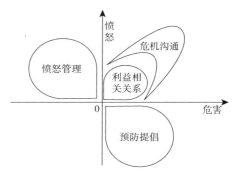

图3-3　风险交流的4种类型

较大损失的时候，就要采用预防策略。在这种策略下，沟通的主要目标是对缺乏警惕/漠不关心的人们提出严重风险的预警。

（2）风险管理策略（outrage management）。当风险主体关心事件进展、能够通过不同渠道获取较多信息，且一旦风险发生不会造成较大损失的时候，就要采用风险管理策略。在这种策略下，沟通的主要目标是向风险主体说明风险状况，表明风险并不严重，而且一旦危害发生，政府有足够多的方法应对风险。

（3）危机沟通策略（crisis communication）。当风险主体关心事件进展、能够通过不同渠道获取较多信息，但是一旦风险发生会造成严重损失的时候，就要采用危机沟通策略。在这种策略下，沟通的主要目标是说服风险主体与风险管理者合作，群策群力应对当前危机。

（4）信息沟通策略（stakeholder relation）。当风险主体对事件的关心和事件一旦发生后的危害都处于中等水平，就要采用信息沟通策略。在这种策略下，沟通的主要目标是与感兴趣的人们讨论一个重要而并不紧急的风险。

为了缓和公众对风险的焦虑，可以选择采取以下策略：

（1）当有可能性的时候，让公众决定选择，使风险变成自愿的。

（2）承认不确定性。

（3）让公众知晓专家的不一致只不过是对双方都不确定方面的分歧，而不是根本分歧。

（4）不同的利益群体分享控制的权利。

（5）谦虚地对待各利益团体。

（6）总是严肃认真地对待焦虑和抱怨。

## 三、非危机情境下的风险交流策略

危机情境下的风险交流是很重要的，但非危机情境下的风险交流也很重要。在没有明显可辨识的风险情况下和只是对认识到的危害进行常规风险分析时，风险交流也是同样重要的。在这种情况下，制定风险交流策略应考虑以下方面。

### （一）背景和信息

在制定风险交流计划时，所需要的背景和信息方面的内容，一是在危害变得明显之前有所预计；二是充分考虑公众对危害的感知，重视他们关于风险的知识和相应的行为；三是分析风险交流的目标公众，理解他们的行为动机，尽量全面认识公众焦虑的内容和焦点以及他们感知到的重点；四是分析使用恰当的信息传播渠道和合适的交流信息。特别在进行信息交流渠道选择的时候，首先应注意应用大众媒体传递信息，其次应结合其他合适的渠道传递信息。研究表明，多重渠道综合运用，能够使信息传播达到更好效果。

### （二）准备和集合

做好风险交流，要做好以下准备工作，一是向关注风险的群体描述确定风险的科学依据是什么、如何对风险进行监控以及个人如何控制或者减少风险；二是使相关人群认识到分享信息的益处，并帮助个人找到分享信息的方法；三是通过强调风险交流的趣味性和科学性并重，而非简单罗列统计数据，才能使得信息材料生动有趣，从而引起有关人群的注意；四是正确认识媒体、意识到媒体在传播风险信息中的巨大作用。对媒体来说，宣称风险比宣称安全的信息会更加具有新闻价值。正确应用媒体的这一特点，将媒体作为有价值的工具来使用。准备适合媒体报道使用的信息材料，与媒体进行良好沟通与合作。

### （三）传播和发布

进行风险交流过程中，需要做好以下工作，一是尽可能利用大众媒体讨论公众焦虑的问题。比如利用电视转播专家、当地意见领袖在公共论坛上的发言；二是持续性进行沟通，使得公众能够根据自身价值观和目标做出决定，对潜在的风险损失和风险利益有更加全面的理解；三是多渠道进行风险交流，不仅仅构筑从技术专家向公众的传播渠道，也要构筑公众向专家的信息流动渠道；四是不断加强公众的参与合作意识。让公众感受到他是处于一个健康宣传教育活动的中心，而且风险管理的各项措施要由他们来落实，同时风险危害也由他们来承担；五是开展健康教育并不断拓展健康教育渠道和方式，培植有效的公众和利益群体参与行为。

### （四）回顾和评估

在所有的风险交流策略中都应该增加"评估"这样一个组成部分。评估的作用有 3个，一是了解和评估风险交流是否达到目标以及多大程度上达到了目标；二是评估风险交流工具是否恰当以及哪种工具最有效；三是传达给利益相关者这样一个消息：他们始终在受到关注。

把风险交流整合到风险评估和风险管理活动中，可以增加风险分析的有效性，确保资源正确使用。对风险评估者和管理者进行风险交流原则和方法的教育和培训。

有效的风险交流能够打破政府部门之间、政府和非政府组织之间、公众和私人领域之间的传统界限。合作是至关重要的，需要在社会各个层级之间建立平等的合作关系。

## 四、危机情境下的风险交流策略

　　危机情境指的是外来病、突发病及新发病暴发时候的情境。尽管风险交流的一般原则和非危机情境下的风险沟通策略此时依然适用，但是还需要把握一些特殊的原则和策略。此时的风险交流具体目标有3个，一是使兽医主管部门及时了解危害发生情况；二是防止引起恐慌；三是及时发布信息，帮助公众决定需要采取的行动；四是帮助决策者进行正确的决策和为有关措施的实施创造有利的环境。

　　1. 建立应急风险交流系统。进行危机情境下的风险交流，首先需要建立或启动两套应急风险交流系统并保证其有效运行。第一套系统是负责处理动物卫生事件各方共享信息的网络系统。政府、研究机构、疫控机构、养殖场、牲畜加工处理机构等应该以准确、简洁、可行的形式在网络中相互交流信息。

　　第二套系统是向公众和媒体发布信息的系统。这包括2个方面，一方面是直接面向公众的交流机制，包括公众走访、广播公告、免费电话帮助热线。对危害波及人群尽可能安排一对一的咨询和帮助。另一方面是面向媒体的新闻发布机制。

　　2. 面向媒体的新闻发布，新闻发布工作要注意把握好6个环节。

　　第一个环节，在处置突发事件的工作班子中，应该有专人负责新闻发布工作，并成立相应的工作小组，任务主要是负责发布新闻、受理记者的采访申请、记者采访的安排和记者的管理。

　　第二个环节，在研究和决定处置突发事件的工作方案的时候，必须包括新闻发布工作的方案，并且将新闻发布的工作方案置于重要的位置。

　　第三个环节，要立即形成接待安排记者的方案。这里的接待，不是食宿安排，而是记者采访安排。

　　第四个环节，对一些有发展过程的突发事件，要设立新闻中心，并及时向记者提供情况，这对组织记者采访和加强记者管理都会带来很大便利，减少很多麻烦。

　　第五个环节，根据不同媒体的特点来组织新闻发布。

　　第六个环节，要随时了解外界舆论的有关反应，善于组织好有针对性的答疑解惑的新闻发布，以减少对处置突发事件工作的各种干扰和不利影响。要关注媒体报道，根据媒体报道来组织后续新闻发布，答疑解惑。

3. 危机情境下新闻发布要把握的原则。

（1）第一时间原则。突发事件发生后，在"第一时间"发布信息，可以抢占舆论先机，掌握舆论主动权，避免谣言。否则，在舆论上就会陷入被动，公众还会对政府公信力产生质疑。避免利益相关者有诸如"为什么你不早些告诉我？"这样的怀疑心理产生。

（2）确保透明原则。研究表明，公众在危机期间获得的信息越多，对有关部门的信任就越高。只有公开、透明，以清晰信息克制模糊信息，才能控制谣言，夺取舆论主导权。

（3）渐进式发布原则。突发事件发生后，兽医主管部门很难在短时间内搞清楚危害的来龙去脉，对其全面认知需要一个过程。这种情况下可以分阶段、分层次发布危害信息，不应等到事件处理完后再发布新闻。在事件发生之初，信息发布只要及时、简单明了就行。例如，已经发生的危机状况和何时何地何人受到威胁等。当然如果能告知何原因更好。做到这些基本就能把握舆论导向的主动权。以后可再根据事件的进展情况，连续不断地实施新闻发布工作。

（4）真实、坦诚原则。真实是新闻发布的生命。新闻发布不能说谎，说出去的话要站得住脚、有根有据，经得起推敲。特别是在突发事件期间，不论出于什么动机都不能欺骗公众。虚假信息迟早会大白于天下。一旦这种情况发生，政府将失去人们的信任。特别要注意的是编造一句谎话，往往需要无数的谎言来圆，直到最后完全败露。当然，这并不是说，新闻发布要随时"实话实说"。什么问题该说，什么问题不该说，什么时候说，说到什么程度，都需要斟酌。特别是关系到大众利益的新闻发布，往往需要有关部门或主管领导的授权。有些话你可以不说，但决不能说谎话。

（5）人情味原则。突发事件中人员伤亡、财产损失等是公众最关心的。此时，充分关注与同情可以建立官方和大众的心理共鸣，并使危机管理方面赢得大众的信任。建立信任对于处理危机事件是非常重要的。新闻发言人或主管机构在突发事件发生后，特别是发生了造成了人员伤亡的突发事件后，特别要把事件造成的危害作为新闻发布的重点，要表现出政府对公众生命财产安全的关注和关心。这样才能在公众心目中建立起一种亲和形象，才能领导各个方面的人员通力合作，克服困难，度过危机。

（6）口径一致原则。突发事件发生后，政府部门发布信息最大的问题就是各部门各自发表态度传播信息，甚至造成互相矛盾的信息传播。各部门无序、混乱的表态往往会造成公众的困惑、猜疑和恐慌，并引发新的危机。为了避免出现上述情境，进行信息发布时应注意以下几点：一是突发事件发生后，应由新闻发言人或指定的新闻发布人统一对外表态，形成有效的对外沟通渠道，其他人员应该回避擅自对媒体说话。二是表态应该前后一致，不能前后反复和前后矛盾。三是要拟定统一的表态口径，如果需要主管领导表态，需要提醒主管领导信息发布的口径。

面向公众和媒体发布信息，一是包含危机的性质和程度以及控制危机所采取的措施；二是包括波及畜禽范围、种类以及如何处理有关动物或动物食品；三是已危害的种类和特征；四是何时和怎样获得必要的援助；五是如何防止和规避风险。

随着突发事件的进展，还需要对这两套系统进行及时的评估和调整，以保障交流的有效性。如果事件已经波及国外，则需要主动依据国际条约进行充分的信息交流。对于卷入突发事件的养殖户、养殖场等相关单位，应该确保他们向政府提供疫情发生的可能原因和问题严重程度的信息，以及有关处置动物或动物食品措施的预期效果的信息等。

## 第九节 英国疯牛病事件分析

1986年，英国兽医人员首次发现疯牛病，但是英国政府没有及时采取有效的风险管理措施，致使疫病不断蔓延。疯牛病疫情从发生到得到控制，在英国肆虐近20年。疯牛病疫情由一场普通的农牧业疫情，发展成为一个国家乃至整个欧洲地区的社会、政治危机。

疯牛病是病死率很高的人畜共患疫病。疯牛病事件极大打击了英国养牛业产业链。到2002年，英国共屠宰病牛1 100多万头，经济损失达数百亿英镑。更重要的是，事件深深地触动了英国社会。此次事件最大限度地动摇了英国公众对其政府科学建议的信心。英国政府，以及"政府—专家"决策共同体的社会公信力跌入谷底，事件造成的影响是深远且具有破坏性的。至今，这一事件在英国、欧洲乃至世界范围依然余波未平。

英国疯牛病事件是影响现代西方动物卫生风险分析的大事件，也是影响西方科学与社会关系变化的重要事件之一。事件的核心是如何处理对牛的已知危险和对人的未知风险的关系问题，尤其是在风险交流中如何处理公众的风险认知问题。科学与不确定性所引起的风险管理的矛盾和如何处理风险交流的难题在疯牛病事件中极大地突显出来。

疯牛病事件也对后来英国以及西方其他国家政府科技（包括风险交流在内的风险分析）政策的制定、科学与社会关系的发展都产生了深远的影响。自疯牛病事件后，英国政府已经开始在科技的风险交流等方面做出改进举动，并建立政府、科研人员和公众之间对话机制。1998年联合国粮农组织（FAO）和世界卫生组织（WHO）关于食品标准和安全事务的联合专家咨询报告也对风险交流做出了较大篇幅的阐述。

在今天科学技术发展和风险全球化的背景下，中国同样面临着科学技术发展引起的不确定性问题，如何促进兽医流行病学、风险分析等技术的发展，大力促进畜牧业发展，同时防止其潜在的负面效应和危险，使畜牧业发展与社会发展两者形成良性的互动，是中国兽医界和风险分析管理专家需要思考的一个极其重要的问题。研究英国疯牛病事件风险交流策略，有助于更深刻地认识正在发生变化的科学与社会的关系，从而为我国包括动物卫生管理有关的政策制定，尤其是风险交流政策的制定和实施，以及构建科学与社会的协调发展提供思想基础。

## 一、疯牛病事件的演变与英国政府的应对

1986年10月25日，位于英国东南部的阿福什德镇发现了1头病牛。发病之初，这头病牛无精打采，然后出现神经症状、运动失调，站立不稳，步履踉跄。到后期口吐白沫，倒地不起。11月，英国中央兽医实验室在对此牛进行解剖鉴定后，提交了一篇临床报告，认为病牛所患得的是"罕见的牛进行性海绵状脑病变"。翌年10月，英国环境食品与农村事务部实验室进一步调查分析后将该病命名为"牛海绵状脑病"（俗称"疯牛病"）。

此后，英国环境食品与农村事务部（Department for Environment Food & Rural Affairs，DEFRA）曾在大约6个月的时间内禁止公开任何有关新发现的疯牛病的消息。DEFRA严格垄断相应的研究工作，其主要手段就是不向他人提供病牛的活体组织，如果兽医检查出疯牛病，该病牛则立即被宣布为国家财产而扣留。DEFRA决定对诊断方式和治疗手段不设项目研究，因为屠宰销毁是最简便的途径，不必去"浪费"资金。只有DEFRA有权向公众发布消息和分配研究任务。对于不听招呼的机构和科学家，DEFRA则取消或大幅度削减其研究经费。

由于上述原因，疯牛病没有引起人们的足够重视，并因此开始在英国大规模暴发。病原随英国出口的肉骨粉传播到其他国家。1987年11月，在英国的80个农场发现95例病牛。到1988年，发现2 512例病牛。

在公众的压力下，经英国卫生部（Department of Health）建议，1988年5月，DEFRA成立了一个以牛津大学Richard Southwood教授为组长的工作组（southwood working party）。

　　这个工作组的主要任务是评估疯牛病对牲畜和人类可能造成的影响，进而提供政策建议。该工作组一成立，它的独立性和公正性就受到人们的质疑。因为在被DEFRA遴选的4位组成人员当中，没有一位是海绵状脑炎病专家，而且他们是和3位DEFRA官员一起工作的。他们所依据的资料只限于官方提供的资料或受官方控制的科学机构的研究。

　　经过调查，工作组建议立刻全面禁止用反刍动物源性物质加工反刍动物饲料。同年7月，英国政府颁布了禁令，宣布对出现疯牛病症状的牛群进行全面扑杀，同时禁止在饲料中掺入动物的肉和骨头，禁止可疑的牛奶供人类饮用。

　　但这一禁令主要是保护动物，而不是保护人。更糟糕的是，政府并没有适当地补偿养牛人和家畜尸体处理企业的损失，给养牛业者的补偿金只有健康牛市价的50%。这导致养牛人一见牛有异样就马上屠宰，然后运往市场销售，而明令禁售的肉骨粉实际上仍在地下渠道流通。

　　1989年2月Southwood工作组的调查报告公布。报告没有完全否认疯牛病的传染性，建议阻止"受感染的牛肉进入人类的食物链"。但报告还是认为疯牛病只是羊痒病的变体，不可能传染给人类。报告还推断牛是疯牛病的唯一受害物种，并且认为在经过1993年的高峰期后，疯牛病将在1996年最终消失。

　　报告让英国政府有关官员欣喜不已，并将报告结果作为有关"疯牛病对人类造成的危害还很遥远"的科学评价反复引用。在Southwood工作组的建议下，DEFRA成立了海绵状脑病顾问委员会（Tyrrell Committee，后改名为spongiform encephalopathy advisory committee，SEAC），专门研究疯牛病问题，但既不投入大量资金，也不认真征求科学界的意见，相反仍散布乐观情绪。但是，在科学界不是所有的科学家都赞同这种观点。如E. J. Field早在疯牛病暴发前，即1976年，就综述过羊痒病和人类疾病之间的关系。利兹大学的医学及微生物学教授Richard Rhodes首先表示了对Southwood工作组报告的不满，并公开谴责政府处理疫情不当。

　　此时，事情已经开始逐渐失控。到1990年1月，官方确认前一年共发生牛群间疯牛病病例7 136例，与当初Southwood工作组预测的数量相距甚远。为此，英国政府一方面仍然坚称英国牛肉绝对是安全的，以平息公众的恐慌。1990年5月16日，时任英国农业大臣的John Gummer甚至在电视上向自己4岁的女儿公开表演吃牛肉汉堡；另一方面，政府宣布提高对养牛业者的补偿金，销毁病牛可得到政府100%的健康牛市值的补偿。英国肉类和家畜协会还耗资650万美元发布广告鼓动公众消费牛肉。

　　此后的几年中，越来越多的证据表明，疯牛病不仅可以跨过物种传染给包括家猫、猪、猴子等许多动物，而且事实上已经传染给人类，使人患上一种新型的克雅氏症。1996年，经证实的新型克雅氏症病人已达到10人。随着令人担忧的科学证据日益增加，英国政府决定公布事实真相。1996年3月20日下午，英国卫生大臣Stephen Durrell在下院宣布一种新型克雅氏病病症可能与1989年禁止销售动物肉骨粉的措施实施之前食用的牛肉有关。世界舆论一时为之哗然。英、法、德等欧洲国家的国民众纷纷通过示威、抗议等各种形式表达对政府危机管理无能的不满。隐藏已久的疯牛病危机骤然表面化，从农牧业领域的经济危机升级为社会、政治危机。

## 二、疯牛病事件的影响以及对我国的启示

### （一）尽快树立现代风险交流观念

　　传统的风险交流其特征表现为单向告知的线性信息传播过程，信息流向为从上到下，从技术精英到普通民众。也就是说其主要目的是怎样将风险资料解释得更好。但是，随着科学、社会日益发展，现代科学技术具有的不确定性和公众权利意识的增强使得这样一种做法步履维艰、难以为继。

　　疯牛病危机就显示了现代科学技术具有的不确定性。从疯牛病疫情暴发和蔓延情况看，一开始科学家没有掌握有关疯牛病、羊痒病以及新型克雅氏综合征与肉骨粉之间的联系，当时，疯牛病基本上还是一个科学研究未能触及的领域。这些都是与科学不确定性有关的问题。

　　这种科学和技术的不确定性造成了政府、学术界和公众之间的信任危机，使政府公信力问题日益凸显。当时英国保守党政府一方面认为疯牛病构成的威胁十分遥远，另一方面又十分不愿意披露所掌握的信息，认为公众不能理性地应对危机。英国政府对独立科学家的研究进行限制，对他们的忠告充耳不闻，表现出了对独立科学家和公众的不信任倾向。事后表明，那时恰恰是英国政府最需要信任独立科学家和公众的时候，应该将他们纳入到整个危机应对机制中。政府、独立科学家和公众之间需要建立起一种信任关系，这种信任是相互的，政府只有相信公众能够理性地应对风险，并将风险公开，才能够取得他们的信任、支持与合作。

　　也就是说，现代风险交流需要走出精英导向的信息传播模式，强调在各方之间相对平等地对话，并且这是一个多维的、反复螺旋或迭代的过程，不是单向的信息传播活动。

　　美国环保署（U. S. Environmental Protection Agency）发布的《风险交流七项主要原则》中的第一条原则为"接受和容纳公众作为合法的合作伙伴。公众有权参与那些可能对其生命、财产和其他珍视之物产生影响的风险决策，风险交流的目标不是降低公众的担忧和避免他们采取行动，而是要培养知情的、参与的、有兴趣的、理性的、有思想的、

致力于解决问题的合作群体"。通过这个阐述可以更好地理解现代风险交流活动和早期风险交流活动的差别。

这一理念也体现在《OIE陆生动物卫生法典》中。风险交流是这样一个过程，在风险分析中，从潜在受到影响的和利益相关的群体中收集有关危害和风险的信息和观点，然后将风险评估和相应提出的风险管理措施传递给进出口国家的决策者和利益相关者。这是一个多维的反复螺旋或迭代的过程，并且最好始于风险分析起点并贯穿全过程。

我国现代动物卫生风险交流需要借鉴上述理念。动物卫生风险交流的目标任务主要包括建立社会信任、共享信息、构建共识、教育公众树立科学的风险意识和提高公众动物卫生健康素养。

在我国动物卫生领域，树立现代风险交流观念显得十分迫切。一方面，动物卫生风险交流实践对象既包括动物疫病，也包括围绕动物疫病开展活动的各种人群，这增添了认识其规律的复杂性。有效的动物卫生风险交流需要对相关社会科学、动物卫生和流行病学的知识和方法的复合性把握。但是，实际的风险交流实践还会遇到各种问题。兽医主管部门、疫控机构和专家主要学科背景为理工农生物医学类，对动物卫生风险交流或者不感兴趣，或者不理解，或者难以深入开展研究。这一态势不但导致对风险交流在动物卫生发展中价值的低估，而且成为处理动物卫生事件的隐患。另一方面，即使对动物卫生风险交流有所认识的官员和专家，目前大部分的认识和理解还停留在传统的宣传教育模式中。例如，目前国内的动物卫生风险分析的文献均显示，风险交流只是被看作风险分析管理的最后一个环节，即向公众解释和说明风险分析的结果，而没有将风险交流置于风险分析起点并贯穿全过程。

尽快在我国动物卫生领域全行业确立现代风险交流的概念和理念是英国疯牛病事件给我们的一个深刻启示。

### （二）形成开放的风险交流系统

1997年12月，英国政府成立疯牛病调查委员会来管理与疯牛病致病因子扩散有关的信息传播。2000年10月，英国政府公布了全部调查结果。调查报告表明，在疯牛病疫情处理过程中，DEFRA的政策并不是要维护农业生产者或牛肉商人的利益而损害消费者的利益，政府与农业生产者和牛肉商人并不是完全站在一起的。政府在疯牛病事件处理中犯的一个严重错误恰恰是开始时拒绝以市场价收购受疯牛病影响的牲畜，从而使事态更加严重。

研究表明，英国政府并不是全无抵御风险的措施，而是没有就风险发生可能性及其危害与公众或者那些执行预防措施的人进行很好的沟通。政府官员有时候在考虑政策如何实施时表现得缺乏高效率的工作作风，官僚程序也使政策在实施中出现拖延，这些都直接降低了措施的实施效果，使措施在一定程度上让人感觉只是政府保守地控制恐慌蔓延的主观愿望，而不是实际有效果的行动。

另外一些学者则持更强烈的批评姿态，认为英国政府决策中基于经济、政治的考量遮蔽了其他相关者的利益，特别是消费者的健康和生命安全。还有学者指出，当时为英国政府决策提供建议的各个专门委员会的成员主要是一些专家和政府官员，而与其有重要利害关系的消费者却很少被邀请参与其中。

疯牛病事件后，英国已经在着手开始增加科技风险管理政策的透明度，建立并运行管理部门、科研人员和公众之间的对话机制，以形成开放的科技风险管理决策模式。通过一系列的制度、组织和环境建设，包括焦点小组、公平陪审团、共识会议、利益相关者对话、前瞻计划等吸引公众参与的方式，以及在学校中推广科学教育，促进科学与媒体之间的交流，尝试将各种不同的社会角色纳入风险交流过程中来，形成开放的科技风险管理政策模型。

在中国，一系列动物卫生事件发生之后，政府加快了相关法律以及政策制定的步伐，一些法规的制定公开征求意见，显示了政府和公众互动的良好迹象。但也应该看到政策制定的参与度、透明度仍然不够，与公众利益密切相关的动物卫生问题较少见到公众直接参与的身影。因此，我国更需要建立和维持稳定、公开的动物卫生安全政策制定机制，更需要汲取英国疯牛病事件的教训，注意到国际科技风险管理模式的新变化，在动物卫生风险交流制度建设过程中予以借鉴，推动决策科学化。

## （三）建立有效的风险交流模式

科技的不确定性要求在风险分析和管理过程中公开风险，在危害识别、风险评估、风险管理决策出台时应当透明。为此，需要各方进行良好的交流，从而维系信任，展开相互支持与合作，共同面对风险。

1. 政府部门之间的沟通。在疯牛病事件的处理中，英国政府并不是毫无举措，但是不同部门之间缺乏很好的沟通和配合，所以措施并不总是能够被及时而充分地贯彻和执行，降低了措施的功效。因此，政府部门之间必须进行有效的沟通，这是措施执行功效的保证。

2. 政府与科学家之间的沟通。在疯牛病事件中，政府显得并不重视独立科学家的意见，这也是促使势态恶化的原因之一。因此，如何有效地利用科学家的意见并与科学家进行有效沟通，是一个需要反思的重要问题。

在疯牛病事件中，政治控制着科学，科学被以特殊的方式作为支持其错误决策的依据。这主要体现在两个方面，一是政府严格垄断相应的研究；二是通过受控的"专家组"进行官方评估，以获取"科学支持"。尽管这些专家事后被证明并没有故意对公众撒谎，但他们的行为使得英国在疯牛病研究和预防方面严重滞后。

2000年，英国疯牛病调查报告建议，一是设立由所有相关领域专家组成的科学顾问委员会以解决这个问题；二是专家组应当保持客观性、独立于政府，这样才能发挥委员会对科技政策进行建议和监督的作用。

在我国国内一系列动物卫生事件中，科学家的意见显然受到了重视，然而作为一个独立的、重要的社会角色发挥作用，科学家群体仍有距离。

3. 政府或"政府—专家"共同体与公众之间的沟通。英国"政府—专家"共同体没有就疯牛病对人类的风险的可能性，与公众进行很好的沟通。当时政府高级官员和科学家曾多次误导公众，所以当政府宣布疯牛病可能传染给人类时，公众感到他们被出卖了。之所以会这样，很大程度上是由于当时的"政府—专家"共同体认为，公众作为不具备专业科学知识的群体无法对势态做出理性的判断。

科学知识以往常常被看作是态度的直接决定因素，但相关的风险感知的研究表明，公众所持的态度与他们所具备的科学知识之间没有直接的对等关系，公众有自己的理解参照体系，而且这种体系更多地受到心理学因素、社会因素、政治因素相互作用影响，并且与具体的生物技术种类有关。在社会学家看来，技术风险分析并不必然地高于其他任何风险概念，因为该风险分析也是建立在团体习惯、精英的特定利益和隐含的价值判断之上。因此，"政府—专家"共同体应当与公众进行有效的沟通，而不是把公众仅仅当作被动的受体。

英国社会已经对此有较为深切的体会，英国上议院特别委员会的报告有这样一段话，"科学与社会的关系处于一个关键时期。今天的科学令人振奋，充满机遇。但是公众对于科学界向政府提出建议的信任已经因为疯牛病问题而受阻。很多人对于诸如生物技术与IT产业的迅速发展表现出不安……，这个信任危机对于英国社会和科学来说都非常重要"。这个报告进一步强调了多维对话在实际风险管理工作中的巨大作用。对话在突出技术带来的好处的同时，也指出其本身的风险，公众能够决定到底是接受还是拒绝，并因此有可能恢复对"政府—专家"共同体的信任。

在我国，与公众的沟通实际面临着重点不同的双重任务。一是公众对包括动物卫生在内的科学素养亟待提高，这一任务更为繁重迫切；二是维系相互之间的信任，这一任务更强调未雨绸缪。兽医主管部门需要抓住时机，尽快建立起有效的沟通机制，维护和提升政府、专家、公众之间的信任关系，提升公众的动物卫生素养。这不但直接有利于动物卫生风险分析顺利展开，也有利于动物卫生事业其他方面的发展。

4. 政府或"政府—专家"共同体与媒体的沟通。媒体往往为公众和社会营造着特定的信息环境，在风险沟通中扮演着重要的角色。在媒体化社会特征趋强的背景下，媒体的作用更加突显。公众接收的关于风险的信息大多来自于媒体。大众媒体在风险事件中所扮演的具体角色根据所涉及的议题、情境和媒体性质会有所不同。疯牛病事件中，部分英国媒体随着政府宣传一拥而上、宣传疯牛病不能传染给人这样的信息，让公众和社会大失所望，这是一个深刻的教训。

目前我国经济社会发展进入新的关键时期，这既是一个黄金发展期，也是一个矛盾凸显期。由于社会矛盾日益复杂、社会思想多元多样多变，社会情绪波动较为频繁，借助于媒体交锋的现象增多。另一方面，随着我国经济社会快速发展，综合国力不断增强，国际地位提高，境外媒体对中国发展变化的关注度比任何时候都高，国际社会希望了解中国的愿望比以往任何时候都更加强烈。而西方媒体在国际舆论格局中的垄断地位目前还没有改变。一些敌对势力利用各种手段对我国相关事务进行大肆攻击。2010年初全国宣传部长会议上，李长春同志提出"要适应时代发展要求，努力提高与媒体打交道的能力，切实做到善待媒体、善用媒体、善管媒体，充分发挥媒体凝聚力量、推动工作的积极作用"。

我国畜牧业生产、加工行业，应该说与媒体沟通的能力已经有一定提升，但就"善待媒体、善用媒体、善管媒体"而言尚有较大距离。有关资料显示，动物卫生领域官员和专家很少成为大众媒体引用的消息来源。这种不善于利用媒体进行动物卫生风险交流的情况不仅影响整个动物卫生行业的形象，也将制约动物疫病防控事务处理的能力。有关领导和专家经常抱怨社会对动物卫生行业不够重视，但是如果能够群策群力，采取更主动的行动，利用媒体进行动物卫生和疫病防控工作的宣传，则会使工作更加主动。进一步加强我国动物卫生整体行业与媒体打交道的能力是加强动物疫病防控事业必须之举。

## 参考文献

保罗·斯洛维奇著，赵延东，等译. 2007. 风险的感知 [M]. 北京：北京出版社.

高璐，李正风. 2010. 从"统治"到"治理"——疯牛病危机与英国生物技术政策范式的演变 [J]. 科学学研究，5：655-661.

黄小茹，樊春良，张新庆. 2009. 疯牛病事件与英国科技伦理环境的变化 [J]. 科学文化评论，2：48-60.

姜萍，殷正坤. 2002. 知情同意再探 [J]. 中国医学伦理学，15（5）：20-22.

李正伟，刘兵. 2004. 生物技术与公众理解科学——以英国为例的分析 [J]. 科学文化评论，
    1 (2)：44－47.

王大力，刘凤岐，李铁锋. 2009. 宣传教育在全国布鲁氏菌病防治干预试点中的作用 [J]. 中
    国地方病防治杂志 (24)：65.

魏秀春. 2003. 英国保守党政府的疯牛病对策 [J]. 史学月刊，7：67－68.

谢多双. 2007. 湖北十堰城区居民狂犬病防治知识调查 [J]. 疾病控制杂志，2 (6)：644-646.

谢尔顿·克里姆斯基，多米尼充·戈尔丁著，徐元玲，等译. 2005. 风险的社会理论学说
    [M]. 北京：北京出版社.

Baruch Fischhoff. 1995. Risk Perception and Communication Unplugged: Twenty Years of Process
    [J]. Risk Analysis, 15 ( 2): 138.

Chess C. 2001. Organizational theory and the stages of risk communication [J]. Risk Analysis, 2
    (1): 177 – 88.

Chess C. 2001. Organizational theory and the stages of risk communication [J]. Risk Analysis, 2
    (1): 177 – 88.

Committee on Risk Perception and Communication, National Research Council. 1989. Improving
    Risk Communication [M]. Washington. D. C. : National Academy Press.

Cvetkovich G, Siegrist M, Murray R, et al. 2002. New information and social trust: Asymmetry and
    perseverance of attributions about hazard managers [J]. Risk Analysis, 22: 359 – 367.

GM Government. 2001. The Interim Response to the Report o fthe BSE Inquiry by HM Government
    in Consultation withthe Devolved Administrations [R]. London: The Stationery Office.

Grabill Simmons. 1998. Toward a critical rhetoric of technical communication [J]. Technical Com-
    munication Quarterly, 7 (4): 415 – 441.

Katherine A, Mccomas. 2006. Defining Moments in Risk Communication Research: 1996 ~ 2005
    [J]. Journal of Health Communication, 11: 75 – 91.

Leiss W. 1996. Three phases in the evolution of risk communication practice [J]. Annals AAPSS,
    545: 85 – 94.

Scott C, Ratran. 1998. The Mad Cow Crisis: Health and the Public Good [M]. London: UCL
    Press.

Sheldon Krimsk. 2007. Risk communication in the internet age: The rise of disorganized skepticism
    [J]. Environmental Hazards, 7 (2): 157 – 164.

Tian XY, Zhou L, Mao XP, et al. 2003. Beijing health promoting universities: practice and Evalua-
    tion [J]. Health Promotion, 18 (2): 105 – 113.

Vincent Covello, Peter M. Sandman. 2001. Risk communication: Evolution and Revolution, Solu-
    tions to an Environment in Peril Baltimore [M]. US: John Hopkins University Press, 164 – 178.

Vincent Covello, Richard G. Peters, Joseph G. Wojtecki, Richard C. Hyde. 2001. Risk Communi-
cation, the West Nile Virus Epidemic, and Bioterrorism: Responding to the Communication Chal-
lenges Posed by the Intentional or Unintentional Release of a Pathogen in an Urban Setting [J].
Journal of Urban Health: Bulletin of the New York Academy of Medicine, 78: 382 – 391.

第四章

# 危 害 识 别

　　动物疫病风险分析是对某种动物疫病传入、定植和扩散的可能性及其后果严重性进行评估、管理和交流的方法和过程，为决策者制定法律、法规、条款提供科学依据，使决策具有科学性、透明性和可操作性。根据OIE《陆生动物卫生法典》，风险分析是由危害识别、风险评估、风险交流和风险管理组成。风险分析主要回答以下4个问题：

　　（1）会发生什么问题？

　　（2）发生问题的可能性有多大？

　　（3）发生问题的后果会是什么？

　　（4）可以采取什么措施来减小发生问题的可能性和减轻损失？

　　为了能够回答这4个问题，需要全面进行风险分析工作。危害识别是在充分的风险交流基础上实施的最关键一步，必须在风险评估之前进行。

# 第一节　动物疫病危害

## 一、动物疫病危害的概念

　　OIE《陆生动物卫生法典》指出，危害是指与进口商品有关的病原体，而且是具有潜在危害的病原体。作为风险因子的病原体必须符合以下几个条件，一是该病原体应适应进口的动物种类，或者动物产品；二是该病原体能在进口国产生不良后果；三是该病原体可能存在于出口国；四是该病原体不应该存在于进口国。如果已经存在，该病原体会导致某种重大疫病，或者应该是受到控制或已经实施了根除措施的。

　　风险分析也同样应用于动物卫生领域其他方面，如疫病监测或控制项目。根据《中华人民共和国动物防疫法》定义，动物疫病可分为动物传染病和寄生虫病。所以动物疫病危害就是指对人与动物危害严重和可能造成重大经济损失，需要采取严格控制、扑灭等措施，防止扩散的，或国外新发现并对畜牧业生产和人体健康有危害或潜在危害的，或列入国家控制或者消灭计划的动物传染病、寄生虫病病原体（包括细菌、病毒、真菌和寄生虫）。

## 二、动物疫病危害分类

　　在进行动物疫病风险分析时，根据风险分析的目的不同，动物危害分类依据也有所不同。一般地，在动物及动物产品国际贸易活动中，主要根据世界动物卫生组织（OIE）的《OIE名录疫病》。但也有的成员国根据自身的疫病流行状况和动物卫生发展水平，制定自己的标准和规则。作为OIE成员的中国也公布了自己的标准和规则，如中华人民共和国质量监督检验检疫总局的《进境动物和动物产品风险分析管理规定》将危害因素按法规、政策和影响等分为4类。在国内进行动物疫病风险分析，应根据本国的相关法规，如中华人民共和国农业部《一、二、三类动物疫病病种名录》。

### （一）OIE名录疫病

世界动物卫生组织（OIE）将全球公认的最重要的影响贸易、人和动物健康和生产的疫病称为OIE名录疫病（OIE Listed diseases），包括多种动物共患疫病名录（23种）、牛病名录（15种）、羊病名录（11种）、马病名录（13种）、猪病名录（7种）、禽病名录（14种）、兔病名录（2种）、蜂病名录（6种）、其他动物疫病名录（2种）。

1. 多种动物共患疫病名录(23种)。炭疽热、伪狂犬病、棘球蚴病、钩端螺旋体病、狂犬病、副结核病、心水病、新大陆螺旋蝇蛆病、旧大陆螺旋蝇蛆病、旋毛虫病、口蹄疫、水泡性口炎、牛瘟、蓝舌病、裂谷热、牛布鲁氏菌病、羊布鲁氏菌病、猪布鲁氏菌病、日本脑炎、土拉杆菌病、Q热、克里米亚—刚果出血热、西尼罗热。

2. 牛病名录(15种)。牛生殖道弯曲菌病、牛结核病、地方流行性牛白血病、传染性鼻气管炎、传染性阴户阴道炎、毛滴虫病、牛无浆体病、牛巴贝西虫病、泰勒氏虫病、出血性败血病、牛海绵状脑病、牛传染性胸膜肺炎、牛结节性皮肤病、牛恶性卡他热、锥虫病、牛病毒性下痢。

3. 羊病名录(11种)。绵羊附睾炎（绵羊种布鲁氏菌病）、接触传染性无乳症，山羊关节炎/脑炎、梅迪—维斯纳病、山羊接触性传染性胸膜肺炎、母羊地方流行性流产（绵羊衣原体病）、内罗毕绵羊病、小反刍兽疫、沙门氏菌病（绵羊流产沙门氏菌）、痒病、绵羊痘和山羊痘。

4. 马病名录(13种)。马接触传染性子宫炎、马媾疫、马脑脊髓炎（东部）、马脑脊髓炎（西部）、马传染性贫血、马流行性感冒、马梨形虫病、马鼻肺炎、马鼻疽、马病毒性动脉炎、委内瑞拉马脑炎、苏拉病、非洲马瘟。

5. 猪病名录(7种)。猪传染性胃肠炎、猪水疱病、非洲猪瘟、古典猪瘟、尼帕病毒脑炎、猪囊尾蚴病、猪繁殖和呼吸系统综合征。

6. 禽病名录(14种)。传染性法氏囊病（甘布罗病）、马立克氏病、禽支原体病（鸡败血支原体）、禽衣原体病、禽伤寒、鸡白痢、禽传染性支气管炎、禽传染性喉气管炎、鸭病毒性肝炎、鸭病毒性肠炎、禽霍乱、禽支原体病（滑液支原体）、高致病性禽流感、新城疫。

7. **兔病名录**(2种)。黏液瘤病、兔出血热。

8. **蜂病名录**(6种)。蜂螨病、美洲幼虫腐臭病、欧洲幼虫腐臭病、小蜂巢甲虫侵染病、蜜蜂热螨侵染病、瓦螨病。

9. **其他动物疫病名录**(2种)。骆驼痘、利什曼虫病。

### （二）中华人民共和国农业部《一、二、三类动物疫病病种名录》

根据动物疫病对养殖业生产和人体健康的危害程度，农业部将动物疫病分为一类动物疫病（17种）、二类动物疫病（77种）和三类动物疫病（63种）。

1. **一类动物疫病**(17种)。口蹄疫、猪水泡病、猪瘟、非洲猪瘟、高致病性猪蓝耳病、非洲马瘟、牛瘟、牛传染性胸膜肺炎、牛海绵状脑病、痒病、蓝舌病、小反刍兽疫、绵羊痘和山羊痘、高致病性禽流感、新城疫、鲤春病毒血症、白斑综合征。

2. **二类动物疫病**(77种)。

（1）多种动物共患病（9种）：狂犬病、布鲁氏菌病、炭疽、伪狂犬病、魏氏梭菌病、副结核病、弓形虫病、棘球蚴病、钩端螺旋体病。

（2）牛病（8种）：牛结核病、牛传染性鼻气管炎、牛恶性卡他热、牛白血病、牛出血性败血病、牛梨形虫病（牛焦虫病）、牛锥虫病、日本血吸虫病。

（3）绵羊和山羊病（2种）：山羊关节炎脑炎、梅迪—维斯纳病。

（4）猪病（12种）：猪繁殖与呼吸综合征（经典猪蓝耳病）、猪乙型脑炎、猪细小病毒病、猪丹毒、猪肺疫、猪链球菌病、猪传染性萎缩性鼻炎、猪支原体肺炎、旋毛虫病、猪囊尾蚴病、猪圆环病毒病、副猪嗜血杆菌病。

（5）马病（5种）：马传染性贫血、马流行性淋巴管炎、马鼻疽、马巴贝斯虫病、伊氏锥虫病。

（6）禽病（18种）：鸡传染性喉气管炎、鸡传染性支气管炎、传染性法氏囊病、马立克氏病、产蛋下降综合征、禽白血病、禽痘、鸭瘟、鸭病毒性肝炎、鸭浆膜炎、小鹅瘟、禽霍乱、鸡白痢、禽伤寒、鸡败血支原体感染、鸡球虫病、低致病性禽流感、禽网状内皮组织增殖症。

（7）兔病（4种）：兔病毒性出血病、兔黏液瘤病、野兔热、兔球虫病。

（8）蜜蜂病（2种）：美洲幼虫腐臭病、欧洲幼虫腐臭病。

（9）鱼类病（11种）：草鱼出血病、传染性脾肾坏死病、锦鲤疱疹病毒病、刺激隐核虫病、淡水鱼细菌性败血症、病毒性神经坏死病、流行性造血器官坏死病、斑点叉尾鮰病毒病、传染性造血器官坏死病、病毒性出血性败血症、流行性溃疡综合征。

（10）甲壳类病（6种）：桃拉综合征、黄头病、罗氏沼虾白尾病、对虾杆状病毒病、传染性皮下和造血器官坏死病、传染性肌肉坏死病。

3. 三类动物疫病(63种)。

（1）多种动物共患病（8种）：大肠杆菌病、李氏杆菌病、类鼻疽、放线菌病、肝片吸虫病、丝虫病、附红细胞体病、Q热。

（2）牛病（5种）：牛流行热、牛病毒性腹泻/黏膜病、牛生殖器弯曲杆菌病、毛滴虫病、牛皮蝇蛆病。

（3）绵羊和山羊病（6种）：肺腺瘤病、传染性脓疱、羊肠毒血症、干酪性淋巴结炎、绵羊疥癣、绵羊地方性流产。

（4）马病（5种）：马流行性感冒、马腺疫、马鼻腔肺炎、溃疡性淋巴管炎、马媾疫。

（5）猪病（4种）：猪传染性胃肠炎、猪流行性感冒、猪副伤寒、猪密螺旋体痢疾。

（6）禽病（4种）：鸡病毒性关节炎、禽传染性脑脊髓炎、传染性鼻炎、禽结核病。

（7）蚕、蜂病（7种）：蚕型多角体病、蚕白僵病、蜂螨病、瓦螨病、亮热厉螨病、蜜蜂孢子虫病、白垩病。

（8）犬猫等动物病（7种）：水貂阿留申病、水貂病毒性肠炎、犬瘟热、犬细小病毒病、犬传染性肝炎、猫泛白细胞减少症、利什曼病。

（9）鱼类病（7种）：鮰类肠败血症、迟缓爱德华氏菌病、小瓜虫病、黏孢子虫病、三代虫病、指环虫病、链球菌病。

（10）甲壳类病（2种）：河蟹颤抖病、斑节对虾杆状病毒病。

（11）贝类病（6种）：鲍脓疱病、鲍立克次体病、鲍病毒性死亡病、包纳米虫病、折光马尔太虫病、奥尔森派琴虫病。

（12）两栖与爬行类病（2种）：鳖腮腺炎病、蛙脑膜炎败血金黄杆菌病。

### （三）中华人民共和国质量监督检验检疫总局《进境动物和动物产品风险分析管理规定》

2002年10月18日国家质量监督检验检疫总局公布的《进境动物和动物产品风险分析管理规定》（第40号）在第二章第九条对进境动物、动物产品、动物遗传物质、动物源性饲料、生物制品和动物病理材料进行危害因素确定时，将危害因素按法规、政策和影响等分为以下四类：

1. 《中华人民共和国进境一、二类动物传染病寄生虫名录》所列动物传染病、寄生虫病病原体。

（1）一类传染病、寄生虫病。口蹄疫、非洲猪瘟、猪水泡病、猪瘟、牛瘟、小反刍兽疫、蓝舌病、痒病、牛海绵状脑病、非洲马瘟、鸡瘟、新城疫、鸭瘟、牛肺疫、牛结节疹。

（2）二类传染病、寄生虫病。

①共患病。炭疽、伪狂犬病、心水病、狂犬病、Q热、裂谷热、副结核病、巴氏杆菌病、布鲁氏菌病、结核病、鹿流行性出血热、细小病毒病、梨形虫病。

②牛病。锥虫病、边虫病、牛地方流行性白血病、牛传染性鼻气管炎、牛病毒性腹泻/黏膜病、牛生殖道弯曲杆菌病、赤羽病、中山病、水泡性口炎、牛流行热、茨城病。

③绵羊和山羊病。绵羊痘和山羊痘、衣原体病、梅迪—维斯纳病、边界病、绵羊肺腺瘤病、山羊关节炎、脑炎。

④猪病。猪传染性脑脊髓炎、猪传染性胃肠炎、猪流行性腹泻、猪密螺旋体痢疾、猪传染性胸膜肺炎、猪繁殖和呼吸系统综合征（蓝耳病）。

⑤马病。马传染性贫血、马脑脊髓炎、委内瑞拉马脑脊髓炎、马鼻疽、马流行性淋巴管炎、马沙门氏菌病、类鼻疽、马传染病毒性动脉炎、马鼻肺炎。

⑥禽病。鸡传染性喉气管炎、鸡传染性支气管炎、鸡传染性囊病（甘保罗病）、鸭病毒性肝炎、鸡伤寒、禽痘、鹅螺旋体病、马立克氏病、住白细胞原虫病、鸡白痢、家禽支原体病、鹦鹉热鸟疫、鸡病毒性关节炎、禽白血病。

⑦水生动物病。鱼传染性胰脏坏死、鱼传染性造血器官坏死、鲤春病毒病、鲑鳟鱼病毒性出血性败血症、鱼鳔炎症、鱼眩转病、鱼鳃霉病、鱼疖疮病、异尖线虫病、对虾杆状病毒病、斑节对虾杆状病毒病。

⑧蜂病。美洲蜂幼虫腐臭病、欧洲蜂幼虫腐臭病、蜂螨病、瓦螨病、蜂孢子虫病。

⑨其他动物疾病。蚕微粒子病、水貂阿留申病、犬瘟热、利什曼病。

2. 国外新发现并对农牧渔业生产和人体健康有危害或潜在危害的动物传染病、寄生虫病病原体。

3. 列入国家控制或者消灭计划的动物传染病、寄生虫病病原体。

4. 对农牧渔业生产、人体健康和生态环境可能造成危害或者负面影响的有毒有害物质和生物活性物质。

## 第二节　危害识别

### 一、危害识别的概念

OIE法典将危害识别定义为，对进口动物及动物产品过程中可能产生不良后果的致病因子进行确认的过程。根据前述对动物危害的定义，动物疫病危害识别就是对畜牧生产经营活动过程中可能产生不良后果的动物疫病病原进行确认的过程。

### 二、危害识别的目的

危害识别是确认危害的存在并理解其特性的过程。因此动物疫病危害识别的目的，一是明确在某一畜牧生产经营活动过程中可能存在的病原是什么；二是研究和了解可能存在病原的各种特性。因此，危害识别有2个主要作用：

（1）为随后的风险评估过程形成一个病原清单或日志。

（2）对病原的重要性和减少疫病风险的措施进行定性评估。

### 三、危害识别的内容

危害识别虽然没有固定的模式，但必须为随后的分析评估过程提供详尽、可信的材料。一般地，危害识别应包括以下几个方面：

（1）确定可能的危害。

（2）研究危害的特征，如病原的特性（包括最适pH、温度等特性），作用的靶器官，病原在环境中的生存时间，病原的定量分析（病毒滴度、菌落数、感染剂量）等。

（3）调查危害的潜在来源。

（4）分析危害引起的可能后果以及定性评估后果的严重性。

（5）确定危害筛选的标准。

（6）研究危害的风险控制措施。

### 四、危害识别的步骤

危害识别通常由具有流行病学和风险分析知识技能、较丰富实践经验、熟悉特定领域专业知识的专家进行的头脑风暴过程。其具体过程常因事而异。但通常应该包括以下过程：

### （一）准备工作

开始危害识别前，应该完成以下准备工作：

（1）与委托方或任务来源方就危害识别的目的和范围达成一致。紧紧围绕项目或活动设定范围，使危害识别在设定的范围内进行，这是非常重要的。

（2）与利益相关者进行充分的风险交流。充分正确的背景信息是开展工作的基础。只有充分了解背景，才能形成较为正确的第一印象，并做出有效的假设。

（3）选择恰当人员组成工作组与选择恰当的工具和方法。很多危害识别技术涉及分组工作。因为很少有人通晓所有的危害，群体交流可以集思广益。动物疫病危害识别工作组成员可以包括流行病学专家、相关领域研究人员、监管者（出入境检验人员、国内的动物疫病控制官员）和其他利益相关者（如进口商、养殖场技术人员）等。在危害识别层次，常使用的方法有经验分析法、专家调查法、情景树分析法、流程图法、故障树法、现场调查法、风险列举法等。

（4）提出资源配置需求和时间需求。有工作经费、交通工具等物质条件；有能够使用网络、相关数据库和相关文件档案等的便利；留有足够的时间来调查、分析和总结等。

（5）界定研究界限。在确定危害识别的范围后，根据危害识别的目的和范围，明确界定每个研究的界限。

### （二）过程分析

危害识别的开始，应清楚了解研究范围内的整个活动过程并对其进行明确界定。通常的做法是将整个过程分成相互独立的阶段或部分，这样做的好处在于可以将海量数据分别处理，即每一个阶段或部分处理一部分数据，有利于数据的深入挖掘。对养殖业的价值链进行分析，可以对不同环节进行风险评估和风险管理，实现分段有序的控制。连接畜牧生产系统、市场和消费者的价值链构成了传染病扩散和传播的社会网络，为疫病在各环节间或各环节内的传播提供了机会。

### （三）危害识别和记录

接下来应该应用危害识别工具和方法对过程的每个部分或环节依次进行危害识别。所有识别的结果应以一定的方式进行记录。危害识别的结果应以列表或日志的形式记录下来，这对接下来的分析非常有用。因为危害识别的记录是随后的风险评估的基础。根据危害识别的目的，危害识别的结果应该包括如下几方面：

（1）识别出所有的危害，为每一个危害编制唯一的参考号。

（2）鉴定出相关的风险事件和后果，并基于风险将它们排序。

（3）探索、分析危害、原因和潜在风险事件的联系。

（4）识别出导致主要风险事件的危害。

（5）提供识别、评估、筛选危害以及根除或降低风险控制措施的依据。

### （四）对所识别危害的检查和危害识别过程的再回顾

为了识别所有危害，需要考虑过去、现在和将来的状况、危害和事故。在同样的条件下，过去的经验可以提供未来危害识别的启示：过去什么出错了，将来可能什么会出错。新的危害和事故可能是由于新的变化引起的。

因此，可以根据过去的动物疫情或根据目前其他国家、地区的动物疫情，检查所识别出的病原在逻辑上和经验上的合理性。另外，在风险评估过后，再对危害识别过程进行回顾，可以验证危害识别过程的正确性、全面性。

第三节　**危害识别的方法**

危害识别的方法很多，有一些方法已经成为一些特定领域的标准方法，但应根据危害识别的目的和识别的效率来选择方法。只有选择合适的识别方法，才能正确分析出识别对象存在的危害。通常同时运用几种方法，才能收到良好的效果。在动物疫病危害识别层次，常使用的方法有：经验分析法、专家调查法、情景树分析法、流程图法、故障树法、现场调查法、风险列举法等。现将常用的危险识别方法进行简单介绍。

## 一、经验分析法

经验分析法包括对照分析法和类比方法。对照分析法是对照有关标准、法规、检查表或依靠分析人员的观察能力，借助于经验和判断能力，直观地对评价对象的危险因素进行分析的方法。类比方法是利用相同或类似环境和条件下的经验，以及动物卫生和公共卫生的统计资料来类推、分析评价对象的危险因素。如S. Farez& R. S. Morley在进行猪肉和猪肉产品的潜在动物卫生危害分析时运用了经验分析法。

## 二、专家调查法

专家调查法又称德尔斐法，是一种征集若干专家意见据以判断决策的系统分析方法。它适用于研究资料少、未知因素多、主要靠主观判断和粗略估计来确定的问题，是较多地用于长期预测和动态预测的一种重要的预测方法。例如，在21世纪初，世界上对牛海绵状脑病（Bovine Spongiform Encephalopathy，BSE）的科学认识没有突破，但欧洲国家本地牛中不断发现BSE。因此，2001年6月11—14日，世界卫生组织（WHO）、世界动物卫生组织（OIE）和联合国粮农组织（FAO）联合召开了关于BSE的技术咨询会，征集关于BSE的专家意见，形成了3个组织的联合文件，文件中涉及了BSE的危害识别。

## 三、情景树分析法

情景树分析法是一种能识别关键因素及其影响的方法。一个情景就是对一项活动或过程未来某种状态的描述，可以在计算机上计算和显示，也可用图表曲线等简述。这种方法研究当某种因素变化时，整体相应的变化情况、有什么危害发生，就像一幕幕情景一样，供人们比较研究。动物及动物产品的进口风险分析可以采用情景树分析法进行分析。动物及动物产品成为潜在传播工具将病原体从出口国引入进口国，这一过程可以分为释放和暴露两段情景。商品在生产地、加工和出口过程中危害因子发生的生物途径称为释放情景。释放情景的起点是出口动物及动物产品的来源，终点是动物及动物产品和病原抵达进口国。而暴露情景是危害因子进入进口国并随动物及动物产品抵达目的地并与易感动物接触的生物途径。

## 四、流程图法

流程图法是将一风险事件按照其工作流程以及各个环节之间的内在逻辑联系绘成流程图，并针对流程中的关键环节和薄弱环节调查分析以识别危害的方法。

例如，对猪肉进行食品安全的危害识别时，可以从养殖、屠宰加工、贮存、运输和销售等各个环节进行调查分析，看哪个环节可能存在危害、危害的可能来源、危害的大小和重要性以及如何减少危害的影响等。

## 五、故障树分析法

故障树分析法是一种图形演绎法，是故障事件在一定条件下的逻辑推理方法，把可能发生或已发生的事故（称为顶上事件）作为分析起点，将导致事故的原因事件按因果逻辑关系逐层列出，用树形图表示出来，构成一种逻辑模型，然后通过对这种模型进行定性和定量的分析，找出事件发生的各种途径及发生概率，进而找出避免事故发生的各种方案，并优选出最佳方案的一种分析方法。

例如，一个养殖场突然出现大量猪死亡，可以使用故障树分析法调查其原因，详见图4－1。

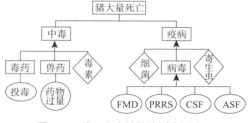

图4-1　猪死亡事件故障树分析法

## 六、现场调查法

现场调查法是指风险管理部门就风险主体可能或者已经遭受的危害进行详尽的调查，并出具调查报告，供风险决策者参考的一种识别危害的方法。在调查之初，根据明确的问题及目的，确定调查时间、地点、对象，编制调查表，然后进行实地调查和访问，取得原始资料，然后根据调查情况撰写调查报告，指出被调查对象的危险点和整改方案。动物疫病的暴发调查就是属于一种现场调查法。

第四节　**危害识别的数据来源**

## 一、危害识别所需的数据

危害识别主要是一个定性分析过程。危害识别应以风险分析项目和活动的准确描述为基础，识别通过分析相关数据资料可以获取的危害。在着手危害识别之前，必须收集尽量多的相关数据，并编辑和检查它们的准确性，以供参考、分析和论证所用。与风险结构分析一样，风险分析的目的不同，动物疫病危害识别所需的数据分类方法也不同。可以根据动物疫病发生和传播机理，将数据按病原学数据、宿主数据和环境数据进行分类；在进行动物及动物产品进口分析时，也可以按《OIE陆生动物卫生法典》，将数据按生物因素数据、国家因素数据和商品因素数据进行分类。

### （一）按动物疫病发生和传播机理分类

1. 病原相关数据。这类数据包括病原学特征（包括最适pH、温度等特性、生存条件、存活时间、增殖情况、作用的靶器官等）、流行病学（宿主、传播途径）以及当地的流行状况等。

2. 宿主相关数据。这类数据包括种类、品种、年龄、数量饲养管理状况和免疫状况等。

3. 环境相关数据。这类数据包括自然环境、社会环境、政策环境、经济环境以及畜牧业发展状况等方面的信息。

### （二）按《OIE陆生动物卫生法典》分类

1. 在释放评估中的所需数据。

（1）生物学因素。如动物种类、年龄、品种，病原感染部位，免疫、试验、处理和检疫技术的应用。

（2）国家因素。如疫病流行率，动物卫生和公共卫生体系，危害因素的监控计划和区域化措施。

（3）商品因素。如出口数量，减少污染的措施，加工过程的影响，贮藏和运输的影响。

2. 在暴露风险评估中的所需数据。

（1）生物学因素。如易感动物、病原性质等。

（2）国家因素。如传播媒体，人和动物数量，文化和习俗，地理、气候和环境特征。

（3）商品因素。如进境商品种类、数量和用途，生产加工方式，废弃物的处理。

## 二、危害信息来源

这些相关信息可以从科学文献，国家、国际相关法规，养殖企业、政府机构、国际机构的数据库，以及征求专家意见和考察调研等获得。

（1）相关的学科。兽医流行病学、兽医病毒学、兽医微生物学、兽医寄生虫学等。

（2）国际法规和标准。《OIE陆生动物卫生法典》、WTO/SPS协定等。

（3）国家法律法规。《中华人民共和国动物防疫法》《中华人民共和国畜牧法》《中华人民共和国进出境动植物检疫法》《中华人民共和国进出境动植物检疫法实施条例》《国家中长期动物疫病防治规划（2012—2020 年)》等。

（4）部门规章制度。《中华人民共和国进境动物一、二类传染病、寄生虫名录》《进境动物和动物产品风险分析管理规定》《一、二、三类动物疫病病种名录》《人畜共患传染病名录》等。

（5）疫病防治规范性文件。高致病性禽流感防治技术规范、狂犬病防治技术规范等。

（6）相关的研究报告和文献。如重大动物疫病及其风险分析（夏红民，2005)，高致病性禽流感风险预警评估体系研究（孙菊英，吕钢进，宋雪花等，2006)。

（7）生产实践经验。专家意见、生产记录。

（8）国家和国际组织的信息公告。OIE 的世界动物卫生信息数据库（world animal health information database，WAHID)、FAO 的跨境动植物病虫害应急预防系统（emergency prevention system for transboundary animal and plant pests and diseases，EMPRES)、WHO 网站上的人畜共患病信息，中国农业部、出入境检验局等相关部委网站上的信息。

（9）考察调研。在一些情况下，供参考的二手数据无法满足风险分析或收集数据不够及时准确时，就需要根据分析的目的和所需要数据的要求，有选择地进行实地考察调研，以取得第一手数据，使分析工作顺利开展。实地调研的方法有访问法、观察法和实验法。在采用这些方法时，往往需要用抽样调查和问卷调查等技术。

## 第五节　广西狂犬病危害识别

狂犬病（Rabies）是由狂犬病病毒引起的以侵犯中枢神经系统为主的一种重要的人畜共患传染性疾病，一旦发病，死亡率几乎100%。它被列入 OIE 名录疫病（OIE listed diseases)。在我国被定乙类传染病和二类动物疫病。

广西狂犬病发病人数多年来一直位于全国前列，对群众生命安全造成了严重的威胁。为了帮助群众加深对狂犬病的了解，加大对狂犬病风险因素的重视，有必要对广西的狂犬病进行风险分析。对狂犬病进行危害识别是加强广西狂犬病的防控和宣传教育是非常重要的环节。

# 一、狂犬病疫情概况

广西是狂犬病高发区和老疫区，近5年来狂犬病死亡累计人数居全国前5位。

## （一）狂犬病发病情况

1. 人间狂犬病。广西的狂犬病疫情一直处于相对严重的势态，据统计，2001—2012年，共死亡4 464人，各年人狂犬病死亡数分别为139、204、519、601、480、517、493、372、324、300、280和235例。

2. 动物狂犬病。要想获得准确的动物狂犬病疫情数据是非常困难的。一是由于大部分农村犬处于放养状态，犬主人也很少主动去观察其异常状态，有大部分犬发病后走失或伤人后被人打死；二是由于动物狂犬病监测网络不完善，动物防疫部门很难在第一时间掌握狂犬病疫情，往往只能等动物伤人发病，卫生部门通报动物防疫部门后才获知发生疫情。因此，有相当一部分疫情已经错过或者不知情。据各市动物疫病预防控制中心所报数据，2003—2012 年，广西发生动物狂犬病1 361 例，而同时期人狂犬病病例为4 121 例。

## （二）地区分布

自从2000年以来，广西14个市所有的县（市、区）都报告了人狂犬病病例。根据疾病监测信息报告管理系统的报告，2001—2008年，全区14个市共发病3 323例。其中以玉林市（475 例）、贵港市（414例）、桂林市（393 例）为前列，占全区总发病数的38.6%（图4 - 2）。但以年均死亡率计算，以贺州、来宾和贵港为高发区（≥1.000 00/10 万），崇左和南宁为低发区（≤0.499 99/10 万），其余9个市为中发区（0.500 00/10 万 ~ 0.999 99/10 万），详见图4 - 3。

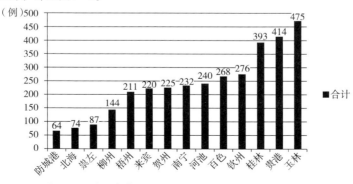

图4-2  广西各市2001—2008年人狂犬病死亡合计数

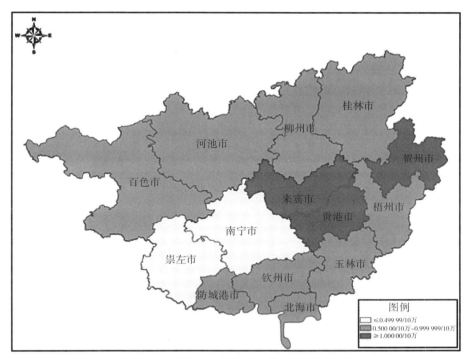

图4-3　广西2001—2008年人狂犬病风险分布图

## 二、危害识别的目的

危害识别是确认危害的存在并理解其特性的过程。在广西对狂犬病进行危害识别，主要目的有3个，一是确认狂犬病病毒在广西的存在；二是描述狂犬病病毒广西流行株的特性，包括狂犬病病毒的特征描述、病原的特性（包括最适pH、温度等特性）、作用的靶器官、病原在环境中的生存时间、病原的定量分析（病毒滴度）以及广西狂犬病病毒流行株的分子生物学特征、狂犬病病毒的潜在来源宿主、传播途径等；三是对狂犬病病毒的重要性和减少狂犬病风险的措施进行定性评估。包括对狂犬病引起的可能后果以及后果的严重性的定性评估结果，以及对狂犬病的控制措施建议。

## 三、材料与方法

### （一）数据收集

广西历年狂犬病的疫情和防治情况、广西犬只的饲养和管理情况、狂犬病病毒病原学信息、狂犬病相关的环境状况。

### （二）数据来源

1. 相关学科。如兽医流行病学、兽医病毒学、兽医微生物学等。

2. 相关法规。如OIE《陆生动物卫生法典》《中华人民共和国动物防疫法》《传染病防治法》《国家中长期动物疫病防治规划（2012—2020年)》等。

3. 部门规章制度。如《中华人民共和国进境动物一、二类传染病、寄生虫名录》《一、二、三类动物疫病病种名录》《人畜共患传染病名录》等。

4. 疫病防治规范性文件。如狂犬病防治技术规范等。

5. 相关的研究报告和文献。如广西1951—2010年狂犬病流行特征分析，广西狂犬病病毒分子流行病学研究、狂犬病等。

6. 相关信息公告。如广西动物疫病监测与疫情信息专栏、疾病监测信息报告管理系统、广西卫生厅网站等。

7. 工作总结、专项总结及调查报告。如狂犬病的监测、诊断报告，防治工作总结和流行病学调查报告等。

### （三）方法

综合运用经验分析法、专家调查法、现场调查法、风险列举法等几种方法进行广西狂犬病的危害识别。

## 四、结果

### （一）狂犬病病原

狂犬病病原是狂犬病病毒，病毒分类学为弹状病毒科（Rhabdoviridae）狂犬病病毒属（Lyssavirus），为单股RNA病毒。病毒的分型：狂犬病病毒属分为4个血清型和7个明显的基因型。病原学特性：狂犬病病毒在冻干条件下可长期存活，0～4℃可存活至少1个月，56℃可存活15～30min，60℃存活数分钟，沸水中存活2min；室温中病毒不稳定；反复冻融可使病毒失去活力；自然光、紫外线、热等均能迅速降低病毒活力；蛋白酶、酸、胆盐、甲醛、季铵类化合物及来苏儿等常用消毒液都能杀死病毒；pH＜3.0和pH＞11.0均可使狂犬病病毒丧失活力。

狂犬病病毒随患兽唾液从伤口进入机体后，特异性结合神经肌肉结合处的乙酰胆碱受体及神经节苷脂等受体，在伤口附近的肌细胞增殖，而后通过感觉或运动神经末梢侵入外周神经系统，沿神经轴索上行至中枢神经系统，在脑的边缘系统大量复制，导致脑组织损伤。病毒从脑沿传出神经扩散至唾液腺等器官，在其内复制，并以很高的滴度分泌到唾液中。在出现兴奋狂暴症状乱咬时，唾液具有高度传染性。

在家犬狂犬病流行区，小鼠颅内接种试验，每0.03g犬唾液腺组织含$10^{4.5}$半数致死量（$MICLD_{50}$），食虫蝠的脑和唾液腺组织分别含4.75和$3.81logLD_{50}/0.03mL$。

### （二）广西犬猫养殖和管理情况

广西家犬的组成主要为宠物犬、护卫犬和肉犬，其中以农村用来看家护院的家犬数量最为庞大。猫也分宠物猫和扑鼠猫。另外，流浪猫的数量很大，要多于流浪犬。

1. 易感动物数量。随着经济的发展，广西的犬猫养殖量逐渐增多，但准确数量目前仍无法知道。据畜牧部门统计，2012年广西全区年底存栏量为1 702 515只。但实际数量应远远大于这个数。1997—2008年，刘义威等对玉林市的养犬数量进行调查，共调查了2 065户共7 962人，共养犬1 178只，平均犬密度为14.80只/100人。据此估计，2009年整个玉林市养犬数量应该在97万只左右，而同一年玉林市畜牧部门统计数字是23.82万只。

另外国家也进行过类似调查，表明我国南方农村地区犬密度可高达15～20只/100人，猫密度可高达5～10只/100人，平均每户至少养有17只以上犬或猫。随着经济发展，城市宠物饲养逐渐增多，犬、猫等密度也迅速增加，抽样调查结果约5只/100人。犬、猫散养现象非常普遍，农村地区几乎都是散养（90%～95%）。

根据广西2010年第六次全国人口普查主要数据公报，全自治区2010年11月1日零时的常住人口4 602.66万人，1 315.14万户。按犬密度15只/100人、猫密度5只/100人推算，广西应该有犬690万只左右，猫230万只左右。

2. 易感动物饲养管理情况。饲养管理在广大的农村，犬猫基本上处于放养状态，自由觅食，在村落和野外到处跑动。广西壮族自治区动物疫病预防控制中心在2011年对百色市犬类饲养管理情况进行了调查，结果显示86.8%犬只处于放养状态。

3. 易感动物免疫情况。狂犬病免疫根据畜牧部门的狂犬病疫苗发放数和犬只统计数，广西家犬的免疫率在50%以上。例如，2006—2011年，年均免疫率分别为66.28%、62.72%、52.47%、50.6%和75.1%。2012年全区共下发兽用狂犬病弱毒疫苗241.6万只份和兽用狂犬病灭活疫苗11万只份。如果按照2012年广西犬存栏量为1 702 515头计算，应免家犬178.69万只，实际疫苗领取数量为124.49万只份，理论免疫率应为69.67%。

但由于广西家犬的实际数据远远大于统计数据，而且各地领取的狂犬病疫苗相当一部分未能使用。因此，狂犬病免疫率应该低于50%。刘义威等人的调查结果显示，玉林犬只的免疫只有7.39%。另外，广西也有不少其他地方的疾控部门调查结果显示犬只免疫率非常低。一是由于全区犬只的平均免疫率确实不高；二是由于疾控部门主要选择人狂犬病发生地做调查，存在选择偏倚。因为人狂犬病发生地一般都是犬管理和免疫工作相对比较薄弱的地方。

通过调查，广西犬只免疫工作难以全面开展，免疫率低主要有以下几个原因：①地方政府和业务部门对动物狂犬病的危害性和防控的重要性认识不足，犬防措施未能很好落实到位，导致犬免工作开展存在不平衡，有疫情的区域免疫密度高，无疫情的地方免疫密度低，整体免疫密度不高。②村动物防治员的报酬低，狂犬病免疫不收费或收不到注射费，工作积极性低，而且主要精力放在口蹄疫、高致病性禽流感等几种重大动物疫病的强制性免疫上。另外，由于缺乏购买相关防护设备和人用狂犬病疫苗的经费，基层犬防工作人员的人身安全得不到保障，而犬免工作难度大、危险性高，因此基层犬防工作人员对工作缺乏积极性。③虽然广西的动物狂犬病疫苗由政府免费供应，但狂犬病目前不是强制性免疫的动物疫病，政府和相关部门不是十分重视，没有配套的免疫工作经费。④犬主不配合。相当大部分农民不愿支付注射费，甚至有一部分农民拒绝免费免疫。⑤犬只难以保定。由大部分农村犬是放养的，野性大，免疫时连主人也难以保定。另外也有很多主人不愿帮助防治员保定犬只。⑥广西是山区，村庄规模小而分散，所以免疫工作效率低。

### （三）广西狂犬病流行病学

广西狂犬病具有以下流行病学特征。

1. 病原。广西流行的狂犬病病毒属于基因1型狂犬病病毒，分4个群：I群分布在桂东地区，Ⅱ群在桂西地区，Ⅳ群在桂南地区，Ⅲ群只有GXN119株分布在南宁。I群和Ⅱ群是广西主要流行毒株。

2. 传染源。狂犬病的传染源是感染狂犬病病毒的动物，在广西已知的狂犬病传染源有犬、猫、猪、鼠、黄鼠狼和蝙蝠。

根据杨进业，莫毅，谭毅等对2004—2010年人狂犬病2 048例个案调查资料分析，伤人动物主要为犬类81.60%（1 965/2 048），其次是猫5.69%（137/2 048），未证实的咬伤史11.17%（269/2 048）。

3. 传播途径。狂犬病病毒感染人的途径有3种：①最普遍的感染方式是被患病动物、病毒储藏宿主咬伤或抓伤，病毒由伤口进入。损伤的皮肤、黏膜接触病毒时也可感染；

②消化道感染；③呼吸道（雾化气体或气雾胶）感染。

在广西，人狂犬病的传播途径比较清楚，主要有咬伤、抓伤、动物舔或间接接触经伤口或黏膜传播。对动物狂犬病的传播机制，尚未有人系统研究。但广西80%以上的人狂犬病发生在农村地区，而农村地区的犬大都处于放养状态。农村犬与其他犬、猫打架，被咬伤抓伤的现象很多。另外，农村犬追捕老鼠和其他野生动物也经常发生。所以在广西，动物狂犬病的传播途径应该有咬伤、抓伤、动物舔或间接接触经伤口或黏膜传播以及吞食感染动物经消化道感染。

### （四）广西对狂犬病的防控及立法

1. 广西相关立法。1985年11月27日由广西壮族自治区人民政府发布、2004年6月29日广西壮族自治区人民政府令第7号修改的《广西壮族自治区犬类管理暂行办法》（下称《办法》），对犬只的饲养、管理、检疫、免疫和狂犬病的控制做出具体规定。要求各地政府成立由公安、工商、城管、畜牧、卫生等部门组成的控制犬患领导小组，制定犬类管理措施，规定禁养犬区，禁养犬区以外的其他区域需要养犬的要经乡（镇）人民政府批准，取得《犬只准养证》，经兽医部门对犬只进行免疫注射、取得《家犬免疫证》后才能饲养。

广西一些地级市也纷纷出台了犬只管理条例，如《南宁市养犬管理条例》《柳州市养犬管理暂行办法》《桂林市养犬管理办法（试行）》和《梧州市养犬管理暂行办法》。

然而，各管理办法或条例在执行当中也遇到一些问题。首先是管理机制的问题。规定要求由公安、工商、城管、畜牧、卫生等部门组成控制犬患领导小组。虽然成立了控制犬患领导小组，但没有建立健全多部门合作的长效机制。所以条例和办法很难得到很好的执行和管理。其次是管理资源的缺乏。条例或办法未解决管理经费和人力资源。办法或条例要求养犬到住所地公安派出所办理登记。但派出所本来人手不多，而且还应对其他繁多的事务，所以很难重视犬只的管理工作。再者，广大犬主很少主动配合犬只的管理工作。一是条例或办法的宣传工作不到位，大多数犬主没有养犬要登记的意识；二是管理部门没有上门服务的制度，犬主嫌去派出所或乡镇政府登记麻烦；三是犬主难以接受入户登记费和管理费。例如南宁市规定，每只犬缴纳入户登记费1 000元，从第二年开始，每只犬每年交纳犬只管理费300元。这些费用让不少犬主感到难以接受，犬只入户登记很难达到预期要求。

由于犬类管理立法不完善。城镇不能切实推行实行准养证制度，农村更是无序散养。调查表明，2006—2010年广西城市注册犬的比例分别为20.5%（32 630/159 385）、15.8%

（27 926/163 843）和15.6%（28 975/185 939）。农村犬基本上没有登记注册。

2. 防控措施。广西动物狂犬病防控采取以"免疫为主、加强监测和宣传、辅以扑杀"的综合防治措施。

（1）免疫。各地普遍采取常年免疫和突击免疫相结合的形式，同时建立免疫目标管理责任制，努力提高免疫密度。在城镇采取常年免疫方式，以动物门诊、设立固定免疫注射点形式开展免疫；在农村主要采取"突击免疫"和日常补针相结合的方式开展免疫。对家犬狂犬病的免疫执行免疫档案和免疫耳标管理制度，免疫犬只一律建立免疫档案和佩戴免疫耳标。

广西实行政府采购狂犬病疫苗，免费发放给各级动物防疫部门。2011年全区共采购10万只份灭活苗和270万只份弱毒苗；2012年采购10万只份灭活苗和270万只份弱毒苗。2013年采购121.4万只份灭活苗和97万只份弱毒苗。

（2）监测。一是定期开展动物狂犬病流行病学调查，进行疫情检测，掌握疫情动态，发现疫情，严格按规定程序和要求及时上报；二是开展家犬狂犬病病毒带毒感染状况调查和动物狂犬病病毒分子流行病学监测，为科学指导全区犬防工作提供科学依据。三是进行狂犬病疫苗免疫效果试验，通过免疫抗体监测，评估免疫效果。

广西动物疫病预防控制中心每年都对广西的家犬进行病原学调查。利用 RT - PCR 方法对外观健康犬脑进行病毒检测，2003—2010年共检测犬脑组织2 952份，阳性80份。病原学检测结果详见表4-1。

表4-1　2003—2010年广西狂犬病病原学检测结果

| 项目 | 2003 | 2004 | 2005 | 2006 | 2007 | 2008 | 2009 | 2010 | 合计 |
|---|---|---|---|---|---|---|---|---|---|
| 检测数 | 230 | 283 | 733 | 270 | 454 | 206 | 587 | 191 | 2 952 |
| 阳性数 | 20 | 5 | 17 | 9 | 8 | 2 | 10 | 9 | 80 |
| 阳性率（%） | 8.70 | 1.77 | 2.32 | 3.33 | 1.76 | 0.98 | 1.70 | 4.71 | 2.71 |

（3）狂犬病防治宣传。利用狂犬免疫活动、电视、广播、墙报、散发或张贴宣传材料等形式加大对动物防疫法律、法规及狂犬病危害和防治知识的宣传，提高广大群众犬防意识和自我保护意识，自觉地配合有关部门进行犬类管理和家犬免疫、疫情处理等防控工作。主要开展了以下活动：

2008年广西壮族自治区动物疫病预防控制中心制作和印发《狂犬病防治知识宣传挂图》4万张，在农村地区张贴宣传。

2006—2012年，广西动物疫病预防控制中心联合日本本间兽医科医院已先后在柳州、桂林和南宁开展了五期狂犬病免疫援助及宣传活动。

2011年广西动物疫病预防控制中心与国家动物流行病学与卫生中心、广西大学新闻传播学院、百色市在隆林县探索出手机短信＋培训的形式，并作为宣传狂犬病的最有效方式进行推广。

2011年9月28日，在第五个"世界狂犬病日"，由中国动物卫生与流行病学中心资助的，由广西壮族自治区动物疫病预防控制中心承办的第一期中国兽医现场流行病学（China-FETPV）狂犬病防控专题活动在玉林北流市举行。为了体现"同一世界，同一健康"的理念，活动邀请了FAO驻华代表处、中国动物卫生与流行病学中心、广西壮族自治区疾病预防控制中心、广西壮族自治区动物疫病预防控制中心、玉林市疾病预防控制中心、玉林市动物疫病预防控制中心、北流市疾病预防控制中心、北流市动物疫病预防控制中心、北流市各乡镇的防疫人员和动物防疫人员共计70多人参加。9月29日，与会人员来到北流市民安镇开展狂犬病防控宣传活动，开展现场咨询、发放宣传资料1 000多份，并免费免疫家犬182只。

另外，2005—2012年，广西电视台共播发了69条与狂犬病疫情有关的报道。

（4）处置、控制和扑灭疫情措施已经广泛实施。各地兽医防疫监督部门接到疫情报告后，及时在当地政府的统一组织领导下，迅速组织力量，按照本部门职责，采取强制封锁、扑杀、消毒、紧急免疫等紧急措施，有力控制疫情的蔓延和发生。2012年全区共有12个县（市、区）、36个村发生动物狂犬病，发病动物37头（只），全区共扑杀疫点家犬、野犬317只。

## 五、广西狂犬病的危害

狂犬病不但病死率达100%，且病人发病后非常悲惨，这类景象导致周围人群被犬猫等动物伤害后产生极度恐慌、恐惧心理，同时给这些人造成严重的精神和经济负担。

1. **病死人数多且病死率最高。**1951—2010年，广西共报告狂犬病死亡数17 210人。近5年，狂犬病报告死亡人数始终处于各类传染病报告死亡人数的前三位，病死率达100%。狂犬病及其导致的死亡已成为全区最为严重的公共卫生问题之一。2012年广西因狂犬病死亡235例，在广西所有法定报告传染病中，狂犬病死亡人数居第二位，排艾滋病之后。另外，全区共扑杀疫点家犬、野犬317只。

2. **暴露后处置费用高。**狂犬病暴露后预防处置可有效预防狂犬病发病，但目前我国人用狂犬病疫苗全程接种约需250元（国产疫苗）至350元（进口疫苗），被动免疫制剂注射约需300元（抗血清）至1 200元（抗狂犬病免疫球蛋白）。Ⅲ度暴露者完成规范的暴露后预防处置约共需1 500元。对经济条件普遍落后的农村地区居民来说，这种每次动辄数百元，甚至上千元的预防处置费用无疑是一笔不小的经济负担。据统计，广西一年中有50万～80万份的人用狂犬病疫苗卖出去。换句话说，大概有50万～80万人被狗或猫等动物咬伤、抓伤。如果按每个人平均花费800元，50万人就要花4亿元。

3. 不利于社会和谐发展。我国民间称狂犬病为"疯狗病"或"癫狗病"，人发病后中枢神经系统受损，处于癫狂状态，表情极度惊恐，最后因呼吸和心脏衰竭而亡，其惨状给家属和旁观者都带来极度的震撼和恐惧。狂犬病发病后无药可救，加之过去的不当宣传，使得一些被犬、猫致伤者长期处于忧虑之中，背上了沉重的思想负担，甚至发展成强迫症和"狂犬癔症"，严重影响其正常工作和生活。发生狂犬病疫情后，狂犬病患者和狂犬动物可出现攻击他人的行为，进一步传播疫情，会在当地群众中引发较大的情绪波动和一定的恐慌。此外，犬伤人后无论是否发生狂犬病都会引发邻里矛盾，给当地的社会安定带来不稳定因素。

4. 对国家形象产生负面影响。狂犬病疫情的持续存在，使其成为外国人来华前首先考虑的旅行免疫传染病。我国狂犬病的死亡人数还经常被流行病学家和发达国家的卫生部门拿来和非洲一些国家进行比较，对我国在公共卫生方面的国际声望产生了严重的负面影响。部分地区在狂犬病疫情发生后采取了强制性的大规模灭犬措施，客观上虽起到了一定的控制疫情扩散作用，但会引起动物保护者或组织的抗议，造成的局部社会反响，给国家带来的负面影响短期内很难消除。

## 六、广西狂犬病防控存在的问题

1. 狂犬病防控缺乏长期、系统的规划。由于人狂犬病疫情主要通过犬咬伤而零星发生，故有的地方政府和业务部门对动物狂犬病的危害性和防控的重要性认识不足。对狂犬病的防治未能建立科学的长期防治规划，对狂犬病的防控多仍采取应急性防控为主。另外犬防经费投入不足，严重短缺。因此，动物狂犬病的调查和研究工作相对滞后。相对于人医来说，动物狂犬病的流行病学资料较为缺乏，一些基础数据（如宿主动物的种类、传染源、传播途径、犬的存栏量、免疫密度、犬发病率、犬带毒率等）不详实，导致当前动物狂犬病的防治工作处于一种相对盲目和被动的状态。

2. 宿主动物管理不到位。首先是犬只管理松散。虽然广西和部分市制定了养犬管理条例，但尚无国家层面法规条例和自治区级的法规。现有的条例也执行不彻底，城镇不能切实推行实行准养证制度，农村更是无序散养。其次多部门共同开展防治工作有待进一步加强。有效防治狂犬病需要多部门的共同努力，仅靠单一部门难以有效控制和消灭狂犬病。当前我国犬、猫等家养动物的饲养量不断增加，狂犬病病毒流行严重的形势下，需要多部门协调配合，共同开展狂犬病防治工作，全面落实犬、猫等宿主动物的"管、免、灭"和人群暴露后处置的综合防治措施。此外，人的狂犬病来源于动物间狂犬病的流行，目前我国尚无人群、家畜以及野生动物的联合监测系统。

3. 宿主动物免疫工作难以全面开展。免疫率低。做好犬等家养动物的管理，大规模免疫接种项目是狂犬病控制的主要手段。一般来说，70%的犬只接种率就足以控制犬间狂犬病，但广西家犬狂犬病免疫率达不到70%。而且另一个重要宿主——猫的免疫工作很少开展。野生动物的狂犬病免疫从没有开展过。

4. 疫情监测网络不通畅、应急机制不完善。由于宣传和教育工作不甚到位，群众和基层动物防治人员对狂犬病的了解和认识不足，发现发病犬并按规定及时上报疫情的情况很少。动物防疫部门掌握的动物狂犬病疫情很多都是发生人狂犬病后，进行追踪调查后才掌握的。并且由于伤人动物已经走失或者被人处理，很难对伤人动物进行确诊。另外由于部门间的沟通不是很通畅，对相当一部分疫情不知情。

## 七、广西狂犬病的防控建议

（1）建立狂犬病防治中长期规划，增加防控经费的投入。首先应该将狂犬病纳入法制化管理，制定相关的法律法规以及中长期防治规划，明确部门职责，确立防治目标。其次应该加大防控经费的投入，建立完善的监测系统，加强对狂犬病的监测和研究，及时掌握家养动物与野生动物中狂犬病病毒的流行情况、病毒的型别及其遗传特征、地理分布、流行动态等监测资料，为制定家养动物与野生动物主动免疫等防治策略提供科学依据。

（2）加强犬类管理，控制养犬的数量。加强对犬类的管理，防止犬类互伤或者被其他动物伤害而传播狂犬病。加大对犬的养殖管理，城镇实行准养证制度，农村犬实行拴养，并对所有的犬进行登记造册，以便对犬类进行宏观掌控。做好流浪犬的收容、免疫与扑杀工作。

（3）强化家犬免疫工作。免疫接种是预防人畜狂犬病的重要措施，在我国各地，患病犬仍是人畜狂犬病的主要传染源。定期对犬只实施免疫接种是控制本病的关键。根据调查结果，降低犬免疫的注射费或不收费、使用方便易行的免疫方法能够大大提高农村犬免疫率。

（4）加强风险交流，增强人民群众对狂犬病的认识。进一步加强有关法律、法规以及犬防知识的宣传和教育活动，设立交流平台，增加与群众的互动，提高公众认知，并积极了解和参与狂犬病的预防和控制工作。

# 参考文献

陈利琼，张鹏，梅云新，等. 2007. 油气管道危害辨识故障树分析方法研究 [J]. 油气储运，26（2）：16-30，50.

郭齐，孙向东，刘拥军，等. 2011. 国内动物卫生风险分析研究评述 [J]. 中国动物检疫，28（9）：42-44.

刘义威，李文，卢耀娟，等. 2009. 广西玉林市505例狂犬病流行病学调查 [J]. 疾病监测，24（10）：755-760.

陆承平. 2002. 兽医微生物学 [M]. 第三版. 北京：中国农业出版社.

吕元聪，吴泰才，王树声，等. 2004. 广西狂犬病流行特征及回升原因分析 [J]. 广西预防医学，10（6）：352-354.

莫兆军，李浩，陶小燕，等. 2007. 广西狂犬病病毒分子流行病学研究 [J]. 应用预防医学，13（5）：255-262.

盛圆贤，赵德明. 2009. 狂犬病流行态势及其防控策略的研究进展 [J]. 中国兽医科学，39（9）：835-838.

谭明杰，李荣成，莫兆军，等. 2005. 广西2000～2004年狂犬病流行病学特征分析 [J]. 疾病监测，20（11）：566-570.

熊毅，刘棋，盘龙波，等. 2008. 广西狂犬病分子流行病学的研究 [J]. 西南农业学报，21（4）：1131-1135.

杨进业，莫毅，谭毅，等. 2013. 广西1951～2010年狂犬病流行特征分析 [J]. 中国人兽共患病学报，29（3）：294-299.

杨毅昌，皮振举，岳洪亮，等. 2001. 狂犬病传播途径 [J]. 中国兽医杂志，37（2）：44-46.

叶和平，马志强. 2010. 动物疫病风险分析及其要素评价 [J]. 食品安全导刊，12：60-62.

殷震，刘景华. 1997. 动物病毒 [M]. 北京：科学出版社.

章玲珠，杨进业，刘伟，等. 2001. 1996～2000年广西狂犬病流行病学调查分析 [J]. 广西预防医学，4：28-212.

中华人民共和国卫生部，中华人民共和国公安部，中华人民共和国农业部，等. 2009. 中国狂犬病防治现状 [M]. 北京：人民卫生出版社.

朱来华，陈军，刘文波，等. 2007. 新版OIE《陆生动物卫生法典》的新变化 [J]. 检验检疫科学，17（4）：70-74.

Nigel Perkins，Mark Stevenson 著，王承芳译. 2004. 动物及动物产品风险分析培训手册 [M]. 北京：中国农业出版社.

Arthur JR. 2008. General principles of the risk analysis process and its application to aquaculture [J]. FAO Fisheries and Aquaculture Technical Paper, 519: 3 – 8.

Farez S, Morley R. S. 1997. Potential animal health hazards of pork and pork products [J]. Rev. sci. tech. Off. int. Epiz. , 16 (1): 65 – 78.

Gury Dohmen F, Beltrán F. 2009. Rabies virus isolation in the salivary glands of insectivorous bats [J]. RevSci Tech, 28 (3): 985 – 93.

WH Organization. 2001. Joint WHO/FAO/OIE technical consultation on BSE: public health, animal health and trade [N]. OIE Headquarters, Paris: 11 – 14.

Vaughn J. B, Gerhardt P, Newell K. W. 1965. Excretion of street rabies virus in the saliva of dogs [J]. J. Am. Vet. Med. Assoc, 193: 363 – 368.

第五章

# 常用统计分析方法

## 第一节　线性回归与相关

## 一、一般的简单线性回归

### （一）线性回归的概念

线性回归（linear regression）是分析两个连续型变量之间依存变化数量关系的统计方法，它是回归分析中最基本、最简单的情况，因此也称为简单回归（simple regression）。线性回归方程中的两个连续型变量的地位是不同的，其中一个作为自变量（independent variable），也称解释变量（explanatory variable），用$x$表示，可以是服从正态分布（normal distribution）的随机变量，也可以是能精确测量和严格控制的非随机变量；另一个作为因变量（dependent variable），也称应变量（response variable），用$y$表示。

线性回归通常的假设为：

（1）自变量与因变量间关系有线性趋势（linear）。

（2）每个观察个体之间相互独立（independent）。

（3）给定$x$值，对应的$y$服从总体均数为$\mu_{y|x}$、方差为$\sigma^2$的正态分布。

（4）不同$x$所对应$y$的方差相等（equal variance），均为$\sigma^2$。

为了方便记忆，以上假设称为LINE（线性）假设，因为线性、独立、正态、等方差的首写字母为LINE。

若以变量$x$与$y$分别为横轴和纵轴，将成对的样本实测值绘制散点图，如图5-1所示，各散点通常并不会恰好在一条直线上。回归方程如下：

$$\mu_{y|x} = \alpha + \beta x \qquad (5-1)$$

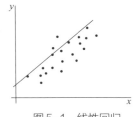

回归方程大多数情况由样本得到，称为样本回归方程或经验回归方程。如果以$\hat{y}$表示$\mu_{y|x}$的一个样本估计值，即$x$确定时$y$的样本均数，则样本回归方程的一般表达式为：

$$\hat{y} = a + bx \qquad (5-2)$$

图5-1　线性回归

公式（5-2）中，$a$为回归直线在$y$轴上的截距（Intercept），表示$x$值为0时$y$的平均水平。$a < 0$，表示直线与纵轴的交点在原

点的下方；$a>0$，交点在原点的上方；$a=0$，回归直线经过原点。$b$称为回归系数（regression coefficient），即直线的斜率（slope），其统计学意义是：$x$每变化一个单位，$y$平均变化$b$个单位。$b<0$，表示直线从左上方走向右下方，即$y$随$x$的增大而减小；$b>0$，表示直线从左下方走向右上方，即$y$随着$x$的增大而增大；$b=0$，表示直线与$x$轴平行，即$x$与$y$无直线关系。

### （二）建立线性回归方程

从样本数据中求解$a$和$b$，实际上是拟合一条反映所有散点集中趋势的回归直线，使得各实测值与对应该点的估计值最接近。实测值$y$与回归线上的估计值$\hat{y}$的纵向距离$y-\hat{y}$称为残差（Residual）或剩余值，就是各点残差要尽可能小。由于残差有正有负，通常要找一条各点残差平方和最小的直线。详见图5－2。

要保证各实测点距回归直线纵向距离平方和最小，通常用最小二乘法（method of least square），推导出回归方程系数的计算公式：

$$b = \frac{\sum (x-\bar{x})(y-\bar{y})}{\sum (x-\bar{x})^2} = \frac{l_{xy}}{l_{xx}} \qquad (5-3)$$

$$a = \bar{y} - b\bar{x} \qquad (5-4)$$

式中，$\bar{x}$，$\bar{y}$分别为$x$，$y$的均数；$l_{xx}$为$x$的离均差平方和；$l_{xy}$为$x$与$y$的离均差交叉乘积和，简称离均差积和。

$$l_{xy} = \sum xy - \frac{(\sum x)(\sum y)}{n} \qquad (5-5)$$

两变量线性回归关系除了可以用公式（5－2）表示外，还可以在散点图上绘制出样本回归直线作为一种直观的统计描述补充形式，此直线必然通过点（$\bar{x}$，$\bar{y}$）且与纵坐标轴相交于截距$a$。在自变量实测范围内，取易于读数的$x$值代入回归方程得到一个点的坐标，连接此点与点（$\bar{x}$，$\bar{y}$）也可绘出回归直线。

### （三）回归系数的假设检验

前面只完成了两变量关系的统计描述，要推断自变量$x$与因变量$y$间是否有直线关系，需对总体回归系数$\beta$进行假设检验。也就是说，使样本来自总体回归系数$\beta$为零的总体，由于抽样误差的存在，样本回归系数$b$也不一定为零。

常用的假设检验方法有$t$检验和方差分析。

1. $t$检验。

$$t_b = \frac{b-0}{S_b} = \frac{b}{S_{y|x}/\sqrt{l_{xx}}}, \quad v=n-2 \qquad (5-6)$$

$$S_{y\,|\,x} = \sqrt{\frac{\sum (y - \hat{y})^2}{n - 2}} = \sqrt{\frac{SS_{剩}}{n - 2}} \qquad (5-7)$$

式中，$S_b$ 为样本回归系数的标准误；$S_{y\,|\,x}$ 为残差标准差（residual standard deviation）。求得 $t$ 值后查界值表得 $P$ 值，按所取 $\alpha$ 水准做出推断。

2. 方差分析。 如图5-2所示，$P$ 点是双变量散点图中任一点，它的纵坐标被回归直线与均数 $\bar{y}$ 截成3段，$y - \bar{y} = (y - \hat{y}) + (\hat{y} - \bar{y})$。若将全部点按上述法处理，并将等式两端平方后求和，则有：

$$\sum (y - \bar{y})^2 = \sum (y - \hat{y})^2 + \sum (\hat{y} - \bar{y})^2 \qquad (5-8)$$

上式用符号表示为：

$$SS_{总} = SS_{回} + SS_{剩} \qquad (5-9)$$

$$v_{总} = v_{回} + v_{剩} \qquad (5-10)$$

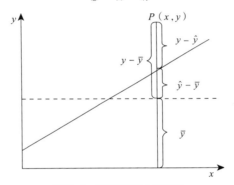

图5-2　因变量平方和划分

未考虑自变量与因变量的回归关系时，因变量的随机误差即为 $y$ 的总变异 $SS_{总}$；当考虑了回归关系时，随机误差就减小为 $SS_{剩}$。若总体中两变量间存在回归关系，回归变异应远大于随机误差，大到何种程度时可以认为具有统计学意义，可采用统计量 $F$ 来做推断。

$$F = \frac{SS_{回}/v_{回}}{SS_{剩}/v_{剩}} = \frac{MS_{回}}{MS_{剩}}, \quad v_{回} = 1, \quad v_{剩} = n - 2 \qquad (5-11)$$

式中，$MS_{回}$、$MS_{剩}$ 分别称为回归均方和剩余均方。统计量 $F$ 服从自由度为 $v_{回}$、$v_{剩}$ 的 $F$ 分布。

### （四）资料分析步骤

回归分析的应用很广泛，应用时需要满足适用条件，因此在拟合模型前，需要对资料进行判断。

第 1 步：绘制散点图，考察数据是否满足线性趋势。如果图中发现有明显远离主体数据的观测值，则称之为异常点（outlier），这些点很可能对正确评价两变量间关系有较大影响。对异常点的识别与处理需要从专业知识和数据特征两方面来考虑，结果可能是现有回归模型的假设错误需要改变模型形式，也可能是抽样误差造成的一次偶然结果甚至是过失误差。

　　需要强调的是，实践中不能通过简单剔除异常数据的方式来得到拟合效果较好的模型，只有认真核对原始数据并检查其产生过程认定是过失误差，或者通过重复测定确定是抽样误差造成的偶然结果，才可以剔除或采用其他估计方法，例如非参数回归。

　　第2步：观察数据的分布。分析因变量的正态性、方差齐性，确定是否可以进行线性回归分析。模型拟合完毕，通过残差分析结果来考察模型是否可靠。如果变量进行了变换，则应重新绘制散点图并观察数据分布。

　　第3步：拟合回归直线。

　　第4步：残差分析。考察数据是否符合模型假设条件，主要包括以下两个方面。

　　（1）残差是否独立。实际上就是考察因变量$y$取值是否相互独立。采用Durbin-Watson残差序列相关性检验进行分析。

　　（2）残差分布是否为正态。实际上就是考察因变量$y$取值是否服从正态分布。可以采用残差列表及一些相关指标来分析，直观方法是图示法。

　　完成以上4步，才能认为得到的是一个统计学上无误的模型，下一步就是根据统计学结果，结合专业实际做出结论。

　　第5步：结果的解释。反映两变量关系密切程度或数量上影响大小的统计量应该是回归系数或相关系数的绝对值，而不是假设检验的$P$值。$P$值越小只能说越有理由认为变量间的直线关系存在，而不能说关系越密切或越"显著"。另外，线性回归用于预测时，其适用范围一般不应超出样本中自变量的取值范围，此时求得的预测值称为内插（interpolation），而超过自变量取值范围所得的预测值称为外延（extrapolation）。若无充分理由说明现有自变量范围以外的两变量间仍然是直线关系，则应尽量避免不合理的外延。

## 二、加权的简单线性回归

　　前一节介绍的线性回归方程的最小二乘估计方法对于每个观测点是同等看待的，确定回归直线时每个点的残差平方之后的合计最小。在某些情况下，根据专业知识考虑并结合实际数据，某些观察值对于估计回归方程显得更"重要"，而有些并不很"重要"，这时可以考虑采用加权最小二乘估计（weighted least sum of squares estimation）。

### （一）加权最小二乘估计

　　假设各观测值的权重为$w_i$，得到的回归方程就要使加权后的残差平方和最小。

$$SS_{残w} = \sum w_i (y_i - a_w - b_w x)^2 \qquad (5-12)$$

这样得到的回归系数和常数项的计算公式为：

$$b_w = \frac{\sum wxy - \dfrac{(\sum wx)(\sum wy)}{\sum w}}{\sum wx^2 - \dfrac{(\sum wx)^2}{\sum w}} = \frac{l_{xyw}}{l_{xxw}} \qquad (5-13)$$

$$a_w = \frac{\sum wy - b_w \sum wx}{\sum w} = \bar{y}_w - b_w \bar{x}_w \qquad (5-14)$$

在实际应用中，可以根据数据的特点，结合研究目的选用不同的权重来改善回归模型的拟合效果。例如，以某种残差的倒数作为权重可以减小残差很大的异常数据的影响等。$\sigma_i^2$ 一般是未知的，应充分利用残差图的提示来考虑怎么进行权重。

### （二）加权线性回归方程的假设检验

对于加权最小二乘估计回归方程的假设检验，与普通最小二乘估计类似。方差分析的检验统计量为：

$$F_w = \frac{MS_{回w}}{MS_{残w}} = \frac{SS_{回w}/1}{SS_{残w}/(n-2)} = \frac{b_w l_{xyw}}{(l_{yyw} - b_w l_{xyw})/(n-2)} \qquad (5-15)$$

式中，

$$l_{xyw} = \sum wy^2 - (\sum wy)^2 / \sum w l_{xyw} \qquad (5-16)$$

## 三、简单线性相关

上面两部分介绍了描述两个变量间数量依存关系的分析方法。在动物疫病风险分析中，当两个风险因素（变量）不分主次时，如羊群是否免疫布鲁氏菌病疫苗和羊群是否布鲁氏菌病检测阳性，可以通过线性相关来刻画它们之间可能存在的线性相关方向与程度。

### （一）概念

简单线性相关（simple linear correlation），简称直线相关（linear correlation）或简单相关（simple correlation），是分析两个连续型变量之间的线性相关关系，适用于双变量正态分布（bivariate normal distribution）资料。

线性相关的性质可由散点直观地观察，图5-3（a）中散点呈椭圆形，两变量呈同向变化趋势，称为正相关（positive correlation）；图5-3（b）中散点呈椭圆形，且两变量呈反向变化趋势，称为负相关（negative correlation）；图5-3（e）中两变量呈同向变化，散点在一条直线上，称为完全正相关（perfect positive correlation）；图5 - 3（f）中两变量呈反向变化趋势，且散点在一条直线上，称为完全负相关（perfect negative correlation）；图5 - 3（c）、（d）、（g）及（h）中两变量没有直线相关关系，称为零相关（zero correlation）。

正相关或负相关并不一定表示一个变量的改变是另一个变量变化的原因，有可能同受另一个因素的影响。相关分析的任务就是对相关关系给以定量的描述。

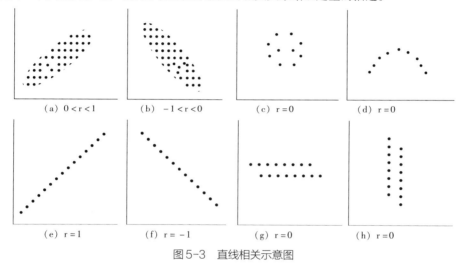

图5-3 直线相关示意图

### （二）线性相关系数的意义和计算

线性相关系数（linear correlation coefficient）又称Pearson积矩相关系数（pearson coefficient of product-moment correlation），用符号r表示样本相关系数。

相关系数说明具有线性关系的两个变量，相关关系的密切程度和相关方向。计算公式为：

$$r = \frac{\sum (x - \bar{x})(y - \bar{y})}{\sqrt{(\sum (x - \bar{x})^2}\sqrt{\sum (y - \bar{y})^2}} = \frac{l_{xy}}{\sqrt{l_{xx}l_{yy}}} \tag{5-17}$$

相关系数r没有单位，其值为 $-1 \leqslant r \leqslant 1$。r的正负表示相关方向，r为正表示正相关；r为负表示负相关。r的绝对值大小表示相关密切程度，r绝对值越接近1，表示两变量相关关系越密切。r为零表示零相关，r的绝对值等于1表示完全相关。

### （三）相关系数的假设检验

r是样本相关系数，是总体相关系数ρ的估计值。即使在ρ = 0的总体中随机抽样，由于抽样误差的影响，所得r也常不等于0。故计算一个样本的相关系数r后，需要对总体相关系数$\rho$是否为0进行假设检验。这种假设检验常用$t$检验，其计算公式为：

$$t = \frac{r - 0}{S_r} = \frac{r}{\sqrt{\dfrac{1 - r^2}{n - 2}}} \tag{5-18}$$

式中，$S_r$为相关系数的标准误。

对同一样本，其相关系数$r$和回归系数$b$正负号一致，其假设检验是等价的。

### （四）操作注意事项

线性相关要求两个变量服从双变量正态分布，如果不服从，则应考虑变量变换，或采用等级相关来分析。在分析前也必须做散点图，以便初步判断两个变量是否有相关趋势，该趋势是否为直线，以及数据有无异常点。

## 四、多重线性回归与相关

多重线性回归（multiple linear regression）与多重相关（multiple correlation）是研究多个变量之间的线性依存及线性相关的统计分析方法。

在动物疫病风险分析研究中发现，动物疫病致病因子的传播和扩散通常受到多个因素的影响，如羊群感染布鲁氏菌病除了受免疫状态影响外，还受到养殖场生物安全措施实施情况、检疫、监测、饲养员对布鲁氏菌病了解情况等多种因素影响。用回归方程定量描述一个因变量与多个自变量间的线性依存关系，称为多重线性回归，自变量的值可以是随机数，也可以是常数，但因变量则要求一定是随机的。

多项式回归（polynomial regression）又称为抛物线（parabola）回归，是运用多项式来描述$x$与$y$的回归关系。

数学上，所谓的多项式函数（polynomial function）定义为：

$$y = a + b_1 x + b_2 x^2 + \cdots + b_p x^p \tag{5-19}$$

上式称为$p$次多项式或$p$次抛物线，随着$p$的增大该曲线形状亦趋复杂，其中含有的极值点、拐点亦会增多，所以尽量选用$p$较小的抛物线回归。

其中最简单的形式为二阶多项式：

$$y = a + b_1 x + b_2 x^2 \tag{5-20}$$

在研究中，当观察到数据$y$和$x$的散点图近似一条抛物线时，可以令

$$x_1 = x, \qquad x_2 = x^2$$

公式（5-20）转化为：

$$\mu_{y \mid x} = A + B x_1 + B x_2 \tag{5-21}$$

这样把曲线拟合的问题转化为线性回归求解，由于并没有对 $y$ 进行变换，因此可以通过多重线性回归的方法来推断回归的统计学意义和决定系数。

## 五、多重回归分析方法

多重线性回归（multiple linear regression）是简单直线回归的推广，研究一个因变量与多个自变量之间的数量依存关系。

### （一）多重回归模型

多重线性回归的数学模型为：

$$y = \beta_0 + \beta_1 x_1 + \cdots + \beta_p x_p + \varepsilon \qquad (5-22)$$

式中，$y$ 为因变量，是随机定量的观察值；$x_1$，$\cdots$，$x_p$ 为 $p$ 个自变量；$\beta_0$ 为常数项，$\beta_1$，$\cdots$，$\beta_p$ 称为偏回归系数（partial regression coefficient）。$\beta_j$（$j=1$，$2$，$\cdots$，$p$）表示在其他自变量固定不变的情况下，自变量 $x_j$ 每改变一个单位时，其单独引起因变量 $y$ 的平均改变量。$\varepsilon$ 为随机误差，又称为残差（residual），它是 $y$ 的变化中不能用自变量解释的部分，服从 $N$（$0$，$\sigma^2$）分布。

由样本估计的多重线性回归方程为：

$$\hat{y} = b_0 + b_1 x_1 + \cdots + b_p x_p \qquad (5-23)$$

式中，$\hat{y}$ 为在各 $x$ 取一组定值时，因变量 $y$ 的平均估计值或平均预测值。$b_0$，$b_1$，$\cdots$，$b_p$ 是 $\beta_0$，$\beta_1$，$\cdots$，$\beta_p$ 的样本估计值。

不能直接用各自变量的普通偏回归系数的数值大小来比较方程中它们对因变量 $y$ 的贡献大小，因为 $p$ 个自变量的计量单位及变异度不同。可将原始数据进行标准化，即

$$x_j{}^* = \frac{x_j - \bar{x}_j}{S_j} \qquad (5-24)$$

然后用标准化的数据进行回归模型拟合，此时获得的回归系数记为 $k_0$，$k_1$，$\cdots$，$k_p$，称为标准化偏回归系数（standardized partial regression coefficient），又称为通径系数（path coefficient）。标准化偏回归系数 $k_j$ 绝对值较大的自变量对因变量 $y$ 的贡献大。

### （二）参数估计

多重线性回归分析中回归系数的估计也是通过最小二乘法（method of least square），即寻找适宜的系数 $b_0$，$b$，$\cdots$，$b_p$ 使得因变量残差平方和达到最小。其基本原理是：利用观察或收集到的因变量和自变量的一组数据建立一个线性函数模型，使得这个模型的理论值与观察值之间的离均差平方和最小。

### （三）回归方程的假设检验与配合适度评价

建立的回归方程是否符合资料特点，以及能否恰当地反映因变量$y$与$p$个自变量的数量依存关系，就必须对该模型进行检验。

1. 回归方程的检验与评价。无效假设$H_0$：$\beta_1 = \beta_2 = \cdots = \beta_p = 0$；备择假设$H_1$：各$\beta_j$（$j=1$，$2$，$\cdots$，$p$）不全为0。检验统计量为$F$，计算公式为：

$$F = \frac{SS_{回}/p}{SS_{残}/(n-p-1)} = \frac{MS_{回}}{MS_{残}} \qquad (5-25)$$

2. **自变量的假设检验。**

（1）偏回归平方和检验。回归方程中某一自变量$x_j$的偏回归平方和（sum of squares for partial regression），表示从模型中剔除$x_j$后引起的回归平方和的减少量。偏回归平方和用$SS$回归$(x_j)$表示，其大小说明相应自变量的重要性。

检验统计量$F$的计算公式为：

$$F = \frac{SS_{回}(x_j)/1}{SS_{残}/(n-p-1)} \qquad (5-26)$$

（2）偏回归系数的$t$检验。偏回归系数的$t$检验是在回归方程具有统计学意义的情况下，检验某个总体偏回归系数是否等于0的假设检验，以判断相应的自变量是否对因变量$y$的变异确有贡献。

$$H_0：\beta_j = 0，\quad H_1：\beta_j \neq 0$$

检验统计量$t$的计算公式为：

$$t_{bj} = \frac{b_j}{S_{bj}} \qquad (5-27)$$

式中，$S_{bj}$为第$j$偏回归系数的标准误。

### （四）自变量的选择

在许多多重线性回归中，模型中包含的自变量没有办法事先确定，如果把一些不重要的或者对因变量影响很弱的变量引入模型，则会降低模型的精度。所以自变量的选择是必要的，其基本思路是：尽可能将对因变量影响大的自变量选入回归方程中，并尽可能将对因变量影响小的自变量排除在外，即建立所谓的"最优"方程。

1. **筛选标准与原则。**对于自变量各种不同组合建立的回归模型，使用全局择优法选择"最优"的回归模型。

（1）残差平方和缩小与决定系数增大。如果引入一个自变量后模型的残差平方和减少很多，那么说明该自变量对因变量$y$贡献大，将其引入模型；反之，说明该自变量对因变量y贡献小，不应将其引入模型。另一方面，如果某一变量剔除后模型的残差平方和增加很多，则说明该自变量对因变量y贡献大，不应被剔除；反之，说明该自变量对因变量y贡献小，应被剔除。决定系数增大与残差平方和缩小完全等价。

（2）残差均方缩小与调整决定系数增大。残差均方缩小的准则是在残差平方和缩小准则基础上增加了 $(n-p-1)^{-1}$ 因子，它随模型中自变量p的增加而增加，体现出对模型中自变量个数增加所实施的惩罚。调整决定系数增大与残差均方缩小完全等价。

（3）$C_p$统计量。由 C. L. Mallows（1964 年）提出，其定义为：

$$C_p = \frac{SS_{残}}{\hat{\sigma}^2} + 2q - n \tag{5-28}$$

式中，$\hat{\sigma}^2$ 为全模型的残差均方估计；q为所选模型中（包括常数项）的自变量个数。

如果含q个自变量的模型是合适的，则其残差平方和的期望$E(SS_{残差}) = (n-p)\sigma^2$。假定全模型的残差均方估计的期望$E(\hat{\sigma}^2) = \sigma^2$为真，则$SS_{残差}/\hat{\sigma}^2$近似等于$(n-p)$，因此$C_p$的期望近似等于模型中参数的个数，即$E(C_p) = q$。用$C_p$值对参数个数q绘制散点图，将显示"合适模型"的散点在直线$C_p = q$附近，拟合不佳的模型远离此线。

2. 自变量筛选常用方法。常用方法如下：

（1）前进法（forward selection）。事先定一个选入自变量的标准。开始时，方程中只含常数项，按自变量对y的贡献大小由大到小依次选入方程。每选入一个自变量，则要重新计算方程外各自变量（剔除已选入变量的影响后）对y的贡献，直到方程外变量均达不到选入标准为止。变量一旦进入模型，就不会被剔除。

（2）后退法（backward selection）。事先定一个剔除自变量的标准。开始时，方程中包含全部自变量，按自变量y对的贡献大小由小到大依次剔除。每剔除一个变量，则重新计算未被剔除的各变量对y的贡献大小，直到方程中所有变量均不符合剔除标准，没有变量可被剔除为止。自变量一旦被剔除，则不考虑进入模型。

（3）逐步回归法（stepwise selection）。本法区别于前进法的根本之处是每引入一个自变量，都会对已在方程中的变量进行检验，对符合剔除标准的变量要逐一剔除。

## 六、共线性解决方案与校正

多重共线性（multi-colinearity）是进行多重回归分析时存在的一个普遍问题。多重共线性是指自变量之间存在近似的线性关系，即某个自变量能近似地用其他自变量的线性函数来表示。在实际回归分析应用中，自变量间完全独立很难，所以共线性的问题并不少见。自变量一般程度上的相关不会对回归结果造成严重的影响，然而，当共线性趋势非常明显时，它就会对模型的拟合带来严重影响。

（1）偏回归系数的估计值大小甚至是方向明显与常识不相符。

（2）从专业角度看对因变量有影响的因素，却不能选入方程中。

（3）去掉一两个记录或变量，方程的回归系数值发生剧烈的变化，非常不稳定。

（4）整个模型的检验有统计学意义，而模型包含的所有自变量均无统计学意义。

当出现以上情况时，就需要考虑是不是变量之间存在多重共线性。

## （一）多重共线性的诊断

在做多重回归分析的共线性诊断时，首先要对所有变量进行标准化处理。SPSS中可以通过以下指标来辅助判断有无多重共线性存在。

（1）相关系数。通过做自变量间的散点图观察或者计算相关系数判断，看是否有一些自变量间的相关系数很高。一般来说，2个自变量的相关系数超过0.9，对模型的影响很大，将会出现共线性引起的问题。这只能做初步的判断，并不全面。

（2）容忍度（tolerance）。以每个自变量作为因变量对其他自变量进行回归分析时得到的残差比例，大小用1减去决定系数来表示。该指标值越小，则说明被其他自变量预测的精度越高，共线性可能越严重。

（3）方差膨胀因子（variance inflation factor，VIF）。方差膨胀因子是容忍度的倒数，VIF越大，显示共线性越严重。VIF>10时，提示有严重的多重共线性存在。

（4）特征根（eigenvalue）。实际上是对自变量进行主成分分析，如果特征根为0，则提示有严重的共线性。

（5）条件指数（condition index）。当某些维度的该指标大于30时，则提示存在共线性。

## （二）共线性解决方案

自变量间确实存在多重共线性，直接采用多重回归得到的模型肯定是不可信的，此时可以用下面的办法解决。

（1）增大样本含量，能部分解决多重共线性问题。

（2）把多种自变量筛选的方法结合起来拟合模型。建立一个"最优"的逐步回归方程，但同时丢失一部分可利用的信息。

（3）从专业知识出发进行判断，去除专业上认为次要的，或者是缺失值比较多、测量误差较大的共线性因子。

（4）进行主成分分析，提取公因子代替原变量进行回归分析。

（5）进行岭回归分析，可以有效解决多重共线性问题。

（6）进行通径分析（path analysis），可以对应/自变量间的复杂关系精细刻画。

## 七、残差分析与回归诊断

多重线性回归模型的基本假设除了线性、独立、正态及等方差（即LINE条件）外，还要求多个自变量之间相关性不要过强。LINE条件的核查一般采用残差分析（analysis of residuals）来进行。

残差分析主要包括以下两个方面：

（1）残差是否独立。实际上就是考察因变量$y$取值是否相互独立。

（2）残差分布是否为正态。实际上就是考察因变量$y$取值是否服从正态分布。

残差图（residual plot），一般是将现有模型求出的各点残差$e_i = y_i - \hat{y}_i$作为纵坐标，相应的预测值$\hat{y}$或者自变量取值$x$作为横坐标来绘制的。如果数据符合模型的基本假定，则残差与回归预测值的散点图不应有任何特殊的结构。如图5－4（a）所示为较为理想的残差图，说明此数据用于拟合直线回归方程是恰当的。图5－4（b）中可以明显地看到一个点的残差相对其他点来说大很多，可判定是异常点，可以考虑删除或改用其他可减小异常点影响的回归分析方法。图5－4（c）中的残差与回归预测值呈曲线关系，提示在目前的直线回归模型中加入自变量的二次项将改善拟合效果。图5－4（d）中的残差呈喇叭口形状，虽然围绕均线均匀分布，但是波动随着拟合值的增大而增大，提示误差的方差不齐，模型假设不成立。应考虑某种对方差进行稳定化的处理，如进行变量变换，或采用加权最小二乘法估计。图5－4（e）表示残差之间不独立的情况，可以看到残差与各个观测的测量时间存在较强的相关性。

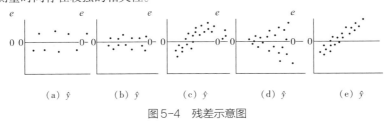

$$\text{(a) } \hat{y} \qquad \text{(b) } \hat{y} \qquad \text{(c) } \hat{y} \qquad \text{(d) } \hat{y} \qquad \text{(e) } \hat{y}$$

图5-4　残差示意图

回归前提条件和数据可靠性从统计方法上进行检查，就是所谓的回归诊断（regression diagnosis）的内容，需要指出的是，对这些检查的解释及进一步处理应充分结合专业知识，不仅仅依赖于统计学上的方法。

## 八、交互作用与哑变量问题

### （一）交互作用

多重回归模型中有多于2个自变量时，可能就存在自变量间的交互作用。如果一个模型中$x_1$，$x_2$，…，$x_p$的一次项加起来仍不足以"解释"$y$，有时还需要考虑两个自变量联合的额外效应或交互效应（交互作用）。

例如，在生物化学过程中，常有两个因素联合效应不同于单独效应之和的情形。如催化剂的单独效应为零，与其他因素配合却能较大地提高效应。

在回归分析中，若$x_1$，$x_2$存在交互效应，最常用的方法是在回归模型中增加$x_1$，$x_2$的乘积项，如

$$\hat{y} = b_0 + b_1 x_1 + b_2 x_2 + b_3 x_1 x_2 \qquad (5-29)$$

在参数估计时，可令$x_3 = x_1 x_2$，按模型

$$\hat{y} = b_0 + b_1 x_1 + b_2 x_2 + b_3 x_3 \qquad (5-30)$$

估计参数。

事先判断是否存在交互效应主要靠专业知识。无专业知识可以依据时，应首先按无交互效应拟合模型，然后通过残差分析判断是否需要考虑交互作用。

### （二）哑变量的设置

在多重线性回归模型中，回归系数$x_j$表示在其他自变量固定的情况下，$x_j$每改变一个单位时，因变量$y$的平均变化量。当自变量为连续性或二分类的变量时，解释上是没有问题的，但是当$x$为多分类（无序或等级）变量时就不能这样简单地直接分析，因为各个变量值只是以代码的形式选入方程，不代表它们之间的差距。比如中国的绵羊品种，蒙古羊、哈萨克羊和藏羊之间是平等的，不存在大小问题。这时，需要把原来的多分类变量转化为（水平数-1）个哑变量（dummy variable），每个哑变量只代表两个级别或若干个级别间的差异。

1. 多分类无序自变量。各类别是相互独立的，只是在代码上有大小关系，而本身无大小之分，因此在拟合时需要采用全哑变量选入模型。如蒙古羊、哈萨克羊和藏羊都是我国绵羊品种，如果3个品种作为3个变量的话，可以设置2个哑变量，具体如表5-1所示。

表5-1　3个绵羊种设置2个哑变量

|       | 蒙古羊 | 哈萨克羊 | 藏羊 |
| ----- | ----- | ------ | --- |
| $x_1$ | 0     | 1      | 0   |
| $x_2$ | 0     | 0      | 1   |

从哑变量的取值特征可以看出，2个哑变量为0时，代表蒙古羊，说明它是基础（或对照）；$x_1$为1，$x_2$为0时，代表哈萨克羊；$x_2$为1，$x_1$为0时，代表藏羊。这些哑变量由于是代表同一个变量的不同取值水平，因此在分析时应同时选入或剔除模型，即使有部分哑变量具有统计学意义。

2. 多分类有序自变量。有序变量提供的信息比多分类无序变量多，为了能够充分利用信息，采取的多分类无序哑变量设置方法要麻烦点。

（1）全哑变量模型。将有序自变量当成无序自变量来处理，一般以最低水平为对比水平。如养殖规模，散养、小规模和商业养殖（大规模）。

可以以散养为参照水平，采用2个哑变量拟合如下模型：

$$\hat{y} = b_0 + b_1 x_1 + b_2 x_2 \qquad (5-31)$$

（2）剂量—反应分组线性模型。当等级之间存在近似线性关系时，如每月消毒频率与动物疫病发生的研究：

用"0"代表0次/月；"1"代表1次~/月；"2"代表2~/月；"3"代表>3次/月可以拟合剂量—反应分组模型：

$$\hat{y} = b_0 + b_1 x \qquad (5-32)$$

## 九、复相关系数与偏相关系数

多重线性相关与简单直线相关一样，要求，$x_1$，$x_2$，…，$x_p$，$y$为多元正态分布（multivariate normal distribution）的随机变量。

### （一）复相关系数、决定系数与调整决定系数

一般来说，当方程中自变量的个数增加时，残差总能或多或少地减少，提高模型的拟合精度，但会使模型复杂化。要保证模型内自变量"少而精"，就需要一些量化的指标来衡量所得模型的"优劣"。复相关系数、决定系数和调整决定系数常用于衡量方程的"优劣"。

决定系数（coefficient of determination）$R^2$，是回归平方和占总离均差平方和的比例，即

$$R^2 = SS_{回}/SS_{总} \qquad (5-33)$$

用以反映线性回归模型能在多大程度上解释因变量$y$的变异。其取值范围为$0 \sim 1$，决定系数$R^2$的值越接近1，表示样本数据对所选用的线性回归模型的拟合很好。$R^2$直接反映回归方程中所有自变量解释了因变量$y$总变异的百分比，也可以说，$R^2$可以解释为回归方程使因变量$y$总变异减少的百分比。

对其假设检验，检验统计量为$F$，计算公式为：

$$F = \frac{R^2/p}{(1-R^2)/(n-p-1)} \qquad (5-34)$$

复相关系数（multiple correlation coefficient）$R$，是决定系数的平方根，表示$p$个自变量共同对因变量线性相关的密切程度。$p=1$时，$R = |r|$，$r$为简单相关系数。

调整的$R^2$（adjusted R-square）反映模型的拟合优度。定义为：

$$R^2_{adj} = 1 - \frac{n-1}{n-p-1}(1-R^2) = 1 - \frac{MS_{残}}{MS_{总}} \qquad (5-35)$$

它增加了对方程中引入自变量的"惩罚"，当有统计学意义的变量进入方程时，可使调整的$R^2$增加；而当无统计学意义的变量进入方程时，调整的$R^2$反而减少。因此，调整的$R^2$是衡量方程优劣的重要指标。

## （二）偏相关系数

分析两个变量相关关系时，可能受到其他变量的影响，使得计算的相关系数难以体现所分析的两个变量间的真实相关关系。可以通过控制其他变量的影响，在其他变量固定不变的情况下分析这两个变量的关系，这就是偏相关分析。

偏相关系数（partial correlation coefficient）用于反映其他变量一定时，任意两个变量间的相关关系。

$$r_{jy} = \pm \sqrt{SS_{回}(x_j)/SS_{残}(p-1)} \qquad (5-36)$$

上式为$x_j$与$y$的偏相关系数，其符号与偏回归系数$b_j$的符号一致。$SS_{回}(x_j)$为偏回归平方和；$SS_{残}(p-1)$为去掉$x_j$后，$y$对其余$p-1$个自变量做线性回归时的残差平方和。

$|r_{jy}|$越接近1，则$x_j$与$y$的线性关系越密切，其检验假设$H_0$为总体偏相关系数$\rho_{jy}$为零。检验统计量为：

$$F_j = \frac{r_{jy}^2/1}{(1-r_{jy}^2)/(n-p-1)}, \quad v_1 = 1, \quad v_2 = n-p-1 \qquad (5-37)$$

或

$$t_j = \frac{r_{jy}^2}{\sqrt{(1 - r_{jy}^2) \ / \ (n - p - 1)}}, \quad v = n - p - 1 \qquad (5-38)$$

## 第二节 曲线回归与非线性回归

在医学研究实践中，两个变量绝对的直线关系并不多见，不能用简单的直线关系把它们的关系准确地表达出来。例如，血药浓度—时间曲线是先升后降；药剂量与疗效反应率之间的关系呈曲线变化趋势。有时，在局部内两个变量的关系也许呈直线趋势，扩大范围后却显示出曲线趋势。如羊的生长发育，在某一阶段，体重与月龄可以用线性模型来描述，但是从整个生命期看，体重与月龄之间却是明显的曲线关系。

## 一、曲线直线化变换方法

当两个变量关系为曲线趋势时，如对数曲线、指数曲线等，可以采用变量变换的方法使其直线化（rectification），然后通过线性回归来拟合模型。曲线直线化是曲线拟合的重要手段。

### （一）变量的变换

所谓变量变换，是选用适当的函数将原始数据做某种转换，使数据满足直线回归的应用条件。

例如，假定观察样本 $(x_i, y_i)$，$i = 1, 2, \cdots, n$ 满足：

$$\hat{y} = b_0 + b_1 x^2 \qquad (5-39)$$

$y$，$x$ 之间呈幂函数关系。令 $x^* = x^2$，便可转化为线性模型：

$$\hat{y} = b_0 + b_1 x^* \qquad (5-40)$$

又如，假定观察样本 $(x_i, y_i)$，$i = 1, 2, \cdots, n$ 满足：

$$\hat{y} = e^{(b_0 + b_1 x)} \qquad (5-41)$$

$y$，$x$ 之间呈指数函数关系，令 $\hat{y}^* = ln\hat{y}$，便可转化为线性模型：

$$\hat{y}^* = b_0 + b_1 x \qquad\qquad (5-42)$$

### （二）变量变换后实现线性回归的步骤

对于可以通过变量变换实现线性化的数据，回归的步骤如下。

（1）绘制散点图，观察散点分布特征类似于何种函数类型。

（2）按照所选定的函数进行相应的变量变换。

（3）对变换后的数据建立直线回归模型。

（4）拟合多个相近的模型，然后通过比较各模型的拟合优度挑选较为合适的模型。

上述方法对自变量 $x$ 进行变换，然后用最小二乘法估计模型的参数，可以保证残差平方和最小。但当涉及对因变量 $y$ 实施线性变换（如 $\hat{y}^* = ln\hat{y}$）时，因为最小二乘法只能保证 $ln\hat{y}$ 的残差平方和最小，不能保证原变量 $y$ 的残差平方和最小，所以在这种情况下，建议进行非线性拟合。

## 二、曲线回归

对两个变量间不呈直线关系的资料，除了上一节介绍的使用变量变换后的直线回归分析外，还可以直接进行曲线拟合。曲线拟合（curve fitting）是求解反映变量间曲线关系的曲线回归方程（curvilinear regression equation）的过程。

曲线拟合的一般步骤如下：

（1）根据自变量 $x$ 和因变量 $y$ 散点图呈现的趋势，结合专业知识及经验选择合适的曲线形式。在某些情况下，绘制散点图时采用一些特殊的坐标系可能更有利于揭示变量间的关系，更容易确定曲线方程的形式。例如，在半对数坐标系中，散点呈现较为明显的直线趋势，即可选用指数曲线 $\hat{y} = e^{(b_0 + b_1 x)}$ 或对数曲线 $\hat{y} = b_0 + b_1 lnx$。

（2）选用适当的估计方法求得回归方程。如果曲线形式可表示为 $x$ 的某种变换形式与 $y$ 的线性关系（例如，对数曲线 $\hat{y} = b_0 + b_1 lnx$），即可采用"曲线直线化"的方法对变换后的 $z$（如 $z = lnx$）和 $y$ 做最小二乘拟合；如果曲线形式表示为 $y$ 的某种变换形式 $y^*$ 与 $x$ 的线性关系（例如，将指数曲线 $\hat{y} = e^{(b_0 + b_1 x)}$ 变换为 $\hat{y}^* = b_0 + b_1 x$），则可采用"非线性最小二乘"（nonlinear least sum of squares）估计方法。

（3）在实际工作中，有时可结合散点图试拟合几种不同形式的曲线方程并计算 $R^2$，一般来说，$R^2$ 较大时拟合效果较好。但应注意，为了单纯地得到较大的 $R^2$，模型的形式可能会很复杂，甚至使其中的参数无法解释实际意义，这是不可取的。因此，要充分考虑专业知识，结合实际解释和应用效果来确定最终的曲线形式。

决定系数 $R^2$ 定义为：

$$R^2 = 1 - \frac{\sum (y - \hat{y})^2}{\sum (y - \bar{y})^2} = 1 - \frac{SS_{残}}{SS_{总}} \qquad (5-43)$$

第六章
# 多元统计分析方法

# 第一节 logistic 回归

通过一组预报变量（即一组自变量，也称为解释变量或协变量），采用logistic回归，可以预测一个分类变量每一分类所发生的概率。因变量为分类变量，预报变量可以是区间变量，也可以是分类变量，还可以是区间与分类变量的混合。通常情况下，logistic回归对预报变量（自变量）的假定条件较少，所以logistic回归更为常用。

分类变量可分为有序分类变量（即有序多项分类变量）和无序分类变量；而无序分类变量也叫名义变量，分为二项分类变量和无序多项分类变量两种。在实际工作中，因变量为分类变量的例子很多。例如，羊群布鲁氏菌病的感染状态分为感染和未感染，疫苗的效果分为有效与无效（二项分类）；不同地区将会选择不同品种的羊，这里的结果变量——不同品种的羊，为无序多项分类变量。下面就根据结果变量的分类不同，分别介绍二项分类logistic回归、有序分类logistic回归和无序多项分类logistic回归模型。

## 一、二项分类 logistic 回归

二项分类logistic回归是其他logistic回归的基础，下面将较详细介绍这种回归的基本模型、参数解释、模型拟合效果评价等方法。

### （一）回归模型

令因变量$Y$服从二项分布，其二项分类的取值为0和1，$Y=1$的总体概率为$\pi(Y=1)$，则$m$个自变量分别为$X_1$，$X_2$，$\cdots$，$X_m$所对应的logistic回归模型为：

$$\begin{aligned}\pi(Y=1) &= \frac{\exp(\beta_0+\beta_1X_1+\beta_2X_2+\cdots+\beta_mX_m)}{1+\exp(\beta_0+\beta_1X_1+\beta_2X_2+\cdots+\beta_mX_m)} \quad (6-1)\\ &= \frac{1}{1+\exp[-(\beta_0+\beta_1X_1+\beta_2X_2+\cdots+\beta_mX_m)]}\end{aligned}$$

或

$$\mathrm{logit}\left[\pi\left(Y=1\right)\right]=\ln\left[\frac{\pi\left(Y=1\right)}{1-\pi\left(Y=1\right)}\right]=\beta_0+\beta_1 X_1+\beta_2 X_2+\cdots+\beta_m X_m$$

$$(6-2)$$

式中，$\beta_0$ 为截距（或称常数项）；$\beta_j$ 是 $X_j$，$(j=1，2，\cdots，m)$ 对应的偏回归系数（partial regression coefficient，简称回归系数）；$exp$（.）是以自然对数 e（$e \approx 2.71828$）为底的指数。公式（6－1）有两个等式，后面一个等式是前面等式的分子、分母同除以分子

$$\hat{O}=exp\left(\beta_0+\beta_1 X_1+\beta_2 X_2+\cdots+\beta_m X_m\right)$$

后获得的。$\hat{O}$ 即优势（odds）。

公式（6－2）与公式（6－1）可以相互推导，也就是说，公式（6－2）与公式（6－1）相互等价。公式（6－1）通常被称为 logistic 回归预测模型，将某一个体的自变量 $X_j$ 值 $(X_1，X_2，\cdots，X_m)$ 代入公式（6－1），在求得回归参数估计值 $(b_0，b_1，\cdots，b_j)$ 的情况下，可以得到该个体概率 $\pi\left(Y=1\right)$ 的预测值（或称估计值，$\hat{p}$），即

$$\hat{P}=\frac{\exp\left(b_0+b_1 x_1+b_2 x_2+\cdots+b_m x_m\right)}{1+\exp\left(b_0+b_1 x_1+b_2 x_2+\cdots+b_m x_m\right)}=\frac{\hat{O}}{\left(1+\hat{O}\right)}\qquad(6-3)$$

### （二）回归模型参数的意义及其解释

在一般回归模型中，如果只有一个自变量，那么自变量与因变量之间呈直线关系；对于二项分类 logistic 回归，如果只有一个自变量，那么自变量与因变量 $Y$ 的概率 $\pi\left(Y=1\right)$ 之间呈 S 型曲线关系。

在一般回归模型中，通过最小二乘法求解回归参数；而在二项分类 logistic 回归中，通过最大似然估计方法求解回归参数。为了理解二项分类 logistic 回归参数的意义，首先需要理解优势（odds）与优势比（odds ratios）的概念。

1. 优势与优势比。大多数人认为概率是事件出现可能性大小定量的"自然"方式，其取值范围为（0，1）。如果事件肯定不发生，那么概率为0；如果事件肯定会发生，那么概率为1。另一种代表事件出现可能性大小的"自然"方式是优势，其取值范围为（0，∞）。

概率与优势之间的关系可以采用简单的公式来表达，如果事件概率用 $\hat{p}$（二项分类变量的非事件概率为 $1-\hat{p}$）表示，优势用 $\hat{O}$ 表示，则有优势

$$\hat{O}=\frac{\hat{p}}{1-\hat{p}}=\frac{\text{事件概率}}{\text{非事件概率}}\qquad(6-4)$$

由公式（6－4）可得到概率

$$\hat{p}=\frac{\hat{O}}{1+\hat{O}}\qquad(6-5)$$

由公式（6－4）和公式（6－5）可得，优势小于1，则事件概率小于0.5；优势大于1，则

事件概率大于0.5。正如概率的下限值，优势的下限值也为0；但和概率不同的是，概率的上限值为1，而优势没有确切的上限值（表6-1）。

表6-1　概率与优势之间的关系

| 概率 $\hat{p}$ | 0.00 | 0.10 | 0.20 | 0.30 | 0.40 | 0.50 | 0.60 | 0.70 | 0.80 | 0.90 | 1.00 |
|---|---|---|---|---|---|---|---|---|---|---|---|
| 优势 $\hat{O}$ | 0.00 | 0.11 | 0.25 | 0.43 | 0.67 | 1.00 | 1.50 | 2.33 | 4.00 | 9.00 | $\infty$ |

因为与概率比较，优势 $O$ 在倍数比较方面具有更多优点，所以有时必须采用这一指标。例如，足球比赛中，甲队获胜概率为0.40，乙队获胜概率为0.80，那么乙队获胜概率是甲队获胜概率的两倍；但如果甲队获胜概率为0.80，那么就不可能获得乙队获胜概率是甲队获胜概率的两倍概率。如果采用优势，就不会存在上述问题。甲队获胜概率为0.80，那么甲队获胜优势为 $0.80/(1-0.80)=4$，乙队获胜优势是甲队的2倍，那么乙队获胜优势就是8。根据公式（6-5），可将优势转换回概率，那么乙队获胜概率应该是 $8/(1+8)=8/9=0.89$。

优势比（odds ratio，$OR$）是反映两个二项分类变量之间关系的指标，如果研究某因素的暴露是否对某种疾病的发生有影响（表6-2），总的暴露优势为 $\frac{(a+b)/(a+b+c+d)}{(c+d)/(a+b+c+d)}=\frac{a+b}{c+d}$，病例的暴露优势为 $\frac{a/(a+c)}{c/(a+c)}=\frac{a}{c}$，对照的暴露优势为 $\frac{b/(b+d)}{d/(b+d)}=\frac{b}{d}$，病例与对照的暴露优势比 $OR=\frac{a}{c}/\frac{b}{d}=\frac{ad}{bc}$。如果 $a$，$b$，$c$，$d$ 分别为30，20，50，50，那么优势比 $OR=\frac{30\times50}{50\times20}=\frac{3}{2}=1.5$，即病例暴露优势是对照的1.5倍，或者说病例暴露优势比对照高50%。

表6-2　暴露某因素对某疾病发生的影响

| | 病例 | 对照 | 合计 |
|---|---|---|---|
| 暴露 | $a^{(30)}$ | $b^{(20)}$ | $(a+b)^{(50)}$ |
| 未暴露 | $c^{(50)}$ | $d^{(50)}$ | $(c+d)^{(100)}$ |
| 合计 | $(a+c)^{(80)}$ | $(b+d)^{(70)}$ | $(a+b+c+d)^{(150)}$ |

2. logistic回归模型中的优势比。由公式（6-2）及公式（6-4）可得：

$$\ln\left[\frac{p}{1-p}\right]=\text{logit}(p)=\ln(\hat{O})=b_0+b_1x_1+b_2x_2+\cdots+b_mx_m \quad (6-6)$$

类似于上一章中的回归系数解释，根据公式（6-6），回归系数$b_j$（$j=1, 2, \cdots, m$）表示其他自变量固定不变的情况下，某一自变量$X_j$改变一个单位，logit（$\hat{p}$）或对数优势的平均改变量。

在实际工作中，logistic回归不是直接解释回归系数$b_j$，而是解释优势比。优势比被用来作为效应大小（effect size）指标，度量某自变量对因变量优势影响程度的大小。某一自变量$X_j$对应的优势比为：

$$\hat{O}R_j = \exp（b_j）\qquad\qquad(6-7)$$

将公式（6-6）等号两边同时取以自然对数e为底的指数，有：

$$优势 = \hat{O} = \exp（b_0 + b_1 X_1 + b_2 X_2 + \cdots + b_m X_m）\qquad\qquad(6-8)$$

优势比的含义是：在其他自变量固定不变的情况下，某一自变量$X_j$改变一个单位，因变量对应的优势比平均改变$\exp（b_j）$个单位。下面以自变量$X_1$对应的优势比为例，说明优势比的含义。在其他自变量不变的情况下，令$X_1$改变一个单位，如$X_1$从一个任意实数$a$改变为$a+1$，则有：

$$\hat{O}R_1 = \frac{\hat{O}_2}{\hat{O}_1} = \frac{\exp（b_0 + b_1 \times （a+1）+ b_2 X_2 + \cdots + b_m X_m）}{\exp（b_0 + b_1 \times a + b_2 X_2 + \cdots + b_m X_m）} = \exp（b_1）$$

自变量可以是无序或有序多项分类变量、二项分类变量、区间变量，上面举例是区间变量的优势比含义。对于无序多项分类变量，需要哑变量化。如果有$k$个分类，需要产生$k-1$个哑变量，每一个哑变量的优势比是相对于参考分类，因变量优势的平均改变量。如果进行发病或死亡的风险因素研究，那么当$b_j>0$，即$b_j$为正值时，$\hat{O}R_j = \exp（b_j）$大于1，说明该因素是风险因素；当$b_j<0$，即$b_j$为负值时，$\hat{O}R_j = \exp（b_j）$小于1，说明该因素是保护因素。当$b_j=0$，即$\hat{O}R_j = \exp（b_j）=1$时，说明该因素与因变量无关。

某一自变量$X_j$的总体回归系数$\beta_j$的（$1-\alpha$）置信区间为：

$$b_j \pm Z_{\alpha/2} SE（b_j）\qquad\qquad(6-9)$$

式中，$SE（b_j）$为回归参数估计值$b_j$的渐近标准误，由Newton-Raphson迭代的信息矩阵（information matrix）的逆矩阵中的对角元素开方获得。

该自变量$X_j$的总体优势比$OR_j$的100（$1-\alpha$）%置信区间为：

$$\exp\left[b_j \pm Z_{\alpha/2} SE（b_j）\right]\qquad\qquad(6-10)$$

3. 标准化logistic回归系数。由于不同的变量其相应的度量衡单位可能不同，不能采用偏回归系数的绝对值大小来比较各个自变量的相对作用大小，为此需要引入标准化logistic回归系数这一概念。

应该注意的是，标准化logistic回归系数只是一个相对大小值，主要通过它的绝对值大小来比较不同自变量对模型的贡献大小，而不用于构建回归模型，构建回归模型需要采用一般的回归系数。

标准化回归系数$\beta_j'$的估计值$b_j'$可采用以下公式来计算：

$$b_j' = b_j \ (S_j/S_Y) \ = b_j S_j/ \ (\pi/\sqrt{3}) \ = 0.5513 b_j S_j \qquad (6-11)$$

式中，$b_j$为一般的回归系数，即偏回归系数；$S_j$为第$j$自变量的标准差；$S_Y$为随机变量$Y$的标准差，logistic随机变量$Y$的标准差为$\pi/\sqrt{3} = 1.8138$。

### （三）回归模型的假设检验

1. 全局性的假设检验。回归模型建立后，需要对整个模型的拟合情况做出判断，即检验$H_0：\beta_1 = \beta_2 = \cdots = \beta_m = 0$；$H_1：\beta_1$不全为0。进行全局性假设检验，在一般线性回归模型拟合时，采用了方差分析；而在logistic回归模型拟合中，可采用似然比（likelihood ratio）检验、得分（score）检验和Wald检验，其中以似然比检验最常用。

似然比统计量是两个模型的最大对数似然值之差的负二倍，有时也叫偏差（deviance）。设模型1（引入变量较少）的最大对数似然值为$\ln L_0$，模型2（引入变量较多）的最大对数似然值为$\ln L_1$，则似然比检验统计量可表示为：

$$X_{LR}^2 = -2 \ (\ln L_0 - \ln L_1) \ = \ (-2LL_0) \ - \ (-2LL_1) \qquad (6-12)$$

该统计量服从卡方分布，其自由度为自变量个数的改变量。在全局性的假设检验中，模型1（即$-2LL_0$对应模型）中没有自变量，只有常数项。

似然（likelihood），即可能性或概率（probability），和其他概率一样，其取值范围为（0，1），logistic回归的似然函数$L$是每一观察对象的似然函数贡献量的乘积，即似然函数

$$L = \prod_{i=1}^{n} (\hat{p}_i)^{Y_i} (1 - \hat{p})^{1-Y_i}, i = 1, 2, \cdots, n \qquad (6-13)$$

式中，$i$为观察对象（个体）编号；$\prod_{i=1}^{n}$表示从个体1到个体$n$的连乘积；$Y_i$为因变量，其取值为0或1；$\hat{p}_i$为预测概率，它可由相应个体的自变量$X_{i1}$，$X_{i2}$，$\cdots$，$X_{im}$值及其相应参数估计值$b_j$（$j = 0, 1, \cdots, m$）通过公式（6-3）获得。将以上似然函数$L$两边取自然对数有：

$$\ln L = LL = \sum_{i=1}^{n} \left[ Y_i \ln \hat{p}_i + (1 - Y_i) \ln(1 - \hat{p}_i) \right] \qquad (6-14)$$

$\ln L$为对数似然（log likelihood，$LL$）函数，$\sum_{i=1}^{n}$表示从个体1到个体$n$的连加。$LL$的取值范围为（$-\infty$，0）；而$-2LL$的取值范围为（0，$\infty$）。

获得得分（score）检验结果不需要迭代，相对似然比检验更快速，所以SPSS用这种检验作为逐步logistic回归选取变量的标准，检验每一个变量以及所有变量加入模型后是否有意义。得分检验同样服从卡方分布。

2. 单个自变量的假设检验。在一般线性回归分析时，对某一个自变量$X_j$的检验采用$t$

统计量$t_j = b_j/SE（b_j）$，自由度为$n - m - 1$，检验参数$\beta_j$是否为0。其中，$n$为观察个体总数，$m$为模型中自变量个数。

而在logistic回归中，某一个自变量$X_j$的检验采用Wald统计量：

$$\chi^2_{\text{Wald}j} = [b_j/SE（b_j）]^2，自由度为1 \qquad (6-15)$$

检验参数$\beta_j$是否为0。如果拒绝假设$H_0 : \beta_j = 0$，则表明该自变量$X_j$对于模型的作用有统计学意义。

也可采用剔除某一自变量$X_j$时，$-2LL$改变作为卡方统计量，来检验自变量$X_j$有无统计学意义，特别当回归系数的值很大时，后者尤其有用。

3. 模型拟合优度的评价。由于决定系数（coefficient of determination）$R^2$反映了模型中的所有自变量解释因变量$Y$变异的百分比，其值越接近于1，模型中的自变量预测因变量$Y$的能力越好，所以在回归模型中常采用决定系数$R^2$或调整决定系数来评价模型拟合的好坏。

在logistic回归模型分析中，也可采用类似指标反映模型拟合的好坏。此外，Hosmer-Lemshow拟合优度检验及ROC曲线分析也可用来评价logistic回归模型。下面逐一介绍这些方法。

（1）决定系数$R^2$。在一些统计软件的输出结果中，给出了Cox and Snell决定系数和Nagelkerke决定系数，Cox and Snell决定系数公式为：

$$R^2_{\text{CS}} = 1 - \left[\frac{-2LL_0}{-2LL_1}\right]^{2/n} \qquad (6-16)$$

式中，$n$为观察个体数，$-2LL_0$为只有常数项的$-2$倍对数似然值，$-2LL_1$为包含所有自变量的模型$-2$倍对数似然值。

Cox and Snell决定系数的缺点是最大值小于1，这样使得解释变得困难。Nagelkerke决定系数进一步修改Cox and Snell决定系数，使$R^2$的取值在0到1之间。Nagelkerke决定系数公式为：

$$R^2_N = \frac{R^2_{\text{CS}}}{R^2_{\text{CS}}\text{的最大可能取值}} = \frac{1 - \left[\dfrac{-2LL_0}{-2LL_1}\right]^{2/n}}{1 - （2LL_0）^{2/n}} \qquad (6-17)$$

但必须注意，因为二项分类logistic回归模型成功事件的概率越接近0.5，方差越大，越远离0.5，则方差越小，所以这里SPSS所给出的决定系数不像一般回归模型，它不是真正意义的决定系数，而是伪决定系数（pseudo-R-square），解释时只能作为模型拟合优度的参考。

（2）Hosmer-Lemshow拟合优度检验。通过将观察对象分成$g$组（通常$g = 10$），数据整理为$g \times 2$列联表，采用Pearson卡方检验获得Hosmer-Lemshow统计量，比较每组不同因变量分类（$Y = 0$，1）的实际观察频数（observed，O）与预测期望频数（expected，E）（由logistic回归模型预测获得），检验统计量服从自由度为$g - 2$的卡方分布。检验结果无统计学意义（$P > 0.05$），表示模型预测值与观察值之间的差异无统计学意义，从而意味着模型较好。

根据公式（6 - 3）获得的预测概率$\hat{p}$，将观察对象分成$g$组。分类有2种方法，方法1是根据预测概率的大小将观察对象等分成$g$组。如分成10组，则预测概率小于0.1为第一组，[0.1，0.2]为第二组，…，[0.9，1.0]为第10组。对于$g$组中的每一组，再根据实际观察结果（因变量$Y = 0$，1）分类为2类。SPSS不按方法1分类，而是按方法2进行分类，其方法2是将预测概率$\hat{p}$从小到大排序，规定每一组的观察例数基本相等，如100个观察个体分成10组，则每组为10人；此外，如果观察个体的所有自变量值相同，则归类为同一组，所以在SPSS中组数$g \leqslant 10$。如在两个二项分类自变量与因变量之间建立logistic回归模型，则此时最多组数$g = 4$；如在3个二项分类自变量与因变量之间建立logistic回归模型，则此时最多组数$g = 8$。采用Hosmer-Lemeshow拟合优度检验一般要求观察个体例数较大，如样本例数大于100。

（3）ROC曲线评价模型的拟合优度。以公式（6 - 3）获得的预测概率$\hat{p}$作为检验变量，因变量$Y$作为"金标准"，以获得ROC曲线下面积、ROC曲线图等有关结果。ROC曲线下面积越大，拟合效果越好。

## （四）其他有关问题

1. 分类表及有关评价指标。首先将预测概率$\hat{p}_i \geqslant 0.5$划归为"阳性"，并记为1，$\hat{p}_i < 0.5$划归为"阴性"并记为0。然后与实际$Y_i$形成分类表（classification table），查看由logistic回归模型判断的结果是否与实际情况相符，结果如表6 - 3所示。

表6-3　模型预测结果与实际情况的一致性

| 预测（$\hat{p}_i$） | 实际（$Y_i$） | | 合计 |
| :---: | :---: | :---: | :---: |
| | **0** | **1** | |
| 0 | $a$ | $b$ | $a + b$ |
| 1 | $c$ | $d$ | $c + d$ |
| 合计 | $a + c$ | $b + d$ | $a + b + c + d$ |

表6 - 3表明：

（1）正确预测百分率 $= \dfrac{a + d}{a + b + c + d} \times 100\%$ 。

（2）灵敏度（sensitivity，*Sen*），也称为真阳性率（true positive rate，TPR），是实际分类$Y=1$个体中，预测结果也为1的概率。$Sen=YPR=d/(b+d)$。

（3）特异度（specificity，*Spe*），也称为真阴性率（true negative rate，TNR），是实际分类$Y=0$个体中，预测结果也为0的概率。$Spe=TNR=a/(a+c)$。

（4）漏诊率，也称为假阴性率（false negative rate，*FNR*），是实际分类$Y=1$个体中，预测结果却为0的概率。$1-Sen=FNR=b/(b+d)$。

（5）误诊率，也称为假阳性率（false positive rate，*FPR*），是实际分类$Y=0$个体中，预测结果却为1的概率。$1-Spe=FPR=c/(a+c)$。

2. logistic回归中的假定条件。logistic回归之所以流行，是因为这种统计学方法克服了多重线性回归的许多限制条件。logistic回归并不假设因变量与自变量之间呈线性关系，它可以处理非线性效应问题，因为模型左侧就是非线性logit连接函数。正如多重线性回归一样，在logistic回归方程的右边也可以添加交互效应项、乘幂项等。

因变量不必呈正态分布（但假定它的分布属于正态、Poisson、二项、gamma等指数分布族分布）；对于每一个自变量水平，因变量不必是等方差，即logistic回归没有方差齐性的假定；logistic回归也不假定残差项服从正态分布，不要求自变量为随机独立的区间变量。但logistic回归仍有下列假定条件。

（1）根据实际意义编码。为了logistic回归系数解释的方便，通常将因变量$Y$感兴趣的一类编码为1，另一类则编码为0；1与0分类是相互排斥的。例如，为了研究若干指标对疾病发生是否有影响，则将发病编码为1，不发病编码为0。这样，获得的自变量回归系数为正值，则该自变量为发病危险因素，它与因变量之间为正的相关关系；为负值，则该自变量为保护因素，它与因变量之间为负的相关关系。

（2）假定残差独立。如果是试验前后研究、配对研究、时间序列研究，则每一个研究个体提供了多个重复测量观测值。这种情况下不能按一般的logistic回归方法处理，应该采用条件logistic回归等其他方法。

（3）因变量的对数优势与自变量间呈线性关系。logistic回归不像一般线性回归，它不要求因变量与自变量之间呈线性关系，但它要求因变量的对数优势（即logit值）与自变量呈线性关系，当这一假定被违背时，logistic回归将低估因变量与自变量之间的联系。解决线性缺乏的一种方法是将连续型协变量离散化为几个类别，然后将它们作为分类变量进行分析。

（4）无多重共线性。正如一般线性回归一样，如果某自变量与另一自变量之间有较强的线性关系，那么在logistic回归中同样会出现多重共线性（multicollinearity）问题。随着自变量彼此之间的相关性增加，logistic回归系数的标准误将过度增加，检验效能降低

（即二类错误β增加）。多重共线性不改变系数估计值，仅仅改变它们的可靠性（由标准误度量），高的标准误标志着可能存在多重共线性。

（5）无离群点。正如一般线性回归一样，离群点（outliers）可能明显影响回归结果。通过分析标准化残差，可以发现离群点，一般认为标准化残差大于2.58（在0.01检验水准下）的个体为离群点，可采用去掉离群点或单独分析这些离群点的方法观察离群点的影响。

（6）大样本。和一般线性回归不同，logistic回归采用最大似然估计（maximum likelihood estimation，MLE）获得参数估计值，而不是一般最小二乘法。MLE依赖于大样本渐近正态性质，这意味着在样本含量较少情况下，获得估计值的可靠性降低，标准误较高。在极端情况下，相对于变量个数，样本含量很小可能导致参数估计不收敛。如果参数估计值异常大，则很可能是由于样本含量不足所致。一般认为每一自变量需要15~20例以上的观察个体，总例数应在60例以上。

## 二、logistic回归分析实例

为更好地理解logistic回归的原理、计算方法以及对结果的解释，本小节将基于logisitic回归方法进行奶牛布鲁氏菌病的传播风险分析。

### （一）采取logistic回归分析的目的

为定量评估奶牛布鲁氏菌病发生、传播风险因素，获取了我国北方地区489个场/户的奶牛布鲁氏菌病现场调查数据。收集的数据包括奶牛疫病状态、混群前是否进行疫病检测、奶牛养殖是否处于奶牛养殖小区或以挤奶站为中心的自然村内、奶牛是否独立养殖（远离村寨和其他养牛户）、奶牛养殖场/户是否饲养有羊、周边农户是否饲养有牛、周边农户是否饲养有羊、是否自己挤奶、人工授精是否使用一次性手套、胎衣及死胎处理方式、产犊场地严格消毒。采用logisitic回归方法对调查数据进行分析。

### （二）进行logistic回归分析时的对象选取

1. 研究地区和对象。2011年5—7月，中国动物卫生与流行病学中心联合有关省份兽医主管部门、动物疫病控制机构共同对中国北方3个省（自治区）的奶牛养殖场/户实施奶牛布鲁氏菌病现场问卷调查。

2. 调查方法及数据处理分析。

（1）问卷调查。在我国北方地区3个省（自治区）中按多级抽样的方法，即按每省（自治区）选3个县（市、旗）。每县（市、旗）选择奶牛布鲁氏菌病感染发病场/户28个、未感染或发病场/户40个。所调查场/户至少平均分布在4个乡镇。共调查612个奶牛养殖场/户，实际有效调查489个奶牛养殖场/户。调查员由经过调查培训的流行病学工作人员、各调查点县（市、区、旗）兽医部门流行病学调查负责人员以及布鲁氏菌病防控技术骨干人员担任。经被调查奶牛养殖场/户知情同意，采用个案访谈的形式，逐一调查，填写个案现场调查表，收集布鲁氏菌病感染发病场/户与未感染发病场/户与布鲁氏菌病有关的流行病学数据。

（2）流行病学数据。对于每一个奶牛养殖场/户，收集的流行病学数据包括：奶牛疫病状态、混群前是否进行疫病检测、奶牛养殖是否处于奶牛养殖小区或以挤奶站为中心的自然村内、奶牛是否独立养殖（远离村寨和其他养牛户）、奶牛养殖场/户是否饲养有羊、周边农户是否饲养有牛、周边农户是否饲养有羊、是否自己挤奶、人工授精是否使用一次性手套、胎衣及死胎处理方式、产犊场地严格消毒等。

（3）数据分析。应用SPSS18.0统计软件，采用双边Pearson$\chi^2$检验、双边Fisher精确检验和多因素非条件Logistic回归分析方法进行数据分析。使用检验交叉列联表行列变量之间是否相关的双边Pearson$\chi^2$检验和双边Fisher精确检验方法，来检验奶牛布鲁氏菌病阳性与嫌疑传播风险因素的关联性。双边Pearson$\chi^2$检验和双边Fisher精确检验为显著的那些变量（$p$值 < 给定的显著性水平$\alpha$，这里设定$\alpha = 0.05$）才进一步用来进行Logistic回归分析。

Logistic回归分析中，奶牛疫病状态为因变量，布鲁氏菌病阳性赋值为1，布鲁氏菌病阴性赋值为2；其余变量为自变量，也采用1、2的方式给予赋值。使用主效应、前向进入方法来建立Logistic回归模型，用似然比检验来检验Logistic回归模型的参数，同样用似然比检验来检验Logistic回归模型的拟合情况。

## （三）logistic回归的结果及其解释

1. 描述统计分析。在489个奶牛养殖场/户中，188个奶牛养殖场/户奶牛布鲁氏菌病阳性占38.4%。混群前是否进行疫病检测，奶牛群血清阳性率显著不同。表6－4列出了与研究地区奶牛群布鲁氏菌病血清阳性相关的嫌疑传播风险因素的Pearson$\chi^2$检验和双边Fisher精确检验的结果，混群前是否进行疫病检测，本场处于奶牛养殖小区或以挤奶站为中心的自然村内，是否自己挤奶，人工授精是否使用一次性手套，胎衣及死胎处理和产犊场地用来进一步进行Logistic回归分析。

表6-4　奶牛布鲁氏菌病传播风险数据描述

| 变量 | 水平 | 阳性数/检验数 | 阳性率(%) | $P$ |
|---|---|---|---|---|
| a 混群前是否进行疫病检测 | 1：是 | 55/238 | 23.1 | <0.050 |
| | 2：否 | 133/251 | 53.0 | |
| a 本场处于奶牛养殖小区或以挤奶站为中心的自然村内 | 1：是 | 158/357 | 44.3 | <0.050 |
| | 2：否 | 30/132 | 22.7 | |
| 本场独立养殖远离村寨和其他养牛户 | 1：是 | 46/118 | 39.0 | 0.89 |
| | 2：否 | 142/371 | 38.3 | |
| 本场饲养有羊 | 1：是 | 54/135 | 40.0 | 0.663 |
| | 2：否 | 134/354 | 37.9 | |
| 周边农户饲养有牛 | 1：是 | 125/321 | 38.9 | 0.756 |
| | 2：否 | 63/168 | 37.5 | |
| 周边农户是否饲养有羊 | 1：是 | 123/306 | 40.2 | 0.304 |
| | 2：否 | 65/183 | 35.5 | |
| a 是否自己挤奶 | 1：本场挤奶 | 33/142 | 23.2 | <0.050 |
| | 2：收购站挤奶 | 155/347 | 44.7 | |
| a 人工授精是否使用一次性手套 | 1：是 | 139/409 | 34.0 | <0.050 |
| | 2：否 | 49/80 | 61.3 | |
| a 胎衣及死胎处理 | 1：掩埋 | 102/307 | 33.2 | <0.050 |
| | 2：丢弃 | 86/182 | 47.3 | |
| a 产犊场地 | 1：不处理 | 125/265 | 47.2 | <0.050 |
| | 2：严格消毒 | 63/224 | 28.1 | |

注：a 标识变量是 $x^2$ 检验 $p$ 值 $<\alpha$，用来进一步进行 logistic 回归分析。

2. **多因素logistic回归模型。**　多因素logistic回归模型拟合信息给出了只包含截距项的模型和最终模型的似然比检验结果，其 $-2$ 对数似然值分别为295.441、184.641，$\chi^2 = 295.441 - 184.641 = 110.800$，$P<0.001$，按 $\alpha = 0.05$ 水准，认为最终模型要优于只包含截距项的模型，即最终模型成立。

多因素logistic回归模型显示，混群前是否进行疫病检测，本场处于奶牛养殖小区或以挤奶站为中心的自然村内，是否自己挤奶和人工授精是否使用一次性手套对奶牛群血清显阳性有显著影响（表6-5）。

表6-5　中国北方奶牛布鲁氏菌病阳性嫌疑传播风险因素多因素 logistic 回归

| 变量 | 偏回归系数 | 偏回归系数标准误 | P值 | OR值 | OR 的95％CI |
|---|---|---|---|---|---|
| 截距项 | 0.993 | 0.361 | 0.006 | — | — |
| 混群前是否进行疫病检测 | −1.722 | 0.233 | <0.001 | 0.179 | 0.113,0.282 |
| 本场处于奶牛养殖小区或以挤奶站为中心的自然村内 | 0.61 | 0.282 | 0.031 | 1.840 | 1.058,3.199 |
| 是否自己挤奶 | −1.403 | 0.290 | <0.001 | 0.246 | 0.139,0.434 |
| 人工授精是否使用一次性手套 | −0.928 | 0.284 | 0.001 | 0.395 | 0.227,0.690 |

　　分类表给出了多因素logistic回归模型的预测效果信息，总百分比为73.8％，表明模型的符合率73.8％，这说明多因素logistic回归模型的预测效果不错（如果预测概率大于50％，预测效果为良好，反之预测效果为不好）。

　　研究表明，混群前进行疫病检测、自己挤奶和人工授精时使用一次性手套是奶牛布鲁氏菌病传播的保护因素。而本场处于奶牛养殖小区或以挤奶站为中心的自然村内是奶牛布鲁氏菌病传播的危险因素，因此不处于该区域内的奶牛场传播奶牛布鲁氏菌病的风险高1.84倍。

第二节　主成分分析

## 一、概述

　　主成分分析（principal components analysis）也称主分量分析，于1901年由Pearson首先引入，1933年由Hotelling作了进一步的发展。主成分分析是从多个数值变量（指标）之间的相互关系入手，利用降维的思想，将多个变量（指标）化为少数几个互不相关的综合变量（指标）的统计方法。本节主要介绍主成分分析的基本理论和方法，并探论其在动物疫病防控研究中的应用。

　　动物疫病防控研究中会经常遇到指标繁多的实际问题，虽然含有多个指标的数据可以提供丰富的信息，但同时增加了分析问题的复杂性和难度，而且事实上，不同指标之间往往存在一定的相关性。那么，能否有一种合理的方法，即用较少的几个相互独立的指标来代替原来的多个指标，使其既减少了指标的个数，又能综合反映原指标的信息？回答是肯定的，主成分分析就是用于解决此类问题的一种处理方法。也就是说，对同一个体进行多项观察时，必定涉及多个随机变量 $X_1$，$X_2$，$\cdots$，$X_p$，它们都是个体性质的反映，表面上处于同等地位，实质上信息量参差不齐，一时难以综合。这时就需要借助主成分分析来概括诸多信息的主要方面。

## 二、主成分分析的基本思想

在动物疫病防控研究中，为了客观、全面地分析问题，常要记录多个观察指标（变量）并考虑众多的影响因素，这样的数据虽然可以提供丰富的信息，但同时也使得数据的分析工作更趋复杂化。例如，在养殖场消毒状况的评价中，收集到的数据包括养殖场的消毒频率、消毒剂使用剂量、每次消毒的时间、消毒剂种类、消毒间隔、消毒覆盖率等十多个指标。怎样利用这类多指标的数据对养殖场的消毒状况作出正确的评价？如果仅用其中任一指标来作评价，其结论显然是片面的，而且不能充分利用已有的数据信息。如果分别利用每一指标进行评价，然后再综合各指标评价的结论，这样做一是可能会出现各指标评价的结论不一致，甚至相互冲突，从而给最后的综合评价带来困难；二是工作量明显增大，不利于进一步的统计分析。事实上，在实际工作中，所涉及的众多指标之间经常是有相互联系和影响的，从这一点出发，通过对原始指标相互关系的研究，找出少数几个综合指标，这些综合指标是原始指标的线性组合，它既保留了原始指标的主要信息，且又互不相关。这样一种从众多原始指标之间相互关系入手，寻找少数综合指标以概括原始指标信息的多元统计方法称为主成分分析。

主成分分析的基本思想是通过降维过程，将多个相互关联的数值指标转化为少数几个互不相关的综合指标的统计方法，即用较少的指标来代替和综合反映原来较多的信息，这些综合后的指标就是原来多指标的主要成分。

## 三、主成分分析的数学模型

设有 $m$ 个指标 $X_1$，$X_2$，$\cdots$，$X_m$，欲寻找可以概括这 $m$ 个指标主要信息的综合指标 $Z_1$，$Z_2$，$\cdots$，$Z_m$。从数学上讲，就是寻找一组常数 $a_{i1}$，$a_{i2}$，$\cdots$，$a_{im}$（$i = 1$，$2$，$\cdots$，$m$），使这 $m$ 个指标的线性组合：

$$
\begin{cases}
Z_1 = a_{11}X_1 + a_{12}X_2 + \cdots + a_{1m}X_m \\
Z_2 = a_{21}X_1 + a_{22}X_2 + \cdots + a_{2m}X_m \\
\qquad\qquad\qquad \vdots \\
Z_m = a_{m1}X_1 + a_{m2}X_2 + \cdots + a_{mm}X_m
\end{cases}
\tag{6-18}
$$

能够概括$m$个原始指标$X_1$，$X_2$，$\cdots$，$X_m$的主要信息〔其中，各$Z_i$（$i = 1$，$2$，$\cdots$，$m$）互不相关〕。公式（6-18）可表示为：

$$
\begin{cases}
Z_1 = a_1'X \\
Z_2 = a_2'X \\
\qquad \vdots \\
Z_m = a_m'X
\end{cases}
\tag{6-19}
$$

如果$Z_1 = a_1'X$满足：$a_1'a_1 = 1$，$\mathrm{Var}\ (Z_1) = \max_{a'a=1} \{\mathrm{Var}\ (a'X)\}$ 且，则称$Z_1$是原始指标$X_1$，$X_2$，$\cdots$，$X_m$的第一主成分。

一般地，如果$Z_i = a_i'X$满足：

（1）$a_i'a_i = 1$，当$i > 1$时，$a_i'a_j = 0$（$j = 1$，$2$，$\cdots$，$i-1$）；

（2）$\mathrm{Var}\ (Z_i) = \max_{a'a=1, a'a_j=0(j=1,2,\cdots,i=1)} \{\mathrm{Var}\ (a'X)\}$

则称$Z_i$是原始指标的第$i$主成分（$i = 2$，$\cdots$，$m$）。

## 四、主成分的求法及性质

### （一）主成分的求法

下面考虑主成分的求法。由主成分的定义可知，各主成分互不相关，即任意两个主成分$Z_i$、$Z_j$的协方差：

$$
\mathrm{Cov}\ (Z_i, Z_j) = 0,\ i \neq j
\tag{6-20}
$$

且各主成分的方差满足：

$$
\mathrm{Var}\ (Z_1) \geqslant \mathrm{Var}\ (Z_2) \geqslant \cdots \geqslant \mathrm{Var}\ (Z_m)
\tag{6-21}
$$

于是由公式（6-19）定义的随机向量$Z$的协方差矩阵为：

$$
\mathrm{Cov}\ (Z) = \mathrm{Cov}\ (AX) = A'\ \mathrm{Cov}\ (X)\ A =
\begin{pmatrix}
\mathrm{Var}\ (Z_1) & & & 0 \\
& \mathrm{Var}\ (Z_2) & & \\
& & \ddots & \\
0 & & & \mathrm{Var}\ (Z_m)
\end{pmatrix}
$$

由主成分定义中的条件（1）可知，这里的方阵$A$是正交阵，即$A'A = I$（$I$为单位矩阵）。由此可解得：

$$
\text{Cov }(X) A = A = \begin{pmatrix} \text{Var }(Z_1) & & & 0 \\ & \text{Var }(Z_2) & & \\ & & \ddots & \\ 0 & & & \text{Var }(Z_m) \end{pmatrix} \quad (6-22)
$$

求原始指标$X_1$，$X_2$，$\cdots$，$X_m$的主成分问题，实际上就是要求满足上述条件的正交阵$A$，即随机向量$X = (X_1, X_2, \cdots, X_m)'$的协方差矩阵Cov$(X)$的特征值（eigenvalue）与特征向量（eigenvector）。

下面讨论怎样由一组$X_1$，$X_2$，$\cdots$，$X_m$的样本观测值求出主成分。假设收集到的原始数据共有$n$例，每例测得$m$个指标的数值，记录如表6-6的形式：

### 表6-6 主成分分析的原始数据表

| 样品号 | 观测指标 | | | |
|---|---|---|---|---|
| | $X_1$ | $X_2$ | $\cdots$ | $X_m$ |
| 1 | $X_{11}$ | $X_{12}$ | $\cdots$ | $X_{1m}$ |
| 2 | $X_{21}$ | $X_{22}$ | $\cdots$ | $X_{2m}$ |
| $\vdots$ | $\vdots$ | $\vdots$ | $\vdots$ | $\vdots$ |
| $n$ | $X_{n1}$ | $X_{n2}$ | $\cdots$ | $X_{nm}$ |

（1）对各原始指标数据进行标准化通常先按下式：

$$
X'_{ij} = \frac{X_{ij} - \bar{X}_j}{S_j}, \ j = 1, 2, \cdots, m
$$

将原始指标标准化，然后用标准化的数据$X'_{ij}$来计算主成分。为方便计，仍用$X_{ij}$表示标准化后的指标数据，$X$为标准化后的数据矩阵，则

$$
X = \begin{pmatrix} X_{11} & X_{12} & \cdots & X_{1m} \\ X_{21} & X_{22} & \cdots & X_{2m} \\ \vdots & \vdots & \vdots & \vdots \\ X_{n1} & X_{n2} & \cdots & X_{nm} \end{pmatrix}
$$

（2）求出$X$的相关矩阵R［标准化后，$X$的相关矩阵即为协方差矩阵Cov$(X)$］：

$$
R = \text{Cov }(X) = \begin{pmatrix} r_{11} & r_{12} & \cdots & r_{1m} \\ r_{21} & r_{22} & \cdots & r_{2m} \\ \vdots & \vdots & \ddots & \vdots \\ r_{m1} & r_{m2} & \cdots & r_{mm} \end{pmatrix} = \begin{pmatrix} 1 & r_{12} & \cdots & r_{1m} \\ r_{21} & 1 & \cdots & r_{2m} \\ \vdots & \vdots & \ddots & \vdots \\ r_{m1} & r_{m2} & \cdots & 1 \end{pmatrix}
$$

（3）求出相关矩阵的特征值和特征值所对应的特征向量，其实求主成分的问题，实际上就是要求出X的协方差矩阵Cov（X）（这里即为X的相关矩阵R）的特征值和特征向量。由于R为半正定矩阵，故可由R的特征方程：

$$| R - \lambda I | = 0$$

求得m个非负特征值，将这些特征值按从大到小的顺序排列为：

$$\lambda_1 \geqslant \lambda_2 \geqslant \cdots \geqslant \lambda_m \geqslant 0$$

再由

$$\begin{cases} (R - \lambda_i I)\ a_i = 0 \\ a_i' a_i = 1 \end{cases} \quad i = 1,\ 2,\ \cdots,\ m$$

解得每一特征值$\lambda_i$对应的单位特征向量$a_i = (a_{i1} a_{i2} \cdots a_{im})'$，从而求得各主成分：

$$Z_i = a_i' X = a_{i1} X_1 + a_{i2} X_2 + \cdots + a_{im} X_{mi} = 1,\ 2,\ \cdots,\ m$$

### （二）主成分的性质

（1）各主成分互不相关即$Z_i$与$Z_j$的相关系数：

$$r_{z_i, z_j} = \frac{\mathrm{Cov}\ (Z_i,\ Z_j)}{\sqrt{\mathrm{Cov}\ (Z_i,\ Z_i)\ \mathrm{Cov}\ (Z_j,\ Z_j)}} = 0\ (i \neq j)$$

于是，各主成分间的相关系数矩阵为单位矩阵。

（2）主成分的贡献率和累积贡献率可以证明，各原始指标$X_1$，$X_2$，$\cdots$，$X_m$的方差和与各主成分$Z_1$，$Z_2$，$\cdots$，$Z_m$的方差和相等，即：

$$\sum_{i=1}^{m} \mathrm{Var}(X_i) = \sum_{i=1}^{m} \mathrm{Var}(Z_i) \qquad (6-23)$$

将数据标准化后，原始指标的方差和为m，各主成分的方差和为$\sum_{i=1}^{m} \lambda_i$，即有$m = \sum_{i=1}^{m} \lambda_i$。由于各指标所提供的信息量是用其方差来衡量的。由此可知，主成分分析是把m个原始指标$X_1$，$X_2$，$\cdots$，$X_m$的总方差分解为m个互不相关的综合指标$Z_1$，$Z_2$，$\cdots$，$Z_m$的方差之和，使第一主成分的方差达到最大（即变化最大的方向向量所相应的线性函数），最大方差为$\lambda_1$。$\lambda_1 / \sum_{i=1}^{m} \lambda_i$表明了第一主成分$Z_1$的方差在全部方差中所占的比值，称为第一主成分的贡献率，这个值越大，表明$Z_1$这个指标综合原始指标$X_1$，$X_2$，$\cdots$，$X_m$的能力越强。也可以说，由$Z_1$的差异来解释$X_1$，$X_2$，$\cdots$，$X_m$的差异的能力越强。正是因为这一点，才把$Z_1$称为$X_1$，$X_2$，$\cdots$，$X_m$的第一主成分，也就是$X_1$，$X_2$，$\cdots$，$X_m$的主要部分。了解到这一点，就可以明白为什么主成分是按特征值$\lambda_1$，$\lambda_2$，$\cdots$，$\lambda_m$的大小顺序排列的。

一般地，称

$$\frac{\lambda_i}{\sum_{i=1}^{m} \lambda_i} = \frac{\lambda_i}{m}\ (k = 1,\ 2,\ \cdots,\ m) \qquad (6-24)$$

为第$i$主成分的贡献率；而称

$$\sum_{i=1}^{k} \frac{\lambda_i}{m}(k \leqslant m) \qquad (6-25)$$

为前$k$个主成分的累积贡献率。

（3）主成分个数的选取通常并不需要全部的主成分，只用其中的前几个。一般说来，主成分的保留个数按以下原则来确定：一是以累积贡献率来确定。当前$k$个主成分的累积贡献率达到某一特定的值时（一般以大于70%为宜），则保留前$k$个主成分。二是以特征值大小来确定。即若主成分$Z_i$的特征值$\lambda_i \geqslant 1$，则保留$Z_i$，否则就去掉该主成分。当然，在实际工作中，究竟取前几个主成分，除了考虑以上两个原则之外，还要结合各主成分的实际含义来定。一般说来，保留的主成分个数要小于原始指标的个数。

（4）因子载荷为各主成分与各原始指标之间的关系。在主成分的表达式（6-19）中，第$i$主成分$Z_i$的特征值的平方根$\sqrt{\lambda_i}$与第$j$原始指标$X_j$的系数$a_{ij}$的乘积：

$$q_{ij} = \sqrt{\lambda_i}\, a_{ij} \qquad (6-26)$$

为因子载荷（factor loading）。由因子载荷所构成的矩阵：

$$Q = (q_{ij})_{m \times m} = \begin{pmatrix} \sqrt{\lambda_1}\,a_{11} & \sqrt{\lambda_1}\,a_{12} & \cdots & \sqrt{\lambda_1}\,a_{1m} \\ \sqrt{\lambda_2}\,a_{21} & \sqrt{\lambda_2}\,a_{22} & \cdots & \sqrt{\lambda_2}\,a_{2m} \\ \vdots & \vdots & \vdots & \vdots \\ \sqrt{\lambda_m}\,a_{m1} & \sqrt{\lambda_m}\,a_{m2} & \cdots & \sqrt{\lambda_m}\,a_{mm} \end{pmatrix}$$

称为因子载荷阵。事实上，因子载荷$q_{ij}$就是第$i$主成分$Z_i$与第$j$原始指标$X_j$之间的相关系数，它反映了主成分$Z_i$与原始指标$X_j$之间联系的密切程度与作用的方向。

（5）样品的主成分得分对于具有原始指标测定值（$X_{i1}$，$X_{i2}$，$\cdots$，$X_{im}$）的任一样品，可先用标准化变换式$X'_{ij} = \dfrac{X_{ij} - \bar{X}_j}{S_j}$（$j = 1, 2, \cdots, m$）将原始数据标化，然后代入各主成分的表达式：

$$Z_i = a_{i1}X'_1 + a_{i2}X'_2 + \cdots + a_{im}X'_{mi} = 1, 2, \cdots, m$$

求出该样品的各主成分值。这样求得的主成分值称为该样品的主成分得分。利用样品的主成分得分，可以对样品的特性进行推断和评价。

## 五、主成分分析的应用

根据主成分分析的定义及性质，已大体上能看出主成分分析的一些应用。概括地说，主成分分析主要有以下几方面的应用。

（1）对原始指标进行综合。从方法学上讲，主成分分析的主要作用是在基本保留原始指标信息的前提下，以互不相关的较少个数的综合指标来反映原始指标所提供的信息，这就为进一步的统计分析奠定了基础。

例如，若需将多个存在多元共线性的自变量引入回归方程，由于共线性的存在，直接建立的多元线性回归方程具有不稳定性，严重时可导致正规方程组的系数矩阵为奇异矩阵，从而无法求得偏回归系数。若采用逐步回归，则不得不删除一些自变量，这亦与初衷相悖。如果将主成分分析与多元线性回归结合使用，则可解决这类问题。具体做法是：先对多个自变量作主成分分析，综合出少数几个主成分，然后以这几个主成分为自变量与因变量建立回归方程。这里，既减少了回归分析中自变量的个数，而且作为自变量的各主成分互不相关，保证了回归方程的稳定性，同时，由于主成分是各原始变量的线性组合，因此，通过主成分建立的回归方程实际上亦可视为因变量与各原始自变量之间的线性回归方程。这样就可把存在多元共线性的多个自变量引入回归方程。这种将主成分分析与多元线性回归分析结合使用的方法称为主成分回归。

（2）探索多个原始指标对个体特征的影响作用。主成分分析可以视为一种探索性方法，对于多个原始指标，求出主成分后，可以利用因子载荷阵的结构，进一步探索各主成分与多个原始指标之间的相互关系，弄清原始指标对各主成分的影响作用。这在动物疫病防控研究中具有较为广泛的用途，如对于观察了多个原始指标（如消毒频率、消毒范围、防护用具佩戴情况、出栏申报建议情况、兽医配备情况、出栏量、存栏量等）的特定养殖场，通过主成分分析，求出了生物安全防护措施、养殖情况、疫病感染状况等方面的综合指标，然后再根据因子载荷阵，就可以对影响各综合指标的原始指标进行探索，找出影响各综合指标的主要影响因素（原始指标）。

（3）对样品进行分类。利用主成分分析还可对样品进行分类。求出主成分后，如果各主成分的专业意义较为明显，可以利用各样品的主成分得分来进行样品的分类。

## 第三节　因子分析

## 一、概述

因子分析是在主成分的基础上构筑若干意义较为明确的公因子，以它们为框架分解原变量，从而洞察原变量间内在含义的联系与区别。

在动物疫病防控研究中，经常会遇到所要研究的变量不能或不易直接观测，它们只能通过其他多个可观测指标来间接反映。例如，动物疫控部门的疫病监测工作质量是一个不易直接测得的变量，称这种不能或不易观测的变量为潜在变量或潜在因子。虽然潜在变量不能直接测得，但它却是一种抽象的客观存在，必定与某些可测变量存在着某种程度上的关联，如可以通过疫病监测频次、疫病上报频率、疫病上报数、实验室监测仪器使用状况等一些可观测指标来反映疫控部门的疫病监测工作质量这个潜在变量。

通常，多变量之间往往具有相关性，其产生的原因可能是有潜在的因素对观测的变量起支配作用。如何找出这些潜在因素？这些潜在因素是如何对原始指标起支配作用的？因子分析就可解决这些问题。

因子分析（factor analysis）的概念起源于20世纪初Karl Pearson和Charles Spearman等人关于智力测验的统计分析。近年来，随着现代高速计算机的出现，因子分析已经广泛应用于医学、心理学、气象、地质、经济学等领域，使得因子分析的方法更加丰富。因子分析是一种寻找隐藏在可测变量中，不能或不易直接观测到，但却影响或支配可测变量的潜在因子，并估计潜在因子对可测变量的影响程度及潜在因子之间关联性的多元统计分析方法。简言之，因子分析就是一种寻找潜在支配因子的模型分析方法，其作用是分析可观测到的原始多个变量，找出数目相对较少的，对原始变量有潜在支配作用的因子。因子分析的主要任务是找出共性因子变量，估计因子模型，计算共性因子变量的取值和对共性因子变量做出合理的解释。同回归分析一样，因子分析是首先提出一个假设模型，然后估计模型中的常数（参数），再用它解决实际问题。

因子分析可分为两类，一类为探索性因子分析（exploratory factor analysis），另一类为确定性因子分析（confirmatory factor analysis）。探索性因子分析通常简称为因子分析，它主要应用在数据分析的初期阶段，其目的是探讨可测变量的特征、性质及其内部的关联性，并揭示有哪些主要的潜在因子可能影响这些可测变量。它要求所找出的潜在因子之间相互独立及有实际意义，并且这些潜在因子尽可能多地表达原可测变量的信息。探索性因子分析的结果一般不需要进行统计检验，在结构方程模型分析中，可通过探索性因子分析建立理论变量。确定性因子分析是在探索性因子分析的基础上进行的，当已经找到可测变量可能被哪一个潜在因子影响，而只需进一步明确每一个潜在因子对可测变量的影响程度，以及这些潜在因子之间的关联程度时，则可进行确定性因子分析。该分析不要求所找出的这些潜在因子之间相互独立，其目的是明确潜在因子之间的关联性，它是将对多个指标之间的关联性研究简化为对较少几个潜在因子之间的关联性研究，其分析结果需进行统计检验，确定性因子分析是结构方程模型分析的关键一步。这里主要介绍探索性因子分析。

## 二、因子分析的基本思想

对于多指标数据中呈现出的相关性，是否存在对这种相关性起支配作用的潜在因素？如果存在，如何找出这些潜在因素？这些潜在因素是怎样对原始指标起支配作用的？这些问题，都可以通过因子分析来解决。事实上，因子分析就是一种从分析多个原始指标的相关关系入手，找到支配这种相关关系的有限数量不可观测的潜在变量，并用这些潜在变量来解释原始指标之间的相关性或协方差关系的多元统计分析方法。

## 三、因子分析的数学模型

观察5个生理指标：$X_1$：收缩压、$X_2$：舒张压、$X_3$：心跳间隔、$X_4$：呼吸间隔、$X_5$：舌下温度。从生理知识知道，这5个指标是受植物性神经的交感神经和副交感神经支配的，而交感神经和副交感神经状态又不能直接测定。若用$F_1$、$F_2$分别表示交感神经和副交感神经这2个因子，则可以设想，可测指标$X_i$是不可测因子$F_j$的线性函数，即$F_j$对各$X_i$的影响是线性的，再加上其他对这些$X_i$有影响的因子$e_i$，则各$X_i$与$F_1$、$F_2$的关系可表示为：

$$\begin{cases} X_1 = a_{11}F_1 + a_{12}F_2 + e_1 \\ X_2 = a_{21}F_1 + a_{22}F_2 + e_2 \\ X_3 = a_{31}F_1 + a_{32}F_2 + e_3 \\ X_4 = a_{41}F_1 + a_{42}F_2 + e_4 \\ X_5 = a_{51}F_1 + a_{52}F_2 + e_5 \end{cases}$$

由于$F_1$、$F_2$与每一个$X_i$都有关，故称$F_1$、$F_2$为各$X_i$的公因子或共性因子（common factor），而各$e_i$只与相应的一个$X_i$有关，故$e_i$称为$X_i$的特殊因子或个性因子（specific factor）。这里感兴趣的是如何从一组观测数据出发，找出起支配作用的较少个数的公因子。

一般地，假设对$n$例样品观测了$m$个指标$X_1$，$X_2$，$\cdots$，$X_m$，得到的观测数据形如上一节主成分分析中的表。现在的任务就是从一组观测数据出发，通过分析各指标$X_1$，$X_2$，$\cdots$，$X_m$之间的相关性，找出起支配作用的潜在因素——公因子$F_1$，$F_2$，$\cdots$，$F_q$（$q \leqslant m$），使得这些公因子可以解释各指标之间的相关性。就统计学而言，就是要建立如下的模型（为方便计，假设各$X_i$为标准化数据）：

$$\begin{cases} X_1 = a_{11}F_1 + a_{12}F_2 + \cdots + a_{1q}F_q + e_1 \\ X_2 = a_{21}F_1 + a_{22}F_2 + \cdots + a_{2q}F_q + e_2 \\ \quad\vdots \qquad\qquad\qquad\qquad \vdots \\ X_m = a_{m1}F_1 + a_{m2}F_2 + \cdots + a_{mq}F_q + e_m \end{cases} \quad (6-27)$$

在上式中，令：

$$X = \begin{pmatrix} X_1 \\ X_2 \\ \vdots \\ X_m \end{pmatrix}, \ A = \begin{pmatrix} a_{11} & a_{12} & \cdots & a_{1q} \\ a_{21} & a_{22} & \cdots & a_{2q} \\ \vdots & \vdots & \ddots & \vdots \\ a_{m1} & a_{m2} & \vdots & a_{mq} \end{pmatrix}, \ F = \begin{pmatrix} F_1 \\ F_2 \\ \vdots \\ F_q \end{pmatrix}, \ e = \begin{pmatrix} e_1 \\ e_2 \\ \vdots \\ e_m \end{pmatrix}$$

则公式（6-28）可写成如下的矩阵形式：

$$\underset{m\times 1}{X} = \underset{m\times q}{A}\ \underset{q\times 1}{F} + \underset{m\times 1}{e}$$

且：

（1）各$X_i$的均数为0，方差为1（$\bar{X}_i = 0$，$s_i^2 = 1$）；各公因子$F_j$的均数为0，方差为1（$\bar{F}_j = 0$，$s_{F_j}^2 = 1$）；各特殊因子$e_i$的均数为0，方差为$\sigma_i^2$，即$\bar{e}_i = 0$，$s_{e_i}^2 = \sigma_i^2$。

（2）各公因子之间的相关系数为0，即$r_{F_i,F_j} = 0$；各特殊因子之间的相关系数为0，即$r_{e_i,e_j} = 0$；各公因子与各特殊因子之间的相关系数为0，即$r_{F_j,e_i} = 0$。

即原始指标向量$X$的协方差矩阵$\sum_X$、公因子向量$F$的协方差矩阵（此时均为相关矩阵）$\sum_F$为单位阵；特殊因子向量$e$的协方差矩阵$\sum_e$为对角阵：

$$\sum_X = \mathrm{R}_X = \mathrm{I}_{m\times m},\ \sum_F = \mathrm{R}_F = \mathrm{I}_{q\times q},\ \sum_e = \begin{pmatrix} \sigma_1^2 & & & \\ & \sigma_2^2 & & \\ & & \ddots & \\ & & & \sigma_m^2 \end{pmatrix}$$

$$(6-28)$$

由此可知，求公因子的问题，就是求满足上述条件的$m\times q$阶矩$A_{m\times q}$。

## 四、因子模型的性质

由条件（1）、（2）知$X$的协方差阵为：

$$\sum_X = E(AF + e)(AF + e)' = AA' + \sum_e \quad (6-29)$$

下面来看矩阵$A$的统计意义。

（1）公共度由公式（6-27）、（6-28）及公式（6-29）得：

$$\begin{cases} X_i = \sum_{k=1}^{q} a_{ik}F_k + e_i \\ 1 = \mathrm{Var}(X_i) = \sum_{k=1}^{q} a_{ik}^2 + \sigma_i^2 \end{cases} \quad i = 1,2,\cdots,m \qquad (6-30)$$

记 $h_i^2 = \sum_{k=1}^{q} a_{ik}^2$，则有 $1 = h_i^2 + \sigma_i^2$，$i = 1$，2，…，$m$。$h_i^2$ 的大小反映了全体公因子对原始指标 $X_i$ 的影响，称为"公共度"或"共性方差（communality）"。当 $h_i^2 = 1$ 时，$\sigma_i^2 = 0$，即 $X_i$ 只由公因子的线性组合来表示，而与特殊因子无关；当 $h_i^2$ 接近于0时，表明原始指标 $X_1$，$X_2$，…，$X_m$ 受公因子的影响不大，而主要是由特殊因子来描述的。因此"公共度" $h_i^2$ 反映了原始指标 $X_i$ 对所有公因子的依赖程度。

（2）因子贡献及因子贡献率。另一方面，考虑指定的一个公因子 $F_j$ 对各原始指标的影响。矩阵 $A$ 中第 $j$ 列元素 $g_j^2 = \sum_{i=1}^{m} a_{ij}^2$ 反映了第 $j$ 个公因子 $F_j$ 对所有原始指标的影响，称 $g_j^2$ 为公因子 $F_j$ 对所有原始指标的"贡献"。显然，$g_j^2$ 的值越大，则 $F_j$ 对原始指标的影响也越大。

注意到数据标准化后，全部原始指标的总方差为指标个数 $m$，故称

$$\frac{g_j^2}{m} = \frac{\sum_{i=1}^{m} a_{ij}^2}{m}$$

为公因子 $F_j$ 对原始指标的方差贡献率。

（3）因子载荷及因子载荷阵由公式（6-4）可得原始指标 $X_i$ 与公因子 $F_j$ 之间的协方差为：

$$\mathrm{Cov}(X_i,F_j) = \sum_{k=1}^{q} a_{ik}\mathrm{Cov}(F_k,F_j) + \mathrm{Cov}(e_i,F_j) = a_{ij}$$

由于假定各原始指标与各公因子的方差均为1，故有：

$$a_{ij} = r_{X_i,F_j}$$

即 $a_{ij}$ 就是 $X_i$ 与 $F_j$ 之间的相关系数。$a_{ij}$ 作为 $X_i$ 与 $F_j$ 之间的相关系数，反映了 $X_i$ 与 $F_j$ 之间相互联系的密切程度；同时，$a_{ij}$ 作为公因子的系数，又体现了原始指标 $X_i$ 的信息在公因子 $F_j$ 上的反映，因此称 $a_{ij}$ 为原始指标 $X_i$ 在公因子 $F_j$ 上的因子载荷，而称矩阵 $A = (a_{ij})_{m \times q}$ 为因子载荷矩阵。

## 五、因子载荷阵的求解及计算步骤

### （一）因子载荷阵的求解

若已知原始指标的相关矩阵 $R_x$ 和 $\sum_e$，则由式（6-30）知：

$$R_x - \sum_e = AA'$$

记 $R^* = R_x - \sum_e = (r_{ij}^*)m \times m$，称 $R^*$ 为约相关矩阵（reduced correlation matrix）。注意，$R^*$ 中对角线元素是 $h_i^2$ 而不是1，其余非对角元素则与 $R_x$ 完全一样。现在依次求出矩阵 $A$ 的各列，使各因子贡献按如下顺序排列：

$$g_1^2 \geqslant g_2^2 \geqslant \cdots \geqslant g_q^2$$

由于 $R^* = (r_{ij}^*) = AA'$，故有：

$$r_{ij}^* = \sum_{k=1}^{q} a_{ik}a_{jk}, \ i,j = 1,2,\cdots,m \qquad (6-31)$$

欲求矩阵 $A$ 的第一列元素 $a_{11}$，$\cdots$，$a_{m1}$，使 $g_1^2 = a_{11}^2 + a_{21}^2 + \cdots + a_{m1}^2$ 达到最大。这是一个条件极值问题，按条件极值的求解法可得：

$$\begin{pmatrix} r_{11}^* & r_{12}^* & \cdots & r_{1m}^* \\ r_{21}^* & r_{22}^* & \cdots & r_{2m}^* \\ \vdots & \vdots & \ddots & \vdots \\ r_{m1}^* & r_{m2}^* & \cdots & r_{mm}^* \end{pmatrix} \begin{pmatrix} a_{11} \\ a_{21} \\ \vdots \\ a_{m1} \end{pmatrix} = g_1^2 \begin{pmatrix} a_{11} \\ a_{21} \\ \vdots \\ a_{m1} \end{pmatrix} \qquad (6-32)$$

这表明 $g_1^2$ 是约相关矩阵 $R^*$ 的（最大）特征值，$a_1 = (a_{11}, a_{21}, \cdots, a_{m1})'$ 是 $g_1^2$ 所对应的特征向量。若取约相关矩阵 $R^*$ 的最大特征值 $\lambda_1$（$= g_1^2$）以及 $\lambda_1$ 所对应的单位特征向量 $l_1$（$l_1$ 为 $m \times 1$ 阶列向量），则 $l_1$ 不能满足 $l_1'l_1 = \lambda_1$ 的条件（因为 $l_1'l_1 = 1$），但由特征值与特征向量的关系知，对于任意常数 $c$，$cl$ 还是 $\lambda_1$ 的特征向量，故只需取 $a_1 = \sqrt{\lambda_1}l_1$，则有 $a_1'a_1 = \lambda_1 l_1'l_1 = \lambda_1 = g_1^2$，故 $a_1 = \sqrt{\lambda_1}l_1$ 满足要求。类似地，可求得 $g_2^2 = \lambda_2$，$a_2 = \sqrt{\lambda_2}l_2$。一般地，有 $g_j^2 = \lambda_j$，$a_j = \sqrt{\lambda_j}l_j$，$j = 1$，2，$\cdots$，$q$（注意，由于 $R^*$ 是非负定矩阵，且 $R^*$ 的秩为 $q$，故 $R^*$ 只有前 $q$ 个特征值大于零，即 $\lambda_1 \geqslant \lambda_2 \geqslant \cdots \geqslant \lambda_q > 0$），从而得：

$$A = (\sqrt{\lambda_1}l_1 \sqrt{\lambda_2}l_2 \cdots \sqrt{\lambda_q}l_q)_{m \times q}$$

$A$ 就是要求的解。

上面求解过程的前提是原始指标的相关阵及特殊因子的协方差阵 $R_x$ 和 $\sum_e$ 均为已知，但对于一个实际问题，通常只有为 $R_x$ 为已知，而 $\sum_e$ 则是未知的。因此，在实际问题中欲建立因子分析模型，必须对约相关矩阵进行估计。由于约相关矩阵 $R^*$ 与相关矩阵 $R_x$ 除主对角元素外是完全相同的，因此，只需对 $R^*$ 的主对角元素 $h_i^2$ 进行估计，估计的方法不同，所进行的因子分析方法就不同。下面介绍两种常用的约相关矩阵 $R^*$ 的估计方法。

1. 主成分解。取 $h_i^2 = 1$，这时，$R^* = R_x$，进行分析的结果即为主成分分析的结果，按相应规则保留一定数目的主成分，所得主成分就是公因子。这样所得的解称为因子分析的主成分解。

2. **主因子解**。先估计$h_i^2$，一般可用：

（1）$h_i^2$取为第$i$个指标与其他所有指标的多元复相关系数的平方。

（2）$h_i^2$取为$R_x$第$i$行上各相关系数绝对值的最大值（主对角元素除外）。

（3）确定$R_x$第$i$行上最大的两个值（主对角元素除外），如第$i$行上最大的两个相关系数为$r_{ik}$，$r_{il}$，取$h_i^2 = \dfrac{r_{ik}r_{il}}{r_{kl}}$。

（4）取$h_i^2 = 1$，它等价于主成分解。

（5）由分析者自行确定。

由此估计出约相关矩阵，进行因子分析的计算，所得结果即为主因子解。

公因子的主成分解和主因子解实际上均为近似解，为了得到近似程度更好的解，常常采用迭代法，即将上述$h_i^2$的各种取值视为共性方差的初始估计值，求得的因子载荷矩阵$A$则为初始解，再由解得的$A$，按$h_i^2 = \sum\limits_{k=1}^{q} a_{ik}^2$计算出共性方差，重复上述步骤，直至解稳定为止。

此外，还可以用极大似然法来估计因子载荷阵。假定公因子$F$和特殊因子$e$服从正态分布，则可以利用迭代方法求得因子载荷矩阵$A$和特殊因子协方差阵$\sum_e$的极大似然估计$\hat{A}$和$\hat{\sum}_e$，所得的解称为公因子的极大似然解。该法需要较多的计算，有时还可能不收敛，但所获得的结果具有较好的统计性质。

### （二）因子载荷阵的主要计算步骤

（1）搜集原始数据并整理为上一节主成分分析中表的形式。

（2）对各指标作标准化。

（3）求指标间的相关系数矩阵。

（4）求指标间的约相关矩阵$R^*$。

①$R^*$的非对角元素与相关矩阵$R_x$的非对角元素相等，即：

$$r_{ij}^* = r_{ij}, \ i \neq j$$

②$R^*$的对角线元素为共性方差$h_i^2$，即$r_{ii}^* = h_i^2$。由此得：

$$R^* = \begin{pmatrix} h_1^2 & r_{12} & \cdots & r_{1m} \\ r_{21} & h_2^2 & \cdots & r_{2m} \\ \vdots & \vdots & \ddots & \vdots \\ r_{m1} & r_{m2} & \cdots & h_m^2 \end{pmatrix}$$

（5）求出约相关矩阵$R^*$所有大于零的特征值及相应的特征向量。由$R^*$的特征方程

$$| R^* - \lambda I | = 0$$

求得$m$个特征值，取前$q$个大于零者，并按从大到小的顺序排列为：

$$\lambda_1 \geqslant \lambda_2 \geqslant \cdots \geqslant \lambda_q > 0$$

再由矩阵方程：

$$(R^* - \lambda_j I)\ l_j = 0_{m \times 1} \quad j = 1,\ 2,\ \cdots,\ q$$

求得各$\lambda_j$所对应的特征向量$l_j$，并将$l_j$单位化，仍记为$l_j$。

（6）写出因子载荷阵$A$，并得出原始指标$X$的公因子表达式：

$$A = (\sqrt{\lambda_1}\,l_1\sqrt{\lambda_2}\,l_2 \cdots \sqrt{\lambda_q}\,l_q)_{m \times q} = \begin{pmatrix} a_{11} & a_{12} & \cdots & a_{1q} \\ a_{21} & a_{22} & \cdots & a_{2q} \\ \vdots & \vdots & \ddots & \vdots \\ a_{m1} & a_{m2} & \vdots & a_{mq} \end{pmatrix}$$

$$\begin{cases} X_1 = a_{11}F_1 + a_{12}F_2 + \cdots + a_{1q}F_q \\ X_2 = a_{21}F_1 + a_{22}F_2 + \cdots + a_{2q}F_q \\ \qquad\qquad \cdots \\ X_m = a_{m1}F_1 + a_{m2}F_2 + \cdots + a_{mq}F_q \end{cases}$$

注意，这里得到的原始指标$X$的公因子表达式实际上仍是近似的。

根据因子模型的性质及因子载荷阵的求解过程可知，在进行因子分析时总是希望：

①保留的公因子个数$q$远小于原始指标个数$m$，一般按以下原则来确定：第一，若$\lambda_j \geqslant 1$，则保留其对应的公因子；第二，若前$k$个公因子的累积贡献率达到一特定的数量（一般认为达到70%以上为宜），则保留前$k$个公因子，使$m$个原始指标的总方差基本上能被所保留的公因子解释。

②各共性方差$h_i^2$（$i = 1,\ 2,\ \cdots,\ m$）接近于1，即各原始指标$X_i$的方差绝大部分能由所保留的公因子解释。

③各原始指标在同一公因子$F_j$上的因子载荷的绝对值$|\ a_{ij}\ |$（$i = 1,\ 2,\ \cdots,\ m$ 即竖读因子载荷阵$A$）之间的差别应尽可能大，使得公因子$F_j$的意义主要由一个或几个$|\ a_j\ |$值的原始指标所表达。

# 六、因子旋转

建立因子分析模型的目的不仅是找出公因子，更重要的是弄清各公因子的专业意义，以便对实际问题进行分析。然而在很多情况下，因子分析的主成分解、主因子解及极大似然解中的各公因子的典型代表变量并不是很突出，容易使各公因子的专业意义难于解释，从而达不到因子分析的主要目的。

对于这个问题，可以通过因子旋转来解决。从数学上可以证明，对任一正交阵$T$而言，若$F$是公因子，则$TF$仍是公因子；若矩阵$A$是一个因子载荷阵，则$AT$仍是因子载荷阵。从这个意义上讲，因子分析的解是不唯一的。利用这一点，在实际工作中，如果求得的因子载荷阵$A$不甚理想，则可右乘一个正交阵$T$，使$AT$能有更好的实际意义。这样一种变换因子载荷矩阵的方法，称为因子轴的正交旋转，或称因子正交旋转。

正交旋转具有下列性质：

（1）保持各指标的共性方差不变。

（2）旋转后所得的公因子保持互不相关。

可以按不同的原则来求得正交变换矩阵，相应地就有不同的正交旋转方法。常用的是方差最大法（varimax），该法通过旋转使每一公因子上因子载荷的平方向0和1两极分化，造成尽可能大的差别，以使各公因子尽可能支配不同的原始指标，从而使各公因子具有较为清晰的专业意义。

其他的正交旋转还有四次方最大旋转（quartmax）、均方最大旋转（equamax）等。

除正交旋转外，有时还可进行斜交旋转，即$A \rightarrow AP$，$P$不限于正交阵，但要求$P$为满秩阵。斜交旋转不能保证各公因子的互不相关性，且对因子载荷的解释要复杂得多，但在加大因子载荷平方的差别上，取得的效果一般要比正交旋转的效果好。

## 七、注意事项

1. 因子分析的解不唯一。这里所说的因子分析的解不唯一具有两个方面的意义：

（1）同一问题可以有不同的因子分析解，如主成分解、主因子解、极大似然解等。在处理实际问题时，可根据具体情况选择不同的方法来获得符合客观实际的解。

（2）可以通过各种方法进行因子旋转以获得更为满意的解。这里，选用何种方法进行因子旋转，亦需根据专业意义来确定。需要指出的是，如果一次旋转所得结果不够理想，可以用迭代的方法进行多次旋转，直到最后相邻两次旋转所得的因子载荷阵改变不大时即可停止。

2. 因子得分问题。因子模型建立起来后，是否可以将各公因子$F_j$表示为原始指标$X_1$，$X_2$，$\cdots$，$X_m$的线性组合，从而进一步根据原始指标的观测值求各公因子的得分呢？这个问题，从数学模型上看，就是要建立如下的模型：

$$\underset{q \times 1}{F} = \underset{q \times m}{B} \underset{m \times 1}{X}$$

上式中的矩阵$\underset{q \times m}{B}$称为因子得分阵，一般说来，因子得分阵不能直接计算，但可以用不同的方法进行估计，常用的方法是最小二乘意义下的回归法，具体计算方法可查阅有关的参考文献。

3. 主成分分析与因子分析之间的关系如下。

（1）两者的分析重点不一致。从数学模型上看，主成分的数学模型为：

$$Z = AX$$

即主成分为原始变量的线性组合；而因子分析的数学模型为：

$$X = AF + e$$

即原始变量为公因子与特殊因子的线性组合。由此可见，两者的分析重点不一致：主成分分析重点在综合原始变量的信息，而公因子分析则重在解释原始变量之间的关系。此外，主成分分析中各主成分的得分是可以准确计算的，而因子分析中各公因子得分只能进行估计。

（2）两者之间具有密切的联系。在主成分分析模型两端同时左乘 $A^{-1}$（即 $A'$），则有 $X = A'F$，此即为无特殊因子的公因子模型；另一方面，在公因子分析的约相关矩阵 $R^*$ 中，如果取 $h_i^2 = 1$（$i = 1, 2, \cdots, m$），则因子分析的结果（主成分解）即为主成分分析的结果，此外，因子分析的主因子解也常常由主成分分析的结果作为 $h_i^2$ 的初始值来计算。

## 第四节　判别分析

判别分析（discriminant analysis）是类别明确的一种分类技术，它根据观测到的某些指标对所研究的对象进行分类。在动物疫病诊断及防控研究中经常遇到这类问题，例如禽流感相关的实验室需根据送检样本的各项症状、体征、实验室检查、病理学检查资料等对其作出是否有禽流感的诊断；有时已初步诊断为禽流感时，还需进一步作出属禽流感中哪一种或哪一型的判断。判别分析常用于临床辅助鉴别诊断，计量诊断学就是以判别分析为主要基础迅速发展起来的一门科学。通过判别分析还可对各指标所起判断作用的大小作出估计。

## 一、判别分析的基本思想

判别分析的一般步骤见图6-1。判别分析通常都要建立一个判别函数，然后利用此判别函数来进行判别。为了建立判别函数就必须有一个训练样本。判别分析的任务就是向这份样本学习，学出判断类别的规则，并作多方考核。训练样本的质量与数量至为重要。每一个体所属类别必须用"金标准"予以确认；解释变量（简称为变量或指标）$X_1$，$X_2$，…，$X_m$ 必须确实与分类有关；个体的观察值必须准确；个体的数目必须足够多。

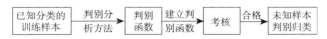

图6-1　判别分析步骤

训练样本的内容与符号如表6-7所示。其中，变量$Y$为个体所属类别，在1，2，…，$g$ 中取值；$X_1$，$X_2$，…，$X_p$ 为判别指标；$X_{i1}$，$X_{i2}$，…，$X_{im}$，$Y_i$ 为第$i$个个体的信息。

**表6-7　训练样本的数据内容与符号**

| 判别指标类别变量（Y） | | | | | | |
|---|---|---|---|---|---|---|
| 1 | $X_{11}$ | $X_{12}$ | … | $X_{1j}$ | … | $X_{1m}$ | $y_1$ |
| 2 | $X_{21}$ | $X_{22}$ | … | $X_{2j}$ | … | $X_{2m}$ | $y_2$ |
| … | … | … | … | … | … | … | … |
| $i$ | $X_{i1}$ | $X_{i2}$ | … | $X_{ij}$ | … | $X_{im}$ | $y_i$ |
| … | … | … | … | … | … | … | … |
| $n$ | $X_{ni}$ | $X_{n2}$ | … | $X_{nj}$ | … | $X_{nm}$ | $y_n$ |

判别分析的方法很多，根据不同的判别准则可以分为不同的判别方法。判别分析按判别的组数来分，有两组判别分析和多组判别分析；按区分不同总体所用的数学模型来分，有线性判别和非线性判别；按判别对所处理的变量方法不同，有逐步判别、序贯判别等；按判别准则不同，有距离判别、Bayes判别、Fisher判别等。比较经典的判别分析方法有Fisher判别和Bayes判别。近年来，这些方法又有了发展，同时也不断有学者提出一些新的方法。本章着重介绍Fisher判别和Bayes判别等判别方法。

## 二、Fisher 判别

Fisher判别又称典则判别（canonical discriminant），适用于两类和多类判别。Fisher判别思想是选择方向适当的投影轴，使所有样品点都投影到这轴上得到一投影值，对投影轴的方向要求是使每一类内的投影值的类内离差尽可能小，而不同类的投影值的类间离差尽可能大。此准则一般用于二类判别。

## （一）二类判别

1. Fisher判别的原理。已知A、B两类观察对象，A类有$n_A$例，B类有$n_B$例，分别记录了$X_1$，$X_2$，$\cdots$，$X_m$个观察指标，称为判别指标或变量。Fisher判别法就是找出一个线性组合：

$$Z = C_1 X_1 + C_2 X_2 + \cdots + C_m X_m \qquad (6-33)$$

使得综合指标Z在A类的均数$\bar{Z}_A$与在B类的均数$\bar{Z}_B$的差异$|\bar{Z}_A - \bar{Z}_B|$尽可能大，而两类内综合指标Z的变异$S_A^2 + S_B^2$尽可能小，即使

$$\lambda = \frac{|\bar{Z}_A - \bar{Z}_B|}{S_A^2 + S_B^2} \qquad (6-34)$$

达到最大。这就是Fisher准则。此时公式（6-34）称为Fisher判别函数，$C_1$，$C_2$，$\cdots$，$C_m$称为判别系数。对$\lambda$求导，不难验证判别系数可由下列正规方程组解出：

$$\begin{cases} S_{11}C_1 + S_{12}C_2 + \cdots + S_{1m}C_m = D_1 \\ S_{21}C_1 + S_{22}C_2 + \cdots + S_{2m}C_m = D_2 \\ \qquad\qquad \cdots \\ S_{m1}C_1 + S_{m2}C_2 + \cdots + S_{mm}C_m = D_m \end{cases} \qquad (6-35)$$

式中，$D_j = \bar{X}_j^{(A)} - \bar{X}_j^{(B)}$，$\bar{X}_j^{(A)}$，$\bar{X}_j^{(B)}$分别是A类和B类第$j$个指标的均数（$j = 1$，$2$，$\cdots$，$m$）；$S_{ij}$是$X_1$，$X_2$，$\cdots$，$X_m$的合并协方差阵的元素。

$$S_{ij} = \frac{\sum (X_i^{(A)} - \bar{X}_i^{(A)})(X_j^{(A)} - \bar{X}_j^{(A)}) + \sum (X_i^{(B)} - \bar{X}_i^{(B)})(X_j^{(B)} - \bar{X}_j^{(B)})}{n_A + n_B - 2} \qquad (6-36)$$

式中，$X_i^{(A)}$，$X_i^{(B)}$，$X_j^{(A)}$，$X_j^{(B)}$分别为$X_i$和$X_j$于A类和B类的观察值。

2. 判别规则。建立判别函数后，按公式（6-34）逐例计算判别函数值$Z_i$，进一步求$Z_i$的两类均数$\bar{Z}_A$、$\bar{Z}_B$与总均数$\bar{Z}$，按下式计算判别界值：

$$Z_c = \frac{\bar{Z}_A + \bar{Z}_B}{2} \qquad (6-37)$$

判别规则：

$$\begin{cases} Z_i > Z_c，判为A类 \\ Z_i < Z_c，判为B类 \\ Z_i = Z_c，判为任意一类 \end{cases} \qquad (6-38)$$

例6-1 某省根据各地区布鲁氏菌病的发病及监测等状况评价各地区布鲁氏菌病的防控成效。收集指标有每个月各地区向省疫控中心上报疫情天数（$X_1$）、羊个体发病率

（$X_2$）（每10万只）、奶牛个体发病率（$X_3$）（每10万头）、奶牛个体发病率（$X_4$）（每10万头）及总的个体发病率（$X_5$）5项指标，已将12个地区分为布鲁氏菌病防控开展较好（A类）与一般（B类）两组（表6-8）。试根据这批样品判别分析。

表6-8　12个地区布鲁氏菌病防控指标结果

| 类别 | 编号 | $X_1$ | $X_2$ | $X_3$ | $X_4$ | $X_5$ | $Z$ | Fisher 判别结果 |
|------|------|-------|-------|-------|-------|-------|-----|----------------|
| A 组 | 1 | 27 | 77.67 | 2.8 | 0.43 | 1.15 | 51.002 | B |
|      | 2 | 24 | 55.33 | 25.36 | 19.31 | 2.61 | 66.754 | A |
|      | 3 | 27 | 97.45 | 2.1 | 0.45 | 1.18 | 66.948 | A |
|      | 4 | 24 | 51.45 | 31.25 | 17.3 | 2.49 | 66.506 | A |
|      | 5 | 25 | 52.15 | 32.58 | 16 | 2.52 | 66.862 | A |
|      | 6 | 25 | 52.08 | 32.84 | 15.08 | 2.55 | 66.179 | A |
| B 组 | 1 | 25 | 35.76 | 22.83 | 41.41 | 3.47 | 65.173 | B |
|      | 2 | 26 | 27.1 | 25.13 | 47.77 | 3.8 | 64.275 | B |
|      | 3 | 25 | 29.4 | 34.12 | 26.39 | 3.05 | 57.592 | B |
|      | 4 | 26 | 21.98 | 16.23 | 61.79 | 5.4 | 643.944 | B |
|      | 5 | 25 | 38.94 | 34.44 | 27.06 | 3.16 | 65.552 | B |
|      | 6 | 25 | 38.96 | 24.48 | 36.56 | 3.2 | 65.277 | B |

（1）计算变量的类均数及类间均值差$D_j$。计算结果列于表6-9。

表6-9　变量的均数及类间均值差

| 类别 | 例数 | $X_1$ | $X_2$ | $X_3$ | $X_4$ | $X_5$ |
|------|------|-------|-------|-------|-------|-------|
| A | 6 | 25.333 | 67.538 | 21.2 | 11.428 | 2.08 |
| B | 6 | 25.333 | 33.615 | 26.22 | 40.163 | 3.68 |
| 类间均值差 $D_j$ | | 0 | 33.923 | -5.02 | -28.735 | -1.597 |

（2）计算合并协方差矩阵。按公式（6-37）计算，例如：

$$S_{11} = \frac{\left[(27-25.33)^2 + (24-25.33)^2 + \cdots + (25-25.33)^2\right] + \left[(25-25.33)^2 + \cdots + (25-25.33)^2\right]}{6+6-2}$$

$$= 1\,753$$

得到合并协方差阵：

$$S = \begin{pmatrix} 1.067 & 9.843 & -10.029 & -2.847 & -2.77 \\ 9.843\,1 & 203.276 & -119.970 & -107.099 & -8.623 \\ -10.029 & -119.970 & 133.981 & 15.956 & 2.615 \\ -2.847 & -107.099 & 15.956 & 127.383 & 8.549 \\ -0.277 & -8.623 & 2.615 & 8.549 & 0.645 \end{pmatrix}$$

代入公式（6-36）得：

$$\begin{cases} 1.067C_1 + 9.843C_2 - 10.029C_3 - 2.847C_4 - 2.77C_5 = 0 \\ 9.843\,1C_1 + 203.276C_2 - 119.970C_3 - 107.099C_4 - 8.623C_5 = 33.923 \\ -10.029C_1 - 119.970C_2 + 133.981C_3 + 15.956C_4 + 2.615C_5 = -0.52 \\ -2.847C_1 - 107.099C_2 + 15.956C_3 + 127.383C_4 + 8.549C_5 = -28.735 \\ -0.277C_1 - 8.623C_2 + 2.615C_3 + 8.549C_4 + 0.645C_5 = -1.596\,7 \end{cases}$$

解此正规方程得：

$$C_1 = -0.495\,6, \quad C_2 = 0.794\,1, \quad C_3 = 0.739\,5, \quad C_4 = 0.703\,3, \quad C_5 = 0.910\,5$$

判别函数为：

$$Z = -0.495\,6X_1 + 0.794\,1X_2 + 0.739\,5X_3 + 0.703\,3X_4 + 0.910\,5X_5$$

逐列计算判别函数值$Z_i$，同时计算出$\overline{Z}_A = 66.689$、$\overline{Z}_B = 65.124$，确定界值，进行两类判别。按公式（6-38）计算$Z_c =$（66.689-65.124）/2 = 65.907，将$Z_i > 65.907$判为A类，$Z_i < 65.907$判为B类。判别结果列于表6-8的最后一列，有1例错判。

### （二）判别效果的评价

判别效果一般用误判概率$P$来衡量。$P = P(A \mid B) + P(B \mid A)$，其中$P(A \mid B)$是将B类误判成A类的条件概率；$P(B \mid A)$是将A类误判成B类的条件概率。一般要求判别函数的误判概率小于0.1或0.2才有应用价值。误判概率可通过前瞻性或回顾性两种方式获得估计。所谓回顾性误判概率估计是指用建立判别函数的样本回代判别，如本例有1例误判，则1/12 = 8.3%作为误判概率的估计。回顾性误判概率估计往往夸大判别效果。一般而言，建立判别函数前要将样本随机分成两个部分，分别占总样本量的85%和15%。前者用于建立判别函数，称为训练样本，后者用于考核判别函数的判别效果，称为验证样本。用验证样本计算的误判概率作为前瞻性误判概率估计，前瞻性误判概率估计则比较客观。

## 三、Bayes 准则下的判别分析

本节介绍基于Bayes准则的判别方法，该方法仍然根据概率大小进行判别，要求各类近似服从多元正态分布。多类判别时多采用此方法。

1. Bayes 准则。寻求一种判别规则，使得属于第 $k$ 类的样品在第 $k$ 类中取得最大的后验概率。

基于以上准则，假定已知各类出现的先验概率 $P（Y_k）$，且各类近似服从多元正态分布，可获得两种 Bayes 判别函数。

（1）当各类的协方差阵相等时，可得到线性 Bayes 判别函数：

$$\begin{cases} Y_1 = C_{01} + C_{11}X_1 + C_{21}X_2 + \cdots + C_{m1}X_m \\ Y_2 = C_{02} + C_{12}X_1 + C_{22}X_2 + \cdots + C_{m2}X_m \\ \qquad\qquad\qquad \cdots \\ Y_G = C_{0G} + C_{1G}X_1 + C_{2G}X_2 + \cdots + C_{mG}X_m \end{cases} \tag{6-39}$$

式中，$C_{jk}$ 为判别系数（$j = 1，2，\cdots，m；k = 1，2，\cdots，g$）。用 $S = \{S_{ij}\}$ 记合并协方差矩阵，$S_{ij}$ 表示判别指标 $X_i$，$X_j$ 的合并协方差：

$$S_{ij} = \frac{\sum_{k=1}^{G} \sum_{t}^{nk} （X_{it}^{(k)} - \bar{X}_i^{(k)}）（X_{jt}^{(k)} - \bar{X}_j^{(k)}）}{\sum_{k=1}^{G} （n_k - 1）} \tag{6-40}$$

式中，$\bar{X}_i^{(k)}$，$\bar{X}_j^{(k)}$ 表示第 $k$ 类中变量 $X_i$，$X_j$ 的均数；$n_k$ 为第 $k$ 类例数。根据 Bayes 准则和多元正态分布理论，$C_{jk}$ 可由下列方程组解得：

$$\begin{cases} S_{11}C_{1k} + S_{12}C_{2k} + \cdots + S_{1m}C_{mk} = \bar{X}_1^{(k)} \\ S_{21}C_{1k} + S_{22}C_{2k} + \cdots + S_{2m}C_{mk} = \bar{X}_2^{(k)} \\ \qquad\qquad\qquad \cdots \\ S_{m1}C_{1k} + S_{m2}C_{2k} + \cdots + S_{mm}C_{mk} = \bar{X}_m^{(k)} \end{cases} \tag{6-41}$$

求出 $C_{1k}$，$C_{2k}$，$\cdots$，$C_{mk}$（$k = 1，2，\cdots，g$）后，再按下式计算 $C_{0k}$：

$$C_{0k} = \lg P（Y_k） - \frac{1}{2} \sum_{j=1}^{m} C_{jk}\bar{X}_j^{(k)}，k = 1,2,\cdots,g \tag{6-42}$$

（2）当各类的协方差阵不等时，则得到非线性二次型 Bayes 判别函数。此时判别函数形式比较复杂，只能用矩阵的形式写出。

先验概率的确定：如果不知道各类的先验概率，一般可用等概率（先验概率无知）表达，即 $P（Y_k） = \dfrac{1}{g}$；或者频率表达，即 $P（Y_k） = \dfrac{n_k}{N}$（当样本较大且无选择性偏倚时用）。

2. 判别规则。

（1）按判别函数值判别：逐例计算判别函数值 $Y_1$，$Y_2$，$\cdots$，$Y_g$ 将判别对象判为函数值最大的那一类。

（2）按后验概率判别：计算每一例属于第类的后验概率：

$$P_k = \frac{\exp\ (Y_k - Y_c)}{\sum_{i=1}^{g} \exp\ (Y_i - Y_c)} \qquad Y_c = \max\ (Y_k) \qquad (6-43)$$

将判别对象判为后验概率值最大的那一类。两种判别规则判别结果是完全一致的。

3. Bayes判别应用。 例6-2欲用4个指标鉴别一种疫病的3个亚型，现收集17例完整、确诊的资料见表6-10。试建立判别Bayes函数。

表6-10　4个指标的观测数据与判别结果

| 编号 | $X_1$ | $X_2$ | $X_3$ | $X_4$ | 原分类亚型 | 后验概率 | | | 判别结果 |
|---|---|---|---|---|---|---|---|---|---|
| | | | | | | 1类 | 2类 | 3类 | |
| 1 | 6.0 | -11.5 | 19 | 90 | 1 | 0.982 | 0.018 | 0.000 | 1 |
| 2 | -11.0 | -18.5 | 25 | -36 | 3 | 0.000 | 0.140 | 0.860 | 3 |
| 3 | 90.2 | -17.0 | 17 | 3 | 2 | 0.002 | 0.548 | 0.450 | 2 |
| 4 | -4.0 | -15.0 | 13 | 54 | 1 | 0.970 | 0.030 | 0.001 | 1 |
| 5 | 0.0 | -14.0 | 20 | 35 | 2 | 0.099 | 0.667 | 0.235 | 2 |
| 6 | 0.5 | -11.5 | 19 | 37 | 3 | 0.004 | 0.413 | 0.584 | 3 |
| 7 | -10.0 | -19.0 | 21 | -42 | 3 | 0.000 | 0.151 | 0.848 | 3 |
| 8 | 0.0 | -23.0 | 5 | -35 | 2 | 0.427 | 0.520 | 0.053 | 2 |
| 9 | 20.0 | -22.0 | 8 | -20 | 3 | 0.505 | 0.459 | 0.037 | 1 |
| 10 | -100.0 | -21.4 | 7 | -15 | 1 | 0.977 | 0.023 | 0.001 | 1 |
| 11 | -100.0 | -21.5 | 15 | -40 | 2 | 0.176 | 0.581 | 0.247 | 2 |
| 12 | 13.0 | -17.2 | 18 | 2 | 2 | 0.021 | 0.630 | 0.350 | 2 |
| 13 | -5.0 | -18.5 | 15 | 18 | 1 | 0.864 | 0.137 | 0.007 | 1 |
| 14 | 10.0 | -18.0 | 14 | 50 | 1 | 0.998 | 0.002 | 0.000 | 1 |
| 15 | -8.0 | -14.0 | 16 | 56 | 1 | 0.904 | 0.092 | 0.005 | 1 |
| 16 | 0.6 | -13.0 | 26 | 21 | 3 | 0.000 | 0.261 | 0.739 | 3 |
| 17 | -40.0 | -20.0 | 22 | -50 | 3 | 0.000 | 0.167 | 0.833 | 3 |

（1）算各指标的类内均数、总均数与合并协方差阵S。

$$S = \begin{pmatrix} 2\,074.460 & 64.356 & 29.950 & 791.188 \\ 64.356 & 15.388 & 13.836 & 141.060 \\ 29.950 & 13.836 & 26.662 & 102.520 \\ 791.188 & 141.060 & 102.520 & 1\,492.490 \end{pmatrix}$$

（2）先验概率取等概率 $P\ (Y_1)\ = P\ (Y_2)\ = P\ (Y_3)\ = \frac{1}{3}$。

（3）按公式（6-41），（6-42）计算出 $C_{1k}$, $C_{2k}$, …, $C_{mk}$, $C_{0k}$ （$k = 1, 2, 3$）后，

再代入公式（6-40）得 Bayes 判别函数：

$$\begin{cases} Y_1 = -223.510\,8 - 0.073\,9X_1 - 19.411\,2X_2 + 4.549\,2X_3 + 1.582\,2X_4 \\ Y_2 = -199.531\,1 - 0.044\,8X_1 - 18.097\,0X_2 + 4.660\,6X_3 + 1.414\,0X_4 \\ Y_3 = -190.094\,0 - 0.039\,6X_1 - 17.456\,8X_2 + 4.720\,2X_3 + 1.336\,6X_4 \end{cases}$$

（4）计算各例的后验概率列入表6-11，例如第一例属于3种亚型的后验概率分别为：0.982，0.018，0.000；属于第一类亚型的后验概率最大，故将第一例判为第一类亚型，判别结果列如表6-11最后一列。

表6-11　各指标类内均数与总均数 $X_1$

| 指标 | 第一类 | 第二类 | 第三类 | 总均数 |
| --- | --- | --- | --- | --- |
| $X_1$ | -14.428 6 | 0.800 0 | -6.550 0 | -8.100 0 |
| $X_2$ | -17.342 9 | -17.425 0 | -17.333 3 | -17.358 8 |
| $X_3$ | 12.714 3 | 17.500 0 | 20.166 7 | 16.470 6 |
| $X_4$ | 31.412 9 | 0.000 0 | -15.000 0 | 7.529 4 |

（5）判别效果。评价误判概率2/17=11.76%（回顾性估计见表6-12）。误判概率的刀切法估计为5/17=29.4%。

表6-12　回顾性判别效果评价

| 原分类 | 判别分类 | | | 合计 |
| --- | --- | --- | --- | --- |
| | 1 | 2 | 3 | |
| 1 | 6 | 1 | 0 | 7 |
| 2 | 0 | 4 | 0 | 4 |
| 3 | 1 | 0 | 5 | 6 |
| 合计 | 7 | 5 | 5 | 17 |

## 四、逐步判别

回归方程中的自变量并非越多越好，作用不大的变量进入方程后不但无益，反而有害。在判别分析中也有类似情况，解释变量并非越多越好。解释变量的特异性越强，判别能力越强，这类解释变量当然越多越好；相反，那些判别能力不强的解释变量如果引入分类函数，同样也是有害无益的，不但增加了搜集数据和处理数据的工作量，而且还可能削弱判别效果。因此希望在建立分类函数时既不要遗漏有显著判别能力的变量，也不要引入不必要的判别能力很弱的变量。逐步判别分析（stepwise discriminant analysis）

是达到上述目标的重要方法。它像逐步回归分析一样，可以在很多候选变量中挑选一些有重要作用的变量来建立分类函数，使方程内的变量都较重要而方程外的变量都不甚重要。

### （一）计算步骤

1. **基本原理。**逐步回归是根据自变量偏回归平方和的大小来筛选变量的，自变量的选入或剔除导致偏回归平方的增大或减小；逐步判别则是根据多元方差分析中介绍的Wilks统计量Λ来筛选判别指标，判别指标的选入或剔除会导致Λ的减小或增大。每选入或剔除一个判别指标考察是否导致Λ明显减小或增大，从而实现判别指标筛选的目的。Λ统计量定义为：

$$\Lambda_1 = \frac{|W_r|}{|T_r|} \qquad (6-44)$$

式中，$r$为判别指标$X_1$，$X_2$，$\cdots$，$X_m$的个数；$W_r$为类内离差矩阵；$T_r$为总离差矩阵；$|\cdot|$表示矩阵的行列式。$W_r$、$T_r$的元素按以下两式计算：

$$w_{ij} = \sum_{k=1}^{g} \sum_{t}^{n_k} (X_{it}^{(k)} - \bar{X}_i^{(k)})(X_{jt}^{(k)} - \bar{X}_j^{(k)}) \qquad (6-45)$$

$$t_{ij} = \sum_{k=1}^{g} \sum_{t}^{n_k} (X_{it}^{(k)} - \bar{X}_i)(X_{jt}^{(k)} - \bar{X}_j) \qquad (6-46)$$

式中，$\bar{X}_i^{(k)}$，$\bar{X}_j^{(k)}$意义同前；$\bar{X}_i$，$\bar{X}_j$分别表示变量$X_i$，$X_j$的总均数；$n_k$为第$k$类例数。当$r=1$，$|W_r|$、$|T_r|$分别是单因素方差分析中的组内离差平方和与总离差平方和。

$\Lambda$与$F$分布的关系为：

$$F = \frac{1-\Lambda}{\Lambda} \cdot \frac{N-g-r}{g-1} \sim F(g-1, N-g-r)$$

式中，$r$为入选变量数；$g$为类数。为了剔选判别指标，类似于逐步回归，事先须设定选入变量和剔除变量的域值$\Lambda_\alpha$和$\Lambda_\beta$，并将它们对应于$F_\alpha$和$F_\beta$。$\alpha$一般取0.05，0.1，0.2，视具体问题而定；一般常取$\beta = 2\alpha$。

2. **筛选步骤。**第一步有$m$个变量候选。计算$m$个变量的类内离差平方和矩阵和总离差平方和矩阵。

第二步假定已有$r$个变量入选，有$m-r$个变量候选。计算$r$个变量的离差平方和矩阵和总离差平方和矩阵。要考察入选的变量是否由于新变量的选入，而使老变量剔除，或候选变量是否被选入。

（1）选入变量。对候选变量计算$\Lambda_i$，如果$\max(\Lambda_i) \geq \Lambda_\alpha$，将相应的变量选入，紧接着作变量剔除。

（2）剔除变量。对入选变量逐一计算$\Lambda_i$，如果$\max(\Lambda_i) < \Lambda_\beta$，将相应的变量剔除。接着考察是否还有入选变量能被剔除，如果没有，则进入变量选入过程。

第三步重复第二步直至入选变量不能被剔除，候选变量不能被选入为止。

变量选择完毕后，假定入选了$r$个变量，再根据Bayes判别准则建立$r$个变量的判别函数。

3. 实例应用。利用表6 – 10的数据作逐步Bayes判别。

计算类内离差平方和矩阵与总离差平方和矩阵如下：

$$W = \begin{pmatrix} 29\,042.470\,0 & 900.981\,4 & 419.292\,9 & 11\,077.630\,0 \\ 900.981\,4 & 215.430\,8 & 193.692\,6 & 1\,974.843\,0 \\ 419.292\,9 & 193.692\,6 & 373.261\,9 & 1\,435.286\,0 \\ 11\,077.630\,0 & 1\,974.843\,0 & 1435.286\,0 & 20\,894.860\,0 \end{pmatrix}$$

$$T = \begin{pmatrix} 29\,652.280\,0 & 898.140\,0 & 654.500\,0 & 9\,566.500\,0 \\ 898.140\,0 & 215.461\,2 & 193.570\,6 & 1\,976.029\,0 \\ 654.500\,0 & 193.570\,6 & 558.235\,3 & 283.764\,7 \\ 9\,566.500\,0 & 1\,976.029\,0 & 283.764\,7 & 28\,070.230\,0 \end{pmatrix}$$

确定$\alpha$、$\beta$值。本例给定$\alpha = 0.2$，$\beta = 0.3$。

筛选变量。第一步$X_3$选入，$F = 3.717$；第二步$X_4$选入，$F = 5.714$；第三步$X_2$选入，$F = 2.192$；第四步$X_3$剔除，$F = 0.117$。最终有两个变量$X_2$，$X_4$入选。

4. 判别函数。先验概率取等概率，建立Bayes判别函数。

$$\begin{cases} Y_1 = -101.487\,3 - 9.865\,2X_2 + 0.953\,3X_4 \\ Y_2 = -74.926\,0 - 8.473\,7X_2 + 0.800\,9X_4 \\ Y_3 = -62.765\,4 - 7.739\,7X_2 + 0.721\,5X_4 \end{cases}$$

5. 判别效果评价。误判概率为$1/17 = 5.88\%$。误判概率的刀切法估计17.6%。变量筛选后，尽管判别指标由4个减为2个，判别效能却提高了。由此可见，判别指标并不是越多越好。回顾性估计详见表6 – 13。

**表6-13　回顾性判别效果评价**

| 原分类 | 判别分类 | | | 合计 |
|:---:|:---:|:---:|:---:|:---:|
| | 1 | 2 | 3 | |
| 1 | 7 | 0 | 0 | 7 |
| 2 | 0 | 4 | 0 | 4 |
| 3 | 1 | 0 | 5 | 6 |
| 合计 | 8 | 4 | 5 | 17 |

对于两类判别，业已证明，如果两类的总体服从正态分布并有相同的总体协方差，那么：①总体判别系数是否不为0的假设检验与相应的指标是否能提高判别正确率的假设检验是等价的；②判别系数的假设检验的公式就是二值回归分析中偏回归系数假设检验的公式；③把两类判别问题等价地转化为二值回归分析时，因变量$Y$只要任意选取两个不同值就可以了，如$Y = \begin{cases} 1, & A类 \\ -1, & B类 \end{cases}$。这样判别指标的筛选可能转化为$Y$只取两个不同值的回归问题。各判别指标作为自变量，用逐步回归就可以进行筛选了。

## 五、判别分析中应注意的问题

（1）判别分析中所用的样本资料视为总体的估计，所以要求样本足够大，有较好的代表性。样本的原始分类必须正确无误，否则得不到可靠的判别函数。判别指标的选择要适当，但不在于多。必要时应对判别指标进行筛选。

（2）各类型先验概率可以由训练样本中各类的构成比作为估计值。此时要注意样本构成比是否具有代表性。如果取样存在选择性偏倚，就不能用构成比来估计先验概率，不如把各类型的发生视为等概率事件，先验概率取$1/g$更为妥当。

（3）判别函数的判别能力不能只由训练样本的回代情况得出结论。小样本资料建立的判别函数回代时可能有很低的误判率，但训练样本以外的样品误判率不一定低，因此要预留足够的验证样品以考察判别函数的判别能力。

（4）判别函数建立后，可在判别应用中不断积累新的资料，不断进行修正，逐步完善。

（5）对于两类判别，Fisher判别、Bayes线性判别以及二值回归判别是等价的，它们都是线性判别。另外二分类logistic回归也可以用于两类判别，称为logistic判别，是非线性的。用$Y$表示类别，$Y = \begin{cases} 1, & A类 \\ 0, & B类 \end{cases}$，建立logistic回归模型：

$$P(Y=1) = \frac{\exp(\beta_0 + \beta_1 X_1 + \cdots + \beta_m X_m)}{1 + \exp(\beta_0 + \beta_1 X_1 + \cdots + \beta_m X_m)} \qquad (6-47)$$

用Newton-Raphson迭代获得$\beta_0$，$\beta_1$，$\cdots$，$\beta_m$的最大似然估计。公式（6-46）就是logistic判别函数。判别规则如下：

逐例计算判别函数值$P_i(Y=1)$，如果$\begin{cases} P_i(Y=1) \geqslant 0.5，判为A类 \\ P_i(Y=1) < 0.5，判为B类 \end{cases}$

## 第五节　聚类分析

## 一、概述

聚类分析、判别分析都是研究事物分类的基本方法。聚类分析是从事物数量上的特征出发对事物进行分类，是数值分类学和多元统计技术结合的结果，是一种较粗糙的、理论并非完善的分析方法，但是其使用简便，分类效果较好，其内容也在不断丰富中，是常用的数据探索性分析工具。判别分析则是从已有分类结果的训练样本中提取信息，构造判别函数，然后使用判别函数对未知分类样本的分类做出判断。虽然判别分析与聚类分析都是研究分类问题的多元统计分析方法，但前者是在已知分为若干个类的前提下，判定观察对象的归属，而后者是在不知道应分多少类合适的情况下，试图借助数理统计的方法用已收集到的资料找出研究对象的适当归类方法。

聚类分析（cluster analysis），又称集群分析，其分析的基本思想是依照事物的数值特征，来观察各样品之间的亲疏关系。而样品之间的亲疏关系则由样品之间的距离来衡量，一旦样品之间的距离定义之后，则把距离近的样品归为同一类。聚类分析在医学疾病以及动物疫病的分类问题中有着广泛的应用。

聚类分析属于探索性统计分析方法，按照分类目的可分为两大类。例如测量了$n$个病例（样品）的$m$个变量（指标），可进行

（1）R型聚类。又称指标聚类，是指将$m$个指标归类的方法，其目的是指标降维从而选择有代表性的指标。

（2）Q型聚类。又称样品聚类，是指将$n$个样品归类的方法，其目的是找出样品间的共性。

无论是R型聚类或是Q型聚类的关键是如何定义相似性，即如何把相似性数量化。聚类的第一步需要给出两个指标或两个样品间相似性的度量——相似系数（similarity coefficient）的定义。

## 二、相似系数

### （一）R型聚类常用的相似系数

$X_1$，$X_1$，$\cdots$，$X_m$表示$m$个变量，R型聚类常用简单相关系数$r_{ij}$的绝对值定义变量$X_i$与

$X_j$间的相似系数：

$$r_{ij} = \frac{\mid \sum (X_i - \bar{X}_i)(X_j - \bar{X}_j) \mid}{\sqrt{\sum (X_i - \bar{X}_i)^2 (X_j - \bar{X}_j)^2}} \qquad (6-48)$$

$r_{ij}$绝对值越大表明两变量间相似程度越高。同样也可考虑用Spearman秩相关系数$r_s$定义非正态变量$X_i$与$X_j$间的相似系数。当变量均为定性变量时，最好用列联系数$C$定义$X_i$与$X_j$间的相似系数：

$$C = \sqrt{\frac{\chi^2}{\chi^2 + n}} \qquad (6-49)$$

式中，$\chi^2$是以$X_i$、$X_j$为边际变量$R \times C$表Pearson $\chi^2$。

## （二）Q型聚类常用相似系数

将$n$例（样品）看成是$m$维空间的$n$个点，用两点间的距离定义相似系数，距离越小表明两样品间相似程度越高。

（1）欧氏距离。欧氏距离（Euclidean distance）$d_{ij}$的计算公式为：

$$d_{ij} = \sqrt{\sum (X_i - X_j)^2} \qquad (6-50)$$

（2）绝对距离。绝对距离（Manhattan distance）$d_{ij}$的计算公式为：

$$d_{ij} = \sqrt{\sum \mid X_i - X_j \mid} \qquad (6-51)$$

（3）明考夫斯基距离。明考夫斯基距离（Minkowski distance）$d_{ij}$的计算公式为：

$$d_{ij} = \sqrt[q]{\sum \mid X_i - X_j \mid^q} \qquad (6-52)$$

绝对距离是$q=1$时的Minkowski距离；欧氏距离$q=2$是时的Minkowski距离。Minkowski距离的优点是定义直观，计算简单；缺点是没有考虑到变量间的相关关系。基于此引进马氏距离。

（4）马氏距离。用S表示$m$个变量间的样本协方差矩阵，马氏距离（Mahalanobis distance）$d_{ij}$的计算公式为：

$$d_{ij} = X'S^{-1}X \qquad (6-53)$$

式中，向量$X = (X_{i1} - X_{j1}, X_{i2} - X_{j2}, \cdots, X_{im} - X_{jm})'$。不难看出，当$S = I$（单位阵）时，马氏距离就是欧氏距离的平方。

以上定义的4种距离适用于定量变量，对于定性变量和有序变量必须在数量化后方能应用。

## 三、聚类方法

用于聚类分析的原始观察资料常整理成表6－14的形式。

**表6-14　聚类分析的原始观察资料整理形式**

| 样品 | 指标 | | | | | |
|---|---|---|---|---|---|---|
| | $X_1$ | $X_2$ | $\cdots$ | $X_j$ | $\cdots$ | $X_m$ |
| 1 | $X_{11}$ | $X_{12}$ | $\cdots$ | $X_{1j}$ | $\cdots$ | $X_{1m}$ |
| 2 | $X_{21}$ | $X_{22}$ | $\cdots$ | $X_{2j}$ | $\cdots$ | $X_{2m}$ |
| $\cdots$ | $\cdots$ | $\cdots$ | $\cdots$ | $\cdots$ | $\cdots$ | $\cdots$ |
| $i$ | $X_{i1}$ | $X_{i2}$ | $\cdots$ | $X_{ij}$ | $\cdots$ | $X_{im}$ |
| $\cdots$ | $\cdots$ | $\cdots$ | $\cdots$ | $\cdots$ | $\cdots$ | $\cdots$ |
| $n$ | $X_{n1}$ | $X_{n2}$ | $\cdots$ | $X_{nj}$ | $\cdots$ | $X_{nm}$ |
| 均数 | $\bar{X}_1$ | $\bar{X}_2$ | $\cdots$ | $\bar{X}_j$ | $\cdots$ | $\bar{X}_m$ |
| 标准差 | $S_1$ | $S_2$ | $\cdots$ | $S_j$ | $\cdots$ | $S_m$ |

有些问题需从样品聚类着手，有些需从变量聚类着手，也有些问题是从样品和变量两方面进行聚类的。无论哪一种情形，原理基本相同，以下就样品聚类介绍几种常用方法，包括：①系统聚类法：用于对小样本的样品间聚类及对变量聚类。②动态样品聚类法。③有序样品聚类法：用于对有排列次序的样本的样品间聚类，要求必须是次序相邻的样品才能聚在一类。以下将对系统聚类做详细介绍。虽然动态样品聚类、有序样品聚类法不太常见，但是也相当重要。

## 四、系统聚类

系统聚类（hierarchical clustering analysis）是将相似的样品或变量归类的最常用方法，聚类过程如下：

（1）开始将各个样品（或变量）独自视为一类，即各类只含一个样品（或变量），计算类间相似系数矩阵，其中的元素是样品（或变量）间的相似系数。相似系数矩阵是对称阵。

（2）将相似系数最大（距离最小或相关系数最大）的两类合并成新类，计算新类与其余类间相似系数。

（3）重复第二步，直至全部样品（或变量）被并为一类。

## （一）类间相似系数的计算

系统聚类的每一步都要计算类间相似系数，当两类各自仅含一个样品或变量时，两类间的相似系数即是两样品或变量间的相似系数$d_{ij}$或$r_{ij}$，按定义计算。当类内含有两个或两个以上样品或变量时，计算类间相似系数有多种方法可供选择，下面列出5种计算方法。用$G_p$，$G_q$分别表示两类，各自含有$n_p$，$n_q$个样品或变量。相似系数的定义以及类间相似系数的定义的不同将导致系统聚类结果有所差异。

1. **最大相似系数法**。$G_p$类中的$n_p$个样品或变量与$G_q$类中的$n_q$个样品或变量两两间共有$n_p n_q$个相似系数，以其中最大者定义为$G_p$与$G_q$的类间相似系数。距离最小即相似系数最大。

$$\begin{cases} D_{pq} = \min_{i \in G_p, j \in G_q} (d_{ij})，样品聚类 \\ r_{pq} = \max_{i \in G_p, j \in G_q} (r_{ij})，样品聚类 \end{cases} \tag{6-54}$$

2. **最小相似系数法**。类间相似系数计算公式为：

$$\begin{cases} D_{pq} = \max_{i \in G_p, j \in G_q} (d_{ij})，样品聚类 \\ r_{pq} = \min_{i \in G_p, j \in G_q} (r_{ij})，样品聚类 \end{cases} \tag{6-55}$$

3. **重心法**（仅用于样品聚类）。用$\bar{X}_p$，$\bar{X}_q$分别表示$G_p$，$G_q$的均值向量（重心），其分量是各个指标类内均数，类间相似系数计算公式为：

$$D_{pq} = d_{\bar{X}_p \bar{X}_q} \tag{6-56}$$

4. **类平均法**（仅用于样品聚类）。对$G_p$类中的$n_p$个样品与$G_q$类中的$n_q$个样品两两间的$n_p n_q$个平方距离求平均，得到两类间的相似系数：

$$D_{pq}^2 = \frac{1}{n_p n_q} \sum d_{ij}^2 \tag{6-57}$$

类平均法是系统聚类方法中较好的方法之一，它充分反映了类内样品的个体信息。

5. **离差平方和法**。又称Ward法，仅用于样品聚类。此法效仿方差分析的基本思想，即合理的分类使得类内离差平方和较小，而类间离差平方和较大。假定$n$个样品已分成$g$类，$G_p$，$G_q$是其中的两类。此时有$n_k$个样品的第$k$类的离差平方和定义为：$L_k = \sum_{i=1}^{n_k} \sum_{j=1}^{m} (X_{ij} - \bar{X}_j)^2$，其中$\bar{X}_j$为类内指标$X_j$的均数。所有$g$类的合并离差平方和为$L^g = \sum L_k$。如果将$G_p$，$G_q$合并，形成$g-1$类，它们的合并离差平方和为$L^{g-1} \geqslant L^g$。由于并类引起的合并离差平方和的增量$D_{pq}^2 = L^{g-1} - L^g$定义为两类间的平方距离。显然，当$n$个样品各自组成一类时，$n$类的合并离差平方和为0。

定义出了相似系数和类间相似系数就可以对样品或变量进行系统聚类了。下面用简单的例子演示R型和Q型聚类过程。

测量了908个养鸡场的消毒频率（$X_1$）、防护用具使用情况（$X_2$）、户主对禽流感防治知识的了解程度（$X_3$）和户主的文化程度（$X_4$），计算得相关矩阵：

$$R^{(0)} = \begin{pmatrix} & X_1 & X_2 & X_3 \\ X_2 & \underline{0.852} & & \\ X_3 & 0.099 & 0.055 & \\ X_4 & 0.234 & 0.174 & 0.732 \end{pmatrix}$$

本例是R型聚类，相似系数选用简单相关系数，类间相似系数采用最大相似系数法计算。聚类过程如下：

（1）各个指标独自成一类$G_1 = \{X_1\}$，$G_2 = \{X_2\}$，$G_3 = \{X_3\}$，$G_4 = \{X_4\}$，共4类。

（2）将相似系数最大的两类合并成新类，由于$G_1$和$G_1$类间相似系数最大，等于0.852，将两类合并成$G_5 = \{X_1，X_2\}$，形成3类。计算$G_5$与$G_3$、$G_4$间的类间相似系数：

$$r_{35} = \text{Max}（r_{13}，r_{23}） = \text{Max}（0.099，0.055） = 0.099$$
$$r_{45} = \text{Max}（r_{14}，r_{24}） = \text{Max}（0.234，0.174） = 0.234$$

$G_3$，$G_4$，$G_5$的类间相似矩阵$R^{(1)} = \begin{pmatrix} & G_3 & G_4 \\ G_4 & \underline{0.732} & \\ G_5 & 0.099 & 0.234 \end{pmatrix}$。

（3）由于$G_3$和$G_4$类间相似系数最大，等于0.732，将两类合并成$G_6 = \{G_3，G_4\}$，形成两类。计算$G_6$与$G_5$间的类间相似系数$r_{56} = \text{Max}（r_{35}，r_{45}） = \text{Max}（0.099，0.234） = 0.234$。

（4）最终将$G_5$，$G_6$合并成$G_7 = \{G_5，G_6\}$，所有指标形成一大类。

根据聚类过程，绘制出系统聚类图（图6-2）。图6-2中显示分成两类较好：$\{X_1，X_2\}$，$\{X_3，X_4\}$，即长度指标归为一类，围度指标归为另一类。

## （二）类间相似系数逐步计算

实例演算表明，当样品（变量）个数较多时，由于每步并类都要计算类间相似系数，聚类过程比较烦琐。Wishart在1969年发现前面提到的各种类间相似系数，不管相似系数用哪种定义，都可以用一个统一的递推公式来计算合并出的新类$G_r = \{G_p，G_q\}$与其他类$G_k$之间的类间相似系数：

$$D_{kr}^2 = \alpha_p D_{kp}^2 + \alpha_q D_{kq}^2 + \beta D_{pq}^2 + \gamma \mid D_{kp}^2 - D_{kq}^2 \mid \quad （6-58）$$

式中，系数$\alpha_p$，$\alpha_q$，$\beta$，$\gamma$随类间相似系数的定义不同而

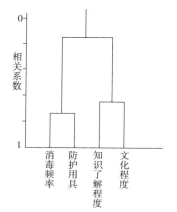

图6-2 4个指标聚类系统聚类图

取不同值。表6-15列出了各种定义下系数的取值，后三种定义前面没有介绍，供参考用。

表6-15 类间相似系数递推公式参数

| 定义 | $\alpha_p$ | $\alpha_q$ | $\beta$ | $\gamma$ |
|---|---|---|---|---|
| 最大相似系数 | 0.5 | 0.5 | 0 | -0.5 |
| 最小相似系数 | 0.5 | 0.5 | 0 | 0.5 |
| 重心 | $n_p/n_r$ | $n_q/n_r$ | $-n_p n_q/n_r^2$ | 0 |
| 类平均 | $n_p/n_r$ | $n_q/n_r$ | 0 | 0 |
| 离差平方和 | $\dfrac{n_k+n_p}{n_k+n_r}$ | $\dfrac{n_k+n_q}{n_k+n_r}$ | $-\dfrac{n_k}{n_k+n_r}$ | 0 |
| 中间距离 | 0.5 | -0.5 | $-0.25\leqslant\beta\leqslant0$ | 0 |
| 可变类平均 | $(1-\beta)n_p/n_r$ | $(1-\beta)n_q/n_r$ | <1 | 0 |
| 可变法 | $(1-\beta)/2$ | $(1-\beta)/2$ | <1 | 0 |

表6-15中，$n_p$，$n_q$，$n_r$分别是$G_p$，$G_q$，$G_r$类的样品（变量）数，国内外统计软件如SAS，SPSS，NoSA等的系统聚类模块都采用递推公式（6-59）编程。

## 五、注意事项

聚类分析方法常用于数据的探索性分析，聚类分析的结果解释应密切结合专业知识，同时尝试用多种聚类方法分类，才能获得较理想的结论。

聚类前应对变量作预处理，剔除无效变量（变量值变化很小）、缺失值过多的变量。一般需对变量作标准化变换或极差变换，以消除量纲和变异系数大幅波动的影响。

较理想的样品分类结果应使类间差异大，类内差异较小。分类后单变量时应用方差分析，多变量时应用多元方差分析检验类间差异有无统计学意义。

第六节 时间序列分析

在医学疾病及动物疫病的监测与防控工作中，按某种（相等或不相等的）时间间隔对客观事物进行动态观察，由于随机因素的影响，各次观察的指标$X_1$，$X_2$，$X_3$，…，$X_i$，都是随机变量，这种按时间顺序排列的随机变量（或其观测值）称为时间序列。例如监护参数随时间变化的一系列读数、某地区某个疾病发病或死亡率等指标的定期观测数据均可构成时间序列的一组实测值。

## 一、时间序列的构成因素

时间序列中每一时期形成的数值都是由许多不同因素共同作用的结果，而这些影响因素往往交织在一起，增加了时间序列趋势分析的困难。在众多影响因素中，有些因素起着长期的、决定性的作用，使时间序列的变化呈现出某种趋势和一定的规律性；有些因素则起着短期的、非决定性的作用，使时间序列的变化呈现出某种不规则性。时间序列由于受到各种偶然因素的影响，往往表现出随机性且彼此之间存在统计相关性，即概括系统动态变化的特征信息。

通常将时间序列写成$\{Y_t\}$，其中$t = 0$，1，2，……为下标、代表时间；并以时间为横轴，将各时点的观测值描绘出，如此可大略了解该变量随着时间而变动的趋势。为了分析时间序列的模式或趋势，通常需先了解时间序列的主要成分。时间序列一般由下列4种成分所构成，即长期趋势（long-term trend）、季节性变动（seasonal variation）、循环变动（cyclical fluctuation）及不规则变动（irregular fluctuation）。换言之，时间序列分析通常是上述4种变动因素综合作用的结果。

（1）长期趋势。长期趋势是指一个时间序列依时间进展而逐渐增加或减少的长期变化之趋势。一般用$T$表示。时间序列在一个较长的时间内，往往会呈现出不变、递增或递减的趋向。

（2）季节性变动。季节性变动是一种年年重复出现的一年内的季节性周期变动，即一个时间序列每年随季节替换，时间序列值呈周期性变化。一般用$S$表示。

（3）周期性变动。周期性变动又称循环变动，它是指时间序列值相隔数年后所呈现的周期变动，即沿着趋势线如钟摆般地循环变动。一般用$C$表示。

（4）不规则变动。不规则变动是指时间序列值受到突发事件、偶然因素或不明原因所引起的非趋势性、非季节性、非周期性的随机变动，因此，不规则变动是一种完全不可预测的波动。一般用$I$表示。

在实际中，分析时间序列的初步工作是将时间序列绘制成历史数据曲线图。根据此种图形，可以观察和量化估算出长期趋势、重复变化和循环变化的规律，从而有助于选择合适的方法去作分析和全面理解数据变动情况。

## 二、时间序列的分析模型构成

一个时间序列通常包括上述4种或其中几种变动因素，因此分析时间序列的基本思路就是将其中的变动因素分解出来，测定其变动规律，然后再综合反映它们的变动对时间序列变动的影响。

采用何种方法分析和测定时间序列中各因素的变动规律或变动特征取决于对4种变动因素之间相互关系的假设。一般可对时间序列各变动因素关系作两种不同的假设，即加法关系假设或乘法关系假设，由此形成了相应的加法模型或乘法模型。

1. **加法模型**。加法模型假设时间序列中4个变动因素之间是相互独立且其数值可依次相加，以公式表示如下：

$$Y_t = T_t + S_t + C_t + I_t \tag{6-59}$$

式中，$Y_t$表示变量在$t$时间的取值；$T_t$表示变量在$t$时间的长期趋势；$S_t$、$C_t$和$I_t$分别表示季节变动、周期变动和不规则变动与长期趋势值的离差。

显然，加法模型假设各成分彼此间互相独立、无交互影响，且季节因素、周期因素和不规则因素的变动均围绕长期趋势值上下波动，它们可表现为正值或负值，以此测定其在长期趋势值的基础上增加或减少若干个单位，并且反映其各自对时间序列值的影响和作用。

2. **乘法模型**。乘法模型假设时间序列中4个变动因素之间为相乘关系，即变量的时间序列值是各因素的连乘积。以公式表示：

$$Y_t = T_t \cdot S_t \cdot C_t \cdot I_t \tag{6-60}$$

式中，$Y_t$表示变量在$t$时间的取值；$T_t$表示变量在$t$时间的长期趋势值；$S_t$、$C_t$和$I_t$分别表示季节变动、周期变动和不规则变动与长期趋势值的变动率。

显然，乘法模型假设各成分之间明显地存在相互依赖的关系，即假定季节变动与循环变动为长期趋势的函数。季节因素、周期因素和不规则因素的变动围绕长期趋势值上下波动，但这种波动表现为一个大或小于1的系数或百分比，以此测定其在$t$时间的长期趋势值的基础上增加或减少的相对程度，并且反映其各自对时间序列值的影响和作用。

依据此两种假设，分析时间序列的方法亦有两种：如果时间序列属于相加模型，则可从序列中减去某种影响成分的变动，而求出另一种成分的变动；如果假设时间序列属于相乘模型，则可将其他成分去除时间序列，而求出某种影响成分的变动。如非规则变动可以通过针对趋势、季节和循环变动的规律，加以估计。

3. 时间序列预测方法。近几年来，时间序列数据挖掘研究的重点主要集中在如何建立时序预测或分析模型，这些研究的共同特点是建立以数学公式形式表示的模型对时间序列执行趋势分析或预测。如基于人工神经网络的时序预测模型、ARIMA（自回归求和移动平均）模型、指数平滑法、移动平均法、一元自回归、灰色模型等。为了建立模型，先把时间序列数据的一部分作为训练集，然后对模型进行有指导的学习，当认为模型的准确率可以接受时，模型就以数学公式的形式确定下来，并用它对未知的时间序列对象进行预测。

假设预测对象的变化仅与时间有关，时间序列中的每一个数据都反映了当时多种因素综合作用的结果，整个时间序列则反映了外部因素综合作用下预测对象的变化过程，时间序列过去的变化规律会持续到未来。所以，时间序列预测原理是对外部因素复杂作用的简化。时间序列预测法的基本思路是：分析时间序列的变化特征；选择适当的模型形式和模型参数以建立预测模型；利用模型根据惯性原理推测其未来状态。

为了进行预测，要从分析时间序列数据的变化特征着手，找到其随时间变化的规律，建立适当的预测模型，以判断未来数据的预测方法。时间序列预测只有以足够多的历史数据为依据，才有可能得到较满意的预测结果。

传统的应用范围较广的时间序列预测模型是美国学者 Box 和英国统计学者 Jenkins 于 1970 年提出的一整套关于时间序列分析、预测和控制的方法，被称为 ARIMA 模型。ARIMA（autoregressive integrated moving average）是 Box-Jenkins 方法中的重要时间序列分析预测模型，称为自回归滑动平均混合模型，它是多个模型的混合，并试图解决以下两个问题，一是分析时间序列的随机性、平稳性和季节性；二是在对时间序列分析的基础上，选择适当的模型进行预测。该方法包含三个过程：自回归、滑动平均和差分求和。确定 ARIMA 模型的参数需要大量的计算，当实际应用时，需要使用计算机软件。

ARIMA 模型可分为自回归模型（AR）、滑动平均模型（MA）和自回归滑动平均混合模型（ARIMA）。

## 三、ARIMA预测数学模型

1. 自回归（AR）模型。

$$Y_t = \theta_1 Y_{t-1} + \theta_2 Y_{t-2} + \cdots + \theta_p Y_{t-p}) \ + e_t \qquad (6-61)$$

公式（6－62）中，$p$是自回归模型的阶数；$Y_t$是时间序列在$t$期的观测值，$Y_{t-1}$是该时间序列在$t-1$期的观察值，类似地，$Y_{t-p}$是该时间序列在$t-p$期的观察值；$e_t$是误差或偏差，表示不能用模型说明的随机因素。

2. 滑动平均（MA）模型。

$$Y_t = e_t - \theta_1 e_{t-1} - \theta_2 e_{t-2} - \cdots - \theta_q e_{t-q} \qquad (6-62)$$

公式（6－63）中，$Y_t$是时间序列在$t$期的观测值；$q$是滑动平均模型的阶数；$e_t$是时间序列模型在$t$期的误差或偏差，$e_{t-1}$是时间序列模型在$t-1$期的的误差或偏差，类似地，$e_{t-q}$是时间序列模型在$t-q$期的的误差或偏差。

3. 自回归滑动平均混合（ARIMA）模型。自回归模型与滑动平均模型的有效组合，便构成了自回归滑动平均混合模型，即：

$$Y_t = \theta_1 Y_{t-1} + \theta_2 Y_{t-2} + \cdots + \theta_p Y_{t-p} + e_t - \theta_1 e_{t-1} - \theta_2 e_{t-2} - \cdots - \theta_q e_{t-q} \qquad (6-63)$$

ARIMA方法依据的基本思想是：将预测对象随时间推移而形成的数据序列视为一个随机序列，即除去个别的因偶然原因引起的观测值外，时间序列是一组依赖于时间$t$的随机变量。这组随机变量所具有的依存关系或自相关性表征了预测对象发展的延续性，而这种自相关性一旦被相应的数学模型描述出来，就可以从时间序列的过去值及现在值预测未来值。

应用ARIMA方法的前提条件是：作为预测对象的时间序列是一零均值的平稳随机序列。平稳随机序列的统计特性不随时间的推移而变化。直观地说，平稳随机序列的折线图无明显的上升或下降趋势。但是，大量的医学现象随着时间的推移，总表现出某种上升或下降趋势，构成非零均值的非平稳的时间序列。对此的解决方法是在应用ARIMA模型前，对时间序列先进行零均值化和差分平稳化处理。

所谓零均值化处理，是指对均值不为零的时间序列中的每一项数值都减去该序列的平均数，构成一个均值为零的新的时间序列，即：

$$X_t = Y_t - \bar{Y} \qquad (6-64)$$

所谓差分平稳化处理，是指对均值为零的非平稳的时间序列进行差分，使之成为平稳时间序列。即对序列$Y_t$进行一阶差分，得到一阶差分序列$\nabla Y_t$：

$$\nabla Y_t = Y_t - Y_{t-1} \quad (t > 1) \qquad (6-65)$$

对一阶差分序列$\nabla Y_t$再进行一阶差分，得到二阶差分序列：

$$\nabla^2 Y_t = \nabla Y_t - \nabla Y_{t-1} \quad (t > 2) \qquad (6-66)$$

依此类推，可以差分下去，得到各阶差分序列。一般情况下，非平稳序列在经过一阶差分或二阶差分后都可以平稳化。

ARIMA方法把预测问题划分为三个阶段：①模型的识别；②模型中参数的估计和模

型的检验；③预测应用。

在SPSS软件包中，上述三个阶段分别被三个不同参数确定。如不考虑周期性，模型为ARIMA（$p$，$d$，$q$），其中$p$是自回归的阶，$d$是差分次数，$q$是滑动平均的阶。尽管以上三个过程相互关联，但每一种预测过程均可以单独进行预测分析。

## （一）ARIMA模型的自相关分析

ARIMA方法是以时间序列的自相关分析为基础的，以便识别时间序列的模式，实现建模和完成预测的任务。自相关分析就是对时间序列求其本期与不同滞后期的一系列自相关系数和偏自相关系数，据以识别时间序列的特性。

1. 自相关分析。

（1）自相关系数对于时间序列$Y_t$，$Y_{t-1}$是其滞后1期数据形成的序列，$Y_{t-2}$是其滞后2期数据形成的序列，一般地，$Y_{t-k}$是其滞后$k$期数据形成的序列。时间序列相差$k$个时期两项数据序列之间的依赖程度或相关程度可用自相关系数$r_k$（autocorrelation coefficient）表示。自相关系数$r_k$与相关分析中的相关系数一样，取值范围在$-1$到1之间，$r_k$的绝对值与1越接近，说明时间序列的自相关程度越高。自相关系数可提供时间序列及其模式构成的重要信息。对于纯随机序列，即一个由随机数字构成的时间序列，其各阶的自相关系数将接近于零或等于零。而具有明显的上升或下降趋势的时间序列或具有强烈季节变动或循环变动性质的时间序列，将会有高度的自相关。这种信息的有用之处在于：对现有的时间序列数据及其模式无需有任何了解，就能得到其自相关系数。

（2）偏自相关系数在多元回归中，通过计算偏自相关系数以便了解在有多个因素时两个变量之间的联系。在时间序列中，偏自相关是时间序列$Y_t$在给定了$Y_{t-1}$，$Y_{t-2}$，…，$Y_{t-k-1}$的条件下，$Y_t$与滞后$k$期时间序列之间的条件相关。它用来度量当其他滞后1，2，3，…，$k-1$期时间序列的作用已知的条件下，$Y_t$与$Y_{t-k}$之间的相关程度。这种相关程度可用偏自相关系数$\varnothing_{kk}$（partial autocorrelation coefficient）来度量。

2. 自相关分析图。自相关分析图将时间序列的自相关系数与偏自相关系数绘制成图，并标出一定的置信区间，这种图称为自相关分析图。ARIMA方法中的自相关分析主要是利用自相关分析图来完成的。利用自相关分析图，可以分析时间序列的随机性、平稳性和季节性。时间序列的随机性，是指时间序列各项之间没有相关关系的特性。测定时间序列的随机性，就是判定这个时间序列是否为纯随机序列。

由于自回归滑动平均混合预测模型是由自回归和滑动平均两部分构成，均表现出一定的拖尾性。

### （二）ARIMA的计算步骤

1. 识别。模型的识别是ARIMA分析中关键的一步，但也带有一定的主观性。即必须确定ARIMA $(p, d, q)$ 过程中的三个整数 $p$, $d$ 和 $q$，从而确定序列。ARIMA还可用于处理周期性变动的序列，周期性模型还需要另一个参数，以描述周期变动。

要识别一个隐藏在时间序列里的基本模型，首先应从散点图中确定序列是否是平稳的，因为AR和MA模型需要平稳序列。平稳序列始终有一个相同的均值和方差。若序列是非平稳的，即它的平均水平和方差波动很大，必须对序列进行变换，直到得到一个平稳序列，而最常用的变换方法就是差分。

滑动平均是ARIMA模型中最难形象化的一种过程。在滑动平均的过程中，每一个值是由当前干扰以及前一个或多个干扰的均值决定的。滑动平均过程的阶确定了有多少个前干扰被用于平均。其标准符号为MA $(n)$ 或 ARIMA $(0, 0, n)$，这一过程用了 $n$ 个前干扰和一个当前干扰。

2. 估计。根据以上各个参数的几何意义给出 $p$, $d$ 和 $q$ 的初始值后，ARIMA程序能够估计模型的参数。这里常常采用迭代计算方法，以确定最大似然系数，并获得拟合值、预测值、误差（残差），以及可信限。下一步，将对这些模型进行诊断。

3. 诊断。ARIMA建模程序的最后一步是模型诊断，有许多文献在此方面进行了讨论，下面仅介绍一些最基本的诊断方法。

残差序列的自相关函数（ACF）和偏自相关函数（PACF）不应与0有显著的差异。两个高阶相关（函数）可能偶尔会超出95%的可信限；但是如果一阶或二阶相关（函数）很大，那么确定的模型可能是错误的。ARIMA把残差作为一个新序列加入到文件中，应检查它们的ACF和PACF。

残差应是随机的，也就是说，它们应是白噪声（white noise）。对此常用的检验方法是Box–Ljung Q统计量，也被称为修正Box–Pierce统计量。应在一个大约为1/4样本量（但不应多于50）的时点中考察Q值。这个统计量应没有显著性。

一个传统的Box-Ljung分析还要估计系数的标准误并验证它们每一个在统计学上都具有显著性。当所选定的模型的可靠性较差时，混合模型就是"更优"模型，其中，没有统计学显著性的系数都被删除。

4. 季节ARIMA。ARIMA模型可用于拟合季节性的时间序列，称为季节ARIMA模型（seasonal ARIMA models），但这种模型所要求的计算量明显高于非季节性模型。表6–16收集了某地区从1990年1月至2001年12月的某疫病监测数据，试做预测分析。

表6-16 某地区1990年1月至2001年12月某疫病的发病数

| 年份 | 1月 | 2月 | 3月 | 4月 | 5月 | 6月 | 7月 | 8月 | 9月 | 10月 | 11月 | 12月 |
|---|---|---|---|---|---|---|---|---|---|---|---|---|
| 1990 | 112 | 118 | 132 | 129 | 121 | 135 | 148 | 148 | 136 | 119 | 104 | 118 |
| 1991 | 115 | 126 | 141 | 135 | 125 | 149 | 170 | 170 | 158 | 133 | 114 | 140 |
| 1992 | 145 | 150 | 178 | 163 | 172 | 178 | 199 | 199 | 184 | 162 | 146 | 166 |
| 1993 | 171 | 180 | 193 | 181 | 183 | 218 | 230 | 242 | 209 | 191 | 172 | 194 |
| 1994 | 196 | 196 | 236 | 235 | 229 | 243 | 264 | 272 | 237 | 211 | 180 | 201 |
| 1995 | 204 | 188 | 235 | 227 | 234 | 264 | 302 | 293 | 259 | 229 | 203 | 229 |
| 1996 | 242 | 233 | 267 | 269 | 270 | 315 | 364 | 347 | 312 | 274 | 237 | 278 |
| 1997 | 284 | 277 | 317 | 313 | 318 | 374 | 413 | 405 | 355 | 306 | 271 | 306 |
| 1998 | 315 | 301 | 356 | 348 | 355 | 422 | 465 | 467 | 404 | 347 | 305 | 336 |
| 1999 | 340 | 318 | 362 | 348 | 363 | 435 | 491 | 505 | 404 | 359 | 310 | 337 |
| 2000 | 360 | 342 | 406 | 396 | 420 | 472 | 548 | 559 | 463 | 407 | 362 | 405 |
| 2001 | 417 | 391 | 419 | 461 | 472 | 535 | 622 | 606 | 508 | 461 | 390 | 432 |

下面将基于1990年1月至2000年6月的126个数据建立一个模型，并将剩余2000年7月至2001年12月的另外18个数据作为模型的验证区间。

我们可以绘制其月发病数序列图（由于篇幅所限，这里不再列出）。其月发病数序列图有如下特征：①序列有明显的季节规律，在7月或8月呈现高峰，在1月或2月呈现低谷；②序列显示了一个长期的上升趋势；③当序列的均值增长时，其方差也在增加。由上述特点初步选定基本ARIMA（0，1，1）。

季节滑动平均模型对于一个季节ARIMA模型来说，首先应确定周期。尽管月份序列可以有其他的值作为周期，但通常其周期值为12。季节ARIMA模型标记法把季节周期的长度放置在括号标记的p，d，q的后面。这样，如果一个模型被季节差分一次后其第一次季节滑动均值为12，则这个周期为12的模型就可以标记为季节性ARIMA（0，1，1）12。

季节ARIMA模型的简略写法就是应用一个"后移算子（backshift）"符号B，简单地说B即意味着把序列后移一时间点进行考察。因此，若设该疫病的月发病数序列为Z，B（$z_t$）即指$z_{t-1}$。要进行季节性后移，只需在B的右上角写上所需滑动的次数即可。$B^2$（Z）即是B（Z）的后移，即是Z的2个观察之前的值。对于月份数据，$B^{12}$（Z）即是Z的12个观察之前的值——这就是季节性后移变换。

季节性ARIMA（0，0，1）12（即周期为12的季节性滑动平均模型），只需在常规滑动平均模型的方程中用$B^{12}$代替B即可：

$$Z_t = (1 - \theta^{12}B) e_t \qquad (6-67)$$

这里θ是滑动平均系数，与非季节性ARIMA的θ非常相似。同样，对季节性

ARIMA（0,1，1）12，其方程为：

$$(1 - B^{12})\ Z_t = (1 - \theta B^{12})\ e_t \qquad\qquad (6-68)$$

解释这样的方程比它看起来容易。序列减去其季节性后移变换，换句话说就是季节周期的转换，等于当前干扰和一个季节周期以前干扰的某些部分的组合。

识别季节模型需要注意的问题：①序列的长度。需要一个比较长的序列来建立季节模型。若周期为12，如当前的例子，可以根据ACF和PACF，在时点12，24，36……识别模型的形式，必须计算这些函数直到时点的数目相当大时。注意PACF的计算在时点的数目很大时需要的大量的运行时间。只有在估计季节模型时才使用大数目的时点。要估计季节滑动平均的系数，至少应有7个或8个季节周期的数据。若序列太短，其可靠性值得怀疑。②季节性和非季节性效应的混合。由季节性过程产生的典型的ACF和PACF规律与标准非季节性过程是一样的，所不同的是前者的ACF和PACF规律出现在前几个季节时点。很容易判断是否存在季节过程——如果ACF，PACF或两者在季节周期的整数倍时点处都显示了特别的值，就说明存在季节过程。但识别该过程却不那么容易。

识别季节滑动平均模型的主要问题是ACF和PACF图的复杂性。这些图从季节和非季节滑动平均过程相合并处上升，并带有随机噪声。实际上，常需要识别这样的模型，估计系数，获得残差序列，然后检查残差的ACF和PACF以帮助决定在模型中加入某些必要的其他成分。当存在季节因素时，滑动平均的识别、估计和诊断循环会花费较长的时间。

数据分析包括运用ACF图和差分的PACF图和季节模型识别。①ACF图和差分的PACF图：ARIMA建模的方法是以假定平稳为前提的，用对数变换使序列的方差平稳下来。②季节模型的识别：在时点12，24和36处都有一个局部极大值，这些时点处序列值缓慢地降低，这说明需要进行季节差分以获得稳定的均值。绘制季节差分的ACF和PACF，如图6-3所示。

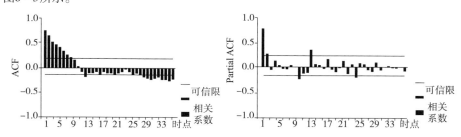

（a）ACF 图：自然对数，季节差分（周期为12）　　　（b）PACF 图：自然对数，季节差分（周期为 12）

图6-3　季节差分图

　　季节差分能够平滑急剧的季节波动。ACF图还显示了一些非季节性行为，在时点12处出现了一个单一的季节低谷。和理论ARIMA模型比较后用MA（1）过程进行估计。

　　这些图来自于季节差分序列，因此暂时的季节模型是（0，1，1）。下一步就是估计季节模型中的MA（1）系数，因此绘制残差的ACF图，就可以清晰地看到所涉及的非季节模型的类型。

　　5. 非季节模型及完整模型。

　　（1）从残差中识别非季节模型。残差序列包含了由上述季节模型估计得到的对数变换门诊量序列的残差。如果对季节模型的识别是正确的，这些残差就能显示模型中非季节性的部分。要识别模型的非季节成分，需考察图6－4显示的季节滑动平均模型残差的ACF和PACF图。

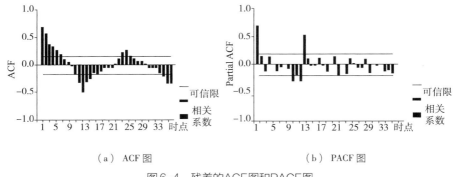

（a）ACF 图　　　　　　　　　　　（b）PACF 图

图6-4　残差的ACF图和PACF图

　　在图6－5中，观察到下列情况：①ACF开始时很大，然后衰减；②PACF也衰减，并且更快。与标准的ACF和PACF图比较，认为非季节模型可能是ARIMA（1，0，1）。相对较慢的ACF衰减表明自回归系数可能很大。

　　（2）完整的模型。模型的SPSS输出结果中所有的系数都有统计学显著性，并且AR（1）系数如预计的那样接近于1，季节滑动平均系数SMA（1）为0.419。

　　模型的诊断：残差序列的自相关函数和Box-Ljung统计量及其显著水平的SPSS输出结果为：Box-Ljung统计量都没有显著性，可以认为残差序列是白噪声。

　　检验验证区间：要检验模型在验证区间的性能，可绘制预测值序列的序列图，同时也能给出最后18个外回代预测结果图（图6－5）。

　　可以看到，合并了季节性和非季节性成分的滑动平均模型再现了季节模式，并给出了较好的预报值。除了几个异常值外，由此模型得到的预测值序列对该地区此类疫病的每月发病数进行了很好的跟踪和预测。

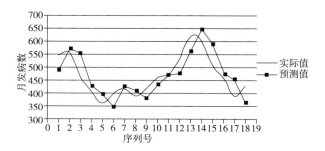

图6-5　该疫病的月发病数外回代预测结果

第七章

# 系统分析方法

# 第一节 系统分析技术简介

　　动物疫病风险评估本质上是运用一定的方法对风险的度量。任何评估活动中都有3个要素。第一个要素是实施评估的评估主体，第二个要素是作为评估对象的评估客体，第三个要素是评估活动中所使用的评估工具——评估方法。评估方法是联系风险评估主体与客体的桥梁，一方面要反映风险评估客体的本质属性；另一方面又要体现风险评估主体对评估对象的需要或要求。评估工具只有体现被评对象的本质，才能对评估对象进行有效的测量；动物疫病风险评估方法只有表达出风险评估主体对客体的价值需求，才有可能达到风险评估的目的。

## 一、系统分析方法概述

　　系统分析方法有多种，各种评估方法的总体思路是一致的，一是理解评估对象的属性，二是确立评估的指标体系，三是确定各指标的权重，四是建立评估的数学模型，五是分析评价结果。其中，确立评估指标、确定各指标的权重、建立评估的数学模型是风险评估的关键环节。

### （一）指标体系的建立

　　1. 指标体系的概念与确定原则。系统分析方法的风险评估指标体系（index system）是由多个相互联系、相互作用的评估指标，按照一定逻辑层次结构组成的有机整体。动物疫病风险评估指标的选择是风险评估的基础。指标的选择好坏对分析对象有着举足轻重的作用。指标太多分析起来过于繁琐，容易出现错误；指标太少又可能会造成缺乏足够的代表性，会造成分析的片面性。

　　风险评估指标体系的建立，要视具体的问题而定，但是一般说来，要遵循科学性、简明性、可行性和独立性原则。

（1）科学性原则。科学性原则主要体现在具体指标的选取要有科学依据，在理论上要站得住脚，同时又能反映评估对象的客观实际情况。设计评估指标体系时，首先要有科学的理论作指导。使评价指标体系能够在基本概念和逻辑结构上严谨、合理，抓住评估对象的实质，并具有针对性。同时，评估指标体系是理论与实际相结合的产物，必须是客观的抽象描述，抓住最重要的、最本质的和最有代表性的东西。对客观实际抽象描述得越清楚、越简练、越符合实际，科学性就越强。

（2）简明性原则。从理论上讲，指标越多越细越全面，反映客观现实也越准确。但是，随着指标量的增加，带来的数据收集和加工处理的工作量呈几何增长。而且，指标分得过细，难免发生指标与指标的重叠，相关性严重，甚至相互对立的现象，这反而给评估带来不便。总之，指标宜少不宜多，宜简不宜繁。关键在于评估指标在评估过程中所起作用的大小。

（3）可行性原则。风险评估在科学性和简明性的基础上，要保证数据易于获取和分析过程不能过于繁琐，避免造成不必要的错误。无论是定性评估指标还是定量评估指标，其信息来源渠道必须可靠，评估指标所需的数据易于采集，也就是具有可测性。否则，评估工作难以进行或代价太大，从而超出评估的时限。

（4）独立性原则。每个指标都要具有独立性，避免指标设立重叠。每个指标要内涵清晰、相对独立，能很好地反映研究对象某方面的特性；同一层次的各指标间不要相互重叠，相互间不能存在因果关系。

2. 确定指标的方法。虽然指标体系的确定有经验确定方法和数学方法两大类，但是多数研究中均采用两种方法结合使用的技术。确立指标体系的数学方法可以降低选取指标体系的主观随意性，但由于所采用的样本集合不同，不能保证指标体系的唯一性。依据经验确定评估指标方法主要依据专业知识，即根据有关的专业理论和实践来分析各评估指标对结果的影响，挑选那些代表性、确定性好、有一定区别能力又相互独立的指标组成评估指标体系。

以我国北方奶牛布鲁氏菌病发生、传播风险评估为例，通过统计学分析和专家经验相结合的技术，选择了混群前是否进行疫病检测、本场处于奶牛养殖小区或以挤奶站为中心的自然村内、是否自己挤奶、人工授精是否使用一次性手套、奶牛是否独立养殖（远离村寨和其他养牛户）、奶牛养殖场/户是否饲养有羊、周边农户是否饲养有牛、周边农户是否饲养有羊、胎衣及死胎处理方式、产犊场地严格消毒等指标作为奶牛布鲁氏菌病发生、传播风险的评估指标。在选择了有关指标后，进行风险评估工作。

## （二）指标权重的确定

1. 权重的概念。韦氏大词典中对权重（weight）的解释为："在所考虑的群体或系列中，赋予某一项目的相对值"；"在某一频率分布中，某一项目的频率"；"表示某一项目相对重要性所赋予的一个数"。针对以上的解释和动物疫病发生和传播风险分析实践，可以给出权重的定义：权重是以某种数量形式对比、权衡动物疫病传播风险评估指标中各个指标对于疫病传播的总体影响程度的量值。为了体现动物疫病风险各个评估指标在评估指标体系中的作用、地位以及重要程度，在指标体系确定后，必须对各指标赋予不同的权重系数。给指标赋予权重也称加权，是指标评估过程中其对重要程度的一种定量分配。加权的方法有很多，包括专家意见法、数据拟合法等都是常用的方法。权数的表现形式有两种，一是绝对数权数，二是比重权数。合理确定权重对风险评估或决策有着重要意义。

一般而言，指标间权重差异主要是由 3 个方面的原因造成的，一是评估者对各指标的重视程度，反映评估者的主观差异；二是各指标对总风险的影响力，反映了各个指标间的客观差异；三是各指标的可靠性程度，反映了各指标所提供的信息的可靠性。

2. 确定权重的方法。根据计算权数时原始数据的来源不同，指标权重的确定方法大致可分为两大类：一类是主观赋权法，主要由专家根据经验判断确定指标权重。主观赋权法主要有相对比较法、德尔菲法（Delphi）、层次分析法（AHP）等。另一类为客观赋权法，它是从指标的统计性质或动力学性质来考虑，通过实测数据决定指标权重。客观定权法主要包括数据拟合法、模糊定权法、秩和比法、熵权法和相关系数法等。这里需要说明的是，并不是只有客观赋权法才是科学的方法，主观赋权法也同样是科学的方法。

（1）相对比较法。相对比较法是一种经验评分法。它将所有风险指标罗列出来，设有 $n$ 个风险指标，将这 $n$ 个指标两两进行比较打分，把第 $i$ 个指标（$i = 1，2，\cdots，n$）对第 $j$ 个指标的相对重要性记为（$a_{ij} = 1，2，\cdots，n$），这样可构造 1 个 $n$ 阶方阵，最后对各指标的得分求和，并做出归一化处理，获得各风险评估指标的权重。需要注意的是，方阵的主对角线上的元素可以不填写，也不参加运算。对风险评估指标打分时常采用如下的 0 - 1 打分法，并满足 $a_{ij} + a_{ji} = 1$。

$$a_{ij} = \begin{cases} 1，指标 i 比指标 j 重要 \\ 0.5，指标 i 和指标 j 同样重要 \\ 0，指标 i 没有指标 j 重要 \end{cases}$$

由 $n$ 阶方阵按下列公式可计算出各指标的权重：

$$W_i = \frac{\sum_{i=1}^{n} a_{ij}}{\sum_{i=1}^{n} \sum_{j=1}^{n} a_{ij}}，i，j = 1，2，\cdots，n$$

（2）德尔菲法（Delphi）。这种方法由美国兰德咨询公司率先提出，是在专家个人判断和专家会议方法的基础上发展起来的。该方法又称专家函询调查法、专家答卷法、专家法。它是采用通讯方式，将需要确定权重的动物卫生风险指标征询专家意见，对其意见进行综合、整理，再匿名反馈给各个专家，经过多次信息交换，逐步取得比较一致的风险指标权重结果。应用德尔菲法确定风险指标权重主要包括以下步骤，一是选择专家；二是设计与问题紧密关联的调查表，并征询有关专家对各风险指标权重的意见；三是采用打分的方式记录专家意见，并进行数据处理，以此方式了解专家对风险评估的意见；四是进行一致性检验，根据设置的一致性标准，判断权重调查结果是否达成一致，如没达成一致就要重新返回到第二步继续进行，若达成一致就得到风险指标的初始权重向量 $W^* = \{W_1^*,\ W_2^*,\ \cdots,\ W_n^*\}$；五是对风险指标的初始权重向量$W^*$做出归一化处理，获得各评估指标的权重向量$W$。

$$W = \left\{ \frac{W_1^*}{\sum_{i=1}^n W_i^*},\ \frac{W_2^*}{\sum_{i=1}^n W_i^*},\ \cdots,\ \frac{W_n^*}{\sum_{i=1}^n W_i^*} \right\} = \{W_1,\ W_2,\ \cdots,\ W_n\}$$

从其预测过程看，德尔菲法具有匿名性、反馈性、数理性三个主要特点。匿名性指专家是背对背地回答问题，这样做可排除专家相互之间的心理影响；反馈性指可对专家意见进行筛选；数理性指权重调查结果的定量处理能概括所有专家的意见。

层次分析法（AHP）也可用来确定权重。AHP法与相对比较法、德尔菲法同属主观赋权法，适用范围相同，但由于AHP法对各指标之间相对重要程度的分析更具逻辑性，描述更清晰，其可信度通常高于相对比较法和德尔菲法。

（3）模糊定权法。模糊定权法是以模糊数学为基础，应用模糊关系合成的原理，将一些边界不清，不易定量的因素定量化，从而确定权重的一种方法。在一般问题的层次分析中，构造两两比较判断矩阵时通常没有考虑人的判断模糊性，只考虑了人的判断的两种可能的极端情况：以隶属度1选择某个标度值，同时又以隶属度1否定（或以隶属度0选择）其他标度值。其实，由于人的大脑判断事物的模糊性和不确定性，以及决策问题的复杂性和专家的个人喜好等原因，决策提供的评估有可能不采用精确的数值来描述，而给出模糊信息。模糊定权法的实质是通过构造模糊判断矩阵，然后利用模糊变换原理综合确定各指标的权重。

模糊定权的方法有许多种，三角模糊数定权法是分析带有模糊信息的指标权重的常用方法之一。下面解释并举例说明三角模糊数定权法的主要原理。

隶属度定义：设论域$R$上的三角模糊数$M$，如果$M$的隶属度函数$\mu_M: R \to [0,\ 1]$表示为：

$$\mu_M(x) = \begin{cases} \frac{1}{m-l}x - \frac{l}{m-l} & x \in [l,\ m] \\ \frac{u}{u-m} - \frac{1}{u-m}x & x \in [m,\ u] \\ 0 & x \in (-\infty,\ l] \cup [u,\ +\infty) \end{cases}$$

式中，$l \leqslant m \leqslant u$，$l$和$u$表示$M$的下界和上界值；$m$为$M$的隶属度为1的中值。一般三角模糊数$M$表示为（$l$，$m$，$u$），在$l$，$u$以外的值完全不属于模糊数$M$。

在指标评估的两两比较矩阵中，三角模糊数F1，F3，F5，F7，F9表示相对重要程度。F2，F4，F6，F8是中间值。评估指标A和B的相对权重详见表7-1。

表7-1 评估指标 A 和 B 的相对权重

| 评估指标 A 和 B 的相对权重 | 定义 | 说明 |
|---|---|---|
| $F_1$ | 同等重要 | A，B 对目标具有同样的贡献 |
| $F_3$ | 稍微重要 | A 比 B 稍微重要 |
| $F_5$ | 重要 | A 比 B 重要 |
| $F_7$ | 明显重要 | A 比 B 明显重要 |
| $F_9$ | 极端重要 | A 比 B 极端重要 |
| $F_2$，$F_4$，$F_6$，$F_8$ | 中间重要性 | 中间状态对应的标度值 |

例如：用$M_{ij} = (l_{ij}, m_{ij}, u_{ij}) = F5 = (3,5,7)$表示$i$指标比$j$指标重要。

下面举例说明三角模糊数定权法的主要步骤。

在生猪疫病风险的评估模型中，主要考虑四个指标：卫生管理风险（$B_1$）、设备卫生风险（$B_2$）、技术风险（$B_3$）和环境风险（$B_4$）。

①建立单位模糊判断矩阵。假设有$t$位调查对象，$n$个调查指标，其中第$k$位（$k = 1$，$2$，$\cdots$，$t$）调查对象的$n$个指标依次两两比较（只需进行（$n(n-1)/2$）次），即得单位模糊判断矩阵$M^{(k)} = M_{ij}^{(k)}{}_{n \times n}$，其中，

$$M_{ij}^{(k)} = (l_{ij}^{(k)}, m_{ij}^{(k)}, u_{ij}^{(k)})$$

②集结单位模糊判断矩阵。根据$t$位调查对象的具体情况，分别赋予权数$r_k$，则由三角模糊数的运算规则可将他们各自的单位模糊判断矩阵集结为模糊判断矩阵 $M = (M_{ij})_{n \times n}$，其元素：

$$M_{ij} = (l_{ij}, m_{ij}, u_{ij}) = \frac{1}{\sum_{k=1}^{t} r_k} \left[ \sum_{k=1}^{t} r_k \times (l_{ij}^{(k)}, m_{ij}^{(k)}, u_{ij}^{(k)}) \right]$$

假设有3个风险评估专家（$k = 1$，$2$，$3$），对卫生管理风险（$B_1$）、设备卫生风险（$B_2$）、技术风险（$B_3$）和环境风险（$B_4$）4个指标依次两两比较（只需进行3 + 2 + 1 = 6 次），即得单位模糊判断矩阵。表7-2为单位模糊矩阵汇总表。

表7-2　单位模糊判断矩阵汇总

| | $B_1$ | $B_2$ | $B_3$ | $B_4$ |
|---|---|---|---|---|
| $B_1$ | (1,1,1) | (1/3,1/2,1/1) | (1/2,1/1,1/1) | (2,3,4) |
| | (1,1,1) | (1/3,1/2,1/1) | (1/2,1/1,1/1) | (3,4,5) |
| | (1,1,1) | (1/2,1/1,1/1) | (1/3,1/2,1/1) | (2,3,4) |
| $B_2$ | (1,2,3) | (1,1,1) | (1,1,2) | (1,2,3) |
| | (1,2,3) | (1,1,1) | (1,2,3) | (2,3,4) |
| | (1,1,2) | (1,1,1) | (1,1,2) | (2,3,4) |
| $B_3$ | (1,1,2) | (1/2,1/1,1/1) | (1,1,1) | (1,2,3) |
| | (1,1,2) | (1/3,1/2,1/1) | (1,1,1) | (1,2,3) |
| | (1,2,3) | (1/2,1/1,1/1) | (1,1,1) | (2,3,4) |
| $B_4$ | (1/4,1/3,1/2) | (1/3,1/2,1/1) | (1/3,1/2,1/1) | (1,1,1) |
| | (1/5,1/4,1/3) | (1/4,1/3,1/2) | (1/3,1/2,1/1) | (1,1,1) |
| | (1/4,1/3,1/2) | (1/4,1/3,1/2) | (1/4,1/3,1/2) | (1,1,1) |

为简单起见，赋予三个风险评估专家相同的权数。$B_1$ 与 $B_2$ 的三个比较模糊值，可以通过以下方式整合为一个模糊值：

$(1/3 + 1/3 + 1/2) / 3 = 0.388\ 9 \approx 0.39$，$(1/2 + 1/2 + 1/1) / 3 = 0.666\ 7 \approx 0.67$，

$(1/1 + 1/1 + 1/1) / 3 = 1$

得到 $B_1$ 比 $B_2$ 的模糊值为：$(0.39,\ 0.67,\ 1.00)$。

对其他比值可做相似的处理，得到集结后的模糊判断矩阵如下。

$$M = \begin{pmatrix} (1,\ 1,\ 1) & (0.39,\ 0.67,\ 1) & (0.44,\ 0.83,\ 1) & (2.33,\ 3.33,\ 4.33) \\ (1,\ 1.67,\ 2.67) & (1,\ 1,\ 1) & (1,\ 1.33,\ 2.33) & (1.67,\ 2.67,\ 3.67) \\ (1,\ 1.33,\ 2.33) & (0.44,\ 0.83,\ 1) & (1,\ 1,\ 1) & (1.33,\ 2.33,\ 3.33) \\ (0.23,\ 0.31,\ 0.44) & (0.28,\ 0.39,\ 0.67) & (0.31,\ 0.44,\ 0.83) & (1,\ 1,\ 1) \end{pmatrix}$$

③模糊数判断矩阵变换成非模糊数判断矩阵。求出各三角模糊数的均值面积（$l_{ij} + 2 \times m_{ij} + u_{ij}$）$/4$，即得到非模糊数判断矩阵 $A$。

$$A = \begin{pmatrix} 1 & 0.68 & 0.78 & 3.33 \\ 1.75 & 1 & 1.5 & 2.67 \\ 1.5 & 0.78 & 1 & 2.33 \\ 0.32 & 0.43 & 0.51 & 1 \end{pmatrix}$$

④进行互反性调整。若有 $a_{ij} \times a_{ji} \neq 1$ 时，则 $A$ 不是互反矩阵，按如下进行互反性调整，得到矩阵 $B$。

$$b_{ij} = \frac{a_{ij}}{\sqrt{a_{ij} \times a_{ji}}}$$

$$B = \begin{pmatrix} 1 & 0.62 & 0.72 & 3.22 \\ 1.60 & 1 & 1.39 & 2.49 \\ 1.39 & 0.72 & 1 & 2.14 \\ 0.31 & 0.40 & 0.47 & 1 \end{pmatrix}$$

⑤应用AHP算法，可得归一化后的因素权重。

$$W = (0.25, 0.35, 0.28, 0.12)$$

从中可以看出设备卫生风险（$B_2$）的权重（0.35）最大、环境卫生风险（$B_4$）的权重（0.12）最小。如要确定二级指标或三级指标权重，同理可得到。

（4）熵权法。1856年由德国物理学家克劳修斯（K. Clausius）创立了熵的概念，用来度量物质系统无序程度，熵值越大表示系统混乱无序的程度越高，反之亦然。1948年，维纳（N. Wiener）和申农（C. E. Shannon）创立了信息论，申农把通信过程中信息源的信号的不确定性称为信息熵。在信息论的带动下，熵概念逐渐被其他学科引入。在综合评估中，应用信息熵这个概念评估所获系统信息的有序程度及信息的效用值。熵值确定权重法是依据各指标相对重要程度来分析计算出各指标的熵值，将熵值作为指标权重的一种方法。因熵值作为指标的权重，我们又称熵值为熵权。

设已获得$m$个样本的$n$个评估指标的初始数据矩阵：

$$X = \begin{bmatrix} x_{11} & x_{12} & \cdots & x_{1n} \\ x_{21} & x_{22} & \cdots & x_{2n} \\ \vdots & \vdots & \vdots & \vdots \\ x_{m1} & x_{m2} & \cdots & x_{mn} \end{bmatrix}_{m \times n}$$

由于各指标的量纲、数量级及指标优劣的取向均有很大差异，故需对初始数据做同趋势性变换和无量纲化处理。处理方法根据样本的实际特点和性质选取合适的方法。

对指标进行同趋势性变换，建立同正向矩阵。评估时不同指标之间应该具有同趋势性，采用倒数法将低优指标化为高优指标，转化后的矩阵为：

$$Y = \begin{bmatrix} y_{11} & y_{12} & \cdots & y_{1n} \\ y_{21} & y_{22} & \cdots & y_{2n} \\ \vdots & \vdots & \vdots & \vdots \\ y_{m1} & y_{m2} & \cdots & y_{mn} \end{bmatrix}_{m \times n}$$

将该矩阵进行无量纲化处理（归一化处理或标准化处理）后的矩阵为：$Z = \{z_{ij}\}_{m \times n}$。则$j$项指标的信息熵值为：

$$e_j = -k \sum_{i=1}^{m} z_{ij} \ln z_{ij}$$

式中，常数$k$与系统的样本数$m$有关。对于一个信息完全无序的系统，有序度为零，其熵值最大，$e=1$。$m$个样本处于完全无序分布状态时，$z_{ij}=1/m$，则：

$$e = -k \sum_{i=1}^{m} \frac{1}{m} \ln \frac{1}{m} = k \sum_{i=1}^{m} \frac{1}{m} \ln m = k \ln m = 1$$

于是得到

$$k = (\ln m)^{-1} \qquad 0 \leqslant e \leqslant 1$$

由于信息熵$e_j$用来度量$j$项指标的信息（指标的数据）效用价值，当完全无序时，$e_j=1$。此时，$e_j$的信息（也就是$j$指标的数据）对综合评估的效用价值为零。因此，某项指标的信息效用价值取决于该指标的信息熵$e_j$与1的差值$h_j$：

$$h_j = 1 - e_j$$

可见，利用熵值法估算各指标的权重，其本质是利用该指标信息的价值系数来计算的，其价值系数越高，对评估的重要性就越大（或称对评估结果的贡献越大），于是$j$指标的权重为：

$$w_i = \frac{h_j}{\sum_{j=1}^{n} h_j}$$

熵值法是根据各指标所含信息有序度的差异性，也就是信息的效用价值来确定该指标的权重。所以它是一种客观赋权的方法。基于信息熵的客观赋权不足之处在于，赋权时仅对指标列的组间信息传递变异进行了调整，而且对于异常数据太过敏感，实际应用中有时某些非重要指标经此法计算得出的客观权重过大，导致综合权重不切实际。为了避免这一缺陷，利用熵权系数时必须给每个指标的客观权重附加一个范围限制。

（5）变异系数法。变异系数法（coefficient of variation method）是直接利用各项指标所包含的信息，通过计算得到指标的权重。变异系数法是一种客观赋权的方法。此方法的基本做法是在评估指标体系中，指标取值差异越大的指标，也就是越难以实现的指标，这样的指标更能反映被评估单位的差距。

由于评估指标体系中的各项指标的量纲不同，不宜直接比较其差别程度。为了消除各项评估指标的量纲不同的影响，需要用各项指标的变异系数来衡量各项指标取值的差异程度。各项指标的变异系数公式如下：

$$V_i = \frac{\sigma_i}{\bar{x}_i} \quad (i = 1, 2, \cdots, n)$$

式中，$V_i$是第$i$项指标的变异系数，也称为标准差系数；$\sigma_i$是第$i$项指标的标准差；$\bar{x}$是第$i$

项指标的平均数。

各项指标的权重为：

$$W_i = \frac{V_i}{\sum_{i=1}^n V_i}$$

客观赋权的方法还有很多，如主成分分析法、因子分析法、秩和比（Rank-sum ratio，简称RSR）法、最大值法、最小距离法等，由于用的不是很多，这里就不详细介绍。

（6）组合赋权法。主观赋权法是由专家根据自己的经验和对实际的判断给出的，选取的专家不同，得到的权重就不同。该类方法的主要特点是主观随意性大，且并不会因采取诸如增加专家数量和仔细选取专家而得到根本改善，故在个别情况下采用一种主观赋权可能与实际情况存在较大的差异。该方法的优点是专家可根据实际问题，较为合理地确定各分量的重要性。客观赋权法的原始数据来源于各指标的实际数据，具有绝对的客观性，但有时会因为所取样本不够大或不够充分，最重要的分量不一定具有最大的权重，最不重要的分量可能具有最大的权重。所以在实际确定指标的权重中，可以将主观赋权法和客观赋权法结合起来，称之为组合赋权法。可选用一种或几种主观赋权和客观赋权法按一定组合成综合权重。组合赋权通常采取两种方法：

①乘法。设采用 $n$ 种赋权法进行权值 $w^k = (w_1^k, w_2^k, \cdots, w_n^k)$，$k = 1, 2, \cdots, n$ 的确定，则组合权值为：

$$w_j = \frac{\prod_{k=1}^n w_j^k}{\sum_{j=1}^m \prod_{k=1}^n w_j^k}$$

式中，$j = 1, 2, \cdots, n$。该方法对各种权重的作用一视同仁，如果某一权重作用小，则组合权重亦小。

②加法。设采用$n$种赋权法进行权值$w^k = (w_1^k, w_2^k, \cdots, w_n^k)$，$k = 1, 2, \cdots, n$ 的确定，则组合权值为：

$$w_j = \frac{\sum_{k=1}^n \lambda_k w_j^k}{\sum_{j=1}^m \sum_{k=1}^n \lambda_k w_j^k}$$

式中，$j = 1, 2, \cdots, m$，$\lambda_k$ 为这些权重的权系数，由 $\sum_{k=1}^n \lambda_k = 1$，该方法的特点是各种权重之间有线性补偿作用。

组合赋权可以弥补单纯使用主观赋权法或客观赋权存在的缺点，减少随意性及解释性。可根据需要选择各种赋权方法采用合适的组合方式构造组合权值。

## 二、系统分析方法种类

系统分析包括多种方法，主要有层次分析技术、结构分析技术、因素分析技术、灰色综合评估法、熵权投影法和决策树法等。这些方法有定性分析的，也有定量分析的，还有半定性半定量分析的。然而，系统风险分析方法与其说是分析的方法或技术，还不如说是方法论，是将系统的概念用于风险要素的评估与分析。这些方法在进行风险分析的时候，都需要与具体疫病、具体环境和分析的目标相结合。风险评估可以运用概率论与数理统计、数量经济学和运筹学的定量评估基本方法，同时还要依靠风险评估人员的直观判断和经验的定性评估方法。以定量评估方法为主，辅之以定性评估方法，遵循"定性—定量—定性"这一循环往复的过程。定性评估是定量评估的基础，而定量评估是对定性评估的量化。只有将两者结合起来，才能达到优化的目的。

### （一）层次分析技术

系统论认为，任何复杂的系统都具有一定的结构层次。系统结构的层次性既指等级性，又指侧面性。系统分析技术中的层次分析法（analytical hierarchy process，AHP），最早由美国运筹学家T. L. Saaty在1977年提出，随后许多学者对层次分析理论及其应用进行了大量的研究。这种方法是将一个复杂问题表示为有序的递阶层次结构，是系统分析的数学工具之一。层次分析模型把人的思维过程层次化、数量化，并用数学方法为分析、决策、预报或控制提供定量的依据。

层次分析法首先将复杂的问题层次化，根据问题和要达到的目标，将问题分解为不同的组成因素，并按照因素间的相互关系以及隶属层次将因素按不同层次聚集组合，形成一个多级递阶模型。然后根据系统的特点和基本原则，对同属一级的要素以上一级的要素为准则进行两两比较，根据评估尺度确定其相对重要度（权重）。权重计算可以请有经验的专家对各层次各因素的相对重要性给出定量指标，也可以利用数学方法并综合专家意见给出各层次各因素的权值。最后，根据各单项评估指标的权重，以及在单项指标作用下系统的权重，然后通过加权而得综合指标。层次分析法因其简单直观、使用方便以及可将定性的讨论转化为定量的分析的特点，在多目标多准则决策领域中得到广泛的应用，但各指标权重的确定是比较困难的。

### （二）结构模型分析技术

系统的结构模型分析技术是系统分析技术的一个组成部分。所谓系统的结构是指系统内部诸要素的排列组合方式。同样一些要素排列组合的方式不同，就可能具有完全不同的性质、特征与功能。对于一个复杂系统来说，如果没有确定其合理结构的方法，没有考虑整体优化的方案，那么，系统的分析和设计也就无法进行，也将对系统运行产生不良的后果。因此，正确掌握结构分析法，对于确定系统的合理结构，要求各种政策的有机配合，是研究工作的一个内容。结构分析是寻求系统合理结构的途径或方法，其目的是找出系统构成上的整体性、环境适应性、相关性和层次性等特征，使系统的组成因素及其相互关联在分布上达到最优结合和最优输出。

当研究一个系统的时候，首先要了解系统中各要素间存在怎样的关系，是直接的还是间接的关系等。只有这样，才能更好地完成开发或改造系统的任务。要了解系统中各要素之间的关系，也就是要了解和掌握系统的结构，或者说，要建立系统的结构模型。

通过结构模型对复杂系统进行分析，往往能够抓住问题的本质，并找到解决问题的有效对策。同时，还能使由不同专业人员组成的系统开发小组内的相互交流和沟通易于进行。

### （三）因素分析技术

根据系统论原理，任何系统都是由众多的子系统所构成的。子系统又是由单元和元素所构成的。构成系统的各个子系统、单元和要素之间以及它们与环境之间是相互联系和相互作用的。从全局出发、从系统、子系统、单元、元素之间以及它们与周围环境之间的相互关系和相互作用中探求系统的本质和规律，提高系统效应，追求系统目标的优化。

因素分析要求在研究的过程中尤其是问题界定、目标设定和方案规划中，充分注意到各种问题及问题的各个方面之间、各个目标之间、各个方案之间、子目标与总目标以及子方案与总方案之间的关系。注意问题目标和方案与社会、经济和政治环境之间的相互联系和相互作用。考虑各种因素对效果可能产生的影响，从而设计出理想的或较优的方案。人们已经发展出一系列的分析技术进行系统的因素分析，如决策实验室分析法（decision-making trial and evaluation laboratory，DEMATEL）就是其中最具代表性的一种方法。

### （四）灰色综合评估法

灰色系统理论是我国学者邓聚龙教授于1982年提出的。它的研究对象是"部分信息已知，部分信息未知"的不确定性系统，通过对部分已知信息的生成、开发实现对现实世界确切地描述和认识。换句话说，灰色系统理论主要是利用已知信息来确定系统的未知信息，系统由灰变白。其最大的特点是对样本量没有严格的要求，不要求服从任何分布。

在控制论中，人们常用颜色的深浅来形容信息的明确程度，"白"指信息完全确知，"黑"指信息完全不确知，"灰"则指信息部分确知，部分不确知，或者说信息不完全。

信息未知的系统称为黑色系统，信息完全明确的系统称为白色系统，信息不完全明确的系统称为灰色系统。灰色系统是介于信息完全知道的白色系统和一无所知的黑色系统之间的中介系统。

关联度分析是灰色系统分析的主要方面之一。进行关联度分析，首先要找准数据序列，即用什么数据才能反映系统的行为特征。当有了系统行为特征的数据列（即各时刻的数据）后，根据关联度计算公式便可算出关联程度。关联度反映各评估对象对理想（标准）对象的接近次序，即评估对象的优劣次序，其中灰色关联最大的评估对象为最佳。灰色关联分析，不仅可以作为优势分析的基础，而且也是进行科学决策的依据。

灰色综合评价法主要用于以下情况：一是由于人们对评判对象的某些因素不完全了解，致使评判依据不足；二是由于事物不断发展变化，人们的认识落后于实际，使评判对象已成为过去；三是由于人们受事物伪信息和反信息的干扰，导致判断发生偏差等。所有这些情况归结为一点，就是信息不完全，即"灰"。

灰色系统理论是从信息的非完备性出发，研究和处理复杂关系的理论，不是从系统内部特殊的规律出发去讨论，而是通过对系统某一层次的观测资料加以数学处理，达到在更高层次上了解系统内部变化趋势、相互关系等机制的目的。其中，灰色关联度分析是灰色系统理论应用的主要方面之一。基于灰色关联度的灰色综合评估法是利用各方案与最优方案之间关联度大小对评估对象进行比较、排序。灰色综合评估法计算简单，通俗易懂，这种方法现在也越来越多地用于社会、经济、管理的评估问题。

### （五）熵权投影法

综合评估本质上是一个多指标决策问题，动物疫病风险评估也不例外。熵权投影法是多指标决策的一种有用的方法。熵权投影法是将熵权法和空间投影法结合在一起产生的一种新的评价方法。熵权法在前面已经介绍过，这里主要对空间投影法进行说明。直观来说，用光线照射物体，在某个平面上得到的影子叫做物体的投影。空间投影法的数学实质是将不便比较的多个性质和方向不同的向量投影到同一条直线上，从而可以进行度量和比较。熵权投影法是将多个决策方案看成多维评估指标空间的多个向量，通过无量纲化处理和熵权加权将一个空间（原空间）转换成另一个空间（新空间），此时另一个空间向量的每一维量纲已经一致了。然后通过适当的方法，将另一个空间的多个向量投影到同一条直线上，这条直线是由理想属性值构成的向量，称为理想向量或理想方案，此时就可以比较另一个空间多个向量与理想向量的夹角余弦大小和向量模的大小，从而使原空间的多个向量可比。

### （六）决策树法

决策树法（decision tree）是通过树状的逻辑思维方式解决复杂决策问题的一种方法。决策树中每个决策或事件都可能引出两个或多个事件，导致不同的结果，把这种决策分支画成图形，很像一棵树的枝干，故称决策树。

决策树方法的基本思想是将一个复杂的决策问题分解为几个相对简单的问题，通过对简单问题的逐一回答来最终得到复杂问题的答案，并期望尽可能接近实际情况。决策树法一般分为三个步骤：构树、验证剪枝以及基本决策树确定。

## 第二节  层次分析法

## 一、层次分析法的原理与步骤

### （一）层次分析法的原理

层次分析法是一种定性与定量相结合的系统分析技术。它是一种将决策者对复杂系统的决策思维过程模型化、数量化的过程。应用这种技术，决策者通过将复杂风险问题分解为若干层次和若干因素（图7-1），在各因素之间进行简单的比较和计算，就可以得出不同方案的权重，为最佳方案的选择提供依据。

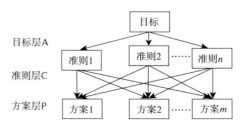

图7-1    层次分析法的结构

层次分析法是依据具有递阶结构的目标、子目标（准则）、约束条件、部门等来评估方案，采用两两比较的方法确定判断矩阵，然后把判断矩阵的最大特征值相对应的特征向量的分量作为相应的系数，最后综合给出各方案的权重，即优先程度。

### （二）层次分析法的步骤

层次分析法的基本过程，大体可以分为如下6个基本步骤。

1. 明确所要研究的问题。即弄清问题的范围、所包含的因素、各因素之间的关系等，以便尽量掌握充分的信息。

2. 建立系统的层次结构。在这一个步骤中，要求将问题所含的因素进行分组，把每一组作为一个层次，按照最高层（目标层）、若干中间层（准则层）以及最低层（方案层）的形式排列起来。如果某一个元素与下一层的所有元素均有联系，则称这个元素与下一层次存在有完全层次的关系；如果某一个元素只与下一层的部分元素有联系，则称这个元素与下一层次存在有不完全层次关系。层次之间可以建立子层次，子层次从属于主层次中的某一个元素，它的元素与下一层的元素有联系，但不形成独立层次。

3. 构造判断矩阵。这一个步骤是层次分析法的一个关键步骤。判断矩阵表示针对上一层次中的某元素而言，评定该层次中各有关元素相对重要性的状况。设有 $n$ 个指标，$\{A_1, A_2, \cdots, A_n\}$，$a_{ij}$ 表示 $A_i$ 相对于 $A_j$ 的重要程度判断值。$a_{ij}$ 一般取1，3，5，7，9 5个等级标度，其意义为：1表示 $A_i$ 与 $A_j$ 同等重要；3表示 $A_i$ 较 $A_j$ 重要一点；5表示 $A_i$ 较 $A_j$ 重要得多；7表示 $A_i$ 较 $A_j$ 更重要；9表示 $A_i$ 较 $A_j$ 极端重要。而2，4，6，8表示相邻判断的中值，当5个等级不够用时，可以使用这几个数值。

以矩阵形式表示为判断矩阵 $A$：

$$A = \begin{pmatrix} \dfrac{w_1}{w_1} & \cdots & \dfrac{w_1}{w_n} \\ \vdots & \ddots & \cdots \\ \dfrac{w_n}{w_1} & \cdots & \dfrac{w_n}{w_n} \end{pmatrix} \qquad (7-1)$$

对于任何判断矩阵都满足：

$$a_{ij} = \begin{cases} 1 & i = j \\ \dfrac{1}{a_{ij}} & i \neq j \end{cases} \quad (i, j = 1, 2, \cdots, n) \qquad (7-2)$$

因此，在构造判断矩阵时，只需写出上三角（或下三角）部分即可。

4. 层次单排序。层次单排序的目的是对于上层次中的某元素而言，确定本层次与之有联系的元素重要性的次序。它是本层次所有元素对上一层次而言的重要性排序的基础。

若取权重向量 $W = [w_1, w_2, \cdots, w_n]^T$，则有：

$$AW = \lambda W \qquad\qquad (7-3)$$

$\lambda$ 是 $A$ 的最大正特征值，那么 $W$ 是 $A$ 的对应于 $\lambda$ 的特征向量。从而层次单排序转化为求解判断矩阵的最大特征值 $\lambda_{max}$ 和它所对应的特征向量，就可以得出这一组指标的相对权重。

计算矩阵的最大特征根及其对应的特征向量的方法有多种，有根法、和法、特征根法、最小二乘法等。

5. 层次单排序的一致性检验。所谓判断矩阵的一致性是指专家在判断指标重要性时，各判断之间的协调一致，不致出现相互矛盾的现象和结果。为了检验判断矩阵的一致性，需要计算它的一致性指标：

$$CI = \frac{\lambda_{max} - n}{n-1} \qquad\qquad (7-4)$$

当 $CI = 0$ 时，判断矩阵具有完全一致性；反之，$CI$ 值愈大，则判断矩阵的一致性就愈差。

为了检验判断矩阵是否具有令人满意的一致性，则需要将 $CI$ 与平均随机一致性指标 $RI$（表7-3）进行比较。一般而言，1或2阶判断矩阵总是具有完全一致性的。对于2阶以上的判断矩阵，其一致性指标 $CI$ 与同阶的平均随机一致性指标 $RI$ 之比，称为判断矩阵的随机一致性比例，记为 $CR$。一般地，当

$$CR = \frac{CI}{RI} < 0.10 \qquad\qquad (7-5)$$

时，认为判断矩阵具有令人满意的一致性；否则，当 $CR \geqslant 0.10$ 时，就需要调整判断矩阵，直到满意为止。

**表7-3　平均随机一致性指标 $RI$**

| 阶数 | 1 | 2 | 3 | 4 | 5 | 6 | 7 |
|---|---|---|---|---|---|---|---|
| $RI$ | 0 | 0 | 0.58 | 0.90 | 1.12 | 1.24 | 1.32 |
| 8 | 9 | 10 | 11 | 12 | 13 | 14 | 15 |
| 1.41 | 1.45 | 1.49 | 1.52 | 1.54 | 1.56 | 1.58 | 1.59 |

6. 层次总排序。利用同一层次中所有层次单排序的结果，就可以计算针对上一层次而言的本层次所有元素的重要性权重值，这就称为层次总排序。层次总排序需要从上到下逐层顺序进行。对于最高层，其层次单排序就是其总排序。

若上一层次所有元素 $A_1$，$A_2$，$\cdots$，$A_m$ 的层次总排序已经完成，得到的权重值分别为 $a_1$，

$a_2$，…，$a_m$与$a_j$对应的本层次元素$B_1$，$B_2$，…，$B_n$的层次单排序结构为 $[b_1^j，b_2^j，…，b_n^j]^T$，这里，当$B_i$与$A_j$无联系时，$b_i^j = 0$。那么，得到的层次总排序如表7–4所示。

**表7-4　层次总排序表**

| 层次 A / 层次 B | $A_1, A_2, \cdots, A_m$ | B层次的总排序 |
|---|---|---|
| | $a_1, a_2, \cdots, a_m$ | |
| $B_1$ | $b_1^1 b_1^2 \cdots b_1^m$ | $\sum_{j=1}^{m} a_j b_1^j$ |
| $B_2$ | $b_2^1 b_2^2 \cdots b_2^m$ | $\sum_{j=1}^{m} a_j b_2^j$ |
| $\vdots$ | $\vdots$ | $\vdots$ |
| $B_n$ | $b_n^1 b_n^2 \cdots b_n^m$ | $\sum_{j=1}^{m} a_j b_n^j$ |

7. 层次总排序的一致性检验。为了评估层次总排序的计算结果的一致性，类似于层次单排序，也需要进行一致性检验。

$$CI = \sum_{j=1}^{m} a_i CI_j \qquad (7-6)$$

$$RI = \sum_{j=1}^{m} a_j RI_j \qquad (7-7)$$

$$CR = \frac{CI}{RI} \qquad (7-8)$$

$CI$为层次总排序的一致性指标，$CI_j$为$a_j$与对应的$B$层次中判断矩阵的一致性指标；$RI$为层次总排序的随机一致性指标，$RI_j$为$a_j$与对应的$B$层次中判断矩阵的随机一致性指标；$CR$为层次总排序的随机一致性比例。同样，当$CR < 0.10$时，则认为层次总排序的计算结果具有令人满意的一致性；否则，就需要对本层次的各判断矩阵进行调整，从而使层次总排序具有令人满意的一致性。

## 二、生猪疫病风险的层次分析

下面应用AHP方法建立养殖户生猪疫病风险系统层次结构模型。

### （一）建立由目标层、准则层、方案层构成的系统层次结构模型

养殖户生猪疫病风险是一个很宽泛的范畴，这里将其分为卫生管理风险、设备卫生风险、技术风险和环境风险四部分。

1. 卫生管理风险。

苗猪育种卫生管理风险：人工授精是否使用一次性手套、胎衣及死胎掩埋处理还是丢弃、苗猪生产场地是否严格消毒直接影响苗猪的健康水平，好的苗猪有助于提高猪肉品质和生猪出栏率。

饲料及添加剂卫生安全：采购的饲料及添加剂的卫生安全直接关系到猪肉的质量安全，关系到对人体的危害和对环境的污染。

管理人员素质风险：生猪养殖管理人员的管理理念、管理水平和安全意识直接影响到生猪的卫生安全。

畜舍的清洁与消毒管理：畜舍的清洁和消毒管理是否到位，将影响到生猪的健康。若清洁和消毒管理不到位，生猪容易感染疫病，导致生猪产量和猪肉安全水平下降。

2. 设备卫生风险。设备卫生风险包括猪栏、饮水、饲喂和消毒卫生风险。

猪栏设备风险：猪栏是用来隔离生猪，提供生猪养殖空间的设备，若猪栏设备卫生出现问题，将会影响正常的养殖计划，甚至造成一定的损失。

饮水设备风险：饮水设备卫生正常，可保证生猪对水的正常摄入，若饮水设备卫生出现问题会影响生猪的健康。

饲喂设备风险：饲喂设备保证生猪对饲料的正常摄入，若饲喂设备出现问题将影响猪的育肥。

消毒设备风险：猪场的诸多设施需要消毒，若消毒设备出现问题，将影响猪场的卫生，提高猪的染病率，造成损失。

3. 技术风险。技术风险包括疫病治疗风险、预防风险和技术人员素质风险。

疫病治疗风险：疫病治疗水平的高低直接影响生猪的存活率，低疫病治疗水平将导致猪的死亡，造成巨大的损失。滥用兽药也会影响到猪肉产品的质量安全水平。

疫病预防风险：疫病预防技术的合理与否，将决定生猪是否能高效育肥、是否健康以及猪肉是否安全。

技术人员素质风险：动物卫生技术人员的专业水平、安全意识、风险意识是影响生猪安全的重要因素。

4. 环境风险。环境风险包括疫病流行风险、政府动物卫生监管风险、政策法规风险、地理灾害风险等。

疫病流行风险：疫病流行将对生猪的健康产生重要的影响，甚至是毁灭性的影响。如猪蓝耳病、口蹄疫等疫病的流行就曾一度造成大量生猪生病、死亡，从而出现生猪供应短缺。

政府动物卫生监管风险：若政府的动物卫生监管力度不够将会影响生猪的健康和猪

肉产品的安全。

政策法规风险：现行动物卫生政策法规是否能有效地保障生猪的健康，是决定生猪的健康和猪肉产品质量安全的重要因素。

地理灾害风险：水灾、旱灾、地震等地理灾害容易导致生猪生病，会影响生猪的正常养殖，甚至造成毁灭性的损失。

生猪养殖户卫生风险系统层次结构模型见图7－2。

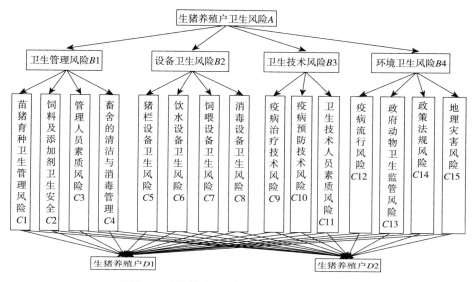

图7-2 生猪养殖户卫生风险系统层次结构模型

## （二）构造判断矩阵，计算各层次元素权重，进行层次单排序及其一致性检验

结果见表7－5至表7－10。

表7-5 各层次元素权重

| $A - B$ | $B1$ | $B2$ | $B3$ | $B4$ | $W$ |
|---|---|---|---|---|---|
| B1 | 1 | 0.5 | 0.33 | 0.5 | 0.122 |
| B2 | 2 | 1 | 0.5 | 1 | 0.227 |
| B3 | 3 | 2 | 1 | 2 | 0.423 |
| B4 | 2 | 1 | 2 | 1 | 0.227 |

算得：

$$\lambda_{AB} = 4.010\ 4, \quad X_{AB}^{T} = (0.122 \quad 0.227 \quad 0.423 \quad 0.227)$$

$$CI_{AB} = 0.003\ 5, \quad CR_{AB} = 0.003\ 9 < 0.1$$

**表7-6  *B*1— *C*层次元素权重**

| *B*1 | *C*1 | *C*2 | *C*3 | *C*4 | *W* |
|------|------|------|------|------|------|
| *C*1 | 1 | 3 | 5 | 4 | 0.548 |
| *C*2 | 0.33 | 1 | 3 | 2 | 0.234 |
| *C*3 | 0.2 | 0.33 | 1 | 2 | 0.119 |
| *C*4 | 0.25 | 0.5 | 0.5 | 1 | 0.099 |

算得：

$$\lambda_{B1} = 4.162, \quad X_{B1}^{T} = (0.548 \quad 0.234 \quad 0.119 \quad 0.099)$$

$$CI_{B1} = 0.054, \quad CR_{B1} = 0.06 < 0.1$$

**表7-7  *B*2— *C*层次元素权重**

| *B*2 | *C*5 | *C*6 | *C*7 | *C*8 | *W* |
|------|------|------|------|------|------|
| *C*5 | 1 | 2 | 3 | 2 | 0.424 |
| *C*6 | 0.5 | 1 | 2 | 1 | 0.227 |
| *C*7 | 0.33 | 0.5 | 1 | 0.5 | 0.122 |
| *C*8 | 0.5 | 1 | 2 | 1 | 0.227 |

算得：

$$\lambda_{B2} = 3.81, \quad X_{B2}^{T} = (0.424 \quad 0.227 \quad 0.122 \quad 0.227)$$

$$CI_{B2} = -0.063\,7, \quad CR_{B2} = -0.070\,8 < 0.1$$

**表7-8  *B*3— *C*层次元素权重**

| *B*3 | *C*9 | *C*10 | *C*11 | *W* |
|------|------|-------|-------|------|
| *C*9 | 1 | 0.5 | 0.33 | 0.163 |
| *C*10 | 2 | 1 | 0.5 | 0.297 |
| *C*11 | 3 | 2 | 1 | 0.540 |

算得：

$$\lambda_{B3} = 3.01, \quad X_{B3}^{T} = (0.163 \quad 0.297 \quad 0.540), \quad CI_{B3} = 0.004\,6, \quad CR_{B3} = 0.007\,9 < 0.1$$

**表7-9  *B*4— *C*层次元素权重**

| *B*4 | *C*12 | *C*13 | *C*14 | *C*15 | *W* |
|------|-------|-------|-------|-------|------|
| C12 | 1 | 2 | 3 | 3 | 0.436 |
| C13 | 0.5 | 1 | 2 | 4 | 0.299 |
| C14 | 0.33 | 0.5 | 1 | 3 | 0.178 |
| C15 | 0.33 | 0.25 | 0.33 | 1 | 0.086 |

算得：

$$\lambda_{B4} = 4.239, \quad X_{B4}^T = (0.436 \quad 0.299 \quad 0.178 \quad 0.086),$$

$$CI_{B4} = 0.0797, \quad CR_{B4} = 0.0885 < 0.1$$

表7-10　$C—D$各层次元素权重

| C1 | D1 | D2 | W | C2 | D1 | D2 | W | C3 | D1 | D2 | W |
|----|----|----|----|----|----|----|----|----|----|----|----|
| D1 | 1 | 5 | 0.833 | D1 | 1 | 3 | 0.75 | D1 | 1 | 1/5 | 0.167 |
| D2 | | 1 | 0.167 | D2 | | 1 | 0.25 | D2 | | 1 | 0.833 |
| C4 | D1 | D2 | W | C5 | D1 | D2 | W | C6 | D1 | D2 | W |
| D1 | 1 | 7 | 0.875 | D1 | 1 | 1/5 | 0.167 | D1 | 1 | 1/3 | 0.25 |
| D2 | | 1 | 0.125 | D2 | | 1 | 0.833 | D2 | | 1 | 0.75 |
| C7 | D1 | D2 | W | C8 | D1 | D2 | W | C9 | D1 | D2 | W |
| D1 | 1 | 3 | 0.75 | D1 | 1 | 5 | 0.833 | D1 | 1 | 3 | 0.75 |
| D2 | | 1 | 0.25 | D2 | | 1 | 0.167 | D2 | | 1 | 0.25 |
| C10 | D1 | D2 | W | C11 | D1 | D2 | W | C12 | D1 | D2 | W |
| D1 | 1 | 1/3 | 0.25 | D1 | 1 | 1/5 | 0.167 | D1 | 1 | 5 | 0.833 |
| D2 | | 1 | 0.75 | D2 | | 1 | 0.833 | D2 | | 1 | 0.167 |
| C13 | D1 | D2 | W | C14 | D1 | D2 | W | C15 | D1 | D2 | W |
| D1 | 1 | 3 | 0.75 | D1 | 1 | 7 | 0.875 | D1 | 1 | 1/7 | 0.125 |
| D2 | | 1 | 0.25 | D2 | | 1 | 0.125 | D2 | | 1 | 0.875 |

所有单排序的$C.R.<0.1$，认为每个判断矩阵的一致性都是可以接受的。

### （三）层次总排序及其一致性检验

总排序是指每一个判断矩阵各因素针对目标层（最上层）的相对权重。这一权重的计算采用从上而下的方法，逐层合成（表7-11至表7-13）。

表7-11　$B$ 层次总排序表

| B1 | B2 | B3 | B4 |
|----|----|----|----|
| 0.122 | 0.227 | 0.423 | 0.227 |

从准则层 $B$ 层次总排序的结果看，卫生技术风险 $B3$ 系数（0.423）最大，设备卫生风险 $B2$ 系数（0.227）和环境卫生 $B4$ 风险系数（0.227）一样大，卫生管理风险 $B1$ 系数（0.122）最小。

表7-12　$C$层次总排序表

| C1 | C2 | C3 | C4 | C5 | C6 | C7 | C8 | C9 | C10 | C11 | C12 | C13 | C14 | C15 |
|----|----|----|----|----|----|----|----|----|-----|-----|-----|-----|-----|-----|
| 0.067 | 0.029 | 0.015 | 0.012 | 0.096 | 0.052 | 0.028 | 0.052 | 0.069 | 0.126 | 0.228 | 0.099 | 0.068 | 0.04 | 0.02 |

从准则层子层$C$层次总排序的结果看，动物卫生技术人员素质风险$C11$系数（0.228）和疫病预防技术风险$C10$系数（0.126）较大，动物卫生技术人员素质风险$C4$系数（0.012）和疫病预防技术风险$C3$系数（0.015）较小。

**表7-13　$D$层次总排序表**

| $D1$ | $D2$ |
| --- | --- |
| 0.475 | 0.52 |

所有总排序的$C. R. < 0.1$，认为每个判断矩阵的一致性都是可以接受的。从方案层$D$层次总排序的结果看，生猪养殖户$D2$的动物卫生风险（0.475）要比生猪养殖户$D1$的动物卫生风险（0.525）略小。

第三节　**解释结构模型**

结构模型化技术目前已有许多种方法可供应用，而其中尤以解释结构模型法（interpretative structural modeling，ISM）最为常用。ISM模型是美国学者J. Warfield于1973年提出的，经过近40年的发展，已形成比较完整的系统分析技术。

## 一、解释结构模型的概念

解释结构模型（ISM）是作为分析复杂的社会经济系统有关问题的一种方法而开发的。其特点是把复杂的系统分解为若干子系统（要素），利用实践经验和知识以及计算机的帮助，将系统构造成一个多级递阶的结构模型。

ISM属于概念模型，是把模糊不清的思想、看法转化为直观的、具有良好结构关系的模型。ISM应用十分广泛，特别适用于变量众多、关系复杂且结构不清晰的动物卫生风险系统分析，也可用于动物卫生风险防范方案的排序等。

所谓结构模型，就是应用有向连接图来描述系统各要素间的关系，以表示一个作为要素集合体的系统的模型。ISM两种不同形式的结构模型详见图7-3。

结构模型是一种几何模型，是由节点和有向边构成的图或树图来描述系统的结构。

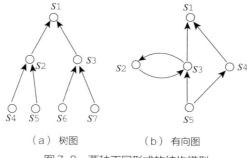

（a）树图　　　　　（b）有向图

图7-3 两种不同形式的结构模型

节点用来表示系统的要素，有向边则表示要素间所存在的关系。这种关系随着系统的不同和所分析问题的不同，可理解为"影响""取决于""先于""需要""导致"或其他含义。

结构模型是一种以定性分析为主的模型。通过结构模型，可以分析系统的要素选择是否合理，还可以分析系统要素及其相互关系变化对系统总体的影响等问题。

结构模型除了可以用有向连接图描述外，还可以用矩阵形式来描述。矩阵可以通过逻辑演算用数学方法进行处理。因此，如果要进一步研究各要素之间的关系，可以通过矩阵形式的演算使定性分析和定量分析相结合。这样，结构模型的用途就更为广泛，从而使系统的评估、决策、规划、目标确定等过去只能凭个人的经验、直觉或灵感进行定性分析的过程，能够依靠结构模型来进行定量分析。

结构模型作为对系统进行描述的一种形式，正好处在自然科学领域所用的数学模型形式和社会科学领域所用的以文章表现的逻辑分析形式之间。因此，它适合用来处理处于以社会科学为对象的复杂系统中和以自然科学为对象的简单系统中存在的问题。

由于结构模型具有上述这些基本性质，通过结构模型对类似动物疫病传播这样的复杂系统进行风险分析能够抓住问题的本质，并找到解决问题的有效对策。同时，还能使由不同专业人员组成的系统开发小组易于进行内部相互交流和沟通。

## 二、实施结构模型法的人员组成

为了更好地推行结构模型法，使其能达到预期的效果，需要有各方面人员的配合。结构模型主要以定性分析为主，使用者的能力和积极性不同，其效果也必然不同。

一般说来，在实施结构模型法进行风险分析时，需要有3种角色的人员参加，即掌握建模方法的专家、风险交流专家和利益相关者。

1. 掌握建模方法的技术专家。这种专家需要对结构模型法有深入的、本质的理解，除掌握方法的基本原则以及动物疫病传播基本知识、相关动物疫病流行病学等知识外，还要掌握必要的管理技术，正确处理随时可能出现的问题，使风险分析顺利实施；技术专家还要有必要的沟通技巧，能用较通俗的语言和方式向利益相关者介绍模型、方法和可能结果，使利益相关者能够主动配合工作。

2. 风险交流专家。结构模型法应用成功与否，在很大程度上取决于风险交流专家所起作用的好坏。作为信息沟通的风险交流专家，必须掌握个人和群体激励方面的知识。同时，对于利益相关者可能提出的问题所涉及的领域有足够多的知识，从而能成功地引导他们增强理解和交流；风险交流专家还要对结构模型法有足够的认识，能促使利益相关者与方法技术专家成功地进行联系。总之，在这里风险交流专家不仅仅是一个信息的传递者，而是要起到"综合器"和"催化剂"的作用。

3. 利益相关者。利益相关者掌握着与问题有关的信息和知识，这些信息和知识构成整个应用的基础。利益相关者是那些能够从结构模型法的应用中受益的人。进行结构模型讨论的目的之一在于激发利益相关者分享不同观点和知识的欲望，使他们之间能相互受益，并获得综合和交流思想的机会，从而对现有问题有更广泛、更深入的理解。对于利益相关者来说，进行建模研讨是发展一种与小组外人士进行思想交流的工具，以分享他们当前对问题所拥有的知识。

## 三、ISM 的工作程序

一般说来，实施ISM有如下几个工作程序：

1. 组织实施ISM的小组。小组成员的人数一般以10人左右为宜，要求小组成员对所要解决的问题都能持关心的态度，同时还要保证持有各种不同观点的人员进入小组。如有能及时做出决策的负责人加入小组，则更能进行认真且富有成效的讨论。

2. 设定风险分析需要解决的问题。由于小组的成员有可能站在各种不同的立场来看待问题，这样，各成员所掌握的情况可能出现不一致的情况，同时在确定分析目的时也会出现分歧。如不事先设定问题，那么小组的功能就不能充分发挥。因此，在ISM实施准备阶段，对问题的设定必须取得一致的意见，并以文字形式做出规定。

3. 选择构成风险系统的要素。合理选择系统要素，既要凭借小组成员的经验，还要充分发扬民主，要求小组成员把各自想到的有关问题都写在纸上，然后由专人负责汇总整理成文。小组成员据此边讨论、边研究，并提出构成系统要素的方案，经过若干次反复讨论，最终求得一个较为合理的系统要素方案，并据此制定要素明细表备用。

4. 根据要素明细表构思模型，并建立邻接矩阵和可达矩阵。邻接矩阵（adjacency matrix）是图的基本矩阵表示，它用来描述图中各节点两两之间的关系。邻接矩阵$A$的元

素$a_{ij}$可以定义如下:

$$a_{ij} = \begin{cases} 1 & S_iRS_j \quad R\text{表示}S_i\text{与}S_j\text{有关系} \\ 0 & S_i\bar{R}S_j \quad \bar{R}\text{表示}S_i\text{与}S_j\text{没有关系} \end{cases}$$

有向连接图如图7-4所示。

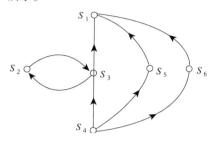

图7-4　有向连接图

图7-4所示有向连接图的邻接矩阵$A$可以表示如下:

$$A = \left[a_{ij}\right]_{6\times6} = \begin{array}{c} S_1 \\ S_2 \\ S_3 \\ S_4 \\ S_5 \\ S_6 \end{array} \begin{bmatrix} 0 & 0 & 0 & 0 & 0 & 0 \\ 0 & 0 & 1 & 0 & 0 & 0 \\ 1 & 1 & 0 & 0 & 0 & 0 \\ 0 & 0 & 1 & 0 & 1 & 1 \\ 1 & 0 & 0 & 0 & 0 & 0 \\ 1 & 0 & 0 & 0 & 0 & 0 \end{bmatrix}$$

邻接矩阵有如下特性:

（1）矩阵$A$的元素全为零的行所对应的节点称为汇点,即只有有向边进入而没有离开该节点。如图7-4中的$S_1$点即为汇点。

（2）矩阵$A$的元素全为零的列所对应的节点称为源点,即只有有向边离开而没有进入该节点。如图7-4中的节点$S_4$即为源点。

（3）对应每一节点的行中,其元素值为1的数量,就是离开该节点的有向边数。

（4）对应每一节点的列中,其元素值为1的数量,就是进入该节点的有向边数。

总之,邻接矩阵描述了系统各要素两两之间的直接关系。若在矩阵$A$中第$i$行第$j$列的元素$a_{ij}=1$,则表明节点$S_i$与节点$S_j$有关系,也即表明从$S_i$到$S_j$有一长度为1的通路,$S_i$可以直接到达$S_j$。所以说,邻接矩阵描述了经过长度为1的通路后各节点两两之间的可达程度。

5. 建立可达矩阵（reach ability matrix）。可达矩阵$R$是指用矩阵形式来描述有向连接图各节点之间,经过一定长度的通路后可以到达的程度。可达矩阵$R$有一个重要特性,即推移律特性。当$S_i$经过长度为1的通路直接到达$S_k$,而$S_k$经过长度为1的通路直接到达

$S_j$，那么，$S_i$经过长度为2的通路必可到达$S_j$。通过推移律进行演算，这就是矩阵演算的特点。所以说，可达矩阵可以应用邻接矩阵$A$加上单位矩阵$I$，并经过一定的演算后求得。

仍以图7-4所示的有向连接图为例，则有：

$$A_1 = A + I = \begin{bmatrix} 1 & 0 & 0 & 0 & 0 & 0 \\ 0 & 1 & 0 & 0 & 0 & 0 \\ 1 & 1 & 1 & 0 & 0 & 0 \\ 0 & 0 & 1 & 1 & 1 & 1 \\ 1 & 0 & 0 & 0 & 1 & 0 \\ 1 & 0 & 0 & 0 & 0 & 1 \end{bmatrix}$$

矩阵$A_1$描述了节点间经过长度不大于1的通路后的可达程度。接着，设矩阵$A_2 = (A+I)^2$，也即将$A_1$平方，并用布尔代数运则（即$0+0=0$，$0+1=1$，$1+0=1$，$1+1=1$，$0\times0=0$，$0\times1=0$，$1\times1=1$）进行运算后，可得矩阵：

$$A_2 = \begin{bmatrix} 1 & 0 & 0 & 0 & 0 & 0 \\ 1 & 1 & 1 & 0 & 0 & 0 \\ 1 & 1 & 1 & 0 & 0 & 0 \\ 1 & 1 & 1 & 1 & 1 & 1 \\ 1 & 0 & 0 & 0 & 1 & 0 \\ 1 & 0 & 0 & 0 & 0 & 1 \end{bmatrix}$$

矩阵$A_2$描述了各节点间经过长度不大于2的通路后的可达程度。

一般地，经过一次运算后可得：

$$A_1 \neq A_2 \neq \cdots \neq A_{r-1} = A_r \quad r \leqslant n-1$$

式中，$n$为矩阵阶数。则

$$A_{r-1} = (A+I)^{r-1} = R$$

矩阵$R$称为可达矩阵，它表明各节点间经过长度不大于$(r-1)$的通路可以到达的程度。对于节点数为$n$的图，最长的通路其长度不超过$(n-1)$。

本例中，经过继续运算，得矩阵$A_3$有：

$$A_3 = \begin{bmatrix} 1 & 0 & 0 & 0 & 0 & 0 \\ 1 & 1 & 1 & 0 & 0 & 0 \\ 1 & 1 & 1 & 0 & 0 & 0 \\ 1 & 1 & 1 & 1 & 1 & 1 \\ 1 & 0 & 0 & 0 & 1 & 0 \\ 1 & 0 & 0 & 0 & 0 & 1 \end{bmatrix}$$

由上可知：

$$A_3 = A_2$$

所以，

$$R = A_2$$

6. 对可达矩阵进行分解后建立结构模型。求出系统的可达矩阵后，要得到系统的结构模型，还需要对可达矩阵进行分解。

与要素$n_i$有关的集合定义为要素$n_i$的可达集合，用$R(n_i)$表示：

$$R(n_i) = \{n_j \in N \mid m_{ij} = 1\}$$

$N$为所有节点的集合；$m_{ij}$为$i$节点到$j$节点的关联（可达）值，$m_{ij} = 1$表示$i$关联$j$。因此由上式可以看出，$R(n_i)$是由可达矩阵中第$n_i$行中所有矩阵元素为1的列所对应的要素集合而成，$R(n_i)$表示的集合即为要素$n_i$的上位集合。

将到达要素$n_i$的要素集合定义为要素$n_i$的先行集合，用$A(n_i)$表示：

$$A(n_i) = \{n_j \in N \mid m_{ij} = 1\}$$

由上式可以看出，$A(n_i)$是由可达矩阵中第$n_i$列中所有矩阵元素为1的行所对应的要素集合而成，$A(n_i)$表示的集合即为要素$n_i$的下位集合。

所有要素$n_i$的可达集合$R(n_i)$与先行集合$A(n_i)$的交集为先行集合$A(n_i)$的要素集合定义为共同集合，用$T$表示：

$$T = \{n_i \in \mid R(n_i) \cap A(n_i) = A(n_i)\}$$

根据要素之间的可达关系，把系统划分为有关系的几个子部分称为区域划分。

如果$T = (1, 2, \cdots, k \quad k < n)$，且$R(1) \cap R(2) \cap \cdots \cap R(k) \neq \emptyset$，那么1，2，$\cdots$，$k$属于同一个连通域。否则1，2，$\cdots$，$k$不属于同一个连通域。

将系统中所有要素，以可达矩阵为准则，划分为不同级（层）次称为级间划分。

在一个多级结构中，最上级的要素$n_i$的可行集$R(n_i)$，只能由$n_i$本身和$n_i$的强连接要素组成。所谓强连接要素的强连接是指两个要素互为可达，在有向连接图中表现为都有箭线指向对方。具有强连接的要素称为强连接要素。最高级要素$n_i$的先行集也只能由$n_i$本身和结构中的下一级可能达到的$n_i$的要素以及$n_i$的强连接元素组成。因此，如果$n_i$是最上一级单元，它必须满足以下条件：

$$R(n_i) = R(n_i) \cap A(n_i)$$

这样，可以确定出结构的最高一级元素。找出最高级元素以后，将可达矩阵中相应的行和列划去。接着再从剩下的可达矩阵中寻找新的最高级元素。依次类推，可以找出各级包含的最高级要素集合，若以$L_1$，$L_2$，$\cdots$，$L_k$，表示从上到下的级次，则有$k$个级次的系统，级间划分$\pi_k(n)$可以用下式表示：

$$\pi_k \ (n) \ = \ [L_1, \ L_2, \ \cdots, \ L_k]$$

若定义第0级为空级，即$L_0$为空，则可以列出$\pi_k \ (s)$求的迭代算法：

$$L_k = \ \{n_i \in N - L_0 - L_1 - \cdots - L_{k-1} \mid R \ (n_i) \ = R_{k-1} \ (n_i) \ \cap A_{k-1} \ (n_i)\}$$

式中，$R_{k-1} \ (n_i)$和$A_{k-1} \ (n_i)$分别是由$N - L_0 - L_1 - \cdots - L_{k-1}$要素组成的子图求得的可达集合和先行集合。即

$$R_{j-1} \ (n_i) \ = \ \{n_i \in N - L_0 - L_1 - \cdots - L_{j-1} \mid m_{ij} = 1\}$$

$$A_{j-1} \ (n_i) \ = \ \{n_i \in N - L_0 - L_1 - \cdots - L_{j-1} \mid m_{ij} = 1\}$$

7. 根据结构模型建立解释结构模型。由于在要素中存在着强连通块，而且构成它的要素集中互相都是可达且互为先行的，它们就构成一个回路。所以只要选其中一个为代表要素即可。这样就可以得到缩减可达矩阵。经过上面的划分，就可以构成系统的结构模型。

图7-5表明了ISM工作程序3~5步的过程。

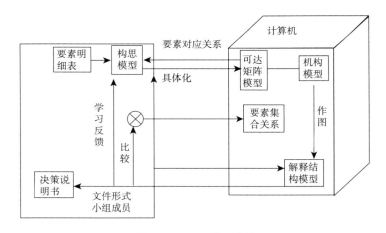

图7-5  ISM工作程序图

# 四、疯牛病传入风险因素解释结构模型

## （一）模型分析

牛海绵状脑病（Bovine Spongiform Encephalopathy，BSE）俗称疯牛病，是成年牛的一种进行性神经性动物疫病。近年的研究表明，它是一种慢性消耗性致死性传染病，其主要特征是牛大脑呈海绵状病变，引起大脑功能退化。临床表现为牛精神错乱、好斗、应

激反应增强、共济失调、恐惧和肌肉紧张，最后因消耗衰竭而死亡。最近研究表明，BSE 的病原体（$PrP^{BS}$）是羊痒病病原体（$PrP^{SC}$）越过种间屏障传染给牛而形成特定的 $PrP^{BS}$，这种 $PrP^{BS}$ 较 $PrP^{SC}$ 更容易传染给人。人吃了患疯牛病的牛肉后就可能感染并产生克雅氏病（CJD），近几年来此病在欧洲的发病率比过去几十年增长了 10 倍以上，这可能是由于吃了患有 BSE 病牛肉所致。

BSE 属于传染性海绵状脑病（TSEs）的一种。研究表明，引起动物和人类 TSEs 的病原体并非常规的病毒或细菌，而是一类被统称为亚病毒（subviruses）的致病因子，它是具有侵染性的蛋白颗粒。该病原因子对紫外线照射、电离辐射和加热处理特别是干热具有极强的抵抗力，能耐受 140℃ 的干热处理，湿热处理 134℃ 需 18min 才能使其失去感染作用。此外，多数化学消毒剂和一般的消毒方法对其几乎无效。

BSE 于 1985 年 4 月在英国首次发现，于 1986 年 11 月经病理学检查诊断为 BSE。自该病发病以来，BSE 一直在不断增加，并于 1992 年达到高峰，已达 37 280 头，截至 1999 年 7 月，仅英国就已确诊 178 282 头牛患 BSE。目前除英国外，在比利时、法国、爱尔兰、列支敦士登、卢森堡、荷兰、葡萄牙、瑞士也有 BSE 发生，并且加拿大、丹麦、德国、意大利、阿曼、苏丹在进口动物中也发现有 BSE 病牛。但这些国家均属散发，而英国则为大规模暴发，奶牛发病率高于肉牛，整个感染牛群的发病率为 2%～3%。不同地区的发病率也不尽相同，北爱尔兰地区的发病率显著低于整个英国的平均发病率，而英格兰南部的发病率又高于苏格兰北部。BSE 的潜伏期一般为 4～5 年，发病动物主要是成年牛，其中成年奶牛发病率最高，在英国成年奶牛的发病率占到 BSE 病例的 89%。

我国目前还没有检测到 BSE，使我国活牛及牛制品在国际动物产品交易中处于有利地位。但是由于世界经济的日益全球化，国际间的信息、文化、人员和物资的频繁交流，使 BSE 对我国牛群的威胁越来越大。目前这种情况迫切需要对我国的 BSE 状况进行风险分析。

家畜疫病传播机制非常复杂，受到自然和人为因素的影响。自然因素诸如：养殖场地理位置、当地气候状况、气象条件和地理条件等；人为因素包括：经济发展水平、政治因素、政策条件、风俗习惯和人为偶然因素等。这些自然和人为因素综合在一起对家畜疫病传播产生影响，其中每种因素的作用是不同的。有的因素对于动物疫病传播产生很大的影响、起着非常重要的作用，有的起次要作用。有的因素直接对动物疫病传播产生影响，有的因素则通过影响其他因素来影响动物疫病传播。BSE 的传播也是一样。在影响 BSE 传播的诸多因素中，明确所有重要影响因素的地位、确立它们之间的结构关系对于制订 BSE 防控策略非常重要。

解释结构模型是专门作为分析复杂的社会经济系统有关问题的一种方法而开发的，它对于解决类似 BSE 风险分析的这种问题具有独到的优势。解释结构模型可以利用风险因素间定性关系抽象出风险因素关系的定量数学模型，利用模型的数学解分析人员能够确定出各个风险因素之间的相互依赖的层次关系。依据得到的风险因素之间的层次关系，风险分析人员结合这些关系的特定意义构建风险管理的方案。

### （二）BSE危害识别目标和风险三要素

BSE危害识别目标为：明晰我国BSE的风险因素以及各个风险因素之间的层次关系。这样制订目标有利于风险分析人员最后构建风险管理方案。确定风险三要素是进行风险分析的前提，风险三要素即：风险主体、风险因素和风险客体。我国BSE风险三要素为：

（1）风险主体为我国境内的牛群。

（2）风险客体为BSE致病因子。

（3）确定BSE风险因素：①家畜养殖管理；②政策法规；③进口饲料；④环境；⑤饲料中含有BSE致病因子；⑥牛间输血；⑦医疗、屠宰器械；⑧进口活畜胚胎（卵）；⑨进口动物产品；⑩分娩；⑪牛群结构；⑫羊群结构；⑬羊只患痒病；⑭牛患疯牛病。

### （三）建立动物卫生风险的解释结构模型

1. 建立邻接矩阵。表示BSE传播的风险因素分布的符号及意义为：$S_1$表示家畜养殖管理；$S_2$表示政策法规；$S_3$表示进口饲料；$S_4$表示环境；$S_5$表示饲料中含有$PrP^{BS}$因子；$S_6$表示牛间输血；$S_7$表示医疗、屠宰器械；$S_8$表示进口活畜胚胎（卵）；$S_9$表示进口动物产品；$S_{10}$表示分娩；$S_{11}$表示牛群结构；$S_{12}$表示羊群结构；$S_{13}$表示羊只患痒病；$S_{14}$表示牛患疯牛病（图7－6）。

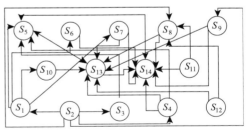

图7-6　BSE风险因素构思模型

根据与农业部动物检疫所（现为中国动物卫生与流行病学中心）专家讨论得到BSE风险因素构思模型：$S_1RS_5$；$S_1RS_6$；$S_1RS_7$；$S_1RS_{10}$；$S_2RS_1$；$S_2RS_3$；$S_2RS_4$；$S_2RS_5$；$S_2RS_8$；$S_2RS_9$；$S_3RS_5$；$S_4RS_5$；$S_5RS_{13}$；$S_5RS_{14}$；$S_6RS_{14}$；$S_7RS_{13}$；$S_7RS_{14}$；$S_8RS_{13}$；$S_8RS_{14}$；$S_9RS_{13}$；$S_9RS_{14}$；$S_{10}RS_{14}$；$S_{11}RS_8$；$S_{11}RS_{14}$；$S_{12}RS_8$；$S_{12}RS_{14}$；$S_{13}RS_5$；$S_{13}RS_{14}$。其中 $S_1$，$S_2$，$S_3$，$S_4$，$S_5$，$S_6$，$S_7$，$S_8$，$S_9$，$S_{10}$，$S_{11}$，$S_{12}$，$S_{13}$，$S_{14}$是节点。即：

依据BSE风险因素构思模型建立邻接矩阵：

$$A = \begin{pmatrix}
0 & 0 & 0 & 0 & 1 & 1 & 1 & 0 & 0 & 1 & 0 & 0 & 0 & 0 \\
1 & 0 & 1 & 1 & 0 & 0 & 0 & 1 & 1 & 0 & 0 & 0 & 0 & 0 \\
0 & 0 & 0 & 0 & 1 & 0 & 0 & 0 & 0 & 0 & 0 & 0 & 0 & 0 \\
0 & 0 & 0 & 0 & 1 & 0 & 0 & 0 & 0 & 0 & 0 & 0 & 1 & 1 \\
0 & 0 & 0 & 0 & 0 & 0 & 0 & 0 & 0 & 0 & 0 & 0 & 1 & 1 \\
0 & 0 & 0 & 0 & 0 & 0 & 0 & 0 & 0 & 0 & 0 & 0 & 0 & 1 \\
0 & 0 & 0 & 0 & 0 & 0 & 0 & 0 & 0 & 0 & 0 & 0 & 1 & 1 \\
0 & 0 & 0 & 0 & 0 & 0 & 0 & 0 & 0 & 0 & 0 & 0 & 1 & 1 \\
0 & 0 & 0 & 0 & 0 & 0 & 0 & 0 & 0 & 0 & 0 & 0 & 1 & 1 \\
0 & 0 & 0 & 0 & 0 & 0 & 0 & 0 & 0 & 0 & 0 & 0 & 1 & 0 \\
0 & 0 & 0 & 0 & 0 & 0 & 0 & 1 & 0 & 0 & 0 & 0 & 0 & 1 \\
0 & 0 & 0 & 0 & 0 & 0 & 0 & 1 & 0 & 0 & 0 & 0 & 1 & 0 \\
0 & 0 & 0 & 0 & 1 & 0 & 0 & 0 & 0 & 0 & 0 & 0 & 0 & 1 \\
0 & 0 & 0 & 0 & 1 & 0 & 0 & 0 & 0 & 0 & 0 & 0 & 0 & 0
\end{pmatrix}$$

从矩阵可以看出$S_2$，$S_{11}$，$S_{12}$对应的列都是0，所以$S_1$，$S_6$，$S_7$，$S_9$是源点。

2. 建立BSE风险因素可达矩阵。首先计算$A+I$，那么，

$$A + I = \begin{pmatrix}
1 & 0 & 0 & 0 & 1 & 1 & 1 & 0 & 0 & 1 & 0 & 0 & 0 & 0 \\
1 & 1 & 1 & 1 & 0 & 0 & 0 & 1 & 1 & 0 & 0 & 0 & 0 & 0 \\
0 & 0 & 1 & 0 & 1 & 0 & 0 & 0 & 0 & 0 & 0 & 0 & 0 & 0 \\
0 & 0 & 0 & 1 & 1 & 0 & 0 & 0 & 0 & 0 & 0 & 0 & 1 & 1 \\
0 & 0 & 0 & 0 & 1 & 0 & 0 & 0 & 0 & 0 & 0 & 0 & 1 & 1 \\
0 & 0 & 0 & 0 & 0 & 1 & 0 & 0 & 0 & 0 & 0 & 0 & 0 & 1 \\
0 & 0 & 0 & 0 & 0 & 0 & 1 & 0 & 0 & 0 & 0 & 0 & 1 & 1 \\
0 & 0 & 0 & 0 & 0 & 0 & 0 & 1 & 0 & 0 & 0 & 0 & 1 & 1 \\
0 & 0 & 0 & 0 & 0 & 0 & 0 & 0 & 1 & 0 & 0 & 0 & 1 & 1 \\
0 & 0 & 0 & 0 & 0 & 0 & 0 & 0 & 0 & 1 & 0 & 0 & 1 & 0 \\
0 & 0 & 0 & 0 & 0 & 0 & 0 & 1 & 0 & 0 & 1 & 0 & 0 & 1 \\
0 & 0 & 0 & 0 & 0 & 0 & 0 & 1 & 0 & 0 & 0 & 1 & 1 & 0 \\
0 & 0 & 0 & 0 & 1 & 0 & 0 & 0 & 0 & 0 & 0 & 0 & 1 & 1 \\
0 & 0 & 0 & 0 & 1 & 0 & 0 & 0 & 0 & 0 & 0 & 0 & 0 & 1
\end{pmatrix}$$

　　然后计算$A+I$的自乘。计算$A+I$的自乘可以利用Microsoft公司的Office套件中的Excel中的组件进行。依据布尔代数运算规则（即$0+0=0$，$0+1=1$，$1+0=1$，$1+1=1$，$0\times0=0$，$0\times1=0$，$1\times0=0$，$1\times1=1$），通过计算机计算有：

$$(A+I)^3=(A+I)^4=\begin{pmatrix}
1 & 0 & 0 & 0 & 1 & 1 & 1 & 0 & 0 & 1 & 0 & 0 & 1 & 1 \\
1 & 1 & 1 & 1 & 1 & 1 & 1 & 1 & 1 & 1 & 0 & 0 & 1 & 1 \\
0 & 0 & 1 & 0 & 1 & 0 & 0 & 0 & 0 & 0 & 0 & 0 & 1 & 1 \\
0 & 0 & 0 & 1 & 1 & 0 & 0 & 0 & 0 & 0 & 0 & 0 & 1 & 1 \\
0 & 0 & 0 & 0 & 1 & 0 & 0 & 0 & 0 & 0 & 0 & 0 & 1 & 1 \\
0 & 0 & 0 & 0 & 1 & 1 & 0 & 0 & 0 & 0 & 0 & 0 & 1 & 1 \\
0 & 0 & 0 & 0 & 1 & 0 & 1 & 0 & 0 & 0 & 0 & 0 & 1 & 1 \\
0 & 0 & 0 & 0 & 1 & 0 & 0 & 1 & 0 & 0 & 0 & 0 & 1 & 1 \\
0 & 0 & 0 & 0 & 1 & 0 & 0 & 0 & 1 & 0 & 0 & 0 & 1 & 1 \\
0 & 0 & 0 & 0 & 1 & 0 & 0 & 0 & 0 & 1 & 0 & 0 & 1 & 1 \\
0 & 0 & 0 & 0 & 1 & 0 & 0 & 1 & 0 & 0 & 1 & 0 & 1 & 1 \\
0 & 0 & 0 & 0 & 1 & 0 & 0 & 1 & 0 & 0 & 0 & 1 & 1 & 1 \\
0 & 0 & 0 & 0 & 1 & 0 & 0 & 0 & 0 & 0 & 0 & 0 & 1 & 1 \\
0 & 0 & 0 & 0 & 1 & 0 & 0 & 0 & 0 & 0 & 0 & 0 & 1 & 1
\end{pmatrix}$$

　　所以得到可达矩阵为：

$$R=(A+I)^3=\begin{pmatrix}
1 & 0 & 0 & 0 & 1 & 1 & 1 & 0 & 0 & 1 & 0 & 0 & 1 & 1 \\
1 & 1 & 1 & 1 & 1 & 1 & 1 & 1 & 1 & 1 & 0 & 0 & 1 & 1 \\
0 & 0 & 1 & 0 & 1 & 0 & 0 & 0 & 0 & 0 & 0 & 0 & 1 & 1 \\
0 & 0 & 0 & 1 & 1 & 0 & 0 & 0 & 0 & 0 & 0 & 0 & 1 & 1 \\
0 & 0 & 0 & 0 & 1 & 0 & 0 & 0 & 0 & 0 & 0 & 0 & 1 & 1 \\
0 & 0 & 0 & 0 & 1 & 1 & 0 & 0 & 0 & 0 & 0 & 0 & 1 & 1 \\
0 & 0 & 0 & 0 & 1 & 0 & 1 & 0 & 0 & 0 & 0 & 0 & 1 & 1 \\
0 & 0 & 0 & 0 & 1 & 0 & 0 & 1 & 0 & 0 & 0 & 0 & 1 & 1 \\
0 & 0 & 0 & 0 & 1 & 0 & 0 & 0 & 1 & 0 & 0 & 0 & 1 & 1 \\
0 & 0 & 0 & 0 & 1 & 0 & 0 & 0 & 0 & 1 & 0 & 0 & 1 & 1 \\
0 & 0 & 0 & 0 & 1 & 0 & 0 & 1 & 0 & 0 & 1 & 0 & 1 & 1 \\
0 & 0 & 0 & 0 & 1 & 0 & 0 & 1 & 0 & 0 & 0 & 1 & 1 & 1 \\
0 & 0 & 0 & 0 & 1 & 0 & 0 & 0 & 0 & 0 & 0 & 0 & 1 & 1 \\
0 & 0 & 0 & 0 & 1 & 0 & 0 & 0 & 0 & 0 & 0 & 0 & 1 & 1
\end{pmatrix}$$

3. 划分。BSE风险因素可达矩阵的各个要素的可达集合分别为：$R$（1）＝ $\{1, 5,$ 6，7，10，12，13$\}$，$R$（2）＝ $\{1, 2, 3, 4, 5, 6, 7, 8, 9, 10, 13, 14\}$，$R$（3）＝ $\{3, 5, 13, 14\}$，$R$（4）＝ $\{4, 5, 13, 14\}$，$R$（5）＝ $\{5, 13, 14\}$，$R$（6）＝ $\{5, 6,$ 13，14$\}$，$R$（7）＝ $\{5, 7, 13, 14\}$，$R$（8）＝ $\{5, 8, 13, 14\}$，$R$（9）＝ $\{5, 9, 13,$ 14$\}$，$R$（10）＝ $\{5, 10, 13, 14\}$，$R$（11）＝ $\{5, 8, 11, 13, 14\}$，$R$（12）＝ $\{5, 8,$ 12，13，14$\}$，$R$（13）＝ $\{5, 13, 14\}$，$R$（14）＝ $\{5, 13, 14\}$。

各个要素的先行集合分别为：$A$（1）＝ $\{1, 2\}$，$A$（2）＝ $\{2\}$，$A$（3）＝ $\{2,$ 3$\}$，$A$（4）＝ $\{2, 4\}$，$A$（5）＝ $\{1, 2, 3, 4, 5, 6, 7, 8, 9, 10, 11, 12, 13,$ 14$\}$，$A$（6）＝ $\{1, 2, 6\}$，$A$（7）＝ $\{1, 2, 7\}$，$A$（8）＝ $\{2, 8\}$，$A$（9）＝ $\{2,$ 9$\}$，$A$（10）＝ $\{1, 2, 10\}$，$A$（11）＝ $\{11\}$，$A$（12）＝ $\{12\}$，$A$（13）＝ $\{1, 2,$ 3，4，5，6，7，8，9，10，11，12，13，14$\}$，$A$（14）＝ $\{1, 2, 3, 4, 5, 6, 7, 8,$ 9，10，11，12，13，14$\}$。

共同集合为$T=$ $\{2, 11, 12\}$。那么，要素的可达集合和先行集合的共同集合详见表7－14。

表7－14　要素的可达集合和先行集合的共同集合

| 要素 | $R(n_i)$ | $A(n_i)$ | $R(n_i) \cap A(n_i)$ |
|---|---|---|---|
| 1 | 1,5,6,7,10,12,13 | 1,2 | 1 |
| 2 | 1,2,3,4,5,6,7,8,9,10,13,14 | 2 | 2 |
| 3 | 3,5,13,14 | 2,3 | 3 |
| 4 | 4,5,13,14 | 2,4 | 4 |
| 5 | 5,13,14 | 1,2,3,4,5,6,7,8,9,10,11,12,13,14 | 5,13,14 |
| 6 | 5,6,13,14 | 1,2,6 | 6 |
| 7 | 5,7,13,14 | 1,2,7 | 7 |
| 8 | 5,8,13,14 | 2,8 | 8 |
| 9 | 5,9,13,14 | 2,9 | 9 |
| 10 | 5,10,13,14 | 1,2,10 | 10 |
| 11 | 5,8,11,13,14 | 11 | 11 |
| 12 | 5,8,12,13,14 | 12 | 12 |
| 13 | 5,13,14 | 1,2,3,4,5,6,7,8,9,10,11,12,13,14 | 5,13,14 |
| 14 | 5,13,14 | 1,2,3,4,5,6,7,8,9,10,11,12,13,14 | 5,13,14 |

由于 $R(2) \cap R(11) \cap R(12) = \{5, 13, 14\}$ 非空,所以底层要素为要素2、11和12,并且所有要素属于同一个连通域。

依据构成强连通域条件 $R(n_i) = R(n_i) \cap A(n_i)$,可知BSE风险因素可达矩阵的各个要素中只有第5、13和14个要素满足这一条件。所以第5、13和14要素是最高层要素,即 $L_1 = \{5, 13, 14\}$。

划去可达矩阵的第5、13和14行和第5、13和14列进行二级划分得到 $R(n_i)$、$A(n_i)$ 和 $R(n_i) \cap A(n_i)$,详见表7-15。

表7-15  可达矩阵二级划分结果

| 要素 | $R(n_i)$ | $A(n_i)$ | $R(n_i) \cap A(n_i)$ |
|---|---|---|---|
| 1 | 1,6,7,10 | 1,2 | 1 |
| 2 | 1,2,3,4,6,7,8,9,10 | 2 | 2 |
| 3 | 3 | 2,3 | 3 |
| 4 | 4 | 2,4 | 4 |
| 6 | 6 | 1,2,6 | 6 |
| 7 | 7,10 | 1,2,7 | 7 |
| 8 | 8 | 2,8,11,12 | 8 |
| 9 | 9 | 2,9 | 9 |
| 10 | 10 | 1,2,7,10 | 10 |
| 11 | 8,11 | 11 | 11 |
| 12 | 8,12 | 12 | 12 |

因为 $R(3) = R(3) \cap A(3)$,$R(4) = R(4) \cap A(4)$,$R(6) = R(6) \cap A(6)$,$R(8) = R(8) \cap A(8)$,$R(9) = R(9) \cap A(9)$,$R(10) = R(10) \cap A(10)$,所以要素3,4,6,8,9和要素10为第二级要素,即 $L_2 = \{3, 4, 6, 8, 9, 10\}$。进行第三级划分,得到表7-16。

表7-16  可达矩阵三级划分结果

| 要素 | $R(n_i)$ | $A(n_i)$ | $R(n_i) \cap A(n_i)$ |
|---|---|---|---|
| 1 | 1 | 1,2 | 1 |
| 2 | 1,2,7 | 2 | 2 |
| 7 | 7 | 1,2,7 | 7 |
| 11 | 11 | 11 | 11 |
| 12 | 12 | 12 | 12 |

因为 $R(1) = R(1) \cap A(1)$，$R(7) = R(7) \cap A(7)$，$R(11) = R(11) \cap A(11)$，$R(12) = R(12) \cap A(12)$ 所以得到第三级要素 $L_3 = \{1, 7, 11, 12\}$。这时只剩一个要素（表7–17）。

**表7–17　可达矩阵四级划分结果**

| 要素 | $R(n_i)$ | $A(n_i)$ | $R(n_i) \cap A(n_i)$ |
| --- | --- | --- | --- |
| 2 | 2 | 2 | 2 |

由 $R(2) = R(2) \cap A(2)$，得第四级要素 $L_4 = \{2\}$。那么，经过四级划分将 $R$ 的14个单元划分在四级内：$L = \{L_1, L_2, L_3, L_4\}$。通过级间划分，可得按级间排列的可达矩阵 $M_0$：

$$M_0 = \begin{array}{c} \\ L_1\begin{cases}5\\13\\14\end{cases} \\ L_2\begin{cases}3\\4\\6\\8\\9\\10\end{cases} \\ L_3\begin{cases}1\\7\\11\\12\end{cases} \\ L_4\{2 \end{array} \begin{pmatrix} 5 & 13 & 14 & 3 & 4 & 6 & 8 & 9 & 10 & 1 & 7 & 11 & 12 & 2 \\ 1 & 1 & 1 & 0 & 0 & 0 & 0 & 0 & 0 & 0 & 0 & 0 & 0 & 0 \\ 1 & 1 & 1 & 0 & 0 & 0 & 0 & 0 & 0 & 0 & 0 & 0 & 0 & 0 \\ 1 & 1 & 1 & 0 & 0 & 0 & 0 & 0 & 0 & 0 & 0 & 0 & 0 & 0 \\ 1 & 1 & 1 & 1 & 0 & 0 & 0 & 0 & 0 & 0 & 0 & 0 & 0 & 0 \\ 1 & 1 & 1 & 0 & 1 & 0 & 0 & 0 & 0 & 0 & 0 & 0 & 0 & 0 \\ 1 & 1 & 1 & 0 & 0 & 1 & 0 & 0 & 0 & 0 & 0 & 0 & 0 & 0 \\ 1 & 1 & 1 & 0 & 0 & 0 & 1 & 0 & 0 & 0 & 0 & 0 & 0 & 0 \\ 1 & 1 & 1 & 0 & 0 & 0 & 0 & 1 & 0 & 0 & 0 & 0 & 0 & 0 \\ 1 & 1 & 1 & 0 & 0 & 0 & 0 & 0 & 1 & 0 & 0 & 0 & 0 & 0 \\ 1 & 1 & 1 & 0 & 0 & 1 & 0 & 0 & 0 & 1 & 0 & 0 & 0 & 0 \\ 1 & 1 & 1 & 0 & 0 & 0 & 0 & 0 & 0 & 0 & 1 & 0 & 0 & 0 \\ 1 & 1 & 1 & 0 & 0 & 0 & 0 & 0 & 0 & 0 & 0 & 1 & 0 & 0 \\ 1 & 1 & 1 & 0 & 0 & 0 & 1 & 0 & 0 & 0 & 0 & 0 & 1 & 0 \\ 1 & 1 & 1 & 1 & 1 & 1 & 1 & 1 & 1 & 1 & 1 & 0 & 0 & 1 \end{pmatrix}$$

观察以上矩阵，要素5、13、14的行与列完全相同，所以要素5、13、14为强连通块，它们之间构成回路。以要素5作为三个要素的代表，列出缩减可达矩阵 $R'$。

由以上信息，可以得到BSE风险因素分级递阶结构模型（图7–7）。

由BSE风险因素分级递阶结构模型得到BSE风险因素解释结构模型（图7–8）。

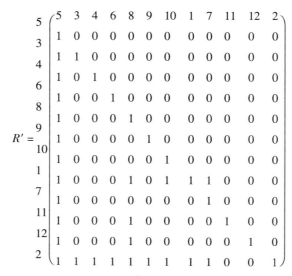

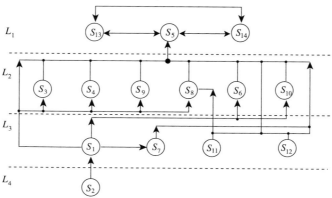

图7-7　BSE风险因素分级递阶结构模型

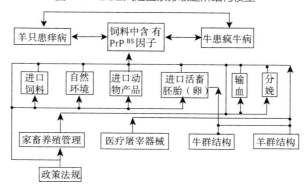

图7-8　BSE风险因素解释结构模型

### （四）结果分析与建议

模型结果表明，一是饲料中含有PrP$^{BS}$因子、羊只患痒病和牛患疯牛病是强连通块，它们之间可以构成循环，一种因素会引发其他两种因素；二是自然环境、进口饲料、进口活畜胚胎（卵）、进口动物产品、输血、分娩、牛群结构、羊群结构、家畜养殖管理、医疗屠宰器械和政策法规这些因素处理不当都可能导致疯牛病的进入我国；三是牛群结构、羊群结构不合理还可能通过进口活畜胚胎（卵）来招致疯牛病；四是家畜养殖管理要素可能通过输血、分娩或医疗屠宰器械等过程通过工具来感染疯牛病；五是政策法规可能通过家畜养殖管理、进口饲料、自然环境、进口动物产品或进口活畜胚胎（卵）来引入或引发疯牛病。

由于饲料中含有PrP$^{BS}$因子、羊只患痒病和牛患疯牛病是强连通块，因此首先分析这三个因素。我国到目前为止没有羊痒病流行，没有检测到疯牛病。由于没有羊痒病和疯牛病，使我国自己生产的动物蛋白饲料不会含有PrP$^{BS}$因子。《中国BSE风险分析与评估》提到"根据《中华人民共和国进出境动植物检疫法》的有关规定，严禁从有疯牛病的国家进口牛、牛胚胎、肉骨粉、牛肉及其制品。根据欧洲BSE流行情况，中国大幅度削减欧洲骨粉及肉骨粉的进口量，并严格限制其使用范围。……BSE通过骨粉及肉骨粉从欧洲国家传入中国的可能性非常小。"所以我国基本上不存在BSE。

由于我国基本没有BSE，那么自然环境中不会存在PrP$^{BS}$因子。输血和分娩也不会使牛感染BSE。根据上面提到的分析可知，目前我国从国外获得BSE的可能性也极小。

根据以上分析，为了规避BSE风险，提出如下建议：①对BSE和羊痒病进行严格的监测和进口检疫；②加强饲料管理，严格禁止从可能有BSE和羊痒病的国家进口饲料；③加强环境保护和野生动物监测；④对于进口饲料、进口活畜胚胎（卵）以及进口动物产品要严格检疫，并长时间隔离观察；⑤调整牛群和羊群年龄结构和品种结构，及时淘汰老龄家畜；⑥建立合理、科学的养殖模式，加强医疗、屠宰器械管理；⑦健全相关法律法规。

### 第四节　灰色关联分析评估法

关联度分析是分析系统中各元素之间关联程度或相似的方法，其基本思想是依据关联对系统排序。

# 一、灰色关联分析

## （一）灰色关联方法

在客观世界中，有许多因素之间的关系是灰色的，分不清哪些因素之间关系密切，哪些不密切，这样就难以找到主要矛盾和主要特征。关联度是表征两个事物的关联程度。具体地说，关联度是因素之间关联性大小的量度，它定量地描述了因素之间相对变化的情况。

关联度分析是灰色系统分析、评估和决策的基础。灰色关联度分析是一种多因素统计分析方法，用灰色关联度来描述因素间关系的强弱、大小和次序。关联度分析是一种相对性的排序分析，基本思路是根据序列曲线几何形状的相似程度来判断其联系是否紧密，曲线越接近，相应序列之间的关联度就越大，反之就越少。关联度分析是动态过程发展态势的量化分析，是发展态势的量化比较分析。所谓发展态势的比较就是历年来有关统计数据列几何关系的比较，实质上是几种曲线间几何形状的分析比较，即认为几何形状越接近，则发展变化态势越接近，关联程度越大。

这种因素分析的比较，对数据量也没有太高的要求，即数据或多或少都可以分析。这种直观的几何形状的判断比较，是比较粗糙的，并且，如果好几条曲线形状相差不大，或者在某些区间形状比较接近，就很难用直接观察的方法来判断各曲线间的关联程度。

下面介绍最常用的衡量因素间关联程度大小的量化方法。

作关联分析先要制定参考的数据列（母因素时间数列），参考数据列常记为$x_0$，一般表示为：

$$x_0 = \{x_0\ (1),\ x_0\ (2),\ \cdots,\ x_0\ (n)\}$$

关联分析中被比较数列（子因素时间序列）常记为$x_i$，一般表示为：

$$x_i = \{x_i\ (1),\ x_i\ (2),\ \cdots,\ x_i\ (n)\},\ i=1,\ 2,\ \cdots,\ m$$

对于一个参考数据列$x_0$，比较数列为$x_i$，则用关联分析法分别求得第$i$个被评估对象的第$k$个指标与第$k$个指标最优指标的关联系数，即

$$\xi_i\ (k) = \frac{\min\limits_{i}\min\limits_{k}\mid x_0\ (k)\ -x_i\ (k)\ \mid +\xi\max\limits_{i}\max\limits_{k}\mid x_0\ (k)\ -x_i\ (k)\ \mid}{\mid x_0\ (k)\ -x_i\ (k)\ \mid +\xi\max\limits_{i}\max\limits_{k}\mid x_0\ (k)\ -x_i\ (k)\ \mid}$$

式中，$\xi$为分辨系数，$\xi\in[0,\ 1]$，引入它是为了减少极值对计算的影响。在实际运用时，应根据序列间的关联程度选择分辨系数，一般取$\xi\leqslant0.5$最为恰当。

令：

$$\Delta\min = \min\limits_{i}\min\limits_{k}\mid x_0\ (k)\ -x_i\ (k)\ \mid,\ \Delta\max = \max\limits_{i}\max\limits_{k}\mid x_0\ (k)\ -x_i\ (k)\ \mid$$

则 $\Delta\min$ 与 $\Delta\max$ 分别为各时刻 $x_0$ 与 $x_i$ 的最小绝对差值与最大绝对差值。从而有：

$$\xi_i\ (k)\ =\frac{\Delta\min+\xi\max}{\mid x_0\ (k)\ -x_i\ (k)\ \mid +\xi\Delta\max}$$

如果计算关联程度的数列量纲不同，要转化为无量纲。无量纲化的方法，常用的有初值化与均值化。初值化是指所有数据均用第一个数据除，然后得到一个新的数列，这个新的数列即是各不同时刻的值相对于第一个时刻的值的百分比。均值化处理就是用序列平均值除以所有数据，即得到一个占平均值百分比的数列。另外，还有经常使用的规范化处理方式。于是，就可以把影响字母序列 $x_0$ 的因素按上述定义的优劣排队，即按各自对 $x_0$ 的影响程度大小排序，从而完成关联分析。

总的来说，灰色关联度分析是系统态势的量化比较分析，其实质就是比较若干数列所构成的曲线列与理想（标准）数列所构成的曲线几何形状的接近程度，几何形状越接近，其关联度就越大，关联序则反映各评估对象对理想（标准）对象的接近次序，即评估对象的优劣次序，其中灰色关联度最大的评估对象为最佳。因此，利用灰色关联度可对评估对象的优劣进行分析比较。

### （二）基于灰色关联分析的灰色综合评估法

对事物的综合评估，多数情况是研究多对象的排序问题，即在各个评估对象之间排出优选顺序。

灰色综合评判主要是依据以下模型：

$$R=E\times W$$

式中，$R=\begin{bmatrix}r_1,\ r_2,\ \cdots,\ r_n\end{bmatrix}^T$ 为 $m$ 个被评对象的综合评判结果向量；$W=\begin{bmatrix}w_1,\ w_2,\ \cdots,\ w_n\end{bmatrix}^T$ 为 $n$ 个评估指标的权重分配向量，其中 $\sum_{j=1}^n w_j=1$ ；$E$ 为各项指标的评判矩阵：

$$E=\begin{bmatrix}\xi_1\ (1) & \xi_1\ (2) & \cdots & \xi_1\ (n)\\ \xi_2\ (1) & \xi_2\ (2) & \cdots & \xi_2\ (n)\\ \vdots & \vdots & \cdots & \vdots\\ \xi_m\ (1) & \xi_m\ (2) & \cdots & \xi_m\ (n)\end{bmatrix}$$

$\xi_i\ (k)$ 为第 $i$ 种方案的第 $k$ 个指标与第 $k$ 个最优指标的关联系数。

根据 $R$ 的数值，进行排序。

1. 确定最优指标集($F^*$)。

设：

$$F^*=\begin{bmatrix}j_1^*,\ j_2^*,\ \cdots,\ j_n^*\end{bmatrix}$$

式中，$j_k^*$ 为第 $k$ 个指标的最优值。此最优值可是诸方案中最优值（若某一指标取大值为好，则取该指标在各个方案中的最大值；若取小值为好，则取各个方案中的最小值），也可以是评估者公认的最优值。不过在定最优值时，既要考虑到先进性，又要考虑到可行性。若最优标志定得过高，则不现实，不能实现，评估的结果也就不可能正确。

选定最优指标集后，可构造矩阵 $D$：

$$D = \begin{bmatrix} j_1^* & j_2^* & \cdots & j_n^* \\ j_1^1 & j_2^1 & \cdots & j_n^1 \\ \vdots & \vdots & \cdots & \vdots \\ j_1^m & j_2^m & \cdots & j_n^m \end{bmatrix}$$

式中，$j_k^i$ 为第 $i$ 个方案中第 $k$ 个指标的原始数值。

2. 指标值的规范化处理。由于批判指标间通常是有不同的量纲和数量级，故不能直接进行比较，为了保证结果的可靠性，因此要对原始指标值进行规范化处理。

设第 $k$ 个指标的变化区间为 $[j_{k1}, j_{k2}]$，$j_{k1}$ 为第 $k$ 个指标在所有方案中的最小值，$j_{k2}$ 为第 $k$ 个指标在所有方案中的最大值，则可用下式将上式中原始数值变换成无量纲值 $C_k^i \in (0, 1)$。

$$C_k^i = \frac{j_k^i - j_{k1}}{j_{k1} - j_k^i},\ i = 1, 2, \cdots, m,\ k = 1, 2, \cdots, n$$

这样 $D \to C$ 矩阵：

$$C = \begin{bmatrix} C_1^* & C_2^* & \cdots & C_n^* \\ C_1^1 & C_2^1 & \cdots & C_n^1 \\ \vdots & \vdots & \cdots & \vdots \\ C_1^m & C_2^m & \cdots & C_n^m \end{bmatrix}$$

## （三）计算综合评判结果

根据灰色系统理论，将 $\{C^*\} = [C_1^*, C_2^*, \cdots, C_n^*]$ 作为参考数列，将 $\{C\} = [C_1^i, C_2^i, \cdots, C_n^i]$ 作为被参考数列，则用关联分析法分别求得第 $i$ 个方案第 $k$ 个指标与第 $k$ 个最优指标的关联系数 $\xi_i(k)$，即

$$\xi_i(k) = \frac{\min\limits_i \min\limits_k |C_K^* - C_k^i| + \rho \max\limits_i \max\limits_k |C_K^* - C_k^i|}{|C_k^* - C_K^i| + \rho \max\limits_i \max\limits_k |C_k^* - C_k^i|}$$

式中，$\rho \in (0, 1)$，一般取 $\rho = 0.5$。

由 $\xi_i(k)$，即得 $E$，这样综合评判结果为 $R = E \times W$，即

$$r_i = \sum_{k=1}^{n} W(k) \times \xi_i(k)$$

若关联度$r_i$最大，则说明$\{C^i\}$与最优指标$\{C^*\}$最接近，亦即第$i$个方案优于其他方案，据此，可以排出各方案的优劣次序。

### （四）步骤总结

以上可见，灰色关联度分析具体步骤如下。

1. 确定比较数列（评估对象）和参考数列（评估标准）。设评估对象为$m$个，评估指标为$n$个，比较数列为：

$$x_1 = \{x_i(1), x_i(2), \cdots, x_i(n)\}, i = 1, 2, \cdots, m$$

参考数列为：

$$x_0 = \{x_0(1), x_0(2), \cdots, x_0(n)\}$$

2. 确定各指标值对应的权重。可利用层次分析法等确定各指标对应的权重：

$$W = [w_1, w_2, \cdots, w_n]^T$$

式中，$w_k$为第$k$个评估指标对应的权重。

3. 计算灰色关联系数。灰色关联系数由下面公式计算：

$$\xi_i(k) = \frac{\min_i \min_k |x_0(k) - x_i(k)| + \xi \max_i \max_k |x_0(k) - x_i(k)|}{|x_0(k) - x_i(k)| + \xi \max_i \max_k |x_0(k) - x_i(k)|}$$

式中，$\xi_i(k)$是比较数列$x_i$与参考数列$x_0$在第$k$个评估指标上的相对差值。

4. 计算灰色加权关联度，建立灰色关联度。灰色加权关联度的计算公式为：

$$r_i = \frac{1}{n} \sum_{k=1}^{n} w_k \xi_i(k)$$

式中，$r_i$为第$i$个评估对象的理想处理对象的灰色加权关联度。

5. 评估分析。根据灰色加权关联度的大小，对各评估对象进行排序，可建立评估对象的关联序，关联度越大其评估结果越好。通过编制程序，其中的计算过程可由计算机快速完成。

## 二、基于灰色关联分析的奶牛布鲁氏菌病风险评估

为了探究影响奶牛布鲁氏菌病风险评估的主要因素及其影响强弱顺序，为合理评估不同地区的奶牛布鲁氏菌病风险水平提供理论依据。从饲养与调入、繁育、饲养环境、混养情况4个维度，设定了评估指标体系，选取了3个有代表性的地区进行了奶牛布鲁氏菌病风险调查，应用系统多层次灰色关联熵分析方法进行数据分析。一级影响因子对奶牛布鲁氏菌病风险影响大小的顺序为：饲养与调入 > 饲养环境 > 混养情况 > 繁育；二级

影响因子对奶牛布鲁氏菌病风险影响大小的顺序为：$u_{32} > u_{12} > u_{11} > u_{31} > u_{21} > u_{42} > u_{43} > u_{23} > u_{22} > u_{41}$。根据一级指标层的权重，各级政府主管部门与奶牛养殖户应首先注重饲养与调入和饲养环境这两方面；而从二级指标层的加权权重来看，奶牛养殖户应首先重视奶牛场的选址，奶牛调入前的布鲁氏菌病检测，挤奶方式等；根据3个有代表性的地区奶牛布鲁氏菌病风险水平来看，各地政府主管部门只要加大宣传力度和投资力度，在当地形成奶牛养殖新风气，奶牛布鲁氏菌病风险水平一定可以降低。

## （一）引言

　　布鲁氏菌病是由布鲁氏菌引起的人兽共患的常见传染病。世界动物卫生组织（OIE）将其列入必须通报的疫病名录，我国将其列为二类动物疫病。据报道有123个国家发生过布鲁氏菌病，我国内蒙古、东北、西北等地区曾长期流行该病。改革开放以来，我国布鲁氏菌病防治工作取得巨大成果，人、畜发病率逐年下降，基本控制了该病的流行。但是，自20世纪90年代以来，奶牛布鲁氏菌病又有上升趋势。因此，建立奶牛布鲁氏菌病风险评估方法，实现对奶牛布鲁氏菌病发生风险的精确预测和预报，以确定疫情发生的风险程度，有针对性地采取预防措施，减少防控工作的被动性与盲目性，具有重大的现实意义。

　　目前，国内外学者已对动物布鲁氏菌病风险评估及指标体系的建立进行了许多有益的探索。如孙广力等运用疫病因素、饲养管理因素、地理气候因素、动物卫生防疫因素、社会经济发展因素来评估动物布鲁氏菌病发生风险，贺磊等运用阳性数对阿勒泰地区动物布鲁氏菌病进行风险评估，而A. M. Coelho等运用管理风格、饲养方式等14个指标来评估动物布鲁氏菌病发生风险，部分文献也用不同方法对动物布鲁氏菌病进行了风险评估。由于所采用的指标体系和评估方法的不同而存在较大的差异，究竟采用何种定量的评估方法使得动物布鲁氏菌病风险评估的效果最好，至今仍没有统一定论。不过，上述方法都对信息充分性要求比较高，另外所需样本数比较大，如果信息掌握不是很充分或样本量比较小的话，风险评估的结果将大打折扣。同时，这些评估方法与评估过程中主观因素过多，无法客观准确反映动物布鲁氏菌病风险现状，严重影响了最终的评估效果。另外对动物布鲁氏菌病风险评估而言，并不是考虑的指标越多越好，因为指标越多，数据的获取难度加大，即使获取数据并有风险评估结果，实际指导意义也不强。

　　研究目的是构建奶牛布鲁氏菌病风险评估模型，因此本文拟从奶牛养殖户的角度构建一套针对性强，易操作的奶牛布鲁氏菌病风险评估指标体系，并运用熵权法求取奶牛布鲁氏菌病风险因素的各风险因素的相对权重，以克服求取各风险因素相对权重主观随意性。最后采用多层次灰色关联综合评估理论对2012年3省（自治区）的9个县奶牛布鲁氏菌病进行了风险评估，以期为当地政府部门和农业部制定相关政策措施提供理论指导。

### （二）奶牛布鲁氏菌病风险评估的模型构建

基于系统多层次灰色关联熵综合评估理论是系统多层次灰色关联综合评估理论与熵权法的有机结合，主要用于解决评估信息不完备，评估对象受各种不确定因素影响，且各种因素具有不同层次的评估问题。由于奶牛布鲁氏菌病风险评估涉及多个灰色因素，且各个因素之间又有明显的层次性，因此可以选择多层次灰色关联综合评估法作为研究方法。然而该方法在确定指标权重时，往往采用德尔菲法，在一定程度上影响了模型的实用性和评估结果的客观性。为克服该模型的这一缺点，该研究运用熵权法来确定各指标的权重。这样就使得基于系统多层次灰色关联熵综合评估理论的奶牛布鲁氏菌病风险评估模型，不仅能够很好地解决系统评估过程中评估因素与指标多层次关系的问题，而且能够最大限度地消除评估过程的主观因素，增强评估结果的客观性和准确性。系统多层次灰色关联熵理论已被应用于许多方面，如畅建霞等将其应用于水资源系统演化方向研究，赵宝山等将其应用于顾客满意度系统研究，李朝霞等将其应用于水电站开发研究。

灰色系统理论认为，系统中任何两个行为序列都不可能是严格不相关联的。灰色关联是指事物之间、系统内部因子之间或者因子对主行为之间的不确定关联。奶牛布鲁氏菌病风险评估作为一个系统，各个地区之间、各风险因素对系统的作用都存在不确定关联，因此可以利用灰色关联度来进行奶牛布鲁氏菌病风险评估。灰色关联分析的基本思路是：通过数列集构成的曲线族与参考数列曲线进行几何相似度的比较，来确定比较数列集与参考数列间的关联度，两者的几何形状越相似，则关联度越大，反之越小。

设有 $n$ 个地区奶牛布鲁氏菌病风险状况待评估，每一地区奶牛布鲁氏菌病风险评估因素或指标集为 $U$。按评估因素的不同属性，将 $U$ 分解为 $l$ 个一级评估指标（子系统），每个一级评估指标分别有 $m_1$，$m_2$，$\cdots$，$m_l$ 个二级评估指标。用 $x_{1k}^i$，$x_{2k}^i$，$\cdots$，$x_{m_k}^i$ 表示第 $k$（$k=1$，$\cdots$，$n$）个地区的第 $i$（$i=1$，$\cdots$，$l$）个二级指标的 $m_i$ 评估特征值。评估过程包含如下 6 个步骤：

1. 收集数据，制定二级指标评估特征矩阵。对于第 $i$ 个子系统全体待评估的 $n$ 个地区的 $m_i$ 个评估指标特征值，可用矩阵表示为：

$$\begin{bmatrix} x_{11}^i & x_{12}^i & \cdots & x_{1n}^i \\ x_{21}^i & x_{22}^i & \cdots & x_{2n}^i \\ \vdots & \vdots & \cdots & \vdots \\ x_{m,1}^i & x_{m,2}^i & \cdots & x_{m,n}^i \end{bmatrix} = \left( x_{hj}^i \right)_{m_i \times n}$$

式中，$i=1$，$\cdots$，$l$。

2. 指标评估特征矩阵规范化与标准化。由于评估指标的数值具有不同的量纲和数量级，没有可比性，因此需对原始评估指标值进行标准化处理。

对正指标（指标值越大风险越大），用下式处理：

$$r^i_{hj} = \frac{x^i_{hj} - \inf_j \ (x^i_{hj})}{\sup_j \ (x^i_{hj}) \ - \inf_j \ (x^i_{hj})}$$

对负指标（指标值越小风险越大），用下式处理：

$$r^i_{hj} = \frac{\sup_{j} (x^i_{hj}) \ - x^i_{hj}}{\sup_j \ (x^i_{hj}) \ - \inf_j \ (x^i_{hj})}$$

规范化与标准化后的矩阵为：

$$\begin{bmatrix} r^i_{11} & r^i_{12} & \cdots & r^i_{1n} \\ r^i_{21} & r^i_{22} & \cdots & r^i_{2n} \\ \vdots & \vdots & \ddots & \vdots \\ r^i_{m,1} & r^i_{m,2} & \cdots & r^i_{m,n} \end{bmatrix}$$

3. 构造参考数列以及比较数列集。虚拟一个风险水平最高的地区，其第$i$个子系统中的$m_i$个评估指标值为：$f^i_1$，$f^i_2$，$\cdots$，$f^i_{m_i}$，其中，对正指标取$f^i_k = \max \ \{r^i_{k1}, \ r^i_{k2}, \ \cdots, \ r^i_{kn}\}$，$k = 1$，$2$，$\cdots$，$m_i$，对负指标取$f^i_k = \min \ \{r^i_{k1}, \ r^i_{k2}, \ \cdots, \ r^i_{kn}\}$，$k = 1$，$2$，$\cdots$，$m_i$。将虚拟地区的指标值作为参考数列，$n$个待评估地区指标值作为比较数列集。

4. 确定比较数列与参考数列的关联度。要确定比较数列$L^0_{m_i} = \{f^i_1, \ f^i_2, \ \cdots, \ f^i_{m_i}\}$与参考数列$L^j_{m_i} = \{r^i_{1j}, \ r^i_{2j}, \ \cdots, \ r^i_{m_ij}\}$的关联度，则对任意$i \in \{1, \ \cdots, \ l\}$，$j \in \{1, \ \cdots, \ n\}$，令$\Delta^i_j$ $(k) = |f^i_k - r^i_{kj}|$，则$L^0_{m_i}$与$L^j_{m_i}$中第$k$ $(k = 1, \ \cdots, \ m_i)$个分量之间的关联系数为：

$$\xi^i_j \ (k) \ = \frac{\min\limits_j \min\limits_k \Delta^i_j \ (k) \ + \rho \max\limits_j \ max\limits_k \Delta^i_j \ (k)}{\Delta^i_j \ (k) \ + \rho \max\limits_j \ max\limits_k \Delta^i_j \ (k)}$$

式中，$\rho \in [0, 1]$为分辨系数，一般取$\rho = 0.5$。

为了计算$L^0_{m_i} = \{f^i_1, \ f^i_2, \ \cdots, \ f^i_{m_i}\}$与$L^j_{m_i} = \{r^i_{1j}, \ r^i_{2j}, \ \cdots, \ r^i_{m_ij}\}$两数列之间的关联度，首先利用熵确定$L^0_{m_i}$与$L^j_{m_i}$中第$k$ $(k = 1, \ \cdots, \ m_i)$个分量关联系数的权重。"熵"的概念最初产生于热力学，它被用来描述运动过程中的一种不可逆现象，后来在信息论中用熵来表示事物出现的不确定性。如果某个分量的熵越小，就表明其值的变异程度越大，提供的信息量越多，在综合评估中所起的作用越大，其权重就应越大；某个分量的熵越大，就表明其值的变异程度越小，提供的信息量越少，在综合评估中所起的作用越小，其权重也就越小。在具体分析过程中，可根据各分量值的变异程度，利用熵来计算出各个分量的权重，利用各个分量权重对所有分量值进行加权，从而得出较为客观的评估结果。利用熵确定$L^0_{m_i}$与$L^j_{m_i}$中第$k$ $(k = 1, \ \cdots, \ m_i)$个分量关联系数的权重的步骤如下：

（1）$L^0_{m_j}$与$L^j_{m_i}$中第$k$ $(k = 1, \ \cdots, \ m_i)$个分量关联熵定义为：

$$H_k^{m_i} = \frac{\sum_{j=1}^n \left( \dfrac{\xi_j^i(k)}{\sum_{j=1}^n \xi_j^i(k)} \right) \ln\left( \dfrac{\xi_j^i(k)}{\sum_{j=1}^n \xi_j^i(k)} \right)}{\ln n}$$

如果$\xi_j^i(k) = 0$，则

$$\frac{\xi_j^i(k)}{\sum_{j=1}^n \xi_j^i(k)}$$

修正为：

$$\frac{1 + \xi_j^i(k)}{\sum_{j=1}^n \xi_j^i(k)}$$

（2）权重由下式计算：

$$w_k^{m_i} = \frac{1 - H_k^{m_i}}{m - \sum_{k=1}^{m_i} H_k^{m_i}}$$

从而可以得到关联度$L_{m_i}^0 = \{f_1^i, f_2^i, \cdots, f_{m_i}^i\}$ 与 $L_{m_i}^j = \{r_{1j}^i, r_{2j}^i, \cdots, r_{mij}^i\}$ 之间的关联度

$$R_j^{m_i} = \sum_{k=1}^{m_i} w_k^{m_i} \xi_j^i(k), \quad i = 1, \cdots, l, \quad j = 1, \cdots, n$$

写成矩阵的形式为：

$$R = \begin{pmatrix} R_1^{m_1} & R_2^{m_1} & \cdots & R_n^{m_1} \\ R_1^{m_2} & R_2^{m_2} & \cdots & R_n^{m_2} \\ \vdots & \vdots & \ddots & \vdots \\ R_1^{m_i} & R_2^{m_i} & \cdots & R_n^{m_i} \end{pmatrix}$$

5. 子系统权重的确定。与步骤3类似，利用$R$构造参考数列$L = \{g^{m_1}, g^{m_2}, \cdots, g^{m_i}\}$。其中，对正指标取$g^{m_i} = \max \{R_1^{m_i}, R_2^{m_i}, \cdots, R_n^{m_i}\}$，对负指标取$g^{m_i} = \min \{R_1^{m_i}, R_2^{m_i}, \cdots, R_n^{m_i}\}$。比较数列集为$L^j = \{R_j^{m_1}, R_j^{m_2}, \cdots, R_j^{m_i}\}$，$j = 1, \cdots, n$。与步骤4类似，对任意$j \in \{1, \cdots, n\}$，令$\Delta_j(k) = |g^{m_k} - R_j^{m_k}|$，则$L$与$L^j$中第$k$ $(k = 1, \cdots, l)$ 个分量之间的关联系数为：

$$\eta_j(k) = \frac{\min_j \min_k \Delta_j(k) + \rho \max_j \max_k \Delta_j(k)}{\Delta_j(k) + \rho \max_j \max_k \Delta_j(k)}$$

再利用熵权法计算出第$k$ $(k = 1, \cdots, l)$ 个分量（子系统）关联系数的权重：

$$w^k = \frac{1 - H^k}{l - \sum_{k=1}^l H^k}$$

式中，

$$H_k = \frac{\sum_{j=1}^n \left( \dfrac{\eta_j(k)}{\sum_{j=1}^n \eta_j(k)} \right) \ln\left( \dfrac{\eta_j(k)}{\sum_{j=1}^n \eta_j(k)} \right)}{\ln n}$$

如果$\eta_j^i\ (k)\ =0$，则

$$\frac{\eta_j\ (k)}{\sum_{j=1}^n \eta_j\ (k)}$$

修正为：

$$\frac{1+\eta_j\ (k)}{\sum_{j=1}^n \eta_j\ (k)}$$

6. 计算系统综合评估关联度。按下式计算系统综合评估关联度$R_j = \sum_{k=1}^l w_k \eta_j\ (k)$，$j=1$，…，$n$。根据$R_1$，…，$R_n$值大小决定受评估地区奶牛布鲁氏菌病风险水平，值越大则该地区奶牛布鲁氏菌病风险水平越高。

### （三）实证分析

1. 奶牛布鲁氏菌病风险评估指标体系的设定。本着重要性、系统性、实用性与灵活性的原则，在广泛参考已有奶牛布鲁氏菌病风险评估和流行病学研究成果的基础上，设计出基于奶牛养殖户角度的奶牛布鲁氏菌病风险评估指标体系。该指标体系是由一级指标（子系统），二级指标构成的层叠体系。奶牛布鲁氏菌病风险评估指标体系构成如表7-18所示。

**表7-18　奶牛布鲁氏菌病风险评估指标体系**

| 第一层指标 | 第二层指标 |
|---|---|
| 饲养与调入 $U_1$ | 1. $U_{11}$ 挤奶方式 |
| | 2. $U_{12}$ 调入混群前，是否全部进行布鲁氏菌病检测 |
| 繁育 $U_2$ | 1. $U_{21}$ 人工授精时，是否用一次性手套 |
| | 2. $U_{22}$ 胎衣、流产胎儿或死胎处理 |
| | 3. $U_{23}$ 产犊场地处理 |
| 饲养环境 $U_3$ | 1. $U_{31}$ 本场/户处于奶牛养殖小区或以挤奶站为中心的自然村内 |
| | 2. $U_{32}$ 本场/户远离村寨和其他养牛场户，独立养殖 |
| 混养情况 $U_4$ | 1. $U_{41}$ 本场/户饲养有羊 |
| | 2. $U_{42}$ 附近周边农户饲养有牛（包括黄牛） |
| | 3. $U_{43}$ 附近周边农户饲养有羊 |

2. 数据的获取。为了评估3个地区的2012年奶牛布鲁氏菌病风险水平，根据前面构建的奶牛布鲁氏菌病风险评估指标体系制作奶牛布鲁氏菌病风险调查表（略），2012年3月向3个省（自治区）的9个县的奶牛养殖户进行问卷调查，收回有效问卷489份。相关原始数据整理见表7-19。

表7-19 奶牛布鲁氏菌病风险评估指标

| 评估指标 | 状态 | 地区A | | | | 地区B | | | | 地区C | | | |
|---|---|---|---|---|---|---|---|---|---|---|---|---|---|
| | | 户数 | 布鲁氏菌病阳性户数 | 阳性率(%) | 平均阳性率(%) | 户数 | 布鲁氏菌病阳性户数 | 阳性率(%) | 平均阳性率(%) | 户数 | 布鲁氏菌病阳性户数 | 阳性率(%) | 平均阳性率(%) |
| 混群前,是否全部进行布鲁氏菌病检测 | 是 | 32 | 6 | 18.75 | 35.579 | 100 | 20 | 20.00 | 30.675 | 107 | 29 | 27.10 | 49.076 |
| | 否 | 131 | 52 | 39.69 | | 63 | 30 | 47.62 | | 56 | 51 | 91.07 | |
| 本场处于奶牛养殖小区或挤奶站为中心的自然村内 | 是 | 80 | 31 | 38.75 | 35.582 | 124 | 40 | 32.26 | 34.483 | 153 | 73 | 47.71 | 49.079 |
| | 否 | 83 | 27 | 32.53 | | 39 | 10 | 25.64 | | 10 | 7 | 70.00 | |
| 本场远离村囊和其他养牛户,独立养殖 | 是 | 40 | 18 | 45.00 | 35.583 | 52 | 18 | 34.62 | 30.680 | 28 | 15 | 55.56 | 49.082 |
| | 否 | 123 | 40 | 32.52 | | 111 | 32 | 28.83 | | 135 | 65 | 47.80 | |
| 本场饲养育羊 | 是 | 57 | 20 | 35.09 | 35.584 | 52 | 14 | 26.92 | 30.671 | 28 | 16 | 57.14 | 42.335 |
| | 否 | 106 | 38 | 35.85 | | 111 | 36 | 32.43 | | 135 | 64 | 47.41 | |
| 周边农户饲养育牛 | 是 | 112 | 43 | 38.39 | 35.580 | 126 | 38 | 30.16 | 30.674 | 83 | 41 | 49.40 | 49.08 |
| | 否 | 51 | 15 | 29.41 | | 37 | 12 | 32.43 | | 80 | 39 | 48.75 | |
| 自己挤奶 | 是 | 117 | 40 | 34.19 | 35.584 | 18 | 6 | 33.33 | 30.669 | 8 | 3 | 37.50 | 49.082 |
| 收购站设施挤奶 | 是 | 46 | 18 | 39.13 | | 145 | 44 | 30.34 | | 153 | 77 | 50.33 | |
| 人工授精是否使用一次性手套 | 是 | 137 | 51 | 39.23 | 37.266 | 128 | 41 | 32.03 | 30.670 | 145 | 68 | 46.90 | 49.082 |
| | 否 | 26 | 7 | 26.92 | | 35 | 9 | 25.71 | | 18 | 12 | 66.67 | |
| 胎衣、死胎处理 | 掩埋 | 141 | 44 | 31.20 | 35.580 | 87 | 29 | 33.33 | 30.671 | 80 | 38 | 47.50 | 49.077 |
| | 丢弃 | 22 | 14 | 63.64 | | 76 | 21 | 27.63 | | 83 | 42 | 50.60 | |
| 产接场地 | 不处理 | 52 | 13 | 25.10 | 35.586 | 99 | 25 | 25.25 | 30.671 | 114 | 54 | 47.37 | 49.079 |
| | 严格消毒 | 111 | 45 | 40.54 | | 64 | 25 | 39.09 | | 49 | 26 | 53.06 | |
| 周边农户饲养育羊 | 是 | 104 | 39 | 37.50 | 35.584 | 116 | 30 | 25.86 | 30.672 | 88 | 44 | 50.00 | 49.078 |
| | 否 | 59 | 19 | 32.20 | | 47 | 20 | 42.55 | | 75 | 36 | 48.00 | |

3. 数据的计算及结果。根据表7-19建立的奶牛布鲁氏菌病风险评估指标体系，以3个地区的原始数据为基础，结合前面所述的运算过程并运用Matlab6.5，对这3个地区奶牛布鲁氏菌病风险水平进行综合评估和排序。3个地区奶牛布鲁氏菌病风险水平进行综合评估的一级指标及二级指标权重、规格值如表7-20、表7-21和表7-22所示。

### 表7-20　一级指标权重及二级指标权重、规格值

| 第一层 | | | 第二层 | | | 受评估地区奶牛布鲁氏菌病规格值 | | |
| --- | --- | --- | --- | --- | --- | --- | --- | --- |
| 子系统序号 | 评估因素 | 子系统权重 | 序号 | 评估指标 | 评估指标权重 | 地区 A | 地区 B | 地区 C |
| 1 | $U_1$ | 0.2637 | 1 | $U_{11}$ | 0.499 997 | 0.405 436 | 0.333 333 | 1 |
| | | | 2 | $U_{12}$ | 0.500 026 | 0.405 364 | 0.333 357 | 1 |
| 2 | $U_2$ | 0.2295 | 1 | $U_{21}$ | 0.483 727 | 0.437 841 | 0.345 782 | 1 |
| | | | 2 | $U_{22}$ | 0.258 153 | 0.405 418 | 0.333 333 | 1 |
| | | | 3 | $U_{23}$ | 0.258 189 | 0.405 489 | 0.333 333 | 1 |
| 3 | $U_3$ | 0.2573 | 1 | $U_{31}$ | 0.460 152 | 0.405 418 | 0.386 696 | 1 |
| | | | 2 | $U_{32}$ | 0.539 847 | 0.405 382 | 0.333 381 | 1 |
| 4 | $U_4$ | 0.2495 | 1 | $U_{41}$ | 0.195 357 | 0.576 845 | 0.441 031 | 1 |
| | | | 2 | $U_{42}$ | 0.402 369 | 0.405 364 | 0.333 333 | 1 |
| | | | 3 | $U_{43}$ | 0.402 273 | 0.405 472 | 0.333 333 | 1 |

### 表7-21　二级指标层的加权权重

| $U_{11}$ | $U_{12}$ | $U_{21}$ | $U_{22}$ | $U_{23}$ | $U_{31}$ | $U_{32}$ | $U_{41}$ | $U_{41}$ | $U_{43}$ |
| --- | --- | --- | --- | --- | --- | --- | --- | --- | --- |
| 0.131 849 | 0.131 857 | 0.111 015 | 0.059 246 | 0.059 254 | 0.118 397 | 0.138 9 | 0.048 742 | 0.100 391 | 0.100 367 |

### 表7-22　三个地区一级指标规格值及综合评估排名

| 排名 | 受评估地区 | $U_1$ | $U_2$ | $U_3$ | $U_4$ | 奶牛布鲁氏菌病相对风险水平 |
| --- | --- | --- | --- | --- | --- | --- |
| 1 | 地区 | 1 | 1 | 1 | 1 | 1 |
| 2 | 地区 | 0.359 2 | 0.365 4 | 0.359 2 | 0.372 7 | 0.364 0 |
| 3 | 地区 | 0.333 3 | 0.355 3 | 0.341 7 | 0.340 5 | 0.342 3 |

### （四）结果分析

从一级指标层的权重来看，饲养与调入（$U_1$）以及饲养环境（$U_3$）的权重最大，这表明要降低奶牛布鲁氏菌病风险水平，各级政府主管部门应首先从政策方面鼓励奶牛养殖户注重这两方面，加大这两方面的投资和宣传。而从二级指标层的加权权重来看，$U_{32}$，$U_{12}$，$U_{11}$的规格值最大，这说明奶牛养殖户应重视奶牛场的选址，奶牛场最好远离村

寨和其他养牛场户，独立养殖，奶牛调入前应全部进行布鲁氏菌病检测，挤奶时应注意挤奶卫生，最好机器挤奶。

从一级指标层的规格值来看，地区C各项值均为1，地区A与地区B各项值均在0.35左右，这表明地区C在奶牛布鲁氏菌病防治上有许多工作需要去做。

从二级指标层的规格值来看，地区C各项均为1，地区A除$U_4$项略高外，其余均在0.405左右，地区B除$U_4$项略高外，其余均在0.333左右，这表明在奶牛布鲁氏菌病防治上应降低牛羊混养率，最好牛羊不要混养。同时从这些数据也可看出各地区的二级指标层的规格值趋于一个常值，这表明受经济条件、习惯、风俗等因素的影响，各地区奶牛养殖户已形成一定的养殖模式。而要降低奶牛布鲁氏菌病风险水平，就必须一定程度改变这些养殖模式，从现实可操作上来讲，这是相当困难的。这就要各级政府主管部门加大宣传力度和投资力度，而这种努力一定有回报，因为只要在当地形成奶牛养殖新风气，二级指标层的规格值必定趋于一个比以前小的常值，从而当地的奶牛布鲁氏菌病风险水平得以降低。

从综合评估结果来看，地区C奶牛布鲁氏菌病相对风险水平最高，其次是地区A与地区B，这与当地的经济条件和养殖模式是相吻合的。

（五）结论

本研究的主要结论如下，一是奶牛布鲁氏菌病风险水平系统层次灰色关联熵评估，是运用灰色关联度理论，确定比较数列与参考数列的各个分量之间的关联系数，再利用熵权法确定比较数列与参考数列的各个分量之间关联系数的权重，从而可得到各影响因素的权重及受评地区的综合评估值，进而可进行受评地区奶牛布鲁氏菌病风险水平的排序；二是本法优于目前应用较广泛的AHP综合评估法，因为它充分利用了原始数据的信息；三是本法已编程实现评估计算机化，1min左右可以对一个调查结果完成计算并输出分析结果，具有很强的推广价值。

第五节　熵权投影法

一、熵权投影法方法介绍

熵权投影法是将熵权法和空间投影法结合在一起产生的一种新的评价方法。熵权投影法决策就是通过无量纲化、熵权加权和投影，将无序空间的向量映射成同一直线上的有序向量，从而解决了被评估对象在不同时（空）间上的整体比较和排序问题。

## （一）构建决策矩阵

设多指标决策问题的方案集为 $A = \{A_1, A_2, \cdots, A_n\}$，指标集（也称目标集、属性集）为 $B = \{B_1, B_2, \cdots, B_m\}$，方案 $A_1$ 对指标 $B_1$ 的属性值（指标值）记为 $y_{ij}$（$i = 1$, $2$, $\cdots$, $n$；$j = 1$, $2$, $\cdots$, $m$），矩阵 $Y = (y_{ij})_{n \times m}$ 表示方案集 $A$ 对指标集 $B$ 的属性矩阵，一般称作决策矩阵。

$$B = \begin{bmatrix} y_{11} & y_{12} & \cdots & y_{1m} \\ y_{21} & y_{22} & \cdots & y_{2m} \\ \vdots & \vdots & \vdots & \vdots \\ y_{n1} & y_{n2} & \cdots & y_{nm} \end{bmatrix}_{n \times m}$$

## （二）无量纲化处理

由于各种不同类型指标往往具有不同的量纲和单位，因此，决策之前通常应进行无量纲化处理。通常处理方法如下：

（1）对于效益型指标（即越大越好的指标），一般可令：

$$Z_{ij} = (y_{ij} - y_j^{min}) / (y_j^{max} - y_j^{min}) \quad i = 1, 2, \cdots, n \quad j = 1, 2, \cdots, m$$

（2）对于成本型指标（即越小越好的指标），一般可令：

$$Z_{ij} = (y_j^{max} - y_{ij}) / (y_j^{max} - y_j^{min}) \quad i = 1, 2, \cdots, n \quad j = 1, 2, \cdots, m$$

记无量纲化后的决策矩阵为 $Z = z_{ij}$。此时的 $z_{ij}$ 总是越大越好，定义各评估指标的理想属性值为：

$$Z_{ij}^* = max \{Z_{ij}, i = 1, 2, \cdots, n \quad j = 1, 2, \cdots, m\} = 1$$

由理想属性构成的方案称为理想方案，用 $A^*$ 表示。这样由各参与决策的方案 $A_i$ 和理想方案 $A^*$ 所构成的矩阵 $Z = (A_1, A_2, \cdots, A_n, A^*)^T$，就称为增广型规范化决策矩阵。

## （三）用熵权法确定权重向量

设评估指标间的权重向量为 $W = (w_1, w_2, \cdots, w_m)^T > 0$，$W$ 的确定方法有主、客观赋权法两大类。熵权投影法采用熵权法确定权重向量。为了使投影决策方法的含义更加明确和清楚，应使 $W$ 满足单位化约束条件：

$$\sum_{j=1}^{m} w_j^2 = 1$$

倘若不满足，则可令：

$$w_j = \frac{w_j}{\sqrt{\sum_{j=1}^{m} w_j^2}}, \ j = 1, \ 2, \ \cdots, \ m$$

从而使其满足该条件。

### （四）构造增广型加权规范化决策矩阵

在加权向量$W$的作用下，构造增广型加权规范化决策矩阵$C$：

$$C = \begin{bmatrix} w_1 Z_{11} & w_2 Z_{12} & \cdots & w_m Z_{1m} \\ w_1 Z_{21} & w_2 Z_{22} & \cdots & w_m Z_{2m} \\ \vdots & \vdots & \vdots & \vdots \\ w_1 Z_{n1} & w_2 Z_{n2} & \cdots & w_m Z_{nm} \\ w_1 & w_2 & \cdots & w_m \end{bmatrix}_{n \times m}$$

### （五）计算夹角余弦、模和投影值

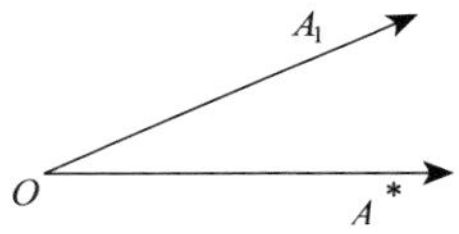

如将每个方案看成一个行向量，则每个决策方案$A_1$与理想方案$A^*$间均有夹角$\varphi_i$，详见图7－9。

每个决策方案$A_1$与理想方案$A^*$间均有夹角余弦为$r_i$，则有：

$$\cos\Phi_i = \frac{\sum_{j=1}^{m} [\ (w_j Z_{ij})\ w_j]}{\sqrt{\sum_{j=1}^{m} (w_j Z_{ij})^2} \sqrt{\sum_{j=1}^{m} w_j^2}} = \frac{\sum_{j=1}^{m} [\ (w_j Z_{ij})\ w_j]}{\sqrt{\sum_{j=1}^{m} (w_j Z_{ij})^2}}$$

图7-9 决策方案投影示意图

很显然，夹角余弦$0 < r_i \leqslant 1$，且总是愈大愈好，$r_i$愈大，表示决策方案$A_1$与理想方案$A^*$之间的变动方向愈是一致。但是，仅靠夹角余弦的大小还不能进行最优方案的决策。因为夹角余弦的大小只能反映各决策方案$A_1$与理想方案$A^*$之间的方向是否一致，不能反映各决策方案模（距离）的大小。由此可见，科学的决策方法除了要考虑各决策方案$A_1$与理想方案$A^*$之间的夹角余弦大小外，还必须考虑各决策方案模的大小。设决策方案$A_1$的模为$A_i$，则有：

$$D_i = \sqrt{\sum_{j=1}^{m} (w_j Z_{ij})^2}$$

模的大小虽然弥补了夹角余弦法的不足，但是模的大小反映不出各决策方案与理想方案之间的变动方向。如果变动方向相反，模愈大方案愈劣。因此，模的大小必须与夹角余弦的大小结合考虑才能全面准确反映各决策方案与理想方案之间的接近程度。

令：

$$d_i = D_i \times r_i = \sqrt{\sum_{j=1}^{m} (w_j Z_{ij})^2} \times \frac{\sum_{j=1}^{m} [\ (w_j Z_{ij})\ w_j]}{\sum_{j=1}^{m} (w_j Z_{ij})^2} = \sum_{j=1}^{m} [\ (w_j Z_{ij})\ w_j]$$

则$d_i$正好是决策方案$A_1$在理想方案$A^*$上的投影值。

### （六）根据投影值大小进行决策

熵权投影法的决策方法是以投影值的大小作为评判决策方案优劣的标准的，投影值愈大愈好。

## 二、基于熵权投影法的奶牛布鲁氏菌病风险评估

为了构建基于熵权的投影决策法的奶牛布鲁氏菌病风险分级模型，探究影响奶牛布鲁氏菌病风险评估的主要因素及其影响强弱顺序，并对评估地区的奶牛布鲁氏菌病风险水平进行分级，从饲养与调入、繁育、饲养环境和混养情况4个维度进行分析，设定了评估指标体系，选取了3个有代表性的地区进行了奶牛布鲁氏菌病风险调查，应用熵权投影决策法进行数据分析。从兽医理论的角度来说，权重大的影响因素对降低奶牛布鲁氏菌病风险有较大的作用，但从实际统计结果来看，一级、二级影响因素对奶牛布鲁氏菌病的作用几乎没有强弱之分。在当前奶牛养殖大环境下，这3个地方实际发生奶牛布鲁氏菌病的风险概率分别为35.74%，31.16%，48.52%。按照本节等级划分标准，可知3地奶牛布鲁氏菌病实际风险等级均为二级。采取有效防治措施的奶牛养殖户比率过低，同时阳性率过高是造成我国奶牛布鲁氏菌病风险过高的主要原因。

### （一）引言

奶牛布鲁氏菌病风险评估模型的理论研究意义在于通过风险评估研究，进一步确定各地区的奶牛布鲁氏菌病风险水平，以实现优化奶牛养殖步骤、降低全国奶牛布鲁氏菌病的总体风险水平的目的。A. M. Coelho等运用管理风格、饲养方式等14个指标来评估动物布鲁氏菌病发生风险。由于不同研究所采用的指标体系和评估方法不同，因而研究结果也存在较大的差异。究竟采用何种方法实施布鲁氏菌病风险评估的效果最好，至今仍没有定论。因此，本小节采用基于熵权的投影决策法模型实施风险量化评估。

### （二）熵权投影决策法风险评估模型

1. 问题的条件及设定。设有$n$个地区奶牛布鲁氏菌病风险状况待评估，即$X = \{x_1, x_2, \cdots, x_n\}$。奶牛布鲁氏菌病风险评估因素或指标集为$U = \{U_1, U_2, \cdots, U_l\}$。一级评估指标$U_1, U_2, \cdots, U_l$分别有$m_1, m_2, \cdots, m_l$个二级评估指标，可以用$U^i_{1k}, U^i_{2k}, \cdots, U^i_{mk}$表示第$k$（$k = 1, \cdots, n$）个地区的第$i$（$i = 1, \cdots, l$）个一级指标的$m_i$个二级评估指标。

$P_{1k}^i$，$P_{2k}^i$，$\cdots$，$P_{m,k}^i$分别表示由$U_{1k}^i$，$U_{2k}^i$，$\cdots$，$U_{m,k}^i$导致奶牛布鲁氏菌病的感染率。对于第$i$个一级指标$U_i$全体待评估的$n$个地区的$m_i$个二级评估指标特征值，可用评估矩阵表示为：

$$\begin{bmatrix} p_{11}^i & p_{12}^i & \cdots & p_{1n}^i \\ p_{21}^i & p_{22}^i & \cdots & p_{2n}^i \\ \vdots & \vdots & \cdots & \vdots \\ p_{m,1}^i & p_{m,2}^i & \cdots & p_{m,n}^i \end{bmatrix} = (p_{hj}^i)_{m_i \times n}, \ i = 1, \cdots, l$$

全部分析数据信息都可以从这些数据矩阵中获得。由这些评估矩阵可以计算出评估矩阵的归一化矩阵：

$$\begin{bmatrix} r_{11}^i & r_{12}^i & \cdots & r_{1n}^i \\ r_{21}^i & r_{22}^i & \cdots & r_{2n}^i \\ \vdots & \vdots & \cdots & \vdots \\ r_{m,1}^i & r_{m,2}^i & \cdots & r_{m,n}^i \end{bmatrix} = (r_{hj}^i)_{m_i \times n}, \ i = 1, \cdots, l$$

式中，

$$r_{km}^i = \frac{p_{km}^i}{\sum_{j=1}^n p_{kj}^i}, \ k = 1, \cdots, m_i$$

2. 因素指标权重的确定。目前大多数研究采用专家权重法确定评估指标的权重。为了克服专家权重法因各个专家经验和看待问题角度不同而造成权重分配的不确定性，文中采用了熵权法来确定权重向量。按传统的熵概念可定义第$i$（$i = 1$，$2$，$\cdots$，$l$）个一级指标中第$k$（$k = 1$，$\cdots$，$m_i$）个二级指标的熵为：

$$H_k^{m_i} = -\frac{\sum_{j=1}^n r_{kj}^i \ln r_{kj}^i}{\ln n}$$

如果$r_{kj}^i = 0$，则$r_{kj}^i$修正为：$1 + r_{kj}^i$。从而第$i$（$i = 1$，$2$，$\cdots$，$l$）个一级指标中第$k$（$k = 1$，$\cdots$，$m_i$）个二级指标的权重为：

$$w_k^{m_i} = \frac{1 - H_k^{m_i}}{m_i - \sum_{k=1}^{m_i} H_k^{m_i}}$$

为了获取第$j$（$j = 1$，$\cdots$，$l$）个一级指标的权重。令：

$$r_j = \sum_{k=1}^{m_i} w_k^{m_i} r_{kj}^i \quad j = 1, \cdots, n$$

则第$i$（$i = 1$，$2$，$\cdots$，$l$）个一级指标的熵为：

$$H_i = -\frac{\sum_{j=1}^n \left( \frac{r_j}{\sum_{j=1}^n r_j} \right) \ln \frac{r_j}{\sum_{j=1}^n r_j}}{\ln n}$$

如果 $r_j = 0$，则 $\dfrac{r_j}{\sum_{j=1}^{n} r_j}$ 修正为 $1 + \dfrac{r_j}{\sum_{j=1}^{n} r_j}$。再利用熵权法计算出第 $i$（$i = 1$，$\cdots$，$l$）个一级指标的权重 $w_i = \dfrac{1 - H_i}{l - \sum_{k=1}^{l} H_k}$。

3. 各地区的奶牛布鲁氏菌病风险排序。不妨认为感染地区的风险水平为100%，那么这个地区所有二级指标值都为1，$l$ 个一级指标评估指标值也均为1。

令：

$$\eta_k = \frac{w_k}{\sqrt{\sum_{k=1}^{l} w_k^2}}, \quad k = 1, \cdots, l$$

则 $\sum_{k=1}^{l} \eta_k^2 = 1$。又令：

$$p_j^i = \sum_{k=1}^{m_i} w_k^m p_{kj}^i, i = 1, \cdots, l, j = 1, \cdots, n$$

则

$$A_j = (\eta_1 p_j^1, \eta_2 p_j^2, \cdots, \eta_l p_j^l), j = 1, \cdots, n$$

由于感染地区 $P_j^1$，$P_j^2$，$\cdots$，$P_j^l$，$j = 1$，$\cdots$，$n$ 全部为1，则有：

$$A^* = (\eta_1 \cdot 1, \eta_2 \cdot 1, \cdots, \eta_l \cdot 1)$$

式中，$A_j$（$j = 1$，$\cdots$，$n$），为第 $i$ 个待评估地区的一级指标加权评估向量，$A^*$ 为感染地区的一级指标加权评估向量。

因为任意向量 $B = (\beta_1, \cdots, \beta_l)$ 与 $A^*$ 夹角余弦：

$$\cos\theta_B = \frac{\sum_{j=1}^{l} \eta_j \beta_j}{\sqrt{\sum_{j=1}^{l} \beta_j^2} \sqrt{\sum_{j=1}^{l} \eta_j^2}} = \frac{\sum_{j=1}^{l} \eta_j \beta_j}{\sqrt{\sum_{j=1}^{l} \beta_j^2}}$$

$D_B = \| \text{Proj}_A \cdot B \| = \| B \| \cos\theta_B = \sum_{j=1}^{l} \eta_j \beta_j$。因此，

$$D_A = \sum_{j=1}^{l} \eta_j^2 = 1$$

$$D_{A_j} = \sum_{i=1}^{l} \eta_j^2 p_j^i \leqslant \sum_{i=1}^{l} \eta_j (p_j^i)^{\frac{1}{2}} \leqslant \sqrt{\sum_{i=1}^{l} \eta_i^2} \sqrt{\sum_{i=1}^{l} p_j^i} = 1$$

那么 $0 \leqslant D_{A_j} \leqslant D_{A^*} = 1$。

因为 $D_{A_j}$ 是 $A_j$ 在 $A^*$ 上投影的模，所以 $D_{A_j}$ 越大，第 $i$ 个地区的奶牛布鲁氏菌病风险越大。因此计算出 $D_{A_j}$（$j = 1$，$2$，$\cdots$，$n$）的值，就可以将各地区的奶牛布鲁氏菌病风险排序。

又因为：

$$D_{A_j} = \sum_{i=1}^{l} \eta_j^2 p_j^i = K \left( \sum_{i=1}^{l} w_i^2 p_j^i \right), K = {}^1 \big/ {\sum_{k=1}^{l} w_k^2}$$

为常数，所以投影决策法本质上是一种简单加性加权方法，但与简单加性加权方法并不

完全一致。投影决策法采用的加权系数是原加权系数的平方乘常数$K$，因此投影决策法使得重要指标的权重进一步加强，次要指标的权重进一步减弱，这表明由投影决策法得到的排序结果比由简单加性加权方法得到的排序结果更接近客观实际。

4. 各地区的奶牛布鲁氏菌病风险分级。本模型参照2006年国务院发布的《国家突发重大动物疫情应急预案》中规定的等级划分标准将奶牛布鲁氏菌病风险评估等级分为4级。风险评估等级的评判集 {Ⅰ级，Ⅱ级，Ⅲ级，Ⅳ级} 分别表示特别重大、重大、较大和一般。因为$0 \leq D_{A_i} \leq D_{A^*} = 1$，并且$D_{A_i} = 0$时奶牛布鲁氏菌病风险水平为0，$D_{A^*} = 1$时奶牛布鲁氏菌病风险水平为100%，所以根据$D_{A_i}$的值可以给奶牛布鲁氏菌病风险分级。风险分级范围详见表7-23。

表7-23 风险分级范围

| 等级标准 | Ⅰ级 | Ⅱ级 | Ⅲ级 | Ⅳ级 |
|---|---|---|---|---|
| $D_{A_i}$ | [0.50,1] | [0.30,0.50) | [0.15,0.30) | [0,0.15) |

### （三）实证分析

1. 奶牛布鲁氏菌病风险评估分级模型流程。实施奶牛布鲁氏菌病风险评估分级，必须分析奶牛场布鲁氏菌病疫情生成演化机理，在此基础上确定影响风险评估分级的主要影响因素。从主要影响因素出发，确定奶牛布鲁氏菌病风险评估分级的指标集。指标集的确定可以借助专家打分、数理统计或数值计算等一些常用的方法。在选定指标集之后，必须对各个指标进行赋权。对指标赋权的方法很多，本节的研究用多层熵权分析法确定各个级别的指标的权重。最后可以用历年的数据作为训练集。若风险评估分级结果与现实有较大的偏差，则需要重新评估影响奶牛布鲁氏菌病风险评估分级的主要影响因素，然后重新确定指标集。风险评估分级模型流程如图7-10所示。

2. 奶牛布鲁氏菌病风险评估指标体系的设定。本着重要性、系统性、实用性与灵活性的原则，在广泛参考已有奶牛布鲁氏菌病风险评估和流行病学研究成果的基础上，设计出基于奶牛养殖户角度的奶牛布鲁氏菌病风险评估指标体系。该指标体系是由一级指标，二级指标构成的层叠体系。奶牛布鲁氏菌病风险评估指标体系构成如表7-24所示。

3. 数据的获取。为了评估2012年奶牛布鲁氏菌病风险水平，根据前面构建的奶牛布鲁氏菌病风险评估指标体系制作奶牛布鲁氏菌病风险调查表。2012年3月在3个有代表性地区的奶牛养殖场/户进行问卷调查，收回有效问卷489份。相关原始数据整理见表7-25。

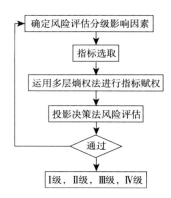

图7-10　基于多层熵权投影决策法流程图

**表7-24　奶牛布鲁氏菌病风险评估指标体系**

| 第一层指标 | 第二层指标 |
|---|---|
| 饲养与调入 $U_1$ | 1. $U_{11}$ 挤奶方式 |
| | 2. $U_{12}$ 调入混群前,是否全部进行布鲁氏菌病检测 |
| 繁育 $U_2$ | 1. $U_{21}$ 人工授精时,是否用一次性手套 |
| | 2. $U_{22}$ 胎衣、流产胎儿或死胎处理 |
| | 3. $U_{23}$ 产犊场地处理 |
| 饲养环境 $U_3$ | 1. $U_{31}$ 本场/户处于奶牛养殖小区或以挤奶站为中心的自然村内 |
| | 2. $U_{32}$ 本场/户远离村寨和其他养牛场户,独立养殖 |
| 混养情况 $U_4$ | 1. $U_{41}$ 本场/户饲养有羊 |
| | 2. $U_{42}$ 附近周边农户饲养有牛(包括黄牛) |
| | 3. $U_{43}$ 附近周边农户饲养有羊 |

4. **数据的计算及结果。** 为了研究奶牛布鲁氏菌病的影响因素及对3个地区的风险水平进行排序和分级,将奶牛布鲁氏菌病风险评估指标置于两种状态,第一种状态是较差的状态,即对每项指标均不采取措施,称为状态1。第二种状态是较好的状态,即对每项指标都采取措施,称为状态2。状态1有关风险状态及相关地区阳性率详见表7-26。

表7-25　奶牛布鲁氏菌病风险评估指标相关原始数据

| 评估指标 | 状态 | 地区1 | | | | 地区2 | | | | 地区3 | | | |
|---|---|---|---|---|---|---|---|---|---|---|---|---|---|
| | | 户数 | 阳性户数 | 阳性率(%) | 平均阳性率(%) | 户数 | 阳性户数 | 阳性率(%) | 平均阳性率(%) | 户数 | 阳性户数 | 阳性率(%) | 平均阳性率(%) |
| 混群前,是否全部进行布鲁氏菌病检测 | 是 | 32 | 6 | 18.75 | 35.579 | 100 | 20 | 20.00 | 30.675 | 107 | 29 | 27.10 | 49.076 |
| | 否 | 131 | 52 | 39.69 | | 63 | 30 | 47.62 | | 56 | 51 | 91.07 | |
| 本场处于奶牛养殖小区或以挤奶站为中心的自然村内 | 是 | 80 | 31 | 38.75 | 35.582 | 124 | 40 | 32.26 | 34.483 | 153 | 73 | 47.71 | 49.079 |
| | 否 | 83 | 27 | 32.53 | | 39 | 10 | 25.64 | | 10 | 7 | 70.00 | |
| 本场远离村庄和其他养牛户,独立养殖 | 是 | 40 | 18 | 45.00 | 35.583 | 52 | 18 | 34.62 | 30.680 | 28 | 15 | 55.56 | 49.082 |
| | 否 | 123 | 40 | 32.52 | | 111 | 32 | 28.83 | | 135 | 65 | 47.80 | |
| 本场饲养有羊 | 是 | 57 | 20 | 35.09 | 35.584 | 52 | 14 | 26.92 | 30.671 | 28 | 16 | 57.14 | 42.335 |
| | 否 | 106 | 38 | 35.85 | | 111 | 36 | 32.43 | | 135 | 64 | 47.41 | |
| 周边农户饲养有牛 | 是 | 112 | 43 | 38.39 | 35.580 | 126 | 38 | 30.16 | 30.674 | 83 | 41 | 49.40 | 49.08 |
| | 否 | 51 | 15 | 29.41 | | 37 | 12 | 32.43 | | 80 | 39 | 48.75 | |
| 自己挤奶 | | 117 | 40 | 34.19 | 35.584 | 18 | 6 | 33.33 | 30.669 | 8 | 4 | 50.00 | 49.082 |
| 收购站设施挤奶 | | 46 | 18 | 39.13 | | 145 | 44 | 30.34 | | 153 | 77 | 50.33 | |
| 人工授精是否使用一次性手套 | 是 | 137 | 51 | 39.23 | 37.266 | 128 | 41 | 32.03 | 30.670 | 145 | 68 | 46.90 | 49.082 |
| | 否 | 26 | 7 | 26.92 | | 35 | 9 | 25.71 | | 18 | 12 | 66.67 | |
| 胎衣、死胎处理 | 掩埋 | 141 | 44 | 31.20 | 35.580 | 87 | 29 | 33.33 | 30.671 | 80 | 38 | 47.50 | 49.077 |
| | 丢弃 | 22 | 14 | 63.64 | | 76 | 21 | 27.63 | | 83 | 42 | 50.60 | |
| | 不处理 | 52 | 13 | 25.10 | | 99 | 25 | 25.25 | | 114 | 54 | 47.37 | |
| 产羔场地 | 严格消毒 | 111 | 45 | 40.54 | 35.586 | 64 | 25 | 39.09 | 30.671 | 49 | 26 | 53.06 | 49.079 |
| 周边农户饲养有羊 | 是 | 104 | 39 | 37.50 | 35.584 | 116 | 30 | 25.86 | 30.672 | 88 | 44 | 50.00 | 49.078 |
| | 否 | 59 | 19 | 32.20 | | 47 | 20 | 42.55 | | 75 | 36 | 48.00 | |

表7-26　状态1条件下奶牛布病风险评估指标以及不同地区的感染率

| 评估指标 | 状态 | 地区1阳性率（%） | 地区2阳性率（%） | 地区3阳性率（%） |
|---|---|---|---|---|
| 混群前进行布病检测 | 否 | 39.69 | 47.62 | 91.07 |
| 本场处于以奶牛养殖小区或挤奶站为中心的自然村内 | 是 | 38.75 | 32.26 | 47.71 |
| 本场远离村寨和其他养牛户 | 否 | 32.52 | 28.83 | 47.80 |
| 本场牛羊混养 | 是 | 35.09 | 26.92 | 57.14 |
| 周边农户饲养牛 | 是 | 38.39 | 30.16 | 49.40 |
| 养殖场员工自己挤奶 | 是 | 34.19 | 33.33 | 50.00 |
| 人工授精使用一次性手套 | 否 | 26.92 | 25.71 | 66.67 |
| 胎衣、死胎处理 | 丢弃 | 63.64 | 27.63 | 50.60 |
| 产犊场地 | 不处理 | 25.10 | 25.25 | 47.37 |
| 周边农户饲养有羊 | 是 | 37.50 | 42.55 | 50.00 |

状态1下一级、二级指标权重详见表7-27和表7-28。

表7-27　状态1下一级指标权重

| 指标 | $U_1$ | $U_2$ | $U_3$ | $U_4$ |
|---|---|---|---|---|
| 指标权重 | 0.736 8 | 0.168 0 | 0.046 4 | 0.048 8 |

表7-28　状态1下二级指标权重

| 二级指标 | $U_{11}$ | $U_{12}$ | $U_{21}$ | $U_{22}$ | $U_{23}$ | $U_{31}$ | $U_{32}$ | $U_{41}$ | $U_{42}$ | $U_{43}$ |
|---|---|---|---|---|---|---|---|---|---|---|
| 权重 | 0.060 5 | 0.939 5 | 0.438 4 | 0.386 7 | 0.175 0 | 0.376 2 | 0.623 8 | 0.510 1 | 0.186 1 | 0.303 8 |
| 加权权重 | 0.044 6 | 0.692 2 | 0.073 7 | 0.065 0 | 0.029 4 | 0.017 5 | 0.028 9 | 0.024 9 | 0.009 1 | 0.014 8 |

以表7-28至表7-30中数据为依据，结合前面所述的运算过程并运用Matlab6.5，对奶牛布鲁氏菌病在状态1下的影响因素及3个地区的风险水平进行分析。计算结果详见表7-29。

表7-29　状态1下各地区风险水平

| 地区1（Ⅱ级） | 地区2（Ⅱ级） | 地区3（Ⅰ级） |
|---|---|---|
| 0.394 8 | 0.457 1 | 0.868 8 |

状态2条件下有关风险状态及相关地区阳性率详见表7-30。

表7-30　状态2条件下奶牛布病风险评估指标以及不同地区的感染率

| 评估指标 | 状态 | 地区1阳性率（%） | 地区2阳性率（%） | 地区3阳性率（%） |
|---|---|---|---|---|
| 混群前进行布病检测 | 是 | 18.75 | 20.00 | 27.10 |
| 本场处于以奶牛养殖小区或挤奶站为中心的自然村内 | 否 | 32.53 | 25.64 | 70.00 |
| 本场远离村寨和其他养牛户 | 是 | 45.00 | 34.62 | 55.56 |
| 本场牛羊混养 | 否 | 35.85 | 32.43 | 47.41 |
| 周边农户饲养牛 | 否 | 29.41 | 32.43 | 48.75 |
| 养殖场员工自己挤奶 | 是 | 39.13 | 30.34 | 50.33 |
| 人工授精使用一次性手套 | 是 | 39.23 | 32.03 | 46.90 |
| 胎衣、死胎处理 | 掩埋 | 31.20 | 33.33 | 47.50 |
| 产犊场地 | 严格消毒 | 40.54 | 39.09 | 53.06 |
| 周边农户饲养有羊 | 否 | 32.20 | 42.55 | 48.00 |

状态2下一级、二级指标权重详见表7-31和表7-32。

表7-31　状态2下一级指标权重

| 指标 | $U_1$ | $U_2$ | $U_3$ | $U_4$ |
|---|---|---|---|---|
| 指标权重 | 0.333 7 | 0.085 5 | 0.507 9 | 0.072 9 |

表7-32　状态2下二级指标权重

| 二级指标 | $U_{11}$ | $U_{12}$ | $U_{21}$ | $U_{22}$ | $U_{23}$ | $U_{31}$ | $U_{32}$ | $U_{41}$ | $U_{42}$ | $U_{43}$ |
|---|---|---|---|---|---|---|---|---|---|---|
| 权重 | 0.180 8 | 0.819 2 | 0.209 0 | 0.273 4 | 0.517 6 | 0.747 6 | 0.252 4 | 0.224 1 | 0.439 8 | 0.336 1 |
| 加权权重 | 0.060 3 | 0.273 4 | 0.017 9 | 0.023 4 | 0.044 3 | 0.379 7 | 0.128 2 | 0.016 3 | 0.032 1 | 0.024 5 |

以表7-30至表7-32中数据为依据，结合前面所述的运算过程并运用Matlab6.5，对奶牛布鲁氏菌病在状态2下的影响因素及3个地区的风险水平进行分析。计算结果详见表7-33。

表7-33　状态1下各地区风险水平

| 地区1（Ⅱ级） | 地区2（Ⅱ级） | 地区3（Ⅰ级） |
|---|---|---|
| 0.318 0 | 0.264 1 | 0.555 8 |

为了计算当地实际风险水平以及把状态1、状态2下各地风险水平与当地实际风险水平作对比，以确定采取措施和不采取措施对当地实际风险水平有何影响，以各指标平均阳性率为依据，有关一级、二级指标详见表7-34和表7-35。计算各地实际风险水平详见表7-36。

表7-34    实际状态下一级指标权重

| 指标 | $U_1$ | $U_2$ | $U_3$ | $U_4$ |
|---|---|---|---|---|
| 指标权重 | 0.25 | 0.28 | 0.22 | 0.25 |

表7-35    实际状态下二级指标权重

| 二级指标 | $U_{11}$ | $U_{12}$ | $U_{21}$ | $U_{22}$ | $U_{23}$ | $U_{31}$ | $U_{32}$ | $U_{41}$ | $U_{42}$ | $U_{43}$ |
|---|---|---|---|---|---|---|---|---|---|---|
| 权重 | 0.5 | 0.5 | 0.32 | 0.34 | 0.34 | 0.43 | 0.57 | 0.34 | 0.33 | 0.33 |
| 加权权重 | 0.125 | 0.125 | 0.090 | 0.095 | 0.095 | 0.095 | 0.125 | 0.085 | 0.082 5 | 0.082 5 |

表7-36    实际状态下各地区风险水平

| 地区1（Ⅱ级） | 地区2（Ⅱ级） | 地区3（Ⅰ级） |
|---|---|---|
| 0.357 4 | 0.311 6 | 0.485 2 |

## （四）结果分析

从状态1的权重来看，二级指标$U_{12}$的加权权重为0.692 2，其余指标的加权权重均比它小很多。这个结果表明，在养殖户均不采取措施这种极端情况下，在奶牛调入混群前，不进行布鲁氏菌病检测，对奶牛布鲁氏菌病风险影响极大，比其他影响因素的影响程度至少大9倍以上。一级指标权重也极不相同，最大权重为$U_1$的权重0.736 8，最小权重为$U_3$的权重0.046 4，两者相差15倍以上。3个有代表性地区的D值分别为$D_1 = 0.394$ 8，$D_2 = 0.457$ 1，$D_3 = 0.868$ 8。表明当前奶牛养殖环境下，如果对每个指标均不采取措施，这3个地方发生奶牛布鲁氏菌病风险概率分别为39.48%，45.71%，86.88%。按照本文等级划分标准，可知三地奶牛布鲁氏菌病风险等级依次为Ⅱ级，Ⅱ级和Ⅰ级。

从状态2的权重来看，二级指标$U_{31}$、$U_{12}$、$U_{32}$的加权权重分别为0.379 7、0.273 4与0.128 2，这3个指标比较接近，其余指标的加权权重均比它们小很多，即在养殖户均采取措施的情况下，本场不处于奶牛养殖小区或以挤奶站为中心的自然村内、本场远离村寨和其他养牛户独立养殖以及在奶牛调入混群前进行布鲁氏菌病检测等指标对降低奶牛布鲁氏菌病风险有很大的影响，比其他影响因素的影响程度至少大2倍以上。一级指标$U_1$，$U_3$权重接近相同，$U_3$的权重比$U_1$的权重大一些，最大权重为$U_3$的权重0.507 9，最小权重为$U_4$的权重0.072 9，两者相差6倍以上。三个有代表性地区的D值分别为$D_1 = 0.318$ 0，$D_2 = 0.264$ 1，$D_3 = 0.555$ 8。这说明在当前奶牛养殖大环境下，如果对每个指标采取措施，这3个地方发生奶牛布鲁氏菌病风险概率分别为31.80%，26.41%和55.58%。按照本文等级划分标准，可知3地奶牛布鲁氏菌病风险等级依次为Ⅱ级，Ⅲ级，Ⅰ级。

从实际状态的权重来看，一级指标的权重几乎接近相等，都接近25.00%，饲养与调入（$U_1$）的权重稍微大一些；二级指标的加权权重也几乎接近相等，都接近10.00%，$U_{32}$、$U_{12}$、$U_{11}$的权重稍微大一些，均为12.50%。这些结果和用灰色系统计算出来的结果是一致的。3个有代表性地区的D值分别为$D_1=0.3574$、$D_2=0.3116$、$D_3=0.4852$。这说明在当前奶牛养殖环境下，这3个地方实际发生奶牛布鲁氏菌病的风险概率分别为35.74%、31.16%和48.52%。按照本小节等级划分标准，可知3地奶牛布鲁氏菌病实际风险等级均为Ⅱ级。

　　从上面的结果表明，无论是状态1还是状态2，二级指标的加权权重有大小之分，而且大小差别很大，即一级、二级影响因素对奶牛布鲁氏菌病的影响有强弱之分，而且强弱差异很大，这和布鲁氏菌病现场调查获取的结论是相一致的。实际状态下，二级指标的加权权重几乎接近相等，即一级、二级影响因素对奶牛布鲁氏菌病的影响几乎相等，调入与饲养（在调入混群前，奶牛进行布鲁氏菌病检测）权重稍微大一些。这说明从兽医学的角度来说，权重大的影响因素对降低奶牛布鲁氏菌病风险有极大的作用（极端情况的结果），但从实际统计结果来看，一级、二级影响因素对奶牛布鲁氏菌病的作用几乎没有强弱之分。这似乎是一个矛盾，问题出在哪里？事实上这是理论和实际的矛盾。从表7-30可以看出，实际上对一些指标采取措施的奶牛养殖户比率过低，同时阳性率过高。这也就是说在实际情况下，要使医学结论发挥作用的话，必须采取措施，努力提高对奶牛布鲁氏菌病影响因素采取措施的奶牛养殖户比率，同时降低奶牛布鲁氏菌病阳性率。

　　这3个有代表性地方发生奶牛布鲁氏菌病风险概率分别为35.74%，31.16%和48.52%，以及奶牛布鲁氏菌病风险等级均为Ⅱ级等结论表明，我国当前奶牛布鲁氏菌病风险水平相当高。如果当地奶牛养殖户及政府对奶牛布鲁氏菌病不采取任何措施，3地的奶牛布鲁氏菌病风险概率将分别为39.48%、45.71%和86.88%，表明当地奶牛养殖户及政府对降低奶牛布鲁氏菌病风险做了大量的工作。从上面的结果可以看出，在状态2下，3地的奶牛布鲁氏菌病风险概率将分别为31.80%、26.41%和55.58%，表明3地的奶牛养殖户及政府对降低奶牛布鲁氏菌病风险还有大量的工作要做。

## 第六节　决策树分析

　　决策树（decision tree）是类似于流程图的树状结构，是一种用来表示人

们为了作出某项决策而进行的一系列判断过程的树形图，这种方法用于表现
"在什么条件下会得到什么值"之类的规则。决策树代表着决策集的树形结
构，最终结果是一棵树，其中每个内部节点表示在一个属性上的测试，每一
个分支代表一个测试输出，而每个树叶节点代表类或类分布。树的最顶层节
点是根节点。

# 一、决策树的基本原理和概念

## （一）结的概念

决策树分析是数据挖掘中的一个重要方法。尽管构造树的具体算法和划分规则较复
杂，但需要解决的重要问题可归纳为以下3个方面。

（1）结是什么？即一棵树中哪些为内结？哪些为终末结（叶结）？何为根结、母结、
子结，也就是一棵树由哪些基本要素构成？

（2）如何将母结划分成子结，即如何利用训练样本使一棵树从根结逐渐成长变大？

（3）结在何时成为终末结，即如何使一棵树变得不至于太大。如何修剪一棵树，使
之大小适中。

如图7-11所示的这棵（倒立）树有4个结层（包括根结），一般来说，不同的情况
下树的层数会不一样。顶层为根结（root node），位于第一层，采用圆圈和阿拉伯数字
"1"标识。第二层有一个终末结（terminal node）（方框和阿拉伯数字"2"标识）和一
个内结（internal node）（圆圈和阿拉伯数字"3"标识）。第三层与第二层类似，也有一
个终末结（terminal node）（方框和阿拉伯数字"4"标识）和一个内结（internal node）
（圆圈和阿拉伯数字"5"标识）。第四层的两个结均为终末结（分别用方框和阿拉伯数
字"6"、"7"标识）。图中用圆圈表示的是包括根结在内的3个内结（非终末结），它们
分别标有1，3和5；用方框表示的是4个终末结（terminal nodes），分别标2，4，6和7。
终末结因为位于决策树的树末梢，像树的叶子一样，所以也有人形象地称它们为叶结
（leaves node）。

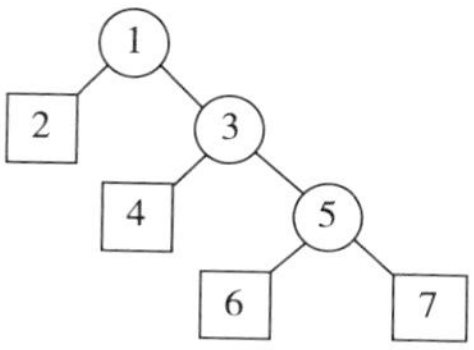

图7-11　树结构示意图

其中，根结也可认为是一个内结，或称母结（parent node），每个内结被一分为二，分成两个子结（daughter node），分别称为左子结与右子结。终末结没有后代，即无子结。由于两个子结之一可能为内结，也可能为终末结，所以树的形状不一定是对称的。比如说，结2与结3都是结1的子结，结2为终末结，而结3为内结（有结4和结5两个子结）。

以上每个母结均只划分为两个子结，根据实际需要一个母结也可划分为多个子结。但二项分类方式构造树，也可方便实现多项分类的划分效果，解释数据分析的结果也很方便，故二项分类构造树的方法更常用。

### （二）一个假想例子

假如 $n$ 个个体的目标变量（即因变量）为 $y$，$P$ 个协变量为 $X$，对于第 $i$ 个个体有 $X_i = (x_{i1}, \cdots, x_{ip})'$ 和 $y_i$，其中，$i = 1, \cdots, n$。协变量 $X$ 及目标变量 $y$ 可以是离散型（不论有序或无序）变量，也可以是连续型变量。

为了简要说明决策树的基本原理，下面给出一组假想数据（表 7 - 37）。这里令 $y$ 为妊娠分娩结果（即是否早产），属于二分类变量；有两个协变量，为 $x_1$，$x_2$（$P = 2$），分别表示饮酒量（50mL/d）与年龄（岁），均为连续型变量。试采用决策树方法进行分析。

#### 表7-37　孕妇饮酒量和年龄与早产的关系

| 编号 | 年龄（岁） | 饮酒量（50mL/d） | 早产 | 编号 | 年龄（岁） | 饮酒量（50mL/d） | 早产 |
|---|---|---|---|---|---|---|---|
| 1 | 14 | 1.2 | 0 | 18 | 45 | 0.4 | 0 |
| 2 | 16 | 0.6 | 0 | 19 | 43 | 1.0 | 0 |
| 3 | 18 | 0.2 | 0 | 20 | 45 | 0.8 | 0 |
| 4 | 19 | 0.7 | 0 | 21 | 26 | 1.3 | 0 |
| 5 | 20 | 0.4 | 0 | 22 | 18 | 1.4 | 0 |
| 6 | 21 | 1.0 | 0 | 23 | 15 | 1.7 | 0 |
| 7 | 22 | 0.8 | 0 | 24 | 15 | 2.5 | 0 |
| 8 | 24 | 0.3 | 0 | 25 | 21 | 1.5 | 0 |
| 9 | 25 | 0.9 | 0 | 26 | 18 | 1.9 | 0 |
| 10 | 31 | 0.8 | 0 | 27 | 23 | 1.8 | 0 |
| 11 | 29 | 0.3 | 0 | 28 | 17 | 2.9 | 0 |
| 12 | 28 | 0.6 | 0 | 29 | 20 | 2.6 | 0 |
| 13 | 34 | 1.0 | 0 | 30 | 23 | 2.9 | 0 |
| 14 | 36 | 0.5 | 0 | 31 | 24 | 2.1 | 0 |
| 15 | 37 | 1.1 | 0 | 32 | 25 | 2.5 | 0 |
| 16 | 38 | 0.7 | 0 | 33 | 28 | 2.1 | 1 |
| 17 | 39 | 0.2 | 0 | 34 | 29 | 1.6 | 1 |

（续）

| 编号 | 年龄（岁） | 饮酒量（50mL/d） | 早产 | 编号 | 年龄（岁） | 饮酒量（50mL/d） | 早产 |
|---|---|---|---|---|---|---|---|
| 35 | 35 | 1.7 | 1 | 39 | 37 | 2.7 | 1 |
| 36 | 32 | 2.6 | 1 | 40 | 38 | 2.3 | 1 |
| 37 | 34 | 2.3 | 1 | 41 | 39 | 1.6 | 1 |
| 38 | 44 | 2.1 | 1 | 42 | 42 | 2.8 | 1 |

　　以年龄为横轴，饮酒量为纵轴，绘制的早产与非早产数据散点图见图7-12。由图可见，采用两条直线（分割直线1：饮酒量=1.55；分割直线2：年龄=26.5），可以将早产数据（实心点）从非早产数据（空心点）中分离出来，获得3个互不相交的区域。

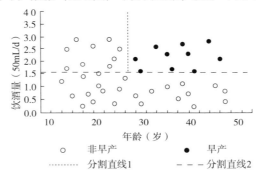

图7-12　早产与非早产数据的散点图　（宇传华，《SPSS与统计分析》，2007）

注：区域I：饮酒量$x_1 < 1.6$；区域II：饮酒量$x_1 \geq 1.6$，年龄$x_2 \leq 26$；区域III：饮酒量$x_1 \geq 1.6$，年龄$x_2 \geq 26$。区域I与区域II的妊娠结局相同，均为非早产；而区域III的妊娠结局为早产

### （三）树的生长

　　结的划分通常需要根据问题来进行，如饮酒量$x_1 < 0.3$或者饮酒量$x_1 < 0.4$等。对于表7-31资料，一共可提出24个类似问题［42个孕妇饮酒量的取值范围为0.2~2.9（50mL/d），中间无2.0、2.2和2.4等3个值，实际共有28-3=25个可能的值］；同样，对于年龄可提出26个类似问题（年龄的取值范围为14~45岁，中间无27、30、33、40和41等5个值，实际共有32-5=27个可能的值）。根据每个问题，可将观察个体分配到左、右子结中。

　　对于这类连续型或有序的自变量，可采用可能的取值个数减1种方法来将连续型变量离散化。所以饮酒量、年龄两个变量分别有24和26种截断划分方法。

　　如果自变量为二分类，那么划分很简单，只有1种划分方法；对于三分类名义变量，如色彩红、绿、蓝，则有3种划分方法，即红与绿蓝、绿与红蓝、红绿与蓝。

对于四分类名义变量，如血型A，B，AB，O，则有7种划分方法（表7-38），依此类推。

**表7-38 血型变量的可能划分方法**

| 左子结 | 右子结 |
| --- | --- |
| A | B,AB,O |
| B | A,AB,O |
| AB | A,B,O |
| A,B | AB,O |
| A,AB | B,O |
| B,AB | A,O |
| A,B,AB | O |

总之，名义变量的划分比连续型变量或有序变量的划分要复杂些。一般来说，任何有$k$个水平的名义变量，将有$2^{k-1}-1$种可能划分方法。

当有多个自变量，每个自变量又有多种不同的截断划分时，将母结划分成两个子结通常有许多可能的划分方案，究竟哪一方案更好，需要有一个标准对结内的纯度做出判断。

结纯度可采用结杂质（node impurity）来衡量，最简单的方法是计算比值，如

$$\frac{结内早产孕妇数}{该结内孕妇总数}$$

该比值越接近于0或1，表示结内越纯。

（1）名义分类数据。对于因变量为二分类或名义分类变量的数据，常见的树划分方法有：熵法、Pearson卡方检验、Gini指数法。

对于每一种可能问题（即划分方案），计算上述方法对应的指标（降熵、$-\ln(P)$、降Gini，这里的$P$为Pearson卡方检验获得的假设检验概率$P$值），选这些指标较大的方案为结点划分方案。

（2）有序分类数据。如果因变量是有序分类变量，则可采用熵法或Gini指数法划分一个结。

（3）数值（区间）数据。如果因变量是连续型变量，则建立的决策树为回归树，常见的回归树划分方法有：$F$检验或方差减少法，它们和卡方检验的划分方法十分类似。当因变量观察值为$y_i$，相应均数为$\bar{y}$时，方差的计算公式为$\sum(y_i-\bar{y})^2$。

下面采用上例数据具体介绍熵法、Pearson卡方检验和Gini指数法。

1. **熵法**。如果用饮酒量$x_i$作为划分的自变量，并考虑其截断点（cutoff）为$c$，根据$x_1 < c?$的问题，得表7 – 39。

表7-39　结与因变量的交叉列表格式

|  | 条件 | 非早产 | 早产 | 合计 |
| --- | --- | --- | --- | --- |
| 左子结($\tau_L$) | $x_1 < c$ | $n_{11}$ | $n_{12}$ | $n_1.$ |
| 右子结($\tau_R$) | $x_1 \geq c$ | $n_{21}$ | $n_{22}$ | $n_2.$ |
| 母结($\tau$) |  | $n._1$ | $n._2$ | $n..$ |

左子结的熵杂质(entropy impurity)计算公式为：

$$i(\tau_L) = -\frac{n_{11}}{n_1.}\ln\left(\frac{n_{11}}{n_1.}\right) - \frac{n_{12}}{n_1.}\ln\left(\frac{n_{12}}{n_1.}\right) \qquad (7-9)$$

按同样方法，可计算右子结熵杂质为：

$$i(\tau_R) = -\frac{n_{21}}{n_2.}\ln\left(\frac{n_{21}}{n_2.}\right) - \frac{n_{22}}{n_2.}\ln\left(\frac{n_{22}}{n_2.}\right) \qquad (7-10)$$

母结熵杂质为：

$$i(\tau) = -\frac{n._1}{n..}\ln\left(\frac{n._1}{n..}\right) - \frac{n._2}{n..}\ln\left(\frac{n._2}{n..}\right) \qquad (7-11)$$

然后采用下列公式计算降熵：

$$\Delta I(s,\tau) = i(\tau) - P\{\tau_L\}i(\tau_L) - P\{\tau_R\}i\{\tau_R\} \qquad (7-12)$$

降熵$\Delta I(s,\tau)$是一种划分优度(goodnesee of split)，也叫信息增益(information gain)，反映了由母结划分成两个子结后的杂质降低程度。通常以降熵值最大者对应的截断点作为划分一个结的条件。公式中ln为自然对数符号，其底为$e = 2.718\ 28$，实际上也可采用其他对数，如以10或2为底的对数，此时尽管获得的熵杂质值不同，但结论是一致的。

公式中$\tau$为$\tau_L$和$\tau_R$的概率，可分别用$n_1./(n_1. + n_2.) = n_1./n..$和$n_2./(n_1. + n_2.) = n_2./n..$计算。如果目标变量（即因变量）为多分类，那么可在公式（7 – 13）至公式（7 – 16）后增加相应的类别项，再做计算。如对于公式（7 – 13），如果有$i$类，每类的比率为$p_i$，则

$$i(\tau_L) = -\sum_i p_i \ln p_i$$

下面采用表7 – 37数据，详细说明以上公式的应用方法。如果令$c = 1.6$为饮酒量的截断值，其分类结果见表7 – 40。

表7-40 结与因变量的交叉列表

| | 条件 | 非早产 | 早产 | 合计 |
|---|---|---|---|---|
| 左子结($\tau_L$) | $x_1 < 1.6$ | 23 | 0 | 23 |
| 右子结($\tau_R$) | $x_1 \geqslant 1.6$ | 9 | 10 | 19 |
| 母结($\tau$) | | 32 | 10 | 42 |

那么，根据公式（7-13）有：

$$i\ (\tau_L)\ = -\frac{23}{23}\ln\left(\frac{23}{23}\right) - \frac{0}{23}\ln\left(\frac{0}{23}\right) = 0$$

式中，$0\ln0 = 0$。根据公式（7-14）有：

$$i\ (\tau_R)\ = -\frac{9}{19}\ln\left(\frac{9}{19}\right) - \frac{10}{19}\ln\left(\frac{10}{19}\right) = 0.691\ 76$$

根据公式（7-15）有：

$$i\ (\tau)\ = -\frac{32}{42}\ln\left(\frac{32}{42}\right) - \frac{10}{42}\ln\left(\frac{10}{42}\right) = 0.548\ 87$$

根据公式（7-16）有降熵为：

$$\Delta I\ (s,\ \tau)\ = 0.548\ 87 - （23/42）\times 0 - （19/42）\times 0.691\ 76 = 0.235\ 9$$

饮酒量的取值范围为$0.2 \sim 2.9$（$50\text{mL/d}$），25个可能的值，有24种可能的截断划分方法，其所有划分优度值如表7-41所示。

表7-41 可能的饮酒量划分优度

| 编号 | 划分值（$s$） | 杂质 | | | 降熵 |
|---|---|---|---|---|---|
| | | 左子结 | 右子结 | 母结 | $\Delta I(s,\tau)$ |
| 1 | 0.3 | 0.000 00 | 0.562 34 | 0.548 87 | 0.013 32 |
| 2 | 0.4 | 0.000 00 | 0.576 33 | 0.548 87 | 0.027 43 |
| 3 | 0.5 | 0.000 00 | 0.590 84 | 0.548 87 | 0.042 44 |
| 4 | 0.6 | 0.000 00 | 0.598 27 | 0.548 87 | 0.050 32 |
| 5 | 0.7 | 0.000 00 | 0.613 41 | 0.548 87 | 0.066 91 |
| 6 | 0.8 | 0.000 00 | 0.628 80 | 0.548 87 | 0.084 76 |
| 7 | 0.9 | 0.000 00 | 0.651 76 | 0.548 87 | 0.114 37 |
| 8 | 1 | 0.000 00 | 0.659 15 | 0.548 87 | 0.125 13 |
| 9 | 1.1 | 0.000 00 | 0.679 19 | 0.548 87 | 0.160 76 |
| 10 | 1.2 | 0.000 00 | 0.684 62 | 0.548 87 | 0.173 97 |

（续）

| 编号 | 划分值（$s$） | 杂质 | | | 降熵 |
|---|---|---|---|---|---|
| | | 左子结 | 右子结 | 母结 | $\Delta I(s,\tau)$ |
| 11 | 1.3 | 0.000 00 | 0.689 01 | 0.548 87 | 0.187 96 |
| 12 | 1.4 | 0.000 00 | 0.692 01 | 0.548 87 | 0.202 87 |
| 13 | 1.5 | 0.000 00 | 0.693 15 | 0.548 87 | 0.218 8 |
| 14 | 1.6 | 0.000 00 | 0.691 76 | 0.548 87 | 0.235 93 |
| 15 | 1.7 | 0.278 77 | 0.691 42 | 0.548 87 | 0.103 08 |
| 16 | 1.8 | 0.348 83 | 0.690 92 | 0.548 87 | 0.077 87 |
| 17 | 1.9 | 0.340 50 | 0.693 15 | 0.548 87 | 0.090 83 |
| 18 | 2.1 | 0.332 59 | 0.690 19 | 0.548 87 | 0.105 6 |
| 19 | 2.3 | 0.433 40 | 0.693 15 | 0.548 87 | 0.053 63 |
| 20 | 2.5 | 0.508 45 | 0.661 56 | 0.548 87 | 0.011 26 |
| 21 | 2.6 | 0.492 60 | 0.693 15 | 0.548 87 | 0.027 62 |
| 22 | 2.7 | 0.514 65 | 0.693 15 | 0.548 87 | 0.017 22 |
| 23 | 2.8 | 0.540 20 | 0.636 51 | 0.548 87 | 0.001 79 |
| 24 | 2.9 | 0.562 34 | 0.000 00 | 0.548 87 | 0.013 32 |

　　表7－41中的第2列"划分值"实际上是截断划分的条件，如编号14的问题是"饮酒量 $x_1 < 1.6$？"，条件满足则划归到左子结，否则划归到右子结，由此得到表7－39的频数表数据，其他依此类推。

　　从表7－41可见，划分条件为"饮酒量 $x_1 < 1.6$？"时，获得的划分优度最大，降熵 = 0.235 93。

　　以相同方法可获得年龄划分条件。"年龄 $x_2 < 28$？"的划分优度值最大，降熵 = 0.202 87。因为这个值小于饮酒量对应的最大划分优度值0.235 93，因此从根结划分出两个子结，先选择"饮酒量"这一自变量，而不是选择"年龄"。并且是在截断条件为"饮酒量 $x_1 < 1.6$（50mL/d）"处划分。

　　2.　Pearson卡方检验。在SPSS中，决策树分析的卡方检验既可以选择Pearson卡方检验，也可以选择似然比卡方检验。由该公式获得表中的 $\chi^2 = 15.888\ 2$，相应 $P = 6.719\ 77 -$

E05，$P$值越小，说明划分的优度越大。为了和降熵等的解释一致，即值越大效果越好，将$P$值进行负对数变换为"$-\ln(P)$"，表中的$-\ln(P)=9.60787$。

3. Gini指数法。和前边公式类似，左子结Gini指数为：

$$G(\tau_L)=1-\left(\frac{n_{11}}{n_{1.}}\right)^2-\left(\frac{n_{12}}{n_{1.}}\right)^2 \qquad (7-13)$$

按同样方法，可以计算右子结Gini指数为：

$$G(\tau_R)=1-\left(\frac{n_{21}}{n_{2.}}\right)^2-\left(\frac{n_{22}}{n_{2.}}\right)^2 \qquad (7-14)$$

母结Gini指数为：

$$G(\tau)=1-\left(\frac{n_{.1}}{n_{..}}\right)^2-\left(\frac{n_{.2}}{n_{..}}\right)^2 \qquad (7-15)$$

然后采用下列公式计算降Gini：

$$\Delta\text{Gini}=G(\tau)-P\{\tau_L\}\,G(\tau_L)-P\{\tau_R\}\,G(\tau_R) \qquad (7-16)$$

如果Gini指数为0，表示结是"纯"的；二值结点0，1各占50%时，Gini指数为0.5；当分类类别不断增大时，Gini指数可接近于1。$\Delta$Gini值越大划分效果越好。

如果目标变量（即因变量）为多分类，那么可在公式（7-17）至公式（7-20）后增加相应类别的项，再做计算。如对于公式（7-17），如果有$i$类，每类的比率为$P_i$，则

$$G(\tau)=1-\sum_i P_i^2$$

根据公式（7-17）有

$$G(\tau_L)=1-(23/23)^2-(0/23)^2=0$$

根据公式（7-18）有

$$G(\tau_R)=1-(9/19)^2-(10/19)^2=0.49861$$

根据公式（7-19）有

$$G(\tau)=1-(32/42)^2-(10/42)^2=0.36281$$

根据公式（7-20）有

$$\Delta\text{Gini}=0.36281-(23/42)\times0-(19/42)\times0.49861=0.13723$$

如果目标变量是有序分类变量，则可采用上述的熵法或Gini指数法划分一个结。

由自变量饮酒量的24种划分值，采用熵法、Pearson卡方检验、Gini指数法进行归类，每次分割得到的降熵、$-\ln(P)$、降Gini指数如表7-42所示。

表 7-42　饮酒量的几种划分方法比较

| 编号 | 划分值 | 左结非 | 右结非 | 右结早 | 左结早 | 降熵 | -ln（P） | 降 Gini |
|---|---|---|---|---|---|---|---|---|
| 1 | 0.3 | 2 | 30 | 10 | 0 | 0.013 32 | 0.872 54 | 0.005 67 |
| 2 | 0.4 | 4 | 28 | 10 | 0 | 0.027 43 | 1.427 82 | 0.011 93 |
| 3 | 0.5 | 6 | 26 | 10 | 0 | 0.042 44 | 1.972 31 | 0.018 9 |
| 4 | 0.6 | 7 | 25 | 10 | 0 | 0.050 32 | 2.251 96 | 0.022 68 |
| 5 | 0.7 | 9 | 23 | 10 | 0 | 0.066 91 | 2.838 81 | 0.030 92 |
| 6 | 0.8 | 11 | 21 | 10 | 0 | 0.084 76 | 3.476 27 | 0.040 23 |
| 7 | 0.9 | 14 | 18 | 10 | 0 | 0.114 37 | 4.564 51 | 0.056 69 |
| 8 | 1.0 | 15 | 17 | 10 | 0 | 0.125 13 | 4.972 25 | 0.062 99 |
| 9 | 1.1 | 18 | 14 | 10 | 0 | 0.160 76 | 6.374 72 | 0.085 03 |
| 10 | 1.2 | 19 | 13 | 10 | 0 | 0.173 97 | 6.915 76 | 0.093 66 |
| 11 | 1.3 | 20 | 12 | 10 | 0 | 0.187 96 | 7.502 27 | 0.103 07 |
| 12 | 1.4 | 21 | 11 | 10 | 0 | 0.202 87 | 8.140 88 | 0.113 38 |
| 13 | 1.5 | 22 | 10 | 10 | 0 | 0.218 8 | 8.839 55 | 0.124 72 |
| 14 | 1.6 | 23 | 9 | 10 | 0 | 0.235 93 | 9.607 87 | 0.137 25 |
| 15 | 1.7 | 23 | 9 | 8 | 2 | 0.103 08 | 5.645 86 | 0.073 51 |
| 16 | 1.8 | 24 | 8 | 7 | 3 | 0.077 87 | 4.652 92 | 0.058 05 |
| 17 | 1.9 | 25 | 7 | 7 | 3 | 0.090 83 | 5.332 14 | 0.068 59 |
| 18 | 2.1 | 26 | 6 | 7 | 3 | 0.105 6 | 6.113 27 | 0.080 89 |
| 19 | 2.3 | 27 | 5 | 5 | 5 | 0.053 63 | 3.653 63 | 0.042 87 |
| 20 | 2.5 | 27 | 5 | 3 | 7 | 0.011 26 | 1.163 89 | 0.008 82 |
| 21 | 2.6 | 29 | 3 | 3 | 7 | 0.027 62 | 2.265 74 | 0.022 86 |
| 22 | 2.7 | 30 | 2 | 2 | 8 | 0.017 22 | 1.629 49 | 0.014 44 |
| 23 | 2.8 | 30 | 2 | 1 | 9 | 0.001 79 | 0.374 34 | 0.001 40 |
| 24 | 2.9 | 30 | 2 | 0 | 10 | 0.013 32 | 0.872 54 | 0.005 67 |

注：表中"非"表示非早产；"早"表示早产。

## 二、树的修剪

从根结生长出子结，再由子结划分出次子结，如此向下迭代划分，可继续直至树饱和，此时子结不可能再进一步分离，要么结内已"纯"，要么结内仅有一个观察个体。不可能或不将被继续划分的结就是终末结。终末结太小不便于做出合理的统计学推断，实际解释时也没有足够的说服力，因此饱和树通常太大而不可用。处理这种情况有两种办法。一是在生长树之前事先定义一个结的最小例数，如总样本量的1%，或简单规定最小例数为5（假定例数小于5时结果无意义），当结的样本含量小于这一最小值时即停止继续划分。迭代划分的早期发展阶段，由Morgan和Sonquist（1963）提出的自动交互探测（automatic interaction detection，简称AID）法，获得终末结就是采用这种方法。二是首先生长出一棵饱和的最大树，然后再对这棵大树进行修剪。Breiman等（1984）认为，规定一个阈值来停止树的结点划分，有过早或过晚的可能性。因此，他们主张首先产生一棵饱和的大树，然后再对树进行修剪（pruning）（SPSS的CRT及QUEST算法有此功能）。不是试图中途停止划分，而是让划分继续直至饱和或接近饱和，产生一棵大树，然后从末端开始对这棵大树进行修剪，寻找饱和树的一棵子树（subtree），该子树应该对结局做出最佳预测，且受资料的噪声影响最少（Zhang等，1999）。

修剪树有多种方案，利用这些方案产生多棵子树，比较每棵子树的质量，从中选择一棵"最佳"子树。无论构建树的目的是分类还是预测，树的质量均只取决于终末结，内结对树的质量评估只起中介作用。树的质量可由树的错误分类代价来表述。

## 三、交互印证

建立决策树往往需要较大的样本含量，但实际工作中常常由于各种原因样本量相对不足，这就需要考虑样本的再利用问题。

交互印证（cross-validation）就是有效地充分利用较少样本的一种方法。通常的做法是：将整个训练样本数据随机分成10个大小相同的子样本，使每个子样本的各种属性大体相似。运用其中9个子样本来产生饱和的大树，采用树修剪方法，获得一系列新的子树；然后以剩下的一个子样本计算每棵子树的"错误分类代价"。这样重复做10次，选择具有最小或接近最小的"错误分类代价"的子树。一旦选择了子树，修剪过程也即完成。

## 四、模型的准确度评估

数据挖掘中需要对模型做出评估，这些评估指标的计算与医学诊断试验评估相似。

如果真阳性（true positive，TP）表示阳性被正确划归为阳性；真阴性（true negative，TN）表示阴性被正确划归为阴性；假阳性（false positive，FP）表示阴性被错误划归为阳性；假阴性（false negative，FN）表示阳性被错误划归为阴性。那么，准确度（Accuracy）可表示为：

$$准确度 = \frac{真阳性 + 真阴性}{真阳性 + 真阴性 + 假阳性 + 假阴性} \times 100\%$$

比准确度应用更广的指标是灵敏度与特异度。灵敏度表示所有实际阳性者被划归为阳性的比例；特异度表示所有实际阴性者被划归为阴性的比例。

灵敏度、特异度、准确度、精密度的值越高，模型越好。数据挖掘中使用的精密度实际上就是阳性预测价值。

ROC分析是评估模型准确度的一种更好方法，这是以灵敏度为纵轴，（1 - 特异度）为横轴做出的诊断曲线。ROC曲线下面积越大，模型准确度越高

## 五、决策树的应用

### （一）分类规则的获取

将决策树进行广度优先搜索，对每一个叶节点，求出从根节点到该叶节点的路径。该路径上所有的节点的划分条件合并在一起，并在每一个节点生成作IF……THEN 规则，此形式即构成一条分类规则。沿着决策树的一条路径所形成的属性 – 值对就构成了分类规则条件部分（IF部分）中的一个合取项，叶节点所标记的类别就构成了规则的结论内容（EN部分）。决策树的树结构可生成与之对应的规则集，$n$ 个节点就对应着 $n$ 条规则。

### （二）决策树医学领域中应用

在国外，决策树应用领域较为广泛，其在商业、工业、农业、天文、医学、风险分析、社会科学和分类学等领域中的应用已经取得了很好的经济和社会效益。国内目前有关决策树的研究多是围绕算法的改进以及决策树在商业、工业等领域的运用，在医学领域应用较少。决策树在国内外医学中的应用情况集中在以下几个方面。

1. 决策树应用于基因与大分子序列分析。利用决策树对已知功能分类的基因建立分类树，归纳出蕴含在数据中关于分类的信息并提炼成规则，从而实现对未知功能分类的基因进行分类预测。Dake Wang 等人则利用决策树对已知功能分类的蛋白质序列进行研究，建立了已知功能分类的蛋白质序列决策树模型，实现了模型对未知功能分类的蛋白质序列功能的预测。

2. 决策树应用于动物疫病诊断治疗。决策树可以运用于兽医临床医学中，它可对动物疫病分类，也可对动物疫病程度分级，还可筛选危险因素、决定治疗方案和开药数量

等。临床兽医为患病动物作出兽医诊断可以看作是一个分类的过程，即兽医根据他的知识和经验将患病动物分类到一个特定的动物疫病群中。决策树产生的结果简洁明了、易于理解，并能提取相应的诊断规则，将其应用于动物疫病的分类诊断往往可以提高诊断的准确率，并为经验较少的临床兽医提供帮助。

3. 决策树应用于医院信息系统挖掘。决策树在医院信息系统的主要用途有医疗需求预测、医疗市场分析，预测未来某段时间内常发生的动物疫病种类、未来某段时间内的药品使用频率，分析动物疫病之间的关系以及动物疫病的影响因素，总结各种治疗方案的治疗效果等。将决策树技术运用到医院信息系统之后，可以从大量隐含的、事先未知的信息中提取对决策有潜在价值的信息，为管理决策和临床决策提供支持。

4. 决策树应用于医疗卫生保健、医疗政策分析、医疗资源利用评估。决策树方法可以解决诸如家庭护理保健的需求分析、儿童预防保健的干预、为不同的卫生保健群体提供实际可行的决策支持系统等一系列问题，为保健政策的制定与实施提供了相应的基础；决策树技术曾用于医疗卫生政策的制定、理论的分析、方法的探讨，依赖已积累的与人群健康状况相关的各种数据，利用知识管理优化库信息并从中提取知识结构为政策分析提供依据已经成为卫生管理人员和信息开发人员的共同任务；决策树技术应用于医疗资源利用评估可以使医疗资源合理分配、恰当运用，从而避免资源的闲置与浪费。

## 六、决策树的可扩展性和优缺点

### （一）决策树的可扩展性

分类算法的可扩展性是指分类效果不随分类样本的明显扩大或缩小而产生偏差。现有的决策树算法大多数局限于在计算机内存中处理整个数据集，对于许多相对小的数据集有效，但当这些算法应用于大规模现实世界数据库进行数据挖掘时，效果明显降低，算法的有效性和可扩展性就成为应用的关键。在数据挖掘应用领域，数据集通常都包含数以百万计的记录，因此现有决策树算法的局限性就使得这类算法的可扩展性受到较大的限制。有关决策树可扩展性问题的解决方法，其中比较有代表性的算法有SLIQ方法和SPRINT方法以及RainForest方法等。

### （二）决策树优缺点

决策树技术在包括数据挖掘在内的许多领域得到了广泛应用，决策树方法有许多优点：

（1）决策树模型的建立过程比较直观，决策树算法产生的规则比较容易理解。

（2）计算量较小。

（3）可处理连续和集合属性。

（4）决策树的输出包含属性的排序，生成决策树时，按最大信息增益选择测试属性，故在决策树中可大致判断属性的相对重要性。

但决策树方法也有部分缺点：

（1）对具有连续值的属性预测比较困难。

（2）当用于顺序相关的数据时，需对数据作预处理。

（3）数据集类别太多时，误差将会增加。

（4）因决策树进行分类预测是基于数据的测试属性，对于测试属性缺失值的数据，决策树无法处理。

（5）决策树方法根据单个属性对数据进行分类，这可能与实际不符，在实际的分类系统中，类的划分不仅仅与单个属性有关，且往往与一个属性集有关。

## 七、基于决策树法的奶牛布鲁氏菌病风险分析

通过针对南方某省奶牛布鲁氏菌病感染区的实地调研，分析奶牛布鲁氏菌病的风险影响因素，运用决策树C4.5算法，建立奶牛布鲁氏菌病风险决策树，以此演示决策树在风险分析中的运用方法。

### （一）引言

决策树作为将复杂决策问题简化的有效决策方法，能够高效处理大量决策相关信息并得到准确的决策结果，并且具有计算量小、可以处理连续和离散数据、能够生产可以理解的规则等优点。奶牛布鲁氏菌病风险决策问题涉及的风险因素错综复杂，且涉及处理非数值型数据问题。因此，在目前布鲁氏菌病风险难评估、难预测的形势下，将决策树方法应用到奶牛布鲁氏菌病风险决策问题中来，具有很好的理论意义和现实意义。南方某省奶牛中发现布鲁氏菌病尚属首次，应用决策树进行奶牛布鲁氏菌病风险调研分析，对该省的奶牛布鲁氏菌病防控具有实践意义。

### （二）决策树算法C4.5及其原理

决策树（decision tree）方法由人工神经网络（artificial neural networks，ANNs）方法演变而来，是通过树状的逻辑思维方式解决复杂决策问题的一种方法。它认为每个决策

或事件（即自然状态）都可能引出两个或多个事件，导致不同的结果，把这种决策分支画成图形，很像一棵树的枝干，故称决策树。决策树由决策节点、分支和叶子几个部分组成，它很容易转换为分类规则，从根到每个叶节点的一条路径就对应着一条分类规则。

决策树构树是指从训练集的样本出发，通过决策树算法将整个训练集进行逐层划分，对除终节点外的每个节点选取一个（单变量）或几个（多变量）分类属性以及合适的分类策略进行分类，直至得到的节点中包含的样本属于同一等级的过程。目前已形成了多种决策树构树算法，如ID3、C4.5、CART、SPRINT、SLIQ等。其中最著名的算法是Quln-lan提出的ID3算法、C4.5算法。

C4.5算法是决策树构树的一种方法，是由ID3算法演变而来的。C4.5采用信息增益率来选择属性，克服了ID3算法中用信息增益选择属性时偏向选择取值多的属性的不足。C4.5能够在保证训练集分类准确性的前提下构建结构尽可能简单的决策树。

1. 信息量大小的度量。事件$s_i$的信息量$I(s_i)$可如下度量：

$$I(s_i) = p(s_i) \log_2 \frac{1}{p(s_i)}$$

式中，$p(s_i)$表示事件$s_i$发生的概率。

假设有$n$个互不相容的事件$s_1$，$s_2$，$\cdots$，$s_n$，它们中有且仅有一个发生，则其平均的信息量可如下度量：

$$I(s_1, s_2, \cdots, s_n) = \sum_{t=1}^{n} p(s_i) \log_2 \frac{1}{p(s_i)}$$

并规定当$p(s_i) = 0$时，$I(s_i) = p(s_i) \log_2 \frac{1}{p(s_i)} = 0$。

2. 决策树的信息熵。在决策树分类中，假设$S$是$s$个样本数的数据样本集合，假定类标号属性具有$m$个不同类$C_i$（$i = l, \cdots, m$），设$s_i$是类$C_i$中的样本数。对一个给定的样本分类所需的期望信息：

$$I(s_1, s_2, \cdots, s_m) = \sum_{i=1}^{m} p_i \log_2 \frac{1}{p_i}$$

$p_i$是任意样本属于$C_i$的概率，$p_i = s_i / s$。

设属性$Q$具有$v$个不同值$\{q_1$，$q_2$，$\cdots$，$q_v\}$。可以用属性$Q$将$S$划分为$v$个子集$\{S_1$，$S_2$，$\cdots$，$S_v\}$。其中，包含$S_j$中这样一些样本，它们在$Q$上具有值$q_j$。如果$Q$选作测试属性（即最好的分裂属性），则这些子集对应于由包含集合$S$的节点生长出来的分枝。设$s_{ij}$是$S_j$中类$C_i$的样本数。根据由$Q$划分成子集的熵（entropy）或期望信息为：

$$E(Q) = \sum_{j=1}^{v} \frac{s_{1j} + \cdots + s_{mj}}{s} I(s_{1j}, \cdots, s_{mj})$$

式中，

$$\frac{s_{1j} + \cdots + s_{mj}}{s}$$

充当第$j$个子集的权，并且等于子集（即$Q$值为$q_j$）中的样本个数除以$S$中样本总数。熵值越小，子集划分的纯度就高。

3. 信息增益和信息增益率。通过测试属性$Q$划分的信息增益为：

$$Gain\ (Q)\ = I\ (s_1,\ s_2,\ \cdots,\ s_m)\ - E\ (Q)$$

换言之，Gain（A）是由于获得属性$Q$的值而导致的熵的期望压缩。然后，再计算属性A对应的信息增益率：

$$GainRation\ (Q)\ = \frac{Gain\ (Q)}{E\ (Q)}$$

通过计算每个属性的信息，选择具有最高信息增益率的属性即给定集合S中具有最高区分度的属性，将其作为分支结点对集合进行划分，并由此产生相应的分支结点。

### （三）奶牛布鲁氏菌病风险影响因素

根据规模化奶牛场布鲁氏菌病风险评估分级所考虑的范围，通过查阅历史资料、流行病学分析和专家访谈、问卷调查的方法，确定奶牛布鲁氏菌病的16个主要风险影响因素，如表7-43所示。

表7-43　奶牛布鲁氏菌病关键影响因素

| 奶牛布鲁氏菌病影响因素 | 选项 |
| --- | --- |
| 挤奶方式（Q1） | 本场人工挤奶/收购站机器挤奶 |
| 调入混群前,是否全部进行布鲁氏菌病检测（Q2） | Yes/No |
| 引入配种前是否对公牛进行布鲁氏菌病检测（Q3） | Yes/No |
| 人工授精的精液是否经过布鲁氏菌病检测（Q4） | Yes/No |
| 人工授精时,是否用一次性手套（Q5） | Yes/No |
| 胎衣、流产胎儿或死胎处理（Q6） | 及时掩埋处理/随意丢弃 |
| 产犊场地是否进行严格消毒（Q7） | Yes/No |
| 本场/户处于奶牛养殖小区或以挤奶站为中心的自然村内（Q8） | Yes/No |
| 本场/户远离村寨和其他养牛场户,独立养殖（Q9） | Yes/No |
| 本场内卫生是否定时每周进行打扫和消毒处理（Q10） | Yes/No |
| 病牛、死牛的处理（Q11） | 隔离并掩埋或火化/随意丢弃 |
| 本场/户饲养有羊（Q12） | Yes/No |
| 附近周边农户饲养有牛(包括黄牛)（Q13） | Yes/No |
| 附近周边农户饲养有羊（Q14） | Yes/No |
| 附近周边农户场是否检测到有牛羊布鲁氏菌病感染（Q15） | Yes/No |
| 本场奶牛布鲁氏菌病检测状态（Q16） | 阴性/阳性（Negative/Positive） |

依照表7－43的主要影响因素，结合调研地的奶牛布鲁氏菌病发展情况，设计了"奶牛布鲁氏菌病风险评估调查问卷表"如附表一所示。根据调研问卷，课题组在南方某省奶牛农场进行实地考察和调研，获取有效调研数据200份，并对调研数据进行信度和效度的测试，得出调研数据真实可靠。

### （四）奶牛布鲁氏菌病风险决策树的构建与评估

1. 构建初始决策树。采用调研数据，用Weka3.6.6软件的C4.5（J48）算法进行计算，得到奶牛布鲁氏菌病初始风险决策树，详见图7－13。

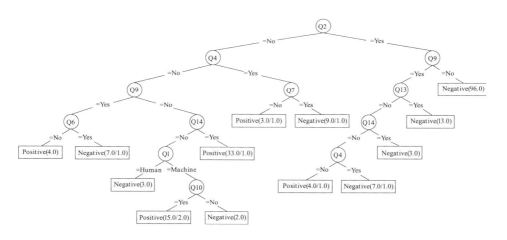

图7-13 初始奶牛布鲁氏菌病风险决策树

决策树的分层交叉验证和混淆矩阵统计结果如下：

＝＝＝Stratified cross－validation＝＝＝

| Correctly Classified Instances | 172 | 86.432 2% |
|---|---|---|
| Incorrectly Classified Instances | 27 | 13.567 8% |

＝＝＝Confusion Matrix＝＝＝

```
a    b    < － classified as
43   14 |    a = Positive
13  129 |    b = Negative
```

从图7－13和统计结果可以看到，初始决策树有13个叶节点。风险判断正确率为86.4%，其中判断阳性正确的有43例，占76.8%；阴性为129例，占90.2%。

2. 决策树的修剪。由于现实中的问题涉及面较广，初步构建的决策树往往因为包含大量分类属性和分支而比较复杂，难免存在一些错误或误差，即噪音。这些噪音在决策分类过程中逐渐积累放大，最终会使决策树对实际样本的分类出现较大偏差，即过度拟合，造成决策树精确性下降。因此需要对初步构建的决策树进行修剪和验证。修剪目的在于优化决策树或者简化生成的规则。通常用两种方法进行树枝的修剪，分别为事前修剪和事后修剪。本文采用后剪枝的方法，其基本思想是：首先让决策树充分地生长，然后利用剪枝技术删除不具一般性的枝叶。在这个过程中，用户先指定一个最大的允许错误率或者置信因子，利用检验样本集数据，在决策树不断剪枝的过程中，检验决策树对目标变量预测的准确率，如计算出的错误率高于允许的最大值或者超过置信区间，则立即停止剪枝，否则可以继续剪枝。剪枝后奶牛布鲁氏菌病风险决策树见图7-14。

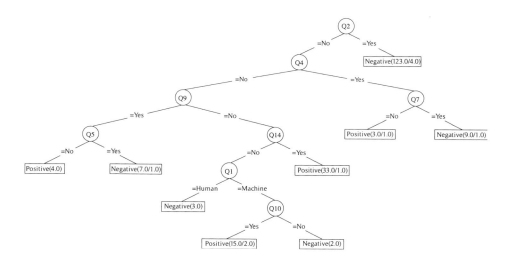

图7-14   剪枝后的奶牛布鲁氏菌病风险决策树

剪枝后决策树的混淆矩阵统计如下：

= = = Confusion Matrix = = =

a    b    < − −classified as

44   13 |     a = Positive

12  130 |     b = Negative

从结果可以看到，剪枝后决策树叶子节点减少到9个，总的判断正确率提高到87.4%，决策树评估表格如表7-44所示。

**表7-44 修剪后决策树评估指标**

| | TP率 | FP率 | 准确率（P） | 召回率（R） | F值（F） | ROC面积 | 分级 |
|---|---|---|---|---|---|---|---|
| 未修剪 | 0.772 | 0.085 | 0.786 | 0.772 | 0.779 | 0.864 | Positive |
| 修剪 | 0.915 | 0.228 | 0.909 | 0.915 | 0.912 | 0.864 | Negative |
| 加权平均数 | 0.874 | 0.187 | 0.874 | 0.874 | 0.874 | 0.864 | |

3. 决策树的确定和评估。完成构树和验证剪枝过程后，决策树的基本结构就可以确定，下一步需要对决策树的分类精确性和分类效率进行评估。评估指标主要有：召回率、准确率和F性能值。其计算方法如下：

召回率为：

$$R = \frac{N_{cp}}{N_c}$$

准确率为：

$$P = \frac{N_{cp}}{N_p}$$

F评估值为：

$$F = \frac{2RP}{(R+P)}$$

式中，$N_{cp}$是正确预测奶牛布鲁氏菌病情况的记录条数，$N_c$是实际分类结果的记录数，$N_p$是分类器预测奶牛布鲁氏菌病情况的记录数。通过实验求得剪枝前后的这3个指标的值如表7-45所示。

**表7-45 剪支前后决策树评估对比**

| | TP率 | FP率 | 准确率（P） | 召回率（R） | F值（F） | ROC面积 |
|---|---|---|---|---|---|---|
| 未修剪 | 0.864 | 0.201 | 0.864 | 0.864 | 0.864 | 0.903 |
| 修剪后 | 0.874 | 0.187 | 0.874 | 0.874 | 0.874 | 0.864 |

从表7-45的评估结果可以看出，决策树修剪后的正确率和召回率都有提高，而且系统的性能评估F值也提高了，表明系统的整体分类性能不仅没下降反而提高了，所以修剪决策树是一种优化方案。

**（五）结论和建议**

决策树方法为奶牛布鲁氏菌病的风险评估提供了一种科学、简单的风险分析方法，这种方法直接从奶牛布鲁氏菌病风险问题所涉及的风险因素和布鲁氏菌病阳性或阴性的结果出发，可以得到更符合实际情况的评估结果，并且可以将复杂的风险决策问题变成简单、直观的决策过程，能够聚焦最适合的因素并进行分类，增强奶牛布鲁氏菌病风险的决策能力和效率。

根据C4.5算法构建的最终决策树，可以从16个奶牛布鲁氏菌病风险的影响因素中发现导致南方某省奶牛场布鲁氏菌病的最为关键的几个风险影响因素，分别为：调入混群前，是否全部进行布鲁氏菌病检测（Q2）、人工授精的精液是否经过布鲁氏菌病检测（Q4）、本场/户远离村寨和其他养牛场户，独立养殖（Q9）、附近周边农户饲养有羊（Q14）、挤奶方式（Q1）、本场内卫生是否定时每周进行打扫和消毒处理（Q10）、产犊场地是否进行严格消毒（Q7）、人工授精时，是否用一次性手套（Q5）。

应用C4.5算法构建的奶牛布鲁氏菌病风险决策树，可以对未来该省奶牛布鲁氏菌病进行风险预测，并且经过训练数据的评估，预测的正确率能达到87.4%。

研究表明，无论是奶牛场，还是肉牛场，加强养殖场生物安全措施是预防和控制布鲁氏菌病传播的关键因素。加强养殖场生物安全措施，一是要保证调入奶牛全部进行布鲁氏菌病检测；二是人工授精的精液要进行布鲁氏菌病检测；三是养殖场选址时要与居民点和其他养殖场相互隔离；四是选择恰当的挤奶方式；五是实施严格的程序化消毒和卫生打扫制度；六是人工授精时需佩戴一次性手套。

## 参考文献

白思俊. 2009. 系统工程［M］. 第2版. 北京：电子工业出版社.

曹毅，李宏，朱雪平，李东伟. 2004. 投影法在防空群火力分配中的应用［J］. 火力与指挥控制，29：544 – 546.

畅建，黄强，王义民，薛小杰. 2002. 基于耗散结构理论和灰色关联熵的水资源系统演化方向判别模型研究［J］. 水利学报，2：105 – 112.

陈庆华. 2009. 系统工程理论与实践［M］. 北京：国防工业出版社.

贺磊，李金平，吕春华，冉良多. 2010. 阿勒泰地区动物布鲁氏菌病疫情风险评估［J］. 新疆畜牧业，3：25 – 27.

黄德林. 2002. 中国动物及动物产品质量管理研究［D］. 陕西：西北农林科技大学.

黄晶晶，倪天倪. 2005. 分类挖掘在大学生智能评估体系中的设计与实现［J］. 计算机与现代化（3）：96 – 98.

贾建武. 2011. 熵权法在炮兵战场目标价值评价中的应用 ［J］. 数学的实践与认识，16：
83－86.

李朝霞，牛文娟. 2007. 系统多层次灰色熵优选理论及其应用 ［J］. 系统工程理论与实践，8：
47－55.

李福兴，尚得秋. 2010. 实用临床布鲁氏菌病 ［M］. 哈尔滨：黑龙江科学技术出版社.

林朝朋. 2009. 生鲜猪肉供应链安全风险及控制研究 ［D］. 长沙：中南大学.

刘凤岐，王大力，王季秋，李铁锋，赵永利，江森林. 2008. 全国布氏菌病干预试点县布氏菌
病经济损失调查 ［J］. 中国地方病防治，23（6）：424－425.

刘思峰，党耀国，方志耕，谢乃明. 2010. 灰色系统理论及应用 ［M］. 北京：科学出版社.

浦华. 2007. 动物疫病防控的经济学分析 ［D］. 北京：中国农业科学院.

任东彦，谭乐祖，朱飞翔. 2010. 投影法在舰艇防空火力分配中的应用 ［J］. 舰船电子工程，
1：35－38.

孙广力，虞塞明，孙刚，李鑫，张加勇. 2008. 动物布鲁氏菌风险评话框架的建立 ［J］. 试
验研究，11：32－33.

田杨. 2008. 精确直方图规定化 ［D］. 山东：山东大学.

王功民，池丽娟，马世春，苏增华，陈泳，杨林. 2010. 我国畜间布鲁氏菌病流行特点及原因
分析 ［J］. 中国动物检疫，27（7）：62－63.

王磊，杨超，卢宝荣. 2010. 利用决策树方法建立转基因植物环境生物安全评价诊断平台
［J］. 生物多样性，18（3）：215－226.

王应明. 1998. 多指标决策与评价新方法－投影法 ［J］. 统计与决策，4：5－8.

卫生部疾病预防控制局. 2008. 布鲁氏菌病防治手册 ［M］. 北京：人们卫生出版社.

谢仲伦. 2006. 动物卫生经济学 ［M］. 北京：中国农业出版社.

宇传华. 2007. SPSS 与统计分析 ［M］. 北京：电子工业出版社.

张秋菊，朱帮助. 2011. 基于熵权灰色关联分析的群体性突发事件预警模型 ［J］. 数学的实践
与认识，42（24）：25－32.

赵宝山，俞会新，郝永敬，任福战. 2012. 基于灰色关联熵的顾客满意度系统研究 ［J］. 水利
学报，2：15－21.

周德群. 2010. 系统工程概论 ［M］. 第2版. 北京：科学出版社.

BhaveshTrangadia, Samir Kumar Rana, Falguni Mukherjee, Villuppanoor Alwar Srinivasan. 2010.
Prevalence of brucellosis and infectious bovine rhinotracheitis in organized dairy farms in India ［J］.
Trop Anim Health Prod, 42：203－207.

Bright M. M, et al. 1998. Rotating Pip Detection and Stall Warning in High Speed Compressors
Using Structure Function ［C］. AGARD RTO AVT Conference. Toulouse, France.

Coelho A. M, Coelho A. C, Roboredo M, Rodrigues J. 2007. A case － control study of risk factors for brucellosisseropositivity in Portuguese small ruminants herds [J]. Preventive Veterinary Medicine, 82: 291 –301.

Dooho I, Martin W, Stryhn H. 2003. Veterinary Epidemiologic Research [M]. Charlottetown: AVC Inc, 35 –42.

Godfroid J, Scholz H. C, et al. 2011. Brucellosis at the animal/ecosystem/human interface at the beginning of the 21st century [J]. Preventive Veterinary Medicine, 102: 116 –131.

Jones R. D, Kelly L, England T, MacMillan A, Wooldridge M. 2004. A quantitative risk assessment for the importationof brucellosis – infected breeding cattle into Great Britain from selected European countries [J]. Preventive Veterinary Medicine, 63: 51 –61.

Mingers J. 1989. An empirical comparison of selection measures for decision tree induction [J]. Machine Learning, 3: 317 –342.

Tuchili M. L. 1988. Control and Prevention of Rabies and Brucellosis in Eastern and Southern African Countries [J]. Proceedings of the International Comference on Epidemiolgy, Gaborone, Botswana, 121 –123.

Wu C, Landgrebe D, Swain P. 1975. The decision tree ap – proach to classification [R]. West Lafayette: School of Engineering, Purdue University.

Yuan YF, Shaw MJ. 1995. Induction of fuzzy decision trees [J]. Fuzzy Sets and Systems, 9: 125 –139.

You KC, Fu KS. 1976. An approach to the design of a linear binary tree classifier [C]. LARS Symposia.

# 附表:

## 奶牛布鲁氏菌病风险评估调查表

**奶场:盖章（签字）**

场/户地址:省(自治区、直辖市)县(区)镇(场)村

| 场/户主名称 | | 电话: |
|---|---|---|
| | | 布鲁氏菌病检测状态:□A. 阳性□B. 阴性 |
| 饲养与调入 | 1. 挤奶方式:□A. 本场人工挤奶　□B. 利用牛奶收购站机器挤奶 | |
| | 2. 调入混群前,是否全部进行布鲁氏菌病检测:□A. 是□B. 否 | |
| 繁育 | 1. 繁育方式是采用:①人工授精;②引入公牛进行配种。 | |
| | 　（1）人工授精的精液是否经过布鲁氏菌病检测:□A. 是□B. 否 | |
| | 　（2）引入配种前是否对公牛进行布鲁氏菌病检测:□A. 是□B. 否 | |
| | 2. 人工授精时,是否用一次性手套:□A. 是□B. 否 | |
| | 3. 胎衣、流产胎儿或死胎处理:□A. 及时掩埋处理　□B. 随意丢弃 | |
| | 4. 产犊场地处理:□A. 基本不处理或简单清扫　□B. 进行严格消毒 | |
| 饲养环境 | 1. 本场/户处于奶牛养殖小区或以挤奶站为中心的自然村内:□A. 是□B. 否 | |
| | 2. 本场/户远离村寨和其他养牛场户,独立养殖:□A. 是□B. 否 | |
| | 3. 本场内卫生是否定时每周进行打扫和消毒处理:□A. 是□B. 否 | |
| | 4. 病牛、死牛的处理:□A. 隔离并掩埋或火化　□B. 随意丢弃 | |
| 混养情况 | 1. 本场/户饲养有羊:□A. 是□B. 否 | |
| | 2. 附近周边农户饲养有牛(包括黄牛):□A. 是□B. 否 | |
| | 3. 附近周边农户饲养有羊:□A. 是□B. 否 | |
| | 4. 附近周边农户场是否有检测到有牛羊布鲁氏菌病感染:□A. 是□B. 否 | |

调查人员:　　　　　办公电话:

移动电话:

第八章

# 疫病传播动力
# 学模型

　　动物疫病传播动力学是运用动力学方法研究动物疫病发生、发展及其演化规律的科学，动物疫病传播动力学主要是针对动物疫病展开研究，是传染病动力学的一个重要方面。传染病动力学已经有百年历史，研究工作从早期简单的仓室模型，发展到现在运用复杂大系统研究与人和动物相关的各种传染病，如流感、西尼罗河病毒病、疟疾、性病等，其理论分析结果为传染病风险管理措施的实施提供了决策依据。用动力学方法研究动物疫病起步较晚，最近30年才有了较大进展，特别在21世纪初在对英国口蹄疫的研究中起到关键作用，为防控措施的实施提供了理论依据，特别是提出的以疫点为中心、半径3km区域实施所有易感动物扑杀的防控政策。

　　关于动力系统，它是研究在各种内部和外部因素的共同作用下，系统各个有机部分和系统整体随着时间演化的过程。经典的动力系统是力学的一门分支，主要研究由于力的作用，物理系统随着时间进行演化的过程，如牛顿运动定律。现代动力系统除应用于传统的力学、物理学、天体物理等自然科学外，已经广泛应用于生物学、社会学、医学、经济学等众多领域。如传染病动力学、种群动力学、生物信息动力学、生物进化动力学、血流变动力学等。从数学上看，动力系统可分为微分动力系统、离散动力系统及抽象空间动力系统，特别是基于微分方程的动力系统是应用最为广泛的一类。

## 第一节　传播动力学模型概述

　　为了能尽量简单说明微分动力系统研究动物疫病的传播，举一个简单例子来说明其建模的方法。

　　如图8-1所示，考虑一个量$H(t)$随时间的变化，假设这个量表示在$t$时刻鱼塘中鱼的数量，其单位时间鱼塘中鱼的补充量为$A$，对鱼的捕捞量与鱼的数量成正比，比例系数为$d$，因而单位时间捕捞量为$dH(t)$。现在考虑在区间$[t, t+\Delta t]$内，鱼塘中鱼的改变量。则在该时间内鱼的改变量等于补充的量减去捕捞的量，因而可得下面的差分方程：

$$\Delta H = H_{t+\Delta t} - H_t = (A - dH)\Delta t$$

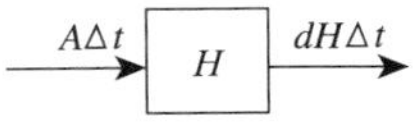

进一步变形可得下面的微分方程：

$$\frac{dH}{dt} = \lim_{\Delta t \to 0} \frac{\Delta H}{\Delta t} = A - dH$$

图8-1　$H(t)$随时间变化图

　　上述微分方程是极其简单的系统，可以通过求解获得在任何时刻鱼的数量随时间的变化。对于人群中的传染病或者动物群体中疫病传播，仍然可以利用类似于上面的方法进行建模和分析，当然考虑的变量可能会更多，且变量相互之间的作用可能是非线性的，甚至变得更加复杂。考虑$SIR$或者$SIS$模型，也就是按照染病状态将人群或者动物群体分为易感者$S$、感染者$I$或者恢复者$R$。$SIR$模型详见图8-2（a），$SIS$模型详见图8-2（b）。

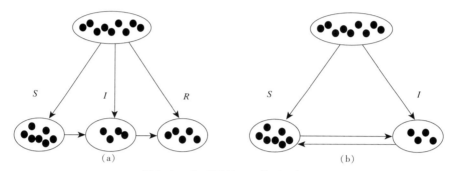

$S$　　　　$I$　　　　$R$　　　　　　　　　　$S$　　　　　　　　　　$I$

（a）　　　　　　　　　　　　　　　　（b）

图8-2　$SIR$模型和$SIS$模型示意图

　　对于$SIS$模型，它表示易感者被传染，变为感染者，感染者经过一段时间又变为易感者。假设感染者传染易感者的传染率系数为$\beta$，因而传染率为$\beta S(t)I(t)$。假设只有易感者有补充或者输入，$A$为易感者的输入率或者出生率；动物的死亡率系数或者淘汰率系数为$d$，则易感者与染病者的死亡率分别为$dS(t)$与$dI(t)$；染病者的因病死亡率系数为$\alpha$，因病死亡率为$\alpha I(t)$；染病者如果没有死亡，则经过一段时间恢复，恢复率为$\delta I(t)$。因此，在区间$[t,t+\Delta t]$各个量的变化满足下面的方程：

$$S(t+\Delta t)-S(t)=A-\beta S(t)I(t)-ds(t)+\delta I(t)\Delta t$$

$$\Rightarrow \frac{dS(t)}{dt}=A-\beta S(t)I(t)-dS(t)+\delta I(t)$$

$$I(t+\Delta t)-I(t)=\left(\beta S(t)I(t)-dI(t)-\delta I(t)-\alpha I(t)\right)\Delta t$$

$$\Rightarrow \frac{dI(t)}{dt}=\beta S(t)I(t)-dI(t)-\delta I(t)-\alpha I(t)$$

　　如果是$SIS$模型，则变为下面的方程：

$$\frac{dS(t)}{dt}=A-\beta S(t)I(t)-dS(t)$$

$$\frac{dI(t)}{dt}=\beta S(t)I(t)-dI(t)-\delta I(t)-\alpha I(t)$$

$$\frac{dR(t)}{dt}=\delta I(t)-dR(t)$$

运用动力学方法对人群疫病或者动物疫病传播进行建模分析一般包括以下步骤：一是根据具体疫病进行传染病学机理分析，主要包括确定易感人群（或者动物群体）和群体规模，确定传染源及疫病传播途径与方式、流行特点、人群或动物群体移动特点、社会学或生态学特点，以及致病因子存在和传播的风险因素等；二是确定变量及参数，做必要的假设，并进行动力学建模；三是对建立的动力学模型进行理论分析，确定基本再生数，对参数进行敏感性分析，以此判断各种因素对疫病流行的影响；四是利用具体的数据对模型参数进行估计和模型进行检验，进而进行预测和预警及干预措施评估。其一般流程见图8-3。

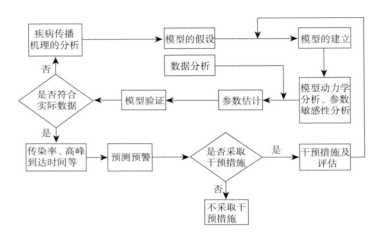

图8-3　疫病建模流程图

运用动力学方法研究动物疫病传播，可以充分利用疫病传播机制，建立耦合易感者、感染者、恢复者和环境中致病因子的多变量系统，利用有限的数据或者易测的数据确定模型参数，进而获取其他变量随时间的演化结果，可以减少数据采集的难度和成本。如果考虑多区域斑块传播动力学模型，可以有效反映区域间疫病流行的同步性，说明一个地区风险管理措施对其他地区疫病流行的影响，揭示防控措施联动机制对疫病流行的作用，为多区域风险管理措施的实施提供量化依据。传播动力学模型中的变量和参数体现的是疫病传播的机理和风险管理措施实施后对疫病传播的影响。模型参数确定后，能够模拟任意时刻、任意区域的风险度、感染率等指标，能够动态反映疫病的流行情况。动力学方法能够动态地评估风险管理措施实施效果，即通过参数的敏感性分析，可以评估防控措施及其组合对疫病流行的影响，并能仿真研究区域在不同时间段最优的控制策略、区域间最优的联动防控策略等。

## 第二节 传染病动力学模型基本概念与方法

在动物疫病传染病*SIRS*模型中，其总种群*N*分为4类：易感者类*S*、感染动物类*I*和恢复者类*R*。*SIRS*模型描述了易感者被感染动物传染成为感染动物个体，感染动物康复后从感染者类移出变为恢复者，以及恢复者渐渐失去免疫力后又进入易感者类的过程。

假设在*t*时刻易感者类、感染者类和移出者类中动物的数量分别为$S(t)$、$I(t)$和$R(t)$。三者之和等于总种群中动物数量$N(t)$，即$S(t)+I(t)+R(t)=N(t)$，且易感者、感染动物和恢复者的接触概率服从均匀分布。传染病模型里有一个非常重要的项，称之为传染率（或发生率），它的一般形式为$\beta C(N)IS/N$，这里$\beta C(N)$称之为接触率（假设每次接触必然导致致病因子传染易感者），即单位时间内一个感染动物与种群接触的次数$C(N)$乘以每次接触被传染的概率$\beta$，$S/N$是易感者在总种群中所占的比例，那么$\beta C(N)S/N$是一个感染动物在单位时间内传染其他易感动物的平均数量。从而在单位时间内所有染病动物传染易感动物的总数为$\beta C(N)IS/N$，即传染率。$C(N)$通常有3种不同的形式。第一种形式为$C(N)=N$，适合总种群数量不大的情况。此时的传染率为$\beta SI$，称之为双线性传染率。第二种形式为$C(N)=C$（$C$为常数），记$\lambda=\beta C$，此时的传染率为$\lambda SI/N$，称之为标准传染率。第三种形式为$C(N)=N/(k_1+k_2N)$，它反映了当种群数量*N*不很多时接触数与*N*近似成正比，然后随着*N*的增加而逐渐饱和为一个常数，此时传染率为$\beta SI/(k_1+k_2N)$，称之为饱和传染率。

在动物传染病模型里，如果感染动物在单位时间内恢复到恢复者类的比例为$\gamma$，则感染动物的恢复率为$\gamma I$，感染动物在单位时间内因病死亡的比例为$\alpha$，则因病死亡率为$\alpha I$，恢复者类在单位时间内失去免疫的比例为$\delta$，则恢复者类的失去免疫率为$\delta R$，这些项在微分方程里都是线性项。假设易感者补充率为*A*，自然死亡比例为*d*，则建立的双线性传染率的动力学模型为：

$$\begin{cases} S' = A - \beta SI - dS + \delta R \\ I' = \beta SI - dI - \gamma I - \alpha I \\ R' = \gamma I - dR - \delta R \end{cases} \quad (8-1)$$

关于不同仓室转换与指数等待时间问题。一般把传染病分为不同的仓室，如易感者仓室$S$、感染动物$I$仓室和恢复者仓室$R$，在单位时间内个体将从一个仓室流向下一个仓室（图8-4）。

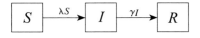

图8-4    仓室转换示意图

假设感染动物以常数恢复率$\gamma$恢复，那么$\gamma^{-1}$是感染动物的平均患病时间。假设感染动物恢复时间是一个随机变量，其离散概率分布为：$Pr\{Z=k\}=f_k$，累积概率分布为：$F(z)=Pr\{Z \leq z\}$，这里$k$是仓室中感染动物数量。对于连续分布，将恢复时间看作是连续分布，因此随机变量是恢复时间$t$，则在$\Delta t$时间内恢复的概率为：$Pr\{t \leq Z \leq t+\Delta t\}=F(t+\Delta t)-F(t)=F'(t)\Delta t+o(\Delta t)$，即感染动物在$\Delta t$时间内恢复的概率为：$Pr\{$在$(t, t+\Delta t)$恢复|在$(0, t)$没有恢复$\}=\gamma \Delta t+o(\Delta t)$。

其累积分布为$F\{$在$(0, t)$没有恢复$\}$，对于一个感染动物，它在$(0, t+\Delta t)$没有恢复，则它一定在$(0, t)$内没有恢复，且在$(t, t+\Delta t)$内也没有恢复。假设这两个事件是相互独立的，从而其概率分布满足：

$$F(t+\Delta t)=F(t)[1-\gamma \Delta t+o(\Delta t)]$$

有

$$\frac{F(t+\Delta t)-F(t)}{\Delta t}=-\gamma F(t)+\frac{o(\Delta t)}{\Delta t}$$

上式两边取极限：$F'(t)=-\gamma F(t)$。

因为$F(0)=1$，所以$F(t)=e^{-\gamma t}$，即感染动物恢复时间服从指数分布。有大量的数据不满足指数分布或者常数分布，需要将感染动物的恢复概率不依赖于时间的假设条件定得更加宽松。最简单的处理方式是从感染期具有阶段结构的仓室入手，基本的思路是将感染动物仓室分为$n$个仓室，每个仓室假设满足同样参数的指数分布（图8-5）。

总的感染期是每个完全相同的独立指数分布感染期的和，可导出具有Gamma分布的感染期：

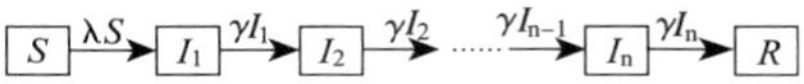

$S \xrightarrow{\lambda S} I_1 \xrightarrow{\gamma I_1} I_2 \xrightarrow{\gamma I_2} \cdots\cdots \xrightarrow{\gamma I_{n-1}} I_n \xrightarrow{\gamma I_n} R$

图8-5    感染期具阶段结构的仓室转换图

$$f(t)=\frac{(\gamma n)^n}{\Gamma(n)}t^{n-1}e^{-\gamma nt} \tag{8-2}$$

这里$\Gamma(n)$是Gamma函数，方差为$1/(n\gamma^2)$。当$n=1$时，Gamma分布就是指数分布，当$n \to \infty$时，Gamma分布变为delta分布（图8-6）。

（1）基本再生数（the basic reproduction number）。是刻画动物传染病发病初期的重要量，表示在全部是易感者的群体中，进入1个感染动物，在其病程内平均传染的动物数量，通常用$R_0$代表。在均匀混合传染病模型中，基本再生数的计算可以用正平衡点（地方病平衡点）的存在性或者是无病平衡点的稳定性求出，通常方法是基于无病平衡点的

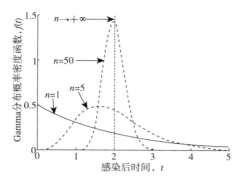

图8-6 Gamma分布概率密度图

稳定性并借助下一代矩阵进行计算。此外，也可以用在初始时刻染病者的变化率即$I'(0)>0$来计算。

下面用在疫病发生初期感染动物数量单调增加来具体计算模型的基本再生数。将系统第二个方程改写为：

$$I' = \left[\beta S - (d+\gamma+\chi)\right] I$$

在没有感染动物或者仅有1个感染动物进入的群体中，如果忽略感染动物数量，则其满足的方程为：

$$S' = A - dS$$

其稳态解为$S^* = A/d$，假设没有疫病时系统处于稳态，那么刚开始引入感染动物时，系统（8-2）等号右端的$S$应为$S^* = A/d$，将其代入系统得到：

$$I'\mid_{t=0} = \left[\beta A/d - (d+\gamma+\alpha)\right] I(0) = 0$$

由上式可得，疫病传播的参数满足的阈值条件为：

$$R_0 = \frac{A\beta}{d(d+\gamma+\alpha)} \qquad (8-3)$$

上式就是基本再生数，其中$\beta$是一个感染动物与一个易感者接触并被传染的概率，$A/d$代表初始状态下易感者的数量，而$1/(d+\alpha+\gamma)$代表感染动物患病的病程。

（2）有效再生数（the effective reproduction number）。是刻画传染病传播过程的一个重要量，它表示在疫病传播过程中，1个感染动物在其病程内传染的平均病人数，用$R^*$代表，在均匀混合传染病模型中，有效再生数$R^* = R_0 x$，其中$x = S/N$代表易感者在群体中占有的比例，这里$N$是总人口，$R_0$是基本再生数，在地方性平衡点（$S^*$，$I^*$，$R^*$），有效再生数$R^* = R_0 x^* = 1$，其中$x^* = \dfrac{S^*}{S^*+I^*+R^*}$。

McKendrick-Kermack构建的没有出生与死亡的$SIR$模型是一个经典的传染病模型，对流行时间短的传染病刻画是非常有效的。

$$\begin{cases} S' = -\beta S \dfrac{1}{N}, \ S\ (0)\ = S_0 \\ I' = \beta S \dfrac{1}{N} - \gamma I, \ I\ (0)\ = I_0 \\ R' = \gamma I, \ R\ (0) \end{cases} \qquad (8-4)$$

因$\dfrac{dN}{dt} = 0$，所以总种群$N = S + I + R$保持不变。其基本再生数为：$R_0 = \beta \dfrac{S_0}{\gamma}$。当$R_0 > 1$时，疫病流行，当$R_0 < 1$，疫病不流行。

传染病的分支过程描述了平衡点的个数以及稳定性发生的变化。由确定性传染病模型推导出了基本再生数$R_0$，即疫病流行阈值，当$R_0 > 1$时疫病开始流行，当$R_0 < 1$时疫病不会流行。然而，大量的实际数据表明$R_0 > 1$时，疫病也可能不会流行，因此，确定性模型的仿真结果不一定与实际情况吻合。事实上，确定性模型反映的是疫病平均水平的发展趋势，对大规模种群是非常有效的。对于小种群规模，初始时刻的感染动物数量很少，随机因素起到重要作用，确定性模型预测得就不太准确。因此，利用概率中的分支过程研究疫病的传播是一个重要方法。

考虑一个感染动物传染的易感动物数量满足概率分布为$\{q_k\}_{k=1}^{\infty}$，其中$q_k$是传染$k$个易感的概率，因此$\sum_{k=1}^{\infty} q_k = 1$。从而，基本再生数可以表示为1个感染动物传染易感动物数量的期望：

$$R_0 = \sum_{k=1}^{\infty} k q_k$$

分支的基本工具是生成函数（概率母函数）：

$$g(z) = \sum_{k=0}^{\infty} q_k z^k, 0 \le z \le 1 \qquad (8-5)$$

那么，$g\ (0)\ = 0$，$g\ (1)\ = 1$，因此，基本再生数为：

$$R_0 = g'\ (1)$$

假设疫病在传播了第$n$代后在种群中消失概率为$z_n$，从而有关系$z_n = g\ (z_{n-1})$。分析表明，当$R_0 \le 1$时，$z_\infty = g\ (z_\infty)$的解为$z_\infty = 1$；当$R_0 > 1$时，$z_\infty = g\ (z_\infty)$的解为$0 < z_\infty < 1$。

**第三节 模型分析基本方法**

在动物疫病传播动力学模型里，根据所研究疫病的特征可以将动物种群$N$

分为易感者类$S$、潜伏者类$E$、感染动物类$I$和恢复者类$R$等。依据疫病传播机
理，就可以建立疫病传播动力学模型。

# 一、无潜伏期的传染病模型

## （一）种群数量恒定的SI、SIS和SIR模型

在疫病流行期间，应该考虑种群的出生与死亡等变化。但是如果假定出生率系数
（即单位时间内出生的个体数量在总种群数量中的比例）与自然死亡率系数相等，并且不
考虑个体的外界输入、输出以及因病死亡，从而总种群数量保持为一个常数$K$。

1. SI模型。如果感染动物受到致病因子感染后无法治愈，那么动力学模型流程图为
图8－7。

2. SIS模型。如果感染动物受到致病因子感染后可以治愈，那么动力学模型流程图
为图8－8。

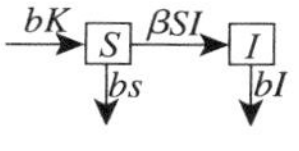

图8-7　SI动力学模型流程图 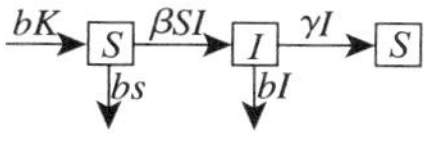　　　图8-8　SIS动力学模型流程图

3. SIR模型。如果感染动物受到致病因子感染后可以治愈，并获得终身免疫力，那么
动力学模型流程图为图8－9。

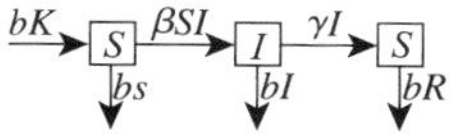

图8-9　SIR动力学模型流程图

## （二）种群数量改变的SIS、SIR和SIRS模型

即考虑个体的因病死亡、个体的外界输入和输出、出生率与自然死亡率不相等、密
度制约等因素［从而总种群数量是时间$t$的函数$N(t)$］。

1. SIS模型。如果某类传染病能够垂直传染，即新生个体有易感者和染病者，而且
假设易感者生出的仍然是易感者，染病者生出的仍然是染病者，其出生率系数为$b$，死亡
率系数为$d$，在疫病的传播过程中，有易感动物的外界输入（输入率为$A$），易感动物和染
病动物的输出（输出率系数为都$B$），那么动力学模型流程图为图8－10。

2. SIR模型。如果动物群体感染后，可以康复，且不会再被感染，获得永久免疫力，
那么动力学模型流程图为图8－11。

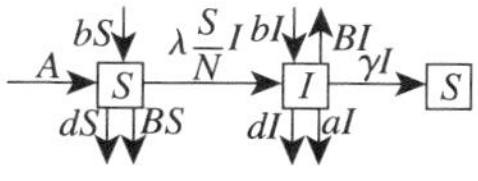

图8-10　SIS 动力学模型流程图 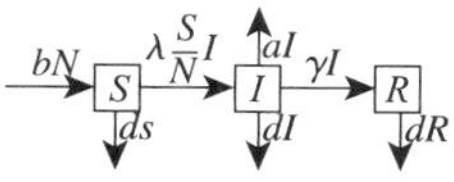　　　图8-11　SIR 动力学模型流程图

3. SIRS模型。如果感染动物治愈后能获得暂时免疫力，假设单位时间内恢复者以一定的比例$\delta$丧失免疫变为易感者，可能被再次感染，那么动力学模型流程图为图8－12。

$$bN \rightarrow \boxed{S} \xrightarrow{\lambda\frac{S}{N}I} \boxed{I} \xrightarrow{\gamma I} \boxed{R} \xrightarrow{\delta R} \boxed{S}$$

$$\downarrow dS \qquad \downarrow dI \qquad \downarrow dR$$

图8-12　SIRS动力学模型流程图

根据不同疫病传播机制和实际情况不同，可以选择不同的接触传染率以及状态分类，在这里只列举其中的一些模型，下面主要围绕几个SIRS模型给出其基本的分析方法，其他模型可以据此得到相应的结论。

### （三）输入、 指数死亡率和双线性传染率的SIRS模型

为了简化方法，假定感染动物在发病期间病死或淘汰都称为因病死亡，那么SIRS模型流程图为图8－13。此模型中考虑了常数输入和双线性传染率。

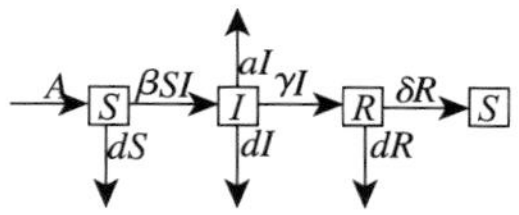

其中$\alpha$是因病死亡率系数，$\gamma$是恢复率系数，$d$是自然死亡率系数，$\delta$是失去免疫率系数，$A$是常数输入率。那么各状态类随时间的演化方程为：

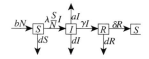

图8-13　SIRS模型流程图

$$\begin{cases} S' = A - \beta SI - dS + \delta R \\ I' = \beta SI - (d + \alpha + \gamma) I \\ R' = \gamma I - (d + \delta) R \end{cases} \qquad (8-6)$$

总种群数量$N(t) = S(t) + I(t) + R(t)$满足方程：

$$N'(t) = A - dN - \alpha I \qquad (8-7)$$

由方程（8－7）知，当疫病不存在时，种群的数量$N(t)$最终趋向于常数$A/d$，并且当$N > A/d$时，$N'(t) < 0$，因此方程（8－6）的全部解$(S, I, R)$最终趋向、进入或者停留在区域D内，其中

$$D = \left\{ (S, I, R) \in R^3 \mid 0 < S + I + R \leqslant \frac{A}{d}, S \geqslant 0, I \geqslant 0, R \geqslant 0 \right\}$$

在该模型中，当第一个感染动物进入该种群时，种群处于平衡状态且全部是易感者，其数量为$A/d$，因此该患者在单位时间内传染的个体数量为$\beta A/d$。从公式（8－6）的第二个方程可知感染动物的病程为$1/(d + \alpha + \gamma)$，因此模型的基本再生数为：

$$R_0 = \frac{\beta A}{d(d + \alpha + \gamma)} \qquad (8-8)$$

基本再生数还可以从方程（8－6）正平衡点存在与否获取。即当$R_0 > 1$时正平衡点

$E_+$（$S^+$，$I^+$，$R^+$）存在，这里：

$$S^+ = \frac{d+\alpha+\gamma}{\beta}$$

$$I^+ = \frac{d\ (d+\alpha+\gamma)\ (R_0-1)}{\beta\left[\alpha+d\ (1+\dfrac{\gamma}{\delta+d})\right]}$$

$$R^+ = \frac{\gamma I^+}{\delta+d}$$

$$N^+ = S^+ + I^+ + R^+$$

当$R_0 \leqslant 1$时，方程（8-6）不存在平衡点。无病平衡点$E_0 = (A/d,\ 0,\ 0)$始终存在。上述结论的实际含义是：当$R_0 \leqslant 1$时，疫病将会消失，种群的规模趋向于环境容纳量的水平$A/d$；当$R_0 > 1$时，疫病持续传播，种群的规模趋向于$N^+ < A/d$。从该结论可以看出，基本再生数$R_0$也是衡量无病平衡点是否稳定的一个阈值参数。

如果传染率是标准接触传染率，方程（8-6）就变成下面的$SIRS$模型：

$$S' = A - \lambda\ \frac{S}{N}I - dS + \delta R$$

$$I' = \lambda\ \frac{S}{N}I - (d+\alpha+\gamma)\ I$$

$$R' = \lambda I - (d+\delta)\ R \qquad (8-9)$$

所得结论与方程（8-6）完全一致。但由于该模型的接触数是常数，而模型（8-6）的接触数是与总种群数量成正比的，因而当$A/d$比较大时会导致该模型的基本再生数$R_0 = \lambda/(d+\alpha+\gamma)$要比模型（8-6）的基本再生数$R_0 = \beta A/(d\ (d+\alpha+\gamma))$小，因而从控制疫病的角度出发，符合模型（8-9）的疫病要比符合模型（8-6）的疫病更容易控制。

## （四）出生数量服从指数分布的 SIRS 模型

如果动物出生数量服从指数分布，方程（8-9）就转化为下面的SIRS模型：

$$\begin{cases} S' = bN - \lambda\ \dfrac{S}{N}I - dS + \delta R \\[2mm] I' = \lambda\ \dfrac{S}{N}I - (d+\alpha+\gamma)\ I \\[2mm] R' = \gamma I - (d+\delta)\ R \end{cases} \qquad (8-10)$$

所研究动物的总种群数量满足下列方程：

$$\frac{dN}{dt} = (b-d)\ N\ (t)\ -\alpha I,\ N\ (0)\ = N_0$$

式中，$b$是出生率系数，$d$是死亡率系数，$r = b - d$是内禀增长率，即种群的最大瞬时增长率①。因为该模型中动物出生和死亡数量服从指数分布，所以它不论在数学上还是在实际意义上都与模型（8-9）有很大不同。从数学上看，模型（8-10）的右端的向量场是奇次的，而模型（8-9）不是，模型（8-9）有界的正向不变集，而模型（8-10）没有有界的正向不变集。从实际意义上看，满足模型（8-9）的总种群数量要么趋近于一个正常数，要么趋近于零，而满足模型（8-10）的总种群数量会有趋近于一个正常数、趋近于零及趋近于无穷（即瞬间增长非常大）三种可能。由于模型（8-10）和模型（8-9）有本质上的差异，所以对这两个模型的研究可以采取不同的方法。对后者通常做归一化变换 $s=S/N$，$i=I/N$，$r=R/N$ 则方程（8-10）变为

$$\begin{cases} s' = b - bs - \lambda si + \delta r + \alpha si \\ i' = \lambda si - (b+\alpha+\gamma)\, i + \alpha i^2 \\ r' = (b+\delta)\, r + \gamma i + \alpha ir \end{cases} \quad (8-11)$$

方程（8-11）的右端不含 $N$，这样研究起来更加方便。在方程（8-11）中，有3个重要的阈值参数，即基本再生数、修正的再生数和种群的净增长阈值。基本再生数表示为：

$$R_0 = \frac{\lambda}{d+\alpha+\gamma}$$

它是从方程（8-10）正平衡点存在与否的条件中得到的。修正的再生数，实际上是方程（8-11）正平衡点存在的阈值参数。

$$R^*_0 = \frac{\lambda}{b+\alpha+\gamma}$$

它是从方程（8-11）正平衡点存在与否的条件中得到的。

种群的净增长阈值决定种群的规模是指数增长、减少还是保持常数的阈值参数。

$$\o = \frac{rR_0}{\alpha\,(R_0-1)}\Big(1+\frac{\gamma}{\delta+d}\Big)$$

当 $R^*_0 \leq 1$ 时，感染动物在总种群数量中的比例逐渐减少为零。当 $R^*_0 > 1$ 时，感染动物将最终以确定的比例在总种群中存在，导致疫病成为地方病，也称疫病持续。

当修正的再生数 $R^*_0 \leq 1$ 时，$i\to0$，$r\to0$（全局）。此时若 $R_0 < 1$，则 $I$ 和 $R$ 的减少超过了 $N$ 的增长，使得 $I=iN$ 和 $R=rN$ 都趋向于零；若 $R_0 > 1$，则 $N$ 的增长超过 $I$ 和 $R$ 的减少，使得 $I=iN$ 和 $R=rN$ 都趋向于无穷。

---

① 内禀增长率是指具有稳定年龄结构的种群，在食物与空间不受限制、同种其他个体的密度维持在最适水平、环境中没有天敌，并在某一特定的温度、湿度、光照和食物性质的环境条件组配下，种群的最大瞬时增长率。反映了种群在理想状态下，生物种群的扩繁能力。

当$R_0^* > 1$时，种群规模$N$满足方程

$$N'(t) = \left[ r - \alpha I^+ - \alpha (I - I^+) \right] N$$

因而因病死亡率$\alpha$导致种群规模$N$趋近于零，或降低种群的指数增长。

比较模型（8-9）和（8-10）可以看到，常数输入和指数出生不仅给模型的定性性质带来本质上的差异，而且在阈值参数上后者需要引入修正的再生数$R_0^*$。另外，由于这两个模型的接触数是相同的，且自然死亡、因病死亡和恢复率也一样，因此，它们的基本再生数是相同的。也就是说基本再生数只与传染率、自然死亡、因病死亡和恢复率有关，与其他参数无关。

### （五）考虑预防接种的 SIRS 模型

免疫是预防和控制动物疫病传播的常用方法。在一个区域内养殖场/户连续接种，还是在确定时间所有养殖场/户一起接种，这两种方式会对疫病传播的方式产生不同的影响。于是，可以建立连续接种和脉冲接种的传播动力学模型，来比较不同机制下的动力学性态，分析两种方法的优劣。

如果传染率是标准型的SIRS模型中加入连续接种，那么得到的动力学方程为：

$$\begin{cases} S' = bN - \lambda \dfrac{S}{N}I + \theta I + \delta R - (d+p) S \\[2mm] I' = \lambda \dfrac{S}{N}I - (d+\alpha+\gamma+\theta) I \\[2mm] R' = \gamma I + pS - (d+\delta) R \end{cases} \quad (8-12)$$

总种群数量$N$满足下列方程：

$$N' = (b-d) N - \alpha I \quad (8-13)$$

这里$b$代表出生率系数，$\lambda$代表接触率系数，$\theta$代表从感染动物到易感者的转移率系数，$\gamma$代表从感染动物到恢复者的转移率系数，$\delta$代表失去免疫率系数，$d$是自然死亡率系数，$\alpha$代表因病死亡率系数，$p$是预防接种率系数。

令$s = \dfrac{S}{N}$，$i = \dfrac{I}{N}$，$r = \dfrac{R}{N}$，那么可行区域为$\Omega = \{ s \geqslant 0,\ i \geqslant 0,\ r \geqslant 0,\ s+i+r=1 \}$则方程（8-12）变为：

$$\begin{cases} s' = b - bs - ps + \delta r + \theta i - (\lambda - \alpha) si \\[2mm] i' = - (b+\alpha+\gamma+\theta) i + \lambda si + \alpha i^2 \\[2mm] r' = - (b+\delta) r + \gamma i + ps + \alpha ir \end{cases} \quad (8-14)$$

这里$s+i+r=1$，方程总存在无病平衡点：

$$E_0 = \left( \frac{b+\delta}{b+\delta+p},\ 0,\ \frac{p}{b+\delta+p} \right)$$

定义 $\Omega_0 = \Omega - E_0$，设：

$$R_0 = \frac{\beta}{b + \alpha + \gamma + \theta} \times \frac{b + \delta}{b + \delta + p}$$

即基本再生数。

当时 $R_0 < 1$，方程（8 – 14）只有无病平衡点 $E_0$，$E_0$ 是全局渐近稳定的；若 $R_0 > 1$，方程（8 – 14）除了有无病平衡点 $E_0$ 外，还存在唯一的地方病平衡点 $E_+$，并且 $E_0$ 是不稳定的，$E_+$ 在 $\Omega_0$ 内是全局渐近稳定的。从控制角度看，要想使得动物疫病得到控制，必须使 $R_0 < 1$，从而必须加大预防接种的比例 $p$。

当接种不是以连续的方式，而是以脉冲的方式进行时，系统（8 – 12）可以修改为下面的脉冲接种SIRS模型：

$$\begin{cases} S' = bN - \lambda \dfrac{S}{N}I + \theta I + \delta R - dS, & t \neq t_n \\[2mm] I' = \lambda \dfrac{S}{N}I - (d + \alpha + r + \theta)\ I, & t_{n+1} = t_n + T \\[2mm] R' = \gamma I - (d + \delta)\ R \end{cases} \tag{8 – 15}$$

$$\begin{cases} S\ (t^+)\ =\ (1 - p)\ S\ (t^-), & t = t_n \\[1mm] I\ (t^+)\ = I\ (t^-), & n = 0,\ 1,\ 2 \cdots\cdots \\[1mm] R\ (t^+)\ = R\ (t^-)\ + pS\ (t^-) \end{cases} \tag{8 – 16}$$

令 $N\ (t)\ = S\ (t)\ + I\ (t)\ R\ (t)$，由方程（8 – 15）、（8 – 16）得到关于 $N\ (t)$ 的方程

$$N'\ (t)\ =\ (b - d)\ N - \alpha I \tag{8 – 17}$$

方程（8 – 15）、（8 – 16）中的 $t_n$ 代表预防接种的时间点，$T$ 是两次接种的时间间隔，即周期，是一个正常数。令 $s = \dfrac{S}{N}$，$i = \dfrac{I}{N}$，$r = \dfrac{R}{N}$，则其相应变为：

$$\begin{cases} s' = b - bs + \delta r + \theta i - (\lambda - \alpha)\ si, & t \neq t_n \\[1mm] i' = - (b + \alpha + \gamma + \theta)\ i + \lambda si + \alpha i^2, & t_{n+1} = t_n + T \\[1mm] r' = - (b + \delta)\ r + \gamma i + air \end{cases} \tag{8 – 18}$$

$$\begin{cases} s\ (t^+)\ =\ (1 - p)\ s\ (t^-), & t = t_n \\[1mm] i\ (t^+)\ = i\ (t^-), & n = 0,\ 1,\ 2 \cdots\cdots \\[1mm] r\ (t^+)\ = r\ (t^-)\ + ps\ (t^-) \end{cases} \tag{8 – 19}$$

$$N'\ (t)\ =\ (b - d - \alpha i)\ N \tag{8 – 20}$$

因为 $s + i + r = 1$，所以仅须考虑下面的方程：

$$\begin{cases} i' = - (b + \alpha + \gamma + \theta)\ i + \lambda i\ (1 - i - r)\ + \alpha i^2, & t \neq t_n \\[1mm] r' = - (b + \delta)\ r + \gamma i + air, & t_{n+1} = t_n + T \end{cases} \tag{8 – 21}$$

$$\begin{cases} i\ (t^{+})\ =i\ (t^{-}), & t\neq t_{n} \\ r\ (t^{+})\ =r\ (r^{-})\ +p\ [1-i\ (t^{-})\ ]\ -r\ (t^{-}), & n=0,\ 1,\ 2\cdots\cdots \end{cases} \qquad (8-22)$$

当 $R_{*}<1$ 时，则系统（8-21）和（8-22）的无病 $T$ 周期解 $(\tilde{s}\ (t),\ 0,\ \tilde{r}\ (t))$ 是局部渐近稳定的。通过比较 $R_{0}$ 和 $R_{*}$ 的大小关系，可以看出对同一个具有标准传染率的 SIRS 模型，采取脉冲预防接种策略比采取连续预防接种策略的效果要好。另外，根据模型还可以算出利用脉冲接种使疫病消除的最佳周期 $T$。

前面分别介绍了具有连续和脉冲预防接种的 SIRS 模型，下面从另一个角度来考虑预防接种对疫病传播的影响，介绍具有预防接种者类 V 的 SIS 动力学模型。若对易感者 S 类进行连续预防接种，把总人群 N 分为三类，即易感者类 S，感染动物类 I，接种者类 V，则疫病传播动力学方程为：

$$\begin{cases} S'=b-\beta SI-\ (b+\varphi)\ S+\theta I+\delta V \\ I'=\beta\ (S+\sigma V)\ I-\ (b+\theta)\ I \\ V'=\varphi S-\sigma\beta VI-\ (b+\delta)\ V \end{cases} \qquad (8-23)$$

式中，$\delta$ 是接种免疫力丧失率系数，$\varphi$ 是接种率系数或者比例（$0\leqslant\varphi\leqslant1$），$\beta$ 是 S 类疫病接触传染率系数，$\sigma\beta$ 是接种者 V 类疫病接触传染率系数（$0\leqslant\sigma\leqslant1$），当 $\sigma=0$ 时，意味着预防接种是完全有效的；当 $\sigma=1$ 时，意味着预防接种是完全无效的，这里 $S+I+V=1$。因此，方程（8-23）可以转化为下面的等价系统：

$$\begin{cases} I'=\beta\ [1-I-\ (1-\sigma)\ V]\ I-\ (b+\theta)\ I \\ V'=\varphi\ (1-I-V)\ -\sigma\beta V1-\ (b+\delta)\ V \end{cases} \qquad (8-24)$$

方程（8-24）有无病平衡点 $I_{0}=0$，$V_{0}=\dfrac{\varphi}{b+\delta+\varphi}$，模型的基本再生数为：

$$R_{0}\ (\varphi)\ =\frac{\beta}{b+\theta}\times\frac{b+\delta+\sigma\varphi}{b+\delta+\varphi}$$

当 $\sigma=1$ 或者 $\varphi=0$ 时，就是之前不考虑预防接种时的基本再生数。$R_{0}\ (\varphi)$ 是 $\varphi$ 的减函数，也就是说预防接种减小了疫病传播的基本再生数，那么就可以通过控制 $\varphi$ 来达到控制 $\varphi$ 疫病传播的目的。

# 二、具有潜伏期的传染病模型

## （一）具有种群输入的 SEI 模型

对于狂犬病和布鲁氏菌病等疫病，易感者被感染之后不会立即具有传染力，而是先成为潜伏者，潜伏期过后才会进入感染动物类，而且这种感染是永久的，感染动物不会自愈。研究这类疫病流行规律的数学模型称为SEI流行病学模型。

因为有其他种群的感染动物的移入，可能会将传染病引入本地种群，因此每个仓室都会有常数输入，其流程图详见图8-14。

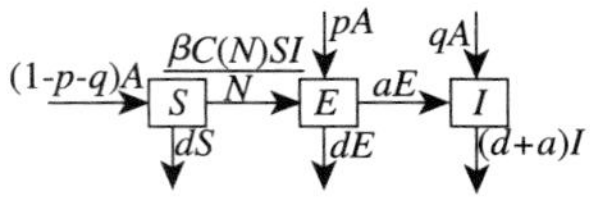

图8-14　SEI模型流程图

假设单位时间内输入种群的$A$个新成员中有$pA$个潜伏者，$qA$个感染动物，$(1-p-q)A$个易感者，其中非负常数$p$和$q$满足$0 \leqslant p+q \leqslant 1$。每个仓室均有常数输入且有饱和效接触率的SEI模型为：

$$\begin{cases} \dfrac{dS}{dt} = (1-p-q)A - \dfrac{\beta C(N)SI}{N} - dS \\[2mm] \dfrac{dE}{dt} = pA + \dfrac{\beta C(N)SI}{N} - \varepsilon E - dE \\[2mm] \dfrac{dI}{dt} = qA + \varepsilon E - \alpha I - dI \end{cases} \quad (8-25)$$

式中，$\varepsilon$是从潜伏者类到感染动物类的转移率系数；$d$和$\alpha$分别代表自然死亡率系数和因病死亡率系数。因为群体总数$N(t) = S(t) + E(t) + I(t)$，因此$\dfrac{dN}{dt} = A - dN - \alpha I$。

方程（8-25）的正向不变集为：

$$D = \left\{ (S, E, I) \in R_+^3 \mid S+E+I \leqslant \frac{A}{d} \right\}$$

（1）当$p+q=0$即输入的新成员均为易感者时，方程（8-25）总存在无病平衡点$P_0$ $(A/d, 0, 0)$，令$D(N) = \beta C(N)/N$，根据正平衡点存在性得出基本再生数：

$$R_0 = \frac{A \varepsilon D(A/d)}{d(d+\alpha)(d+\varepsilon)}$$

当$R_0 \leqslant 1$时，无病平衡点是全局渐近稳定的，疫病将会消失；当$R_0 > 1$时，无病平衡点不稳定，疫病最终将会呈地方性流行。

（2）当$p+q=1$时，方程（8-25）有唯一的平衡点$P_1(S_1, E_1, I_1)$。

（3）当$0 < p+q < 1$时，方程（8-25）有唯一的平衡点$P_2(S_2, E_2, I_2)$。

当感染动物输入不为0时，疫病不会从种群中消失，要想根除疫病必须隔离移入种群的感染动物。

## （二）具有潜伏期的 SEIS 模型

对于大多数传染病，当易感者被感染成为感染动物之前，存在一段时间的潜伏期，为了掌握具有潜伏期传染病的传播规律，需要研究比SIS模型更具有一般性的SEIS模型，其流程图详见图8-15。

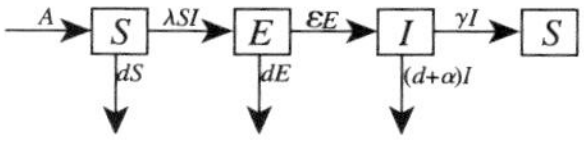

具有潜伏期的SEIS模型的微分方程描述如下：

$$
\begin{cases}
\dfrac{dS}{dt} = A - \lambda SI - dS + \gamma I \\[2mm]
\dfrac{dE}{dt} = \lambda SI - (d + \varepsilon)\,E \qquad (8-26) \\[2mm]
\dfrac{dI}{dt} = \varepsilon E - (d + \gamma + \alpha)\,I
\end{cases}
$$

图 8-15　SEIS模型流程图

式中，$\lambda$是传染率系数；$d$是自然死亡率系数；$\alpha$是因病死亡率系数；$\varepsilon$是从潜伏者类到感染动物类的转移率系数；$\gamma$是从感染动物类转移到易感者类的转移率系数。

群体总数$N(t) = S(t) + E(t) + I(t)$满足方程：

$$dN/dt = A - dN - \alpha I$$

方程（8-26）的正向不变集为：

$$D = \left\{ (S,\ E,\ I)\ \in R_+^3\ |\ S + E + I \leqslant \frac{A}{d} \right\}$$

模型（8-26）有基本再生数为：

$$R_0 = \frac{A\lambda\varepsilon}{d\,(d+\varepsilon)\,(\alpha+d+\gamma)}$$

方程（8-26）总存在无病平衡点$P_0$（$\dfrac{A}{d}$, 0, 0, 0）$\in \partial D$）。当$R_0 > 1$时，存在唯一的地方病平衡点$P^*$（$S^*$, $E^*$, $I^*$），其中：

$$S^* = \frac{(d+\varepsilon)\,(\alpha+d+\gamma)}{\lambda\varepsilon},\ I^* = \frac{A - dS^*}{\lambda S^* - \gamma},\ E^* = \frac{\alpha+d+\gamma}{\varepsilon}I^*$$

当$R_0 \leqslant 1$时，无病平衡点$P_0$是全局渐近稳定的，且当$R_0 > 1$时，$P_0$是不稳定的，存在唯一的地方病平衡点且是全局渐近稳定的。

SEI模型中的基本再生数大于模型SEIS中的基本再生数，这表明如果感染动物会再次恢复成易感者时，疫病会更容易流行开来。

## （三）具有饱和接触率的SEIR模型

与前两种模型不同，有的疫病可以康复并且终身免疫，这类传染病模型称为SEIR模型，其流程图详见图8-16。

考虑指数出生的具有饱和接触率的SEIR模型，设饱和接触率为：

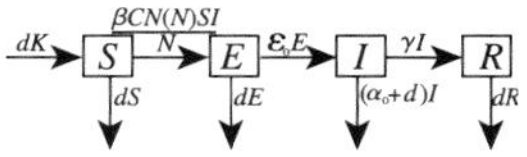

$$C(N) = \frac{bN}{1 + bN + \sqrt{1 + 2bN}} = \frac{bN}{f(N)}$$

图 8-16　SEIR模型流程图

SEIR模型微分方程为：

$$
\begin{cases}
\dfrac{dS}{dt} = dK - \dfrac{\beta b}{f\,(N)} SI - dS \\[2ex]
\dfrac{dE}{dt} = \dfrac{\beta b}{f\,(N)} SI - \varepsilon_0 E - dE \\[2ex]
\dfrac{dI}{dt} = \varepsilon_0 E - \gamma_0 I - dI - \alpha_0 I \\[2ex]
\dfrac{dR}{dt} = \gamma_0 - dR
\end{cases}
\qquad (8-27)
$$

群体总数$N\,(t)\,=S\,(t)\,+E\,(t)\,+I\,(t)\,+R\,(t)$满足方程：

$$
\frac{dN}{dt} = dK - dN - \alpha_0 I \qquad (8-28)
$$

令$d \cdot d\tau = dt$，并且$d\tau$仍用$dt$来表示，则方程组（8−26）和（8−27）与下面的方程组等价：

$$
\begin{cases}
\dfrac{dE}{dt} = \dfrac{a\,(N-E-I-R)\,I}{f\,(N)} - \,(1+\varepsilon)\,E \\[2ex]
\dfrac{dI}{dt} = \varepsilon E - \,(1+\gamma+\alpha)\,I \\[2ex]
\dfrac{dR}{dt} = \gamma I - R \\[2ex]
\dfrac{dN}{dt} = A - N - \alpha I
\end{cases}
$$

这里，$a = \beta b/N$，$\varepsilon = \varepsilon_0/d$，$\gamma = \gamma_0/d$，$\alpha = \alpha_0/d$。方程组（8−27）的可行域为：

$$
D = \{\,(E,\,I,\,R,\,N)\,\in R_+^4 \mid 0 \leqslant E+I+R \leqslant N \leqslant K\}
$$

方程（8−28）的基本再生数为：

$$
R_0 = \frac{\alpha K \varepsilon}{\delta \omega f\,(K)}
$$

这里，$\delta = 1+\gamma+\alpha$，$\omega = 1+\varepsilon$。

SEIR模型具有双线性接触传染率时，基本再生数变为$R_0 = \dfrac{\alpha A \lambda \varepsilon}{d\,(d+\varepsilon)\,(a+d+\gamma)}$，通过与没有恢复者类的SEIS模型的基本再生数进行对比，发现符合$SEIR$模型的疫病相对来说不易流行。

### （四）具有饱和接触率，且潜伏期、感染期均具有传染力的 SEIRS 模型

动物感染某些疫病后可能康复，且不具备对这种疫病的免疫能力，从而使恢复者再次进入易感者类，描述这类现象的模型称为SEIRS模型。其结构详见图8−17。

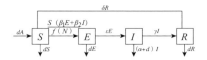

图8-17　SEIR模型流程图

前面讨论的SEI模型、SEIS模型、SEIR模型均没有考虑潜伏期可以传染的疫病，而有些疫病在潜伏期仍具有传染力，但是易感动物与处在潜伏期的感染动物和处于发病期的感染动物接触后被感染的概率不同。潜伏期具有传染力的SEIRS模型微分方程如下：

$$
\begin{cases}
\dfrac{dS}{dt} = dA - \beta_1 \dfrac{SE}{f(N)} - \beta_2 \dfrac{SI}{f(N)} - dS + \delta R \\[2mm]
\dfrac{dE}{dt} = \beta_2 \dfrac{SI}{f(N)} + \beta_2 \dfrac{SI}{f(N)} - (d+\varepsilon)E \\[2mm]
\dfrac{dI}{dt} = \varepsilon E - (\alpha+d+\gamma)I \\[2mm]
\dfrac{dR}{dt} = \gamma I - (d+\delta)R
\end{cases}
\qquad (8-29)
$$

式中，$\beta_1$和$\beta_2$分别代表处于潜伏期的和发病期的感染动物的传染力；$\delta$是恢复者的免疫丧失率系数。群体总数$N(t) = S(t) + E(t) + I(t) + R(t)$满足方程：

$$
\frac{dN}{dt} = dA - dN - \alpha I
$$

以$E$, $I$, $R$, $N$为变量可得方程（8-29）的等价系统：

$$
\begin{cases}
\dfrac{dE}{dt} = \dfrac{\beta_1(N-E-I-R)E}{f(N)} + \dfrac{\beta_2(N-E-I-R)I}{f(N)} - (d+\varepsilon)E \\[2mm]
\dfrac{dI}{dt} = \varepsilon E - (d+\gamma+\alpha)I \\[2mm]
\dfrac{dR}{dt} = \gamma I - (d+\delta)R \\[2mm]
\dfrac{dN}{dt} = d(A-N) - \alpha I
\end{cases}
\qquad (8-30)
$$

方程组（8-30）的可行域为：

$$
D = \{(E, I, R, N) \in R_+^4, 0 \leqslant E+I+R \leqslant N \leqslant A\}
$$

方程（8-30）的基本再生数为：

$$
R_0 = \frac{\left(\beta_1 \dfrac{\alpha+d+\gamma}{\varepsilon} + \beta_2\right)A\varepsilon}{(\alpha+d+\gamma)(d+\varepsilon)f(A)}
$$

当$R_0 \leqslant 1$时，方程组（8-30）有唯一的无病平衡点$P_0(0, 0, 0, A)$，当$R_0 > 1$时，

方程（8-30）除存在无病平衡点 $P_0$（0，0，0，A）外，还存在唯一的地方病平衡点 $P^*$（$E^*$，$I^*$，$R^*$，$N^*$）。

基本再生数越小越有利于疫病的控制和根除。若疫病在潜伏期的传染力越小，即 $\beta_1$ 越小，则基本再生数就越小，疫病越容易消除。反之，若疫病在潜伏期的传染力越大，则基本再生数 $R_0$ 就越大，就越不利于疫病的消除和控制。因此，对于潜伏期有传染的疫病，不但要注意控制感染期的动物，还要注意控制潜伏期的动物，这样才能有效地控制疫病的蔓延。

第四节 **参数估计及敏感性分析**

动物疫病动力学模型构建的目的是预测疫病趋势和评估疫病防治政策，准确估计模型参数、分析参数的敏感性是达到这个目的的必要步骤。

# 一、参数估计

所谓的参数估计，就是依据已有的信息，通过数据拟合获取模型参数。设总体 $\xi$ 为随机变量，即想要拟合的变量。又设 $x=(x_1, x_2, \cdots, x_n)$ 为样本（$\xi_1, \xi_2, \cdots, \xi_n$）的一个观察值（观测到的统计数据），$n$ 为拟合数据的个数。欲拟合的参数为 $\theta=(\theta_1, \theta_2, \cdots, \theta_k)$。通常采用的方法为最小二乘法、极大似然估计、贝叶斯估计和 MCMC（markov chain monter-carlo）等。

## （一）最小二乘法

最小二乘法又称为最小平方法。对于数据点 $x_i$，给出包含 $k$ 个参数 $\theta=(\theta_1, \theta_2, \cdots, \theta_k)$ 的函数 $y_i$，通过使得函数值与给定的数据点之间的误差平方和 $\sum_i [y_i - x_i]^2$ 最小，来确定参数值 $\bar\theta=(\bar\theta_1, \bar\theta_2, \cdots, \bar\theta_k)$。如果通过观察得到一组数据：

| 年份 $t_i$ | 2000 | 2001 | 2002 | 2003 | 2004 | 2005 | 2006 | 2007 | 2008 |
|---|---|---|---|---|---|---|---|---|---|
| 人口数（万）$\tilde N(t_i)$ | 126 743 | 127 627 | 128 453 | 129 227 | 129 988 | 130 756 | 131 448 | 132 129 | 132 802 |

如果这组数据满足微分方程$\dfrac{dN\ (t)}{dt}=rN\ (t)\left(1-\dfrac{N\ (t)}{K}\right)-dN\ (t)$。需要估计3个参数$r$，$K$，$d$。首先，将微分方程离散化得到：

$$N\ (t+h)\ =\ \left[rN\ (t)\left(1-\dfrac{N\ (t)}{K}\right)-dN\ (t)\right]\ \times h+N\ (t)$$

式中，$h$为步长。从而目标函数为$f=\sum_{i=1}^{9}\left[N\ (t_i)\ -\tilde{N}\ (t_i)\right]^2$。目的就是通过目标函数求极值的方法来确定参数$r$，$K$，$d$的估计值。这可以利用MATLAB里的lsqcurvefit或fminisearoh函数来解决。当拟合函数为线性函数时，可用MATLAB里的profit函数。

### （二）极大似然估计

设总体$\xi$为随机变数，即想要拟合的变量。又设$x=\ (x_1,\ x_2,\ \cdots,\ x_n)$为样本（$\xi_1$，$\xi_2$，$\cdots$，$\xi_n$）的一个观察值（实际数据），$n$为拟合数据的个数。如果子样（$\xi_1$，$\xi_2$，$\cdots$，$\xi_n$）落在点$x=\ (x_1,\ x_2,\ \cdots,\ x_n)$的邻域里的概率为$\Pi_{i=1}^{n}f\ (\xi_i;\ \theta)$，其中$\theta=\ (\theta_1$，$\theta_2$，$\cdots$，$\theta_k$）（此情况下，假设$\xi_i$之间是独立同分布的。$f\ (\xi_i;\ \theta)$为$\xi_i$的概率密度函数）。极大似然估计的原理就是通过使$\Pi_{i=1}^{n}f\ (\xi_i;\ \theta)$达到最大值来确定参数值$\bar{\theta}=\ (\bar{\theta}_1$，$\bar{\theta}_2$，$\cdots$，$\bar{\theta}_k$）。极大似然估计方法计算步骤：

（1）写出似然函数。一般似然函数为$L\ (\theta_1,\ \cdots,\ \theta_k)\ =\ \Pi_{i=1}^{n}f\ (\xi_i;\ \theta_1,\ \cdots,\ \theta_k)$，$f\ (\xi_i;\ \theta_1,\ \cdots,\ \theta_k)$为总体$\xi$的概率密度函数。所以首先需要知道$\xi$的分布，才能写出概率密度函数和似然函数。

（2）对似然函数取对数。因为$\ln x$是$x$的单调上升函数，因而$\ln L$与$L$有相同的极大值点。

（3）求偏导。

（4）解似然方程。

利用极大似然估计还可以估计置信区间。由于MATLAB里没有现成的函数可以调运，需要读者编程。在此就不详细讨论了。

### （三）贝叶斯估计

最小二乘法需要的是样本信息（就是实际数据）。极大似然估计需要的是总体信息和样本信息。而贝叶斯估计除了这两种信息外，还需要先验信息，即来源于经验和历史资料中有关统计问题的一些信息。它将$\theta=\ (\theta_1$，$\theta_2$，$\cdots$，$\theta_k$）看作是一个随机变量，根据先验信息归纳出这个随机变量的分布$\pi\ (\theta)$，这个分布称为先验分布。在贝叶斯统计学中，将以上三种信息归纳起来获得一个样本（$\xi_1$，$\xi_2$，$\cdots$，$\xi_n$）和参数$\theta=\ (\theta_1$，$\theta_2$，$\cdots$，$\theta_k$）的联合密度函数：

$$f\ (\xi;\ \theta_1,\ \cdots,\ \theta_k)\ =f\ (\xi\mid\theta_1,\ \cdots,\ \theta_k)\ \pi\ (\theta)$$

当获取样本 $(\xi_1,\ \xi_2,\ \cdots,\ \xi_n)$ 后，未知的仅有参数 $\theta$。条件密度函数为：

$$\pi\ (\theta\mid\xi_1,\ \cdots,\ \xi_n)\ =\frac{p\ (\xi_1,\ \cdots,\ \xi_n\theta)}{p\ (\xi_1,\ \cdots,\ \xi_n)}=\frac{p\ (\xi_1,\ \cdots,\ \xi_n\mid\theta)\ \pi\ (\theta)}{\int\ p\ (\xi_1,\ \cdots,\ \xi_n\mid\theta)\ \pi\ (\theta)\ d\theta}$$

此密度函数称为后验密度函数或后验分布 $p\ (\xi_1,\ \cdots,\ \xi_n)\ =\int\ p\ (\xi_1,\ \cdots,\ \xi_n\mid\theta)\ \pi\ (\theta)\ d\theta$ 为样本的边缘分布，或称样本 $(\xi_1,\ \xi_2,\ \cdots,\ \xi_n)$ 的无条件分布，它的积分区域就是参数 $\theta$ 的取值范围，以具体情况而定。

基于后验分布 $\pi\ (\theta\mid\xi_1,\ \cdots,\ \xi_n)$ 对 $\theta$ 所作的贝叶斯估计有多种，常用有如下 3 种：

（1）将 $\pi\ (\theta\mid\xi_1,\ \cdots,\ \xi_n)$ 的最大值作为 $\theta$ 的点估计，称为最大后验估计。

（2）将 $\pi\ (\theta\mid\xi_1,\ \cdots,\ \xi_n)$ 的中位数作为 $\theta$ 的点估计，称为后验中位数估计。

（3）将 $\pi\ (\theta\mid\xi_1,\ \cdots,\ \xi_n)$ 的平均值作为 $\theta$ 的点估计，称为后验期望估计。

# 二、敏感性分析

## （一）基本概念

通过敏感性分析可以进行防控措施评估。具体做法是通过研究各参数对指标的影响大小，即参数的变化所引起的指标的变化，在数学上表示为指标对参数的偏导数。通常所用的指标有：疫病累计病例或最终规模、病例峰值、基本再生数和疫病流行时间。最终规模是疫病流行期间所感染的总的个体数。峰值指的是患病数的高峰值。基本再生数是一个最重要的指标，它是判断疫病是否持续的阈值。如果基本再生数大于1，疫病将会持续；如果基本再生数小于1，疫病最终将会被消灭。疫病流行时间是指病从开始流行到消失的整个阶段。

对于下面的动力学模型，其中 $S$ 为易感者，$E$ 为潜伏者，$I$ 为感染者，$A$ 为单位时间动物输入数量，$\beta$ 为传染率，$d$ 为死亡率或者出栏率或者淘汰率，$\delta$ 为潜伏者类的发病率。

$$\begin{cases} S' =A-\beta SI-dS \\ E' =\beta SI-\delta E-dE \\ I' =\delta E-dI \end{cases}$$

模型基本再生数：$R_0=\dfrac{A\delta\beta}{d^2\ (\delta+d)}$，总体最终规模：$x\ (\infty)$，其中 $\dfrac{dx\ (t)}{dt}=\delta E\ (t)$。疫病的流行高峰和流行时间能够通过图形直观表现出来。

基本再生数表达式表明了参数与基本再生数 $R_0$ 的函数关系，但是总体的最终规模无法描述有关的函数关系，因此敏感性分析需要从二维图着手实施。

## （二）基本再生数$R_0$关于参数的敏感性

所谓再生数对参数的敏感性，就是指当不同参数在变化时，再生数对哪个参数更敏感，即引起的变化更大。因为不同参数代表不同的生物学或者流行病学或者防控措施意义，因此，通过基本再生数对参数的敏感性分析，可以评估预防控制措施的有效性，详见图8-18。

图8-18表明，$R_0$关于$A$，$\beta$是线性关系；关于$\delta$是上凹函数；关于是$d$下凹函数。也就是说，$R_0$对$A$，$\beta$的敏感性是不变的，而且由横纵坐标可以看出，当$A$，$\beta$增加到2倍时，$R_0$也增加了2倍。$R_0$对$\delta$和$d$是非线性关系。当$\delta$和$d$较小时，$R_0$比较敏感，即很小的参数变化，可引起$R_0$较大的变化。当$\delta$和$d$较大时，$R_0$敏感性就减弱了，即较大的参数变化，可引起$R_0$较小的变化。由纵坐标可以看出，$d$很明显比$\delta$敏感（$\delta$引起的$R_0$变化很小）。所以考虑防控措施时，主要考虑参数$A$，$\beta$和$d$。

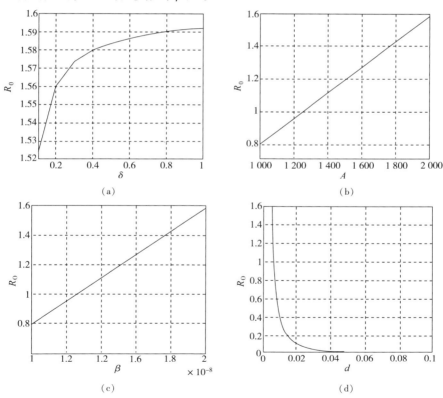

图8-18　基本再生数$R_0$关于参数的敏感性

（a）关于$\delta$；（b）关于$A$；（c）关于$\beta$；（d）关于$d$；所采取的初始值为$S(0)=20\,000$；$E(0)=500$；$I(0)=500$，没有特别说明，其他参数值分别为$A=2\,000$；$\delta=0.5$；$\beta=2\times10^{-8}$；$d=0.005$

### （三）累计病例对参数的敏感性

当$R_0$大于1时，疫病一直是持续的。此时，累计病例一直是增加的。当$R_0$小于1时，疫病最终会消失，累计病例将会达到一个常数。下面以$R_0$小于1为例。所采取的初始值为$S(0) = 20\,000$；$E(0) = 500$；$I(0) = 500$，没有特别说明，参数值为$A = 2\,000$；$\delta = 0.5$；$\beta = 10^{-8}$；$d = 0.005$。此时，基本再生数$R_0 = 0.8$。下面给出累计病例（总终规模）对参数的敏感性。从图8－19可见，最终规模关于各参数都是非线性关系。观察纵坐标和横坐标，$A$和$d$的影响是最大的，分别增加到两倍，最终规模也增加或减少到两倍。其次是传染率$\beta$，最后是$\delta$。

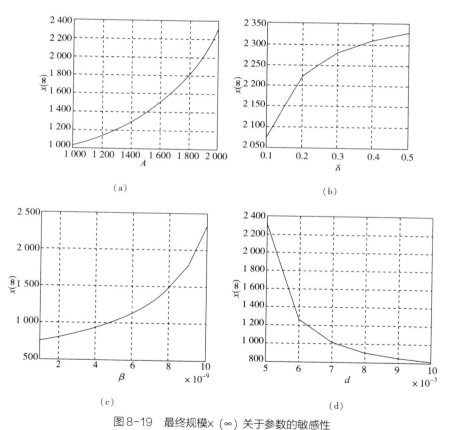

（a）　　　　　　　　　　（b）

（c）　　　　　　　　　　（d）

图8-19　最终规模x（∞）关于参数的敏感性

（a）关于$A$；（b）关于$\delta$；（c）关于$\beta$；（d）关于$d$；所采取的初始值为$S(0) = 20\,000$；$E(0) = 500$；$I(0) = 500$，没有特别说明，其他参数值分别为$A = 2\,000$；$\delta = 0.5$；$\beta = 2 \times 10^{-8}$；$d = 0.005$

### （四）高峰关于各参数的敏感性

图8-20给出在不同的参数下，新发病例随时间的变化图。由图可直观看出，新发病例的高峰期。随着$A$，$\beta$的增加，高峰期会越来越早，而且峰值会越来越高。随着$d$的减少，高峰期会越来越早，而且峰值会越来越高。而$\delta$的影响非常小。在此，细节就不描述了。

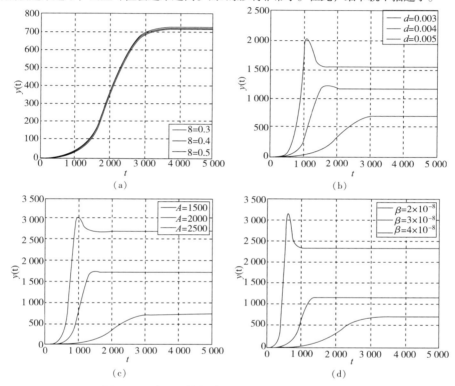

图8-20　在不同的参数下，　新发病例随时间的变化

（a）关于$A$；（b）关于$\beta$；（c）关于$\delta$；（d）关于$d$；所采取的初始值为$S(0)=20\,000$；$E(0)=500$；$I(0)=500$，没有特别说明，其他参数值分别为$A=2\,000$；$\delta=0.5$；$\beta=2\times10^{-8}$；$d=0.005$

---

**第五节　动物疫病防控政策模型分析**

运用动力学模型研究狂犬病，能够从狂犬病内在传播机制出发，预测传染病流行趋势并进行防控措施评估和风险评估。

# 一、狂犬病风险管理措施应用研究

## （一）背景知识

中国狂犬病死亡人数高居世界第二位，仅次于印度。《中华人民共和国传染病防治法》将狂犬病列为乙类传染病。20世纪50年代，中国开始对狂犬病进行记录，此后先后出现了3次流行高峰。狂犬病，又称为"恐水症"或"疯狗病"，是由狂犬病病毒引起的一种人畜共患的中枢神经系统急性传染病。在自然界中，犬科动物（犬、狼、狐等）常成为人兽狂犬病的传染源和病毒的贮存宿主。狂犬病主要是通过患病动物咬伤、抓伤等方式传染。人或动物一旦被咬伤或抓伤，狂犬病病毒能够通过破损的皮肤侵入人体导致感染。狂犬病的整个病程平均4天，一般不超过6d，超过10d者极少见。潜伏期长短不一，最短3d最长1年以上，平均为20~90d。狂犬病可防不可治，及时接种疫苗是预防狂犬病感染的方法。从病例时间分布上看，狂犬病全年均可发生，但2003年后发病的季节性日趋明显，主要集中在秋季与冬季，2003—2005年期间秋冬季节的发病人数分别占发病总人数的33.42%和31.86%。2006年发病人数逐月升高，秋季的8月（386人）和9月（393人）形成明显的发病高峰。

## （二）自治模型

对于动力学模型，一般分为自治模型与非自治模型。所谓自治模型就是动力学方程中的右端不显含时间$t$（它只隐含在变量中），相反，如果动力学方程的右端明显含时间$t$，则称非自治模型。例如，传染病模型中的参数如果与时间无关，则是自治模型，而有些传染病，其参数可能与时间有关，如羊布鲁氏菌病模型中，羊的出生率一般具有季节性，其应该是时间的函数，而不是常数，所以模型是非自治模型。

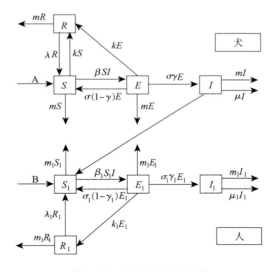

图8-21　狂犬病传播流程图

建立犬和人两个群体的常微分SEIRS自治模型，分别将人群体和犬群体分为4个子类。易感者类$S$、潜伏者类$E$、感染动物类$I$和预防接种者类$R$来表示犬的子类；$S_1$，$E_1$，$I_1$，$R_1$来表示人的子类。各个子类之间的转化详见图8-21。

根据流程图，可得动力学模型即系统（8-31）。

$$\begin{cases} \dfrac{dS}{dt} = A + \lambda R + \sigma\ (1-\gamma)\ E - \beta SI - (m+k)\ S \\[2mm] \dfrac{dE}{dt} = \beta SI - (m+\sigma+k)\ E \\[2mm] \dfrac{dI}{dt} = \sigma\gamma E - (m+\mu)\ I \\[2mm] \dfrac{dR}{dt} = k\ (S+E)\ - (m+\lambda)\ R \\[2mm] \dfrac{dS_1}{dt} = B + \lambda_1 R_1 + \sigma_1\ (1-\gamma_1)\ E_1 - m_1 S_1 - \beta_1 S_1 I \\[2mm] \dfrac{dE_1}{dt} = \beta_1 S_1 I - (m_1+\sigma_1+k_1)\ E_1 \\[2mm] \dfrac{dI_1}{dt} = \sigma_1\gamma_1 E_1 - (m_1+\mu_1)\ I_1 \\[2mm] \dfrac{dR_1}{dt} = k_1 E_1 - (m_1+\lambda_1)\ R_1 \end{cases} \qquad (8-31)$$

依据上述模型、应用Matlab软件编写程序并仿真。仿真结果如下。

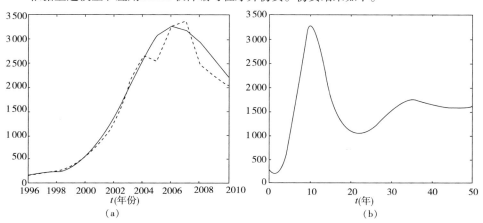

图8-22 模型（8-31）数据拟合与预测

（a）卫生部报道的1996—2010年间人间狂犬病例数与模型解$I_1(t)$的比较。虚曲线表示卫生部报道的数据。实线表示模型（8-41）解；（b）预测$I_1(t)$在50年内的趋势。此时所取初始值为$S(0)=3.5\times10^7$，$E(0)=2\times10^5$，$I(0)=1\times10^5$，$R(0)=2\times10^5$，$S_1(0)=1.29\times10^9$，$E_1(0)=250$，$I_1(0)=89$，$R(0)=2\times10^5$

1. **数值拟合结果。**数值拟合模型的解和调查获取的实际数据十分吻合。图8-22表明，按目前狂犬病发展趋势，在接下来的7年或8年，狂犬病病例将有所下降，但是在2030年它将到达另外一个高峰（大约1 750人），并最终趋于稳态。因此，如果不进一步采取有效的防控措施，疫病将不会灭绝。

2. **扑杀和免疫效果的比较。**将模型（8-31）中加入扑杀措施，其中$e$是犬的扑杀率，见公式（8-32）。

$$
\begin{cases}
\dfrac{dS}{dt} = A + \lambda R + \sigma(1-\gamma)E - ms - \beta SI - (k+e)S \\[2mm]
\dfrac{dE}{dt} = \beta SI - (m+\sigma+k+e)E \\[2mm]
\dfrac{dI}{dt} = \sigma\gamma E - (m+\mu+e)I \\[2mm]
\dfrac{dR}{dt} = k(S+E) - (m+\lambda+e)R \\[2mm]
\dfrac{dS_1}{dt} = B + \lambda_1 R_1 + \sigma_1(1-\gamma_1)E_1 - m_1 S_1 - \beta_1 S_1 I \\[2mm]
\dfrac{dE_1}{dt} = \beta_1 S_1 I - (m_1+\sigma_1+k_1)E_1 \\[2mm]
\dfrac{dI_1}{dt} = \sigma_1\gamma_1 E_1 - (m_1+\mu_1)I_1 \\[2mm]
\dfrac{dR_1}{dt} = k_1 E_1 - (m_1+\lambda_1)R_1
\end{cases}
\qquad (8-32)
$$

主要是讨论在什么情况下，扑杀和免疫可以达到相同的效果。图8-23说明：扑杀1%的犬相当于对12.38%的易感者和潜伏者犬的免疫。也就是说，为了达到相同的效果，免疫应该大约是扑杀的10倍。由此可见在控制狂犬病的过程中，扑杀患病犬在短期内是必要的，但是大规模的扑杀可以通过接种免疫来替代。

3. **数据耦合。**中国家养犬和流浪犬的总数目不清楚，患有狂犬病的犬的数据更是无法获得。但是可以从卫生部网站获得患有狂犬病的人的数据。利用人犬耦合模型，通过参数估计可由人的患病数据推出犬的患病数据，从而可以知道犬类中患有狂犬病的风险大小。由模型（8-31）可知，$\dfrac{I(t)}{I_1(t)}$是随时间变化的（图8-24）。因此，如果目前有1个人

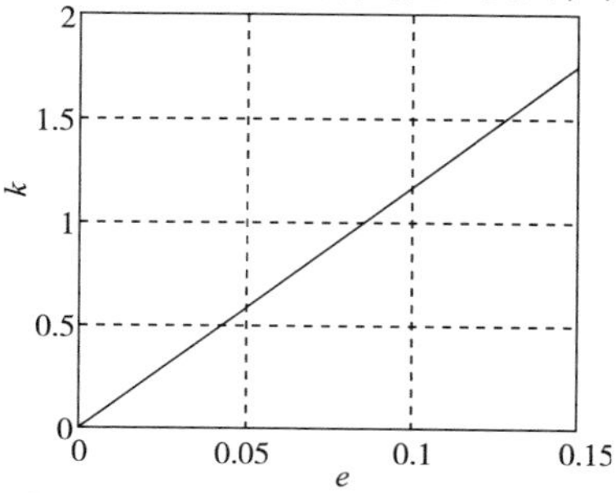

图8-23 达到相同效果前提下扑杀措施与免疫措施的比较

患有狂犬病，那么将有700～800只犬患有狂犬病。

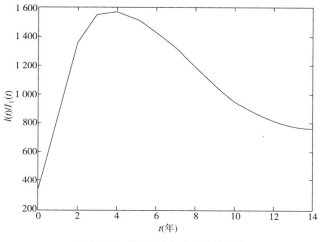

图8-24 犬患病数与人患病数之比

## （三）非自治模型的应用

针对狂犬病具有季节性的特点，自治模型中传染系数应该为周期函数。非自治模型具体见下，其中参数意义和取值见表8－1。

$$
\begin{cases}
\dfrac{dS}{dt} = A + \lambda R + \sigma(1-\gamma)E - mS - \beta(t)SI - kS, \\[2mm]
\dfrac{dE}{dt} = \beta(t)SI - mE - \sigma(1-\gamma)E - kE - \sigma\gamma E, \\[2mm]
\dfrac{dI}{dt} = \sigma\gamma E - mI - \mu I, \\[2mm]
\dfrac{dR}{dt} = k(S+E) - mR - \lambda R, \\[2mm]
\dfrac{dS_1}{dt} = B + \lambda_1 R_1 + \sigma_1(1-\gamma_1)E_1 - m_1 S_1 - \beta_1(t)S_1 I, \\[2mm]
\dfrac{dE_1}{dt} = \beta_1(t)S_1 I - m_1 E_1 - \sigma_1(1-\gamma_1)E_1 - k_1 E_1 - \sigma_1\gamma_1 E_1, \\[2mm]
\dfrac{dI_1}{dt} = \sigma_1\gamma_1 E_1 - m_1 I_1 - \mu_1 I_1, \\[2mm]
\dfrac{dR_1}{dt} = k_1 E_1 - m_1 R_1 - \lambda_1 R_1.
\end{cases}
\tag{8-33}
$$

表 8-1　模型（8-33）中参数说明

| 参数 | 取值 | 单位 | 描述 | 来源 |
|------|------|------|------|------|
| $A$ | $3 \times 10^{6}$ | 月 | 每月犬的出生数目 | 参数估计 |
| $\lambda$ | 1 | 月 | 犬的免疫丧失率 | 假设 |
| $\gamma$ | 0.49 | 月 | 潜伏者犬类的临床暴发率 | [7] |
| $\sigma$ | 6 | 月 | 潜伏期的倒数 | [7] |
| $m$ | 0.006 4 | 月 | 犬自然死亡率 | 假设 |
| $a$ | $1.58 \times 10^{-7}$ | 月 | 接触率 | 参数估计 |
| $b$ | 0.41 | 月 | 振幅大小 | 参数估计 |
| $k$ | 0.09 | 月 | 犬免疫率 | [4] |
| $\mu$ | 1 | 月 | 犬病死率 | [4] |
| $B$ | $1.54 \times 10^{7}$ | 月 | 每月的出生人口 | [8] |
| $\lambda_1$ | 1 | 月 | 人免疫丧失率 | [9] |
| $\gamma_1$ | 0.5 | 月 | 潜伏者人的临床发病率 | [10] |
| $\sigma_1$ | 0.5 | 月 | 人的潜伏期的倒数 | [9] |
| $m_1$ | 0.000 57 | 月 | 人的自然死亡率 | [8] |
| $a_1$ | $2.41 \times 10^{-11}$ | 月 | 接触率 | 参数估计 |
| $b_1$ | 0.23 | 月 | 振幅的大小 | 参数估计 |
| $k_1$ | 0.54 | 月 | 人的接种免疫率 | [4] |
| $\mu_1$ | 1 | 月 | 人的因病死亡率 | [4] |

1. 正向不变集。

正向不变集为：

$$\Gamma = \left\{ (S, E, I, R, S_1, E_1, I_1, R_1) \left| \begin{array}{l} (S, E, I, R, S_1, E_1, I_1, R_1) \geqslant 0 \\[2mm] 0 < S + E + I + R \leqslant \dfrac{A}{m} \\[2mm] 0 < S_1 + E_1 + I_1 + R_1 \leqslant \dfrac{B}{m_1} \end{array} \right. \right\}$$

模型的无病平衡点 $P_0 = (\hat{S}, 0, 0, \hat{R}, \hat{S}_1, 0, 0, 0)$，其中：

$$\hat{S} = \frac{(m + \lambda) A}{m (m + \lambda + k)}, \quad \hat{R} = \frac{kA}{m (m + \lambda + k)}, \quad \hat{S}_1 = \frac{B}{m_1}$$

可得基本再生数为使得 $\rho(W(w, 0, z_0)) = 1$ 成立的 $z_0$，其中 $W(\omega, 0, z_0)$ 是周期为 $\omega$、初始值为 0 的系统的演化算子，$\rho$ 为谱半径。

2. 基本再生数的比较与讨论。估计出非自治模型下的基本再生数 $R_0 = 1.03$。同样，可以求出相应自治系统下的基本再生数。在自治系统情况下，通过最小二乘拟合得到参数值，并将拟合结果在图 8-25 中给出。获得参数值后，可计算出自治系统下的基本再生数：

$$\hat{R}_0 \frac{\sigma \hat{\gamma} \beta S}{(m+\sigma+k)(m+\mu)} = 1$$

可知，$\hat{R}_0$ 稍低于 $R_0$。从拟合结果和基本再生数来看，认为非自治系统（8 – 33）比自治系统（8 – 31）在生物学意义上更为合理和现实。

在研究周期模型的动力学时，有时候采用的是平均基本再生数 $\bar{R}_0$，即周期系统在一段时间内的均化后的自治系统的基本再生数。然而，在含有潜伏期的模型中，平均基本再生数 $\bar{R}_0$ 将会高估或低估疫病的风险。利用方程 8 – 31 中的参数值，可得：

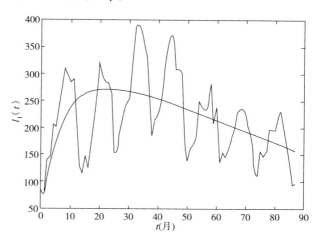

图 8-25　自治模型下的拟合结果

锯齿状为2004年至2010年的卫生部公布的实际月数据。
平滑曲线为模型拟合结果

$$\hat{R}_0 = \frac{\sigma \gamma \,\bar{\beta}\, \hat{S}}{(m+\sigma+k)(m+\mu)} = 1.24$$

式中，

$$\bar{\beta} = \frac{1}{12}\int_1^{12} \beta(t)\,dt$$

此值比 $R_0$ 大。当 $A = 220\,000$，其他参数值不变的情况下，$R_0 = 0.97$，$\bar{R}_0 = 1.17$。知 $\bar{R}_0 = 1.17$ 预示疫病将不会消失。然而，在图8 – 26中，疫病是灭绝的，可见平均基本再生数 $\bar{R}_0$ 确实是高估了疫病的风险。

最后，将非自治模型下的基本再生数1.03与文献［11］所计算 $R_0 = 2$ 的进行比较。同为中国狂犬病的基本再生数，两者有一些差距。文献［12］解释如下：在文献［2］中，所采用的数据为1996—2010年的病例数。从图8 – 27可知，从1996年159个病例开始，病例一直是飞快地增长。2005年开始，疫病的趋势开始缓慢，而且2005年的数据以及2007年以后数据是下降的。而本小节采用的数据刚好是2004—2010年的数据。所以两个基本再生数有差别是合理的。

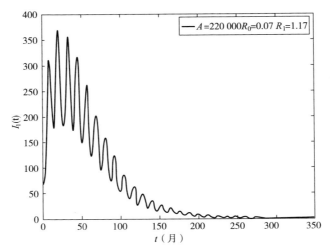

图8-26    在$A=220\,000$下的 （$I_1$（$t$）） 趋势图

3. **数值仿真**。利用模型（8-33）来模拟中国卫生部［12］公布的从2004年1月到2010年12月的人间狂犬病的病例数据并预测疫病的大致趋势。在拟合数据之前，需要估计出模型（8-33）中的参数。对于参数$\beta$（$t$），$\beta_1$（$t$）和$A$，可以通过离散微分方程（8-33）并对$I_1$（$t_i$）最小二乘拟合来估计。离散后的模型为：

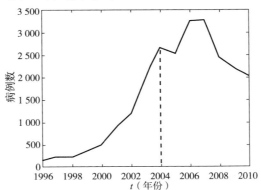

图8-27    卫生部公布的1996—2010年实际年数据

$$I_1（t_i+\Delta t）=（\sigma_1\gamma_1 E_1（t_i）-m_1 I_1（t_i）-\mu_1 I_1（t_i）\Delta t+I_1（t_i）$$

最小二乘拟合就是使下面的目标函数最小化：

$$J(\theta)=\frac{1}{n}\sum_{i=1}^{n}（I(t_i)-\hat{I}(t_i)）^2$$

现将2003—2010年狂犬病数据的拟合结果绘制在图8-28（a）。观察发现，2005年，2008年和2009年的数据差距有些大，其他点的拟合结果比较好。分析认为，这是由于这些年对犬的大量扑杀而此模型并没有考虑扑杀造成的。依据目前的状态还可以对疫病的发展趋势进行了大致的预测，将其预测结果描述在图8－28（b）中。从中可以发现短时间内疫病可能会缓解，但并不能消除。

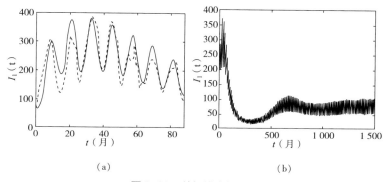

图8-28　数据拟合与预测

（a）卫生部报道的2004—2010年人间狂犬病感染动物的实际月数据与模型解 $I$（$t$）的比较。虚曲线表示卫生部报道的数据。实线表示模型解；（b）预测 $I_1$（$t$）在50年内的趋势。此时所取初始值为 $S$（$0$）＝ $3.5 \times 10^7$，$E$（$0$）＝ $2 \times 10^5$，$I$（$0$）＝ $1 \times 10^5$，$I_1$（$0$）＝89，$R$（$0$）＝ $2 \times 10^5$，$S_1$（$0$）＝ $1.29 \times 10^9$，$E_1$（$0$）＝250，$R$（$0$）＝ $2 \times 10^5$

4. **参数敏感性分析。**

（1）初始条件的敏感性。初始条件是通过模型的拟合与参数的倒推得出来的，所以有必要看看初始条件对疫病的影响，在图8－29中给出。

图8-29表明，初始条件 $S$（$0$）对 $I_1$（$0$）的影响比较大。而其他初始条件的影响比较小甚至没有影响。这表明，犬的数目的增加确实是中国狂犬病流行和持续的主要因素。

（2）参数 $A$，$k$，$\gamma$ 和 $a$ 对 $R_0$ 的影响的敏感性分析。从图8－30（a）可见，当 $A$ 小于226 890时，$R_0$ 将会小于1。然而，在中国，犬的每月平均出生数目可达400 000。表明如果犬的出生数目得不到控制，中国狂犬病就得不到控制。暴露后预防（PEP）常常用于人间狂犬病的预防。对犬的免疫也是控制狂犬病的一个有效措施。在模型（8－33）中，它们体现在参数 $k$ 和 $k_1$ 中。它还会影响参数 $\gamma$ 和 $\gamma_1$。通过观察图8－30（b），发现 $R_0$ 关于 $k$ 是一个凹函数。所以当 $k$ 比较小时，对 $R_0$ 的影响比较大。在图8－30（c）中来看看 $\gamma$ 对 $R_0$ 的影响。可以看出 $R_0$ 关于 $\gamma$ 是线性的。虽然 $\gamma$ 对 $R_0$ 的影响小于 $k$，但是加强人们对狂犬病的意识和了解以及暴露后及时处理可以减少狂犬病的临床暴发率。通过图8－30（d）中可以看出 $a$ 如何影响 $R_0$。虽然它们是线性关系，但是 $a$ 的极小的变化可引起 $R_0$ 较大的变化，即斜率的绝对值比较大。

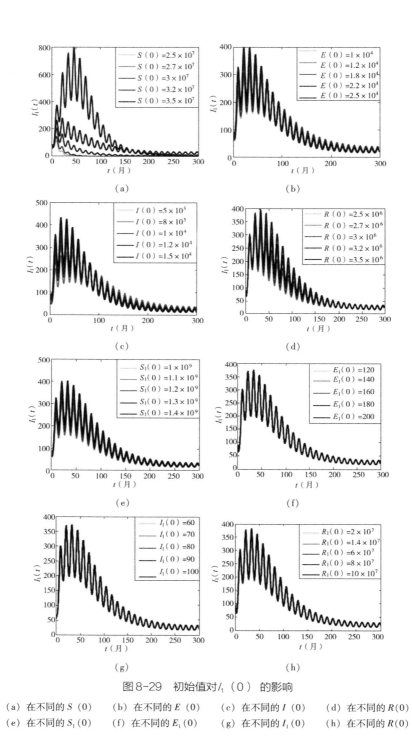

图 8-29　初始值对 $I_1$（0）的影响

（a）在不同的 $S$（0）　　（b）在不同的 $E$（0）　　（c）在不同的 $I$（0）　　（d）在不同的 $R$（0）

（e）在不同的 $S_1$（0）　　（f）在不同的 $E_1$（0）　　（g）在不同的 $I_1$（0）　　（h）在不同的 $R$（0）

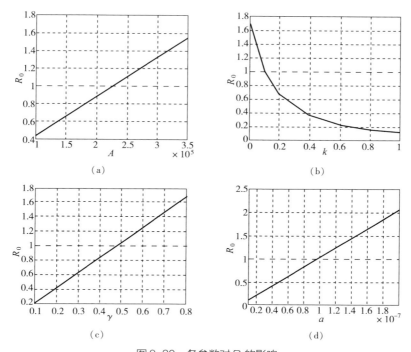

图8-30 各参数对 $R_0$ 的影响

(a) $A$ 对 $R_0$ 的影响 (b) $k$ 对 $R_0$ 的影响 (c) $\gamma$ 对 $R_0$ 的影响 (d) $a$ 对 $R_0$ 的影响

因为：
$$\beta(t) = a\left[1 + b\sin\left(\frac{\pi}{6}t + 5.5\right)\right] = \lambda_0\beta'(N)\ \beta'/N$$

所以，可以通过控制 $\beta'(N)$ 来控制参数 $a$ 的变化，即单位时间 1 个易感者遇见犬的数目。从而，可以通过加强犬的管理，特别是流浪犬，以防它们到处流浪相互撕咬以及咬伤人。

在图8-31中，再看看各参数结合起来对基本再生数的影响。从等值面可以看出，当免疫、加强犬的管理和控制犬的出生率结合起来控制狂犬病更为有效。通过结合图8-31中的两个图，可以发现 $a$ 的影响要比 $A$ 大。

总之，控制犬的数量，减少犬的出生率，增加免疫率，增强犬的管理，增强人们对狂犬病的意识并结合这些措施是目前控制狂犬病的有效措施。另外，由于每月的人间狂犬病病例按年呈现周期性，在夏天和秋天的病例数比较高。所以每年在 5～7 月在染病高峰来临之前可采取一些有效的措施，例如放假期间加强对小学生的监管。

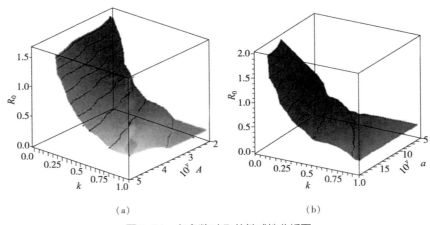

图8-31　各参数对$R_0$的敏感性分析图

（a）关于$A$和$k$　（b）关于$a$和$k$，其他参数值不变

## 二、吉林奶牛布鲁氏菌病风险管理措施评估

布鲁氏菌病（简称布病）是布鲁氏菌引起的人畜共患传染病，在吉林的流行较早，1936年在白城子种羊场发现病羊，1938年在该种羊场发现布病病人。吉林省是以羊种布鲁氏菌为主，羊、牛、猪三种布鲁氏菌混合存在的疫区。随着近年来吉林省奶牛饲养业的大力发展，奶牛布病的接触传染率也呈上升趋势。

### （一）模型的建立

根据吉林省奶牛布鲁氏菌病传播机理，考虑结合外界引入、淘汰、消毒等措施建立微分方程动力学模型。模型流程图详见图8-32。

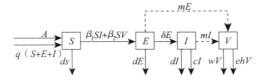

图8-32　模型流程图

参数说明详见表8-2。

表8-2　参数说明

| 参数 | 意义 |
|---|---|
| $S(t)$ | $t$ 时刻易感者奶牛的头数 |
| $E(t)$ | $t$ 时刻潜伏者奶牛(染病但未表现出明显症状)的头数 |
| $I(t)$ | $t$ 时刻感染动物奶牛(表现出明显症状)的头数 |
| $V(t)$ | $t$ 时刻环境当中的细菌量 |
| $A$ | 每年奶牛外界引入量 |
| $q$ | 每年奶牛出生率 |
| $d$ | 每年奶牛自然死亡率 |
| $\beta_1$ | 潜伏者与感染动物奶牛对易感者奶牛的传染率系数 |
| $\beta_2$ | 环境中细菌对易感者奶牛的传染率 |
| $\delta$ | 每年发病率 |
| $c$ | 每年宰杀剔除率 |
| $m$ | 细菌释放率(潜伏者与感染动物对环境中释放细菌的概率) |
| $w$ | 环境中细菌自然消亡率 |
| $e$ | 每年消毒的次数 |
| $h$ | 单次消除细菌的杀菌率 |

根据以上说明建立动力学模型如下：

$$\begin{cases} \dfrac{dS}{dt} = A + q\ (S+E+I)\ -\beta_1 SI - \beta_2 SV - dS \\[2mm] \dfrac{dE}{dt} = \beta_1 SI + \beta_2 SV -\ (d+\delta)\ E \\[2mm] \dfrac{dI}{dt} = \delta E -\ (d+c)\ I \\[2mm] \dfrac{dV}{dt} = m\ (E+I)\ -wV - ehV \end{cases} \qquad (8-34)$$

计算得到无病平衡点 $P_0 = \left(\dfrac{A}{d-q},\ 0,\ 0,\ 0\right)$，应用谱半径法得出了基本再生数 $R_0$：

$$R_0 = \frac{A\ (w+eh)\ \delta\beta_1 + Am\ (d+c+\delta)\ \beta_2}{(d+c)\ (d+\delta)\ (w+eh)\ (d-q)}$$

### （二）模型仿真

模型构建后，需要获取模型参数，以便进行预测和敏感性分析。结合近20年的实证数据，用最小二乘法进行参数估计，获取参数值后进行数值模拟和敏感性分析，获取奶牛布病防控关键措施，同时也对该病的传播趋势进行了预测。

考虑1987—2005年吉林奶牛布病总阳性数、历年阳性数、阳性率和奶牛调入量的变化，将数据在1987—1998年和1996—2005年两个时间段上分别拟合结果见图8-33。假设不同时段的外界引入量$A$、$m$、$\beta_1$、$\beta_2$的值，详见表8-3。

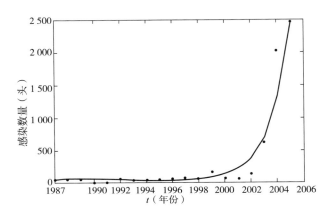

图8-33    1987—2005年吉林布病总阳性模型仿真图

**表8-3    两个时段的 $A$、$m$、$c$、$\beta_1$、$\beta_2$值**

| 参数 | 1987—1998 年 | 1996—2005 年 |
|---|---|---|
| $\beta_1$ | $1.2 \times 8^{7}$ | $1.2 \times 8^{-7}$ |
| $\beta_2$ | $4 \times 8^{-6}$ | $5.5 \times 8^{-6}$ |
| $m$ | 68.6 | 68.6 |
| $c$ | 0.8 | 0.8 |
| $A$ | 10 560 | 14 050 |

表8-2中其他参数取值说明：

（1）由于布病的潜伏期在81～120d，这里取为90d，以年为单位，潜伏期$\frac{1}{\delta} = \frac{90}{360} = \frac{1}{4}$则$\delta$为4。

（2）因为奶牛一般产奶时间是5年，所以取的自然淘汰率$d$为0.2。

（3）关于布鲁氏菌，在土壤中存活时间大约为2个月，所以细菌的自然死亡率为6。

（4）假设每周对环境消一次毒，则每年的消毒次数为52，所以$e$的取值为52。

（5）由于每次消毒的消毒率不好刻画，假设为0.5，所以$h$为0.5。对于奶牛的出生率$q = 0.1$，是通过数据拟合得到的。

仿真结果表明，1987—1998年阳性数较低且变化不大；1998—2005年阳性数快速增加。

1. 第一段（1987—1998）。此阶段总饲养量变化较小（图8-34）。

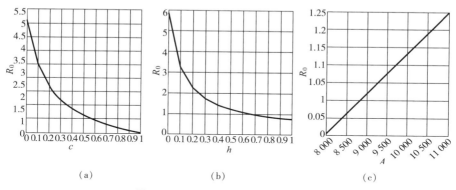

（a）　　　　　　　　　　　（b）　　　　　　　　　　　（c）

图8-34　$c$、$h$、$A$分别对$R_0$的影响

（a）反映了宰杀剔除率$c$对基本再生数$R_0$的影响，随着$c$的增大，基本再生数逐渐减少，但基本再生数始终大于1，可见想要控制疫病还需采取其他措施；（b）反映的是单次的消毒率$h$对$R_0$的影响，$h$越大，$R_0$越小。当单次消毒率大于70%时，$R_0$小于1，疫病会消亡；（c）反映了外界引入量$A$对$R_0$的影响，引入量越大，基本再生数越大，且$R_0 > 1$，疫病将扩散开来，只有当引入量约小于8 800时，才能保证$R_0 < 1$，从而抑制疫病的进一步传播

图8-35为宰杀剔除率$c$、单次消毒率$h$与$R_0$的三维关系图，$h$与$c$的取值越小，$R_0$越大。二者共同调节可以使得$R_0 < 1$，从而控制疫病传播。右边为交线方程的二维图。在图中，可以直接看出$R_0 < 1$，$R_0 = 1$，$R_0 > 1$的区域。例如，当$c$，$h$取值达到交线以上时，可保证$R_0 < 1$，这也为实际操作提供了理论参考。

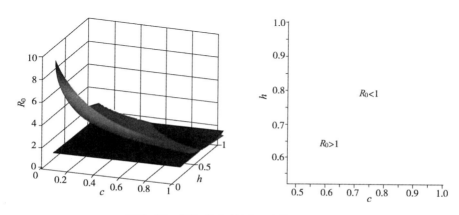

图8-35　参数$c$和$h$对基本再生数$R_0$的影响

图8-36为宰杀剔除率$c$、外界引入量$A$与$R_0$的三维关系图，从图8-36中可看出，$A$对基本再生数的影响更大，且随着$A$的增大，$R_0$的增幅也较大。

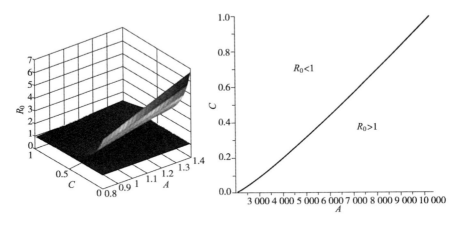

图8-36　$c$、$A$对$R_0$的影响

图8-37为单次消毒率$h$、外界引入量$A$与$R_0$的三维关系图，可知$A$对$R_0$的影响更大，只有当$A$约小于500，$h$接近于1时，$R_0$才能得到有效控制。由上可知，三个参数对于$R_0$的影响都比较大。但是$R_0$关于$h$、$c$是凹函数，相对来看，它们关于$R_0$的变化率要大一些。又因为在此阶段细菌排放量要大，所以环境中的细菌量多，强化消毒措施可有效地降低传染。所以当消毒率达到70%时，可以让$R_0 < 1$。而在此阶段总的存栏量小，外界引入也比较少，从而$A$的变化不是很大，所以对$R_0$的影响也相对较小。

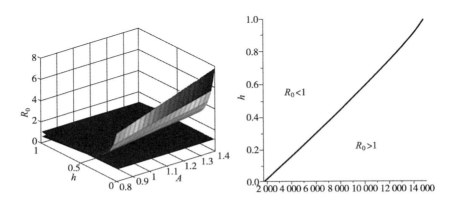

图8-37　$A$、$h$对$R_0$的影响

2. 第2段（1996—2005）。此段总饲养量增幅明显（图8-38）。

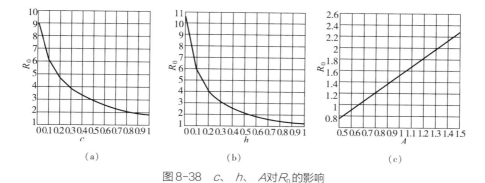

图8-38　$c$、$h$、$A$对$R_0$的影响

（a）中可以看出，在该段的参数取值下，随着$c$的增大，基本再生数逐渐减少。然而，即使$c$等于1，
$R_0$也是大于1的，也就是说仅仅依靠扑杀剔除奶牛是不能控制布鲁氏菌病的，还需要其他措施的共同
作用；由（b）可见，基本再生数随着单次消毒率的增大而减小，当$h$接近于1时，$R_0$也趋近于1；（c）
反映了外界引入$A$越大，$R_0$越大，但当$A$约小于5 700时，可使得$R_0 < 1$，因此控制外界引入量是可行的
措施之一

　　图8-39为宰杀剔除率$c$、单次消毒率$h$与$R_0$的三维关系图，可见$c$、$h$共同调节可使$R_0$
减小，但是$R_0$仍一直大于1。右端交线图所示，$c$、$h$都取为1时，仍在$R_0 > 1$的区域里，说
明在该时段控制外界引入量才能控制疫病。

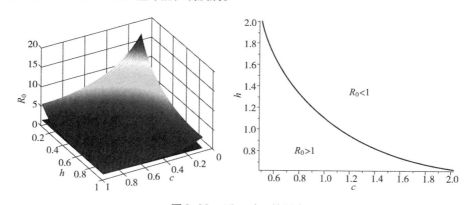

图8-39　$h$和$c$对$R_0$的影响

　　图8-40为宰杀剔除率$c$、外界引入量$A$与$R_0$的三维关系图，从图8-40中可见，当$A$控
制在5 000左右，剔除扑杀$c$接近于1，能够有效控制$R_0$。由右端交线图可知，不论扑杀率
多少，只要将$A$控制在一定的数目，都可以控制$R_0 < 1$。
　　图8-41为单次消毒率$h$、外界引入量$A$与$R_0$的三维关系图，可知$A$对$R_0$的影响更大，
当$A$取5 000左右，$h$接近于1时，$R_0$才能得到有效控制。由交线知，不论消毒率多少，只
要将$A$控制在一定的数目，都可以控制$R_0 < 1$。

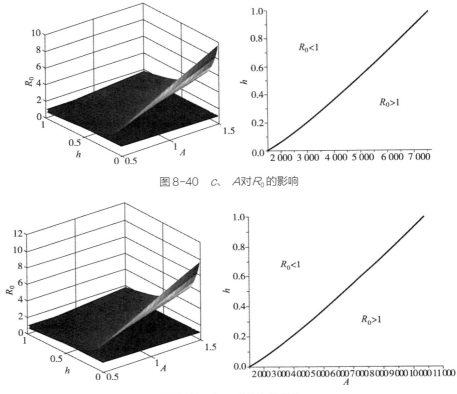

图8-40　$c$、$A$对$R_0$的影响

图8-41　$h$、$A$对$R_0$的影响

同样可以得出杀菌率$h$、输入量$A$和剔除率$c$这3个因素对基本再生数$R_0$的关系图，详见图8-42。图中交叉面即为$R_0 = 1$曲面，可以通过合理控制三个参数的值，从而保证$R_0 < 1$。

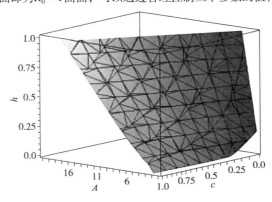

图8-42　$h$、$A$和$c$对基本再生数的影响

而防治措施不到位的情况下，未来疫病的发展规模将继续扩大。预测结果如图8-43所示。

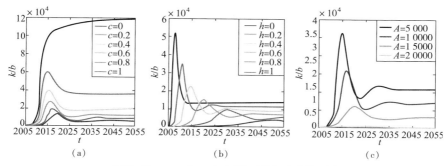

图8-43 $c$、$h$、$A$对感染动物奶牛数的影响

（a）反映了取不同宰杀剔除率$c$时，感染动物数随时间的变化。时间从2005年开始，感染动物数会先增大后减小，并趋于稳定，当$c$达到1时，未来的染病奶牛数仍大于0；（b）表明，$h$取值越小，感染动物数目变化越小。$h$取值越大，感染动物数下降越快。但当$h$取1时，染病奶牛数仍未趋于0。外界引入量$A$取不同值时，感染动物数量随时间变化；（c）表明，对于不同数量级的$A$值，感染动物数都会随时间先增后减，最终趋于稳定，而$A$值越小，感染动物数减小的越快。只有当$A$小于一定数时，感染动物数才可能趋于0

## （三）结论

由分析得出，外界引入、宰杀剔除、杀菌消毒是影响吉林省奶牛布病的主要因素。其中，宰杀剔除对$R_0$的敏感性最大。杀菌消毒的影响依据具体细菌排放量的不同而不同，然而环境中细菌的排放量较难估计。当存栏量较小时，杀菌消毒和宰杀剔除共同作用可以有效控制疫病的传播。当存栏量和外界引入数较大时，仅采取这两个措施是不够的，还应控制外界引入数。可见，对于养殖规模小的地区，采取杀菌和扑杀措施即可有效防治疫病。养殖规模大的情况下，还需控制奶牛的迁入。

本文的预测以2005年为初始值，由于2006年和2007年数据不稳定，会使预测不准确，因此不予考虑这两年数据。而2005年距离现在较远，只能进行近似预测。所以利用近几年的数据预测可能将得出更合理的结果。

# 三、浙江奶牛布鲁氏菌病风险管理措施评估

## （一）模型构建

相关参数的设定如下：

（1）所考虑变量。奶牛群体分为3类，一是易感者类（$S$），二是潜伏者类（$E$），三

是感染者类（$I$）。潜伏者和感染奶牛向环境中释放布鲁氏菌，环境中的病原会感染易感奶牛。环境中布鲁氏菌数量为（$V$）。

（2）奶牛自繁与调入相关参数。浙江每年奶牛存栏量的变化取决于自繁和调入数量。假设调入数量与存栏量成比例，比例为$B_1$，自繁数量设为常数$A$。因为潜伏者$E$和感染者$I$数量相对来较少，存栏数$N = S + E + I$近似为$S$。

（3）奶牛感染有关参数。调入奶牛易感者数量为$B_1S$。易感者$S$可能被潜伏者$E$、感染者$I$、环境中细菌$V$感染，变成潜伏者，每年感染率分别为$\varepsilon\beta E$、$\beta I$、$\alpha V$。其中，$\beta$为1个感染者对1个易感者的传染概率。由于潜伏者对于易感者感染状况不详，因此假设1个潜伏者对1个易感者的感染概率为$\varepsilon\beta$（$\varepsilon$为修正参数，$0 < \varepsilon < 1$）。$\alpha$表示环境中病原对1个易感者的感染概率。

调入奶牛中也存在一定数量的感染奶牛，比例为$B_2$。每年潜伏者$E$进入感染者类$I$的比例为$\delta$。

（4）扑杀参数。对潜伏者$E$和感染者$I$的扑杀率分别为$\sigma\mu_1$，$\sigma\mu_2$。其中，$\sigma$为扑杀次数，$\mu_1$，$\mu_2$为每次的扑杀率。

（5）奶牛淘汰参数。奶牛死亡率为$m$。假设潜伏者$E$和患病者$I$每年向环境中释放的病原量为$rE$，$rI$。每年环境中布鲁氏菌的衰减率为$\omega$。

（6）消毒参数。每年消毒次数为$k$，每次消毒有效率介于0和1之间。

（7）噪声参数。调入奶牛感染数量带有随机性，为了模拟这个随机量，模型引入白色噪声参数$\eta$。

## （二）流程图方程及参数的意义

流程图详见图8-44。相应确定性数学模型详见微分方程（8-34），随机数学模型详见微分方程（8-35）。相关参数和初值的意义详见表8-4。

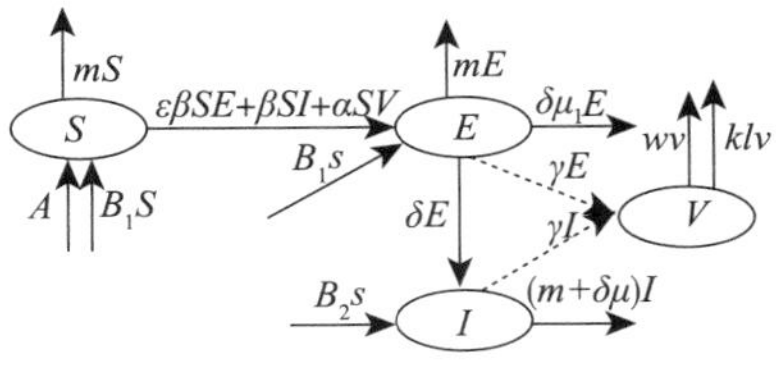

图8-44 流程图

$$\begin{cases} \dfrac{dS}{dt} = B_1 S + A - \varepsilon\beta SE - \beta SI - \alpha SV - mS, \\[2mm] \dfrac{dE}{dt} = B_2 S + \varepsilon\beta SE + \beta SI + \alpha SV - \delta E - mE - \sigma\mu_1 E, \\[2mm] \dfrac{dI}{dt} = B_2 S + \delta E - mI - \sigma\mu_2 I, \\[2mm] \dfrac{dV}{dt} = r\,(E + I)\, - wV - klV. \end{cases} \qquad (8-35)$$

$$\begin{cases} \dfrac{dS}{dt} = B_1 S + A - \varepsilon\beta SE - \beta SI - \alpha SV - mS, \\[2mm] \dfrac{dE}{dt} = \left( B_2 + \eta_1 dW \right)\, S + \varepsilon\beta SE + \beta SI + \alpha SV - \delta E - mE - \sigma\mu_1 E, \\[2mm] \dfrac{dI}{dt} = \left( B_2 + \eta_2 dW \right)\, S + \delta E - mI - \sigma\mu_2 I, \\[2mm] \dfrac{dV}{dt} = r\,\left( E + I \right)\, - wV - klV. \end{cases} \qquad (8-36)$$

式中，$\eta_1, \eta_2$ 为噪声强度；$W(t) = \left( W_j(t) \right)$ 是一个维纳过程或者布朗运动，且 $dw_n N(0,1)$。

表8-4　模型参数意义和取值

| 序号 | 参数 | 意义 | 取值 |
|------|------|------|------|
| 1 | $A$ | 每年出生的奶牛数 | 4 000 |
| 2 | $B_1$ | 引进奶牛为易感者的比率 | 0.141 |
| 3 | $B_2$ | 引进奶牛为潜伏者或感染者的比率 | 0.004 5 |
| 4 | $\varepsilon$ | 辅助变量(假设潜伏者传染力是发病者的一半) | 0.5 |
| 5 | $\beta$ | 感染奶牛对易感奶牛感染率(%) | $3*10^{(-5)}$ |
| 6 | $\alpha$ | 环境中布鲁氏菌对易感奶牛的感染率(%) | $5*10^{(-5)}$ |
| 7 | $m$ | 奶牛自然淘汰率(头/年) | 0.2 |
| 8 | $\delta$ | 临床发病率(潜伏期的倒数，潜伏期平均0.25年) | 4 |
| 9 | $\sigma$ | 每年扑杀次数(次/年) | 2 |
| 10 | $\mu_1$ | 对潜伏奶牛的扑杀率 | 0 |
| 11 | $\mu_2$ | 对感染奶牛的扑杀率 | 0.85 |
| 12 | $w$ | 布鲁氏菌的自然衰减率(存活时间的倒数) | 6 |
| 13 | $l$ | 消毒时间的倒数 | 48 |
| 14 | $k$ | 消毒有效率 | 0.7 |
| 15 | $r$ | 每头感染奶牛释放病原的感染单位 | 5 |
| 16 | $\eta_1$ | 噪声强度(调入潜伏奶牛比率随机波动振幅) | 0.005 |
| 17 | $\eta_2$ | 噪声强度(调入感染奶牛比率随机波动振幅) | 0.005 |
| 18 | $S(0)$ | 易感者初值(头) | 61 000 |
| 19 | $E(0)$ | 潜伏者初值 | 0 |
| 20 | $I(0)$ | 感染者初值 | 14 |
| 21 | $V(0)$ | 环境中布鲁氏菌传染单位初值(假设) | 70 |

　　表8-4的参数中，奶牛产奶时间平均约为5年，每年淘汰率为1/5 = 0.2。奶牛布鲁氏菌病潜伏期为14~180d，平均潜伏期为0.25年（$\delta = 4$）。浙江省每年两次检疫（$\sigma = 2$）。潜伏期奶牛无法检测出（扑杀率$\mu_1 = 0$）。对于感染奶牛，布病琥红平板凝集试验与试管

凝集试验敏感性为85%。浙江省实施检测出的阳性奶牛100%扑杀，所以扑杀率$\mu_2$为85%。布鲁氏菌在土壤中存活的时间为20~120d（$w=6$）。假设奶牛饲舍消毒频率为1次/周，年消毒的次数$l=48$。奶牛存栏初始值为2010年的数据。其他参数值是模型拟合结果。

### （三）基本结论

1. **奶牛存栏状况与布鲁氏菌病总体检测阳性数量。**近10年来，浙江奶牛存栏量成波动发展，2005年达到高峰，存栏量达到8.04万头，以后呈下降趋势，详见图8－45（a）。据调查，浙江2001年首次发现奶牛布鲁氏菌病阳性病例。检测阳性头数由2001年的14头，增加到2010年的454头，呈波动增加。详见图8－45（b）。

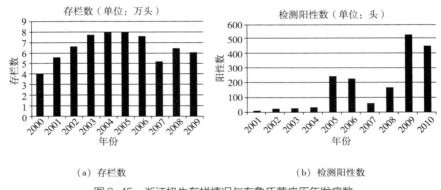

（a）存栏数    （b）检测阳性数

图8-45    浙江奶牛存栏情况与布鲁氏菌病历年发病数

2. **各市检测阳性数量。**据调查，绍兴存在1个活羊交易市场，金华存在1个活牛交易市场。2001年宁波首次发现奶牛布鲁氏菌病阳性病例。至2010年，浙江省除嘉兴、舟山和丽水外，其他市都有阳性病例报告。其中，杭州、金华和温州报告病例较多。2001—2010年，浙江省各市奶牛布鲁氏菌病发生情况分布见图8－46。

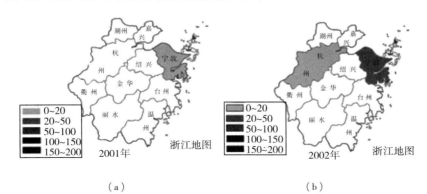

（a）    （b）

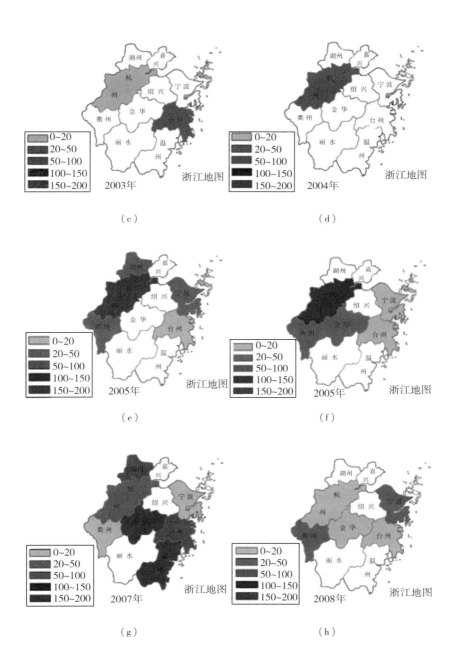

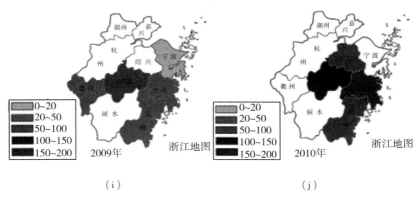

（i）                                     （j）

图8-46    2001—2010年间浙江各市奶牛布鲁氏菌病发生情况

3. 预测结果。对建立的动力学模型，运用Matlab软件对浙江布病发病趋势进行拟合与预测。拟合结果详见图8-47（a）。在当前养殖规模和防疫条件下，根据预测结果，未来10年浙江布鲁氏菌病病例仍将增加，峰值将达到约1 300头。之后将有所下降，逐渐稳定在年发病数约1 100头。详见图8-47（b）。

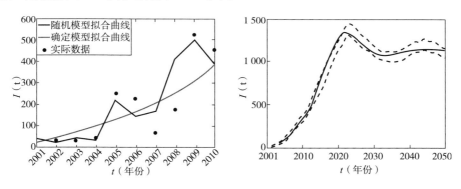

（a）布鲁氏菌病阳性病例拟合结果          （b）布鲁氏菌病阳性病例未来40年预测结果

图8-47    浙江布鲁氏菌病发病趋势和预测结果

### （四）防控措施评估

1. 单一防控措施评估。浙江采用的防控措施包括扑杀、监测、检疫（包括产地检疫和市场检疫）、消毒以及加强对养殖场/户布病防控知识宣传等。

利用构建的模型分别对扑杀、消毒等几种防控措施和从外省调入奶牛量的控制效果等进行分析和评估，一是预测单一防控措施实施后未来的感染数；二是计算相应的基本再生数$R_0$，以评估不同单一防控措施对疫病发生和传播的影响。如果通过防控措施的实施，使基本再生数$R_0 \leqslant 1$，说明未来疫病最终绝灭，进而表明这种措施能够有效阻止布鲁氏菌病在浙江省内传播。

消毒有效率对发病数的影响：图8－48（a）表明，在其他防控措施不变时，较高的消毒有效率能够降低感染数，但不能阻止布病的发生。图8－48（b）表明，提高消毒有效率$k$不能使$R_0 \leqslant 1$，因此仅仅应用消毒措施无法有效阻止布病在浙江省内传播。

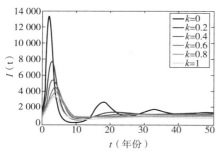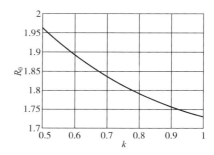

（a）不同消毒有效率对感染数的影响　　（b）不同消毒有效率对基本再生数的影响

图8-48　消毒对布鲁氏菌病感染数的影响

$k=0$，0.2，0.4，0.6，0.8，1分别表示消毒有效率为0，20%，40%，60%，80%和100%

扑杀病畜的影响：图8－49（a）表明，提高发病动物扑杀率能够有效减少感染动物数量，并使感染动物数维持在较低水平。图8－49（b）表明，扑杀阳性动物，不能使$R_0 \leqslant 1$，即无法最终有效阻止布鲁氏菌病传播。

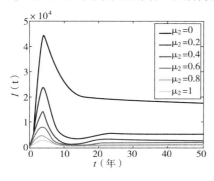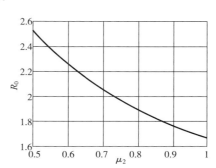

（a）不同扑杀率对感染数的影响　　（b）不同扑杀率对基本再生数的影响

图8-49　扑杀病畜对布鲁氏菌病感染数的影响

$\mu_2 =0$，0.2，0.4，0.6，0.8，1分别表示在检测试验敏感性为85%时，检测阳性病例扑杀率为0，20%，40%，60%，80%和100%

调入健康奶牛的影响：图8－50（a）表明，减少调入健康奶牛数量能够有效减少感染动物数量，并使感染动物数维持在较低水平。图8－50（b）表明，调入动物数量维持

在一定数量以下，能使基本再生数小于1，进而能够有效阻止布鲁氏菌病在浙江省内
传播。

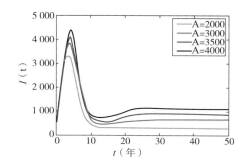 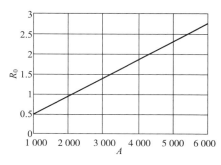

（a） 调入健康奶牛数量对感染数的影响　　　（b） 调入健康奶牛数量对基本再生数的影响

图8-50　调入健康奶牛对布鲁氏菌病感染数的影响

A = 2 000，3 000，3 500 和 4 000，分别表示浙江省健康奶牛年调入数量。由于仿真结果受各种随机因素影响，这些进行仿真的调入数量仅具有参考意义

2. 综合防控措施分析。

扑杀与限制调运：假设消毒有效率为70%，通过仿真获取图8－51。图8－51表明，扑杀与限制调运相结合能够控制布鲁氏菌病发生和传播。$R_0 = 1$平面下的蓝色曲面表示的不同感染动物扑杀率和健康动物调入数量组合能够有效阻止布鲁氏菌病在浙江省内传播。

消毒与限制调运相结合：假设检测实验敏感性为85%，检测阳性立即扑杀，通过仿真获取图8－52。图8－52表明，$R_0 = 1$平面下的蓝色曲面表示的消毒与限制调运相结合能够控制布鲁氏菌病发生和传播。在此条件下，能够有效阻止布鲁氏菌病在浙江省内传播。

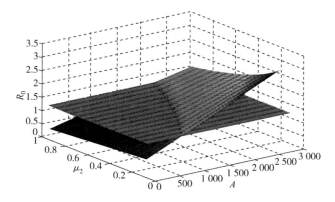

图8-51　扑杀与限制调运相结合对布鲁氏菌病传播的影响

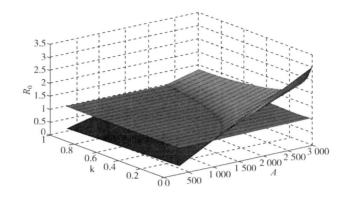

图8-52　消毒与限制调运相结合对布鲁氏菌病传播的影响

图中平面下的蓝色曲面表示不同消毒有效率和健康动物调入数量组合条件下，都能够有效控制布病传播

消毒与扑杀相结合：通过仿真获取图8－53。图8－53中曲面未能与$R_0 = 1$的平面相交，表明消毒与扑杀相结合不能有效阻止布鲁氏菌病在浙江省内传播。

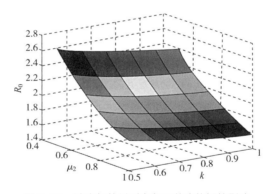

图8-53　消毒与扑杀对布鲁氏菌病传播的影响

扑杀、消毒与限制调运相结合：通过仿真获取图8－54。图8－54为$R_0 = 1$时$\mu_2$、$A$和$k$的函数曲面。曲面右侧区域表示的感染阳性动物扑杀率、消毒有效率和调入健康动物数量的组合都能够使$R_0 < 1$，在此情况下，都能够有效阻止布鲁氏菌病在浙江省内传播。

（五）有关思考

1. **扶植奶牛繁殖场与坚持奶牛自繁自养。**根据仿真结果，扑杀和消毒能够有效减少奶牛布鲁氏菌病感染数，但是二者结合不能阻止布鲁氏菌病传播，只有把这两种措施与调运限制结合起来才能够阻止布鲁氏菌病传播。减少奶牛调运，是当前降低布鲁氏菌病发生风险的关键环节。因此，扶植奶牛繁殖场与坚持自繁自养相结合是阻止布鲁氏菌病

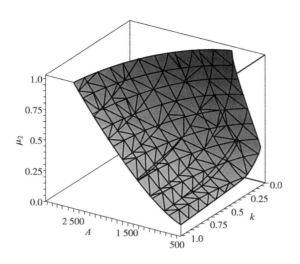

图8-54　消毒、扑杀与健康动物调入对布鲁氏菌病传播的影响

传播的长效政策措施。

2. 加强动物卫生监管措施。从我国奶牛产业发展情况看，减少奶牛调运量是一个长期过程，这也意味着强化动物卫生监管措施仍是当前奶牛布病防控工作的基本抓手。

（1）进一步明晰经调运继续饲养奶牛的健康标准。《中华人民共和国动物防疫法》（第十八条）已规定建立种用、乳用动物健康标准，《动物检疫管理办法》（第八条）规定对继续饲养的动物实施出售前申报检疫制度。从降低布鲁氏菌病传播风险的角度看，对于继续饲养的动物，应明晰调运要求，制订相关健康标准。

（2）健全产地检疫的实验室检测制度。调运继续饲养的动物，在布鲁氏菌病传播链中具有重要作用。对于经调运继续饲养的动物，应在调运前实施基于实验室检测的产地检疫，发现感染奶牛应立即按规定处置，从而确保阻断布鲁氏菌病传播链条。

（3）调入奶牛在饲养地实施隔离。调入奶牛在饲养地需隔离饲养半年以上。

3. 强化消毒等养殖场生物安全措施。

## 参考文献

靳祯，马知恩. 2003. 具有连续和脉冲预防接种的SIRS传染病模型 ［J］. 华北工学院学报，
　　24（4）：235 - 243.

罗明，张茂林，涂长春. 2005. 我国狂犬病流行状况分析及防治对策 [J]. 中国人兽共患病杂志，21 (2)：186 – 190.

马知恩，靳祯. 2001. 总人口在变化的流行病动力学模型 [J]. 华北工学院学报，22 (4)：262 – 271.

马知恩，周义仓，王稳地，等. 2004. 传染病动力学的数学建模与研究 [M]. 北京，科学出版社.

石秀茹. 2005. 人兽共患病 – 狂犬病 [J]. 生物学通报，40 (12)：15 – 18.

汪晓帆，李翔，陈关荣. 2006. 复杂网络理论及其应用 [M]. 北京：清华大学出版社.

吴晓明，林汉生. 2007. 1990—2006 年全国狂犬病流行趋势分析 [J]. 现代预防医学，34 (18)：3492 – 3493.

徐文雄，张太雷. 2004. 一类非线性 SEIRS 流行病传播数学模型 [J]. 西北大学学报，34 (6)：625 – 630.

张娟，马知恩. 2003. 各仓室均有常数输入的 SEI 流行病模型的全局分析 [J]. 西安交通大学学报，37 (6)：643 – 656.

中华人民共和国卫生部. 2009. 中国狂犬病防治现状 [M]. 北京：人民卫生出版社.

Juan Zhang, Zhen Jin, Gui – Quan Sun, et al. 2011. Analysis of rabies in China：Transmission Dynamics and Control [J]. PLoS one，6 (7)：e20891.

Juan Zhang, Zhen Jin, Gui – Quan Sun, et al. 2012. Modeling Seasonal Rabies Epidemic in China [J]. Bull. Math. Biol. ，74：1226 – 1251.

National Bureau of Statistics of China. 2009. China Demographic Yearbook of 2009 [M]. Beijing：China Statistics Press.

Zinsstag J, Durr S, Penny M. A, Mindekem R, Roth F, et al. 2009. Transmission dynamic and economics of rabies control in dogs and humans in an African city [J]. Proc. Natl. Acad. Sci. ，106 (35)：14996 – 15001.

第九章

# 社会网络分析

# 第一节 社会网络分析概述

社会网络是众多复杂网络中的一种类型，是指与人类社会活动有关的网络，包括疫病传播网络、社交关系网络、贸易关系网络等。社会网络分析（social network analysis，SNA）是研究社会网络实体之间的关系结构及其属性的理论和方法。这种方法已广泛应用于社会学、心理学等多个领域。近十几年来，社会网络分析也用于研究动物调运网络中的动物疫病风险，包括分析动物疫病传播与流行过程、评估疫病传播范围、探索网络结构对疫病传播的影响、探索干预措施的有效性等。近年来，动物调运网络中的疫病风险分析依靠网络科学的兴起以及社会网络分析法的进一步发展而逐渐成为兽医流行病学领域中的热点。

## 一、社会网络分析

### （一）社会网络与社会网络分析

社会网络（social network，SN）是指社会个体成员之间由于社会活动和经济交往等而形成的相对稳定的关系体系，社会网络关注的是人们之间的相互作用和有机联系，而这种联系会影响人们的社会行为。其理论基础是社会心理学家Milgram S. 于20世纪60年代提出的"六度分割理论（six degrees of separation）"。

社会网络分析是在社会计量学和图论基础上发展起来的一种分析社会关系结构及其属性的方法，社会网络分析又称为结构分析，是社会研究的具体方法，也是社会结构关系研究的新范式。它关注行动者之间的关系，而不是行动者属性，也关注社会网络的整体结构，而不是个体。社会网络分析从"关系"的角度出发研究社会现象和社会结构，行动者之间相互联结而形成的关系是社会网络分析的基础。总体来说，社会网络分析通过描述群体中个体之间的相互作用关系，从个体之间的互动出发去研究群体行为。

社会网络分析不是应用传统变量分析方法对属性数据（如年龄、性别、发病率、免疫率等）进行分析，而是对个体之间的接触、交易、动物调运等关系数据进行网络分析。社会网络分析法分为个体网分析法和整体网分析法，个体网分析法研究社会行动者及其直接关系者构成的网络，整体网分析法研究有明确边界的群体内部的行动者之间的关系。

本章主要介绍整体网分析法及其在动物疫病传播风险分析中的应用技术。

### （二）网络研究的渊源

从网络的视角出发，人类社会充斥着不同类型、不同层次、不同结构子系统的网络。研究网络的结构并探索其内在共同特性，以便多个领域相互参考借鉴，是学者们一直关注的问题。网络研究的初次尝试可以追溯到1736年，瑞士数学家欧拉（Euler）在他的一篇文章中讨论了哥尼斯堡七桥问题。在之后的200多年发展过程中，网络研究先后经历了规则网络、随机网络和复杂网络3个阶段。而社会网络分析作为网络研究的一个分支起源于20世纪30年代的心理学和人类学研究，在多种多样的学科和学派的相互影响和汇聚交融中逐渐发展起来。近一二十年发展迅速，已广泛应用于社会学、政治学、人类学、心理学、组织管理、大众传播和社会政策研究等多个领域。社会学家巴瑞·威尔曼于1977年建立了国际社会网络学会（INSNA）。

20世纪90年代以来，社会网络分析理论得到深化，相关软件得到开发（如 Ucinet 和 Pajek），技术更加成熟，应用也更加广泛。至此，社会网络分析步入了快速发展时期。

在最初的一个多世纪，研究人员认为真实系统中各因素间的关系可以用一些规则结构来表示，称作规则网络（regular network）。到了1960年，数学家Erdos和Renyi提出了随机图理论，为构造网络提供了一种新方法。他们认为，两个节点衔接具有不确定性，这样生成的网络称作随机网络（random network）。随机图的思想主宰网络研究长达40年之久，直到近几年学者们通过对大量实际网络数据的分析发现，现实网络既不是规则网络，也不是随机网络，而是具有与前两者皆不相同的统计特征的网络，称作复杂网络（complex network）。随后，学者们构造出多种多样的复杂网络模型，如小世界网络（small‑world network）和无标度网络（scale‑free network）等，这些网络模型描述各种真实网络中所表现出来的小世界特性、无标度幂律分布或高聚集度等现象，进而解释相关统计特性，探索形成网络的演化机制。其中，社会网络就是众多复杂网络中的一种网络类型，最初从社会学发展并逐步演变出来，是社会关系研究经常用到的复杂网络工具。

### （三）社会网络分析在动物疫病风险分析中的应用

1. 应用基础。在对疫病进行描述和分析时，通常是通过收集人间或动物的发病资料，采用传统的统计预测模型进行疫病传播风险分析和趋势研究。但是，从网络的视角来看，疫病的传播过程是将传染源和易感动物通过某种传播途径相连而形成的无形网络的发展过程，在这个社会接触网络（social contact network，SCN）上病原体可由传染源传播至易感动物。动物之间的直接或间接接触是引起疫病传播的根本原因，而动物调运是造成不同地区动物群体之间接触的关键因素，动物调运网络拓扑结构则影响动物疫病传播的模式和特点。而社会网络分析正是对个体和群体之间的接触、交易、动物调运等关系数据进行分析的工具。

社会网络分析是对网络的属性和结构进行定性和定量研究，包括自我中心分析和整体网络分析两种模式。前者通过对一定规模的经纪人或养殖场进行调查，分析疫病在动物接触网络中的传播特征，后者对假定封闭的特定经纪人或养殖场进行调查，了解养殖场与养殖场，养殖场与经纪人，经纪人与经纪人之间的接触情况，构建完整的动物调运网络，进而在了解网络拓扑结构和传播规则的基础上通过社会网络分析软件得到网络特征参数。

2. 应用意义。利用社会网络分析技术进行动物疫病传播机制和防控政策评估研究，主要是通过网络构建描述疫病在动物调运过程中的传播模式，分析其传播特征，找出对疫病传播起关键作用的网络节点（即养殖场、交易市场或者贩运经纪人），进而提出调运过程中的疫病防控策略。易感动物暴露是引起疫病传播的原因，而动物调运为不同地区之间的动物接触创造了条件，动物调运网络的结构和特点是影响动物疫病传播的重要因素。深入研究动物调运网络的拓扑结构，找到调运过程中担当重要角色的关键性节点，分析疫病传播过程中的风险因素，进而探讨疫病防控策略具有重要的经济学和卫生学意义。

3. 研究进展。在流行病学领域，社会网络分析技术将规则网络、随机网络、小世界网络和无标度网络与跃迁模型（transition model）结合起来，用于分析传染病的传播动力学性态和评估防控措施效果。社会网络分析应用于兽医流行病学领域主要是在2011年英国发生口蹄疫疫情以后，研究内容也主要集中在4个方面，一是构建动物调运网络模型，二是测定网络结构统计性质，三是评估调运网络中的行为规范，四是探讨调运网络上的疫病防控策略。其中，前两方面是基础研究，后两方面是应用研究。

社会网络分析的优势之一是可视化，在了解疫病自然史和确定调运交易模式的基础上，通过图论法构建动物调运网络可以直观地获得网络结构特点，为疫病传播风险分析和防控政策研究提供便利。

Smith R. P. 等于2011年首次构建了英国全国的、以养猪场、经纪人和屠宰场为节点的生猪调运网络，采用图论法揭示了英国猪调运网络的短距性和高聚集性，分析表明这种网络结构极易造成疫病的快速传播。同样，Robinson S. E. 等也构建了英国养牛场和交易市场之间的调运网络，通过社会网络分析软件计算了规模、调运量、调运距离等参数，得到了交易市场具有较高节点度和中间中心度的结果，表明交易市场管理是降低疫病传播风险的有效措施。Poulin M. B. 等构建了丹麦猪和牛的调运网络，通过图论法描述了牲畜交易模式，分析了调运中潜在的动物疫病传播风险。Martin V. 等构建了中国南方地区家禽市场的交易网络，探讨了社会网络分析技术对家禽交易市场和市场链上 H5N1 感染的风险分析与防控评估的重要性。Natale F. 等通过收集意大利牛调运关系数据构建了基于网络的复合种群模型（network – based meta – population model），并模拟了网络结构对于疫病传播速度和流行规模的影响。

　　除了可视化分析，建立在关系矩阵运算基础上的量化分析更适合描述大规模网络，从不同角度和不同层次反映单个养殖场、经纪人或交易市场的特征及其在整个网络中的地位，更加准确地分析子群体和整个调运网络拓扑结构的统计特性和变化规律。

　　Firestone S. M. 等将空间扫描统计与社会网络分析技术相结合，分析了马接触网络中马养殖场的空间位置对马流感传播的重要性，在随后的研究中，他们又构建了以马养殖场为节点的调运网络，结合空间分析发现了马流感在养殖场之间的传播大多数发生在调运控制措施实施之前，在对调运数据进行社会网络分析后找到了对马流感传播起重要作用的养殖场，计算了因调运而被感染的养殖场的比例。Aznar M. N. 等通过构建2005年阿根廷全国的牛调运网络，并在社会网络分析中加入调运频率、调运数量和调运的欧氏距离等指标，得到了不同区域的点入度和点出度呈现出随季节变化的特征。Kiss I. Z. 等对2001年英国口蹄疫流行前后的羊调运数据进行分析，进一步证明了调运网络呈现季节性变化，同时还得出了调运高峰期亦是疫病大流行的风险期这一结论。Nöremark M. 等也对牲畜调运呈现的季节性变化做了研究，他们利用瑞典建立的动物调运追溯系统提取了2006—2008年的猪和牛的调运数据，通过不同时间、不同物种间调运网络的对比，总结出牛调运网络拓扑结构呈季节性循环而猪调运网络拓扑结构无季节性循环的性质。Christley R. M. 等构建了2002年英国牛调运网络，发现其具有养殖场节点度服从幂律分布（power – law distribution）且调运大部分发生在小范围内的小世界网络特性，在后续的研究中，他们又利用SIR模型分别在小世界网络和随机网络上评估了节点中心度、中间最短路径比例、总路径等参数在识别高风险节点时的效能。

　　网络构建及网络结构研究固然重要，但从应用层次上来看，通过研究网络特征和结构来了解和解释基于动物调运网络上的疫病传播方式，进而评估调运中的某些风险行为控制网络系统的能力是动物疫病传播风险因素评估的关键。

　　Frossling J. 等将瑞典牛调运网络中的社会网络分析参数"点入度"和"新进感染链（ingoing infection chain）"等纳入回归风险分析模型，得到除了牛养殖场规模和密度因素以外，动物交易量也是牛感染牛冠状病毒的风险因素的结论。类似的研究中，Porphyre T. 等通过捕获—再捕获方式构建了新西兰卡斯尔波因特地区的负鼠接触网络，将"节点度""聚类系数"和"中间中心度"等同时纳入条件logistic回归模型中，分析得出与患有牛结核病的负鼠进行潜在接触是负鼠感染牛结核病的危险因素，且这种现象在具有较小规模的负鼠接触网络中更显著，而这个结论颠覆了与大规模负鼠进行潜在接触是感染牛结核病的危险因素这一传统观念。

有关调运网络模型的构建和调运中风险行为的预测并非问题的全部，通过描述动物调运网络拓扑结构，分析网络上的疫病传播特征、高危节点和风险因素，进而提出更为有效的防控疫病传播和流行的策略才能达到有效控制和消灭疫病传播这一最终目的。

基于接触网络理论的疫病传播动力学研究结果表明，控制传染病流行的关键在于剔除中心度较大的节点，即在疫病高发期对疫病传播网络或动物调运网络中活动频繁的个体采取隔离或者免疫等措施。Paster-Satorras R. 等的研究结果也表明，在资源有限的情况下，优先保护中心度比较大的节点，比随机选择节点进行保护的效果要好得多，而这个建议已被法国政府采纳，用于2005年法国肉牛交易系统中的疫病防控。Martínez – López B. 等将社会网络分析与聚类监测分析技术相结合，分析了西班牙萨拉曼卡不同时间、不同地区的动物调运网络特征，提出了疫病监测和防控策略应因地、因时制宜以优化资源配置的建议。Lurette A. 等通过计算机模拟评估了在不同类型的猪调运网络中，限制调运措施对沙门氏菌防控的效果，在群内水平和群间水平上分别探讨了针对流行性入侵感染和地方性感染疫病的防控区别。Kao R. R. 等在动物调运网络上模拟口蹄疫的动力学传播，通过计算渗流阈值（percolation threshold）预测了口蹄疫二次暴发的风险，并依据调运模式具有的小世界网络特性提出了降低二次暴发风险的具体建议。

4. 社会网络分析在动物调运网络研究中的展望。采用社会网络分析技术研究动物调运过程中疫病传播机制及传播风险是兽医流行病学研究方法上的突破。用社会学领域的方法来研究流行病学领域的问题，有助于深入理解网络拓扑结构对疫病传播的影响，继而找出更有效的疫病防控策略。然而，利用社会网络分析技术进行动物疫病防控研究还需进一步深化，如进一步呈现不同层次下调运网络类型的多样化；进一步加强社会网络分析技术与统计学风险分析模型、时空模型和动力学模型的结合；进一步对调运网络的拓扑结构进行动态分析，加强动物调运追踪系统的建设，以便对重大动物疫病进行实时监测、预警和风险管理等。社会网络分析在兽医流行病学尤其是动物调运网络上风险分析的应用将日益深化与发展。

## 二、网络和网络图

### （一）网络模型

现实中网络无处不在，无处不有，如交通运输中的铁路网、公路网，社会生活中的友谊网、论文引用、姻亲关系等。网络是由节点与连接两个节点之间的边构成，其中节点代表系统中的个体，而边则用来表示个体间的关系。描述复杂网络的基本特征量有度分布、平均路径长度、聚类系数等。

考虑一个节点规模为N的复杂网络，可以用简单的无向网络 $G = (V, E)$ 来描述，其中V称为G的顶点集，其元素称为顶点，E称为G的边集，其元素称为边。网络图分为简单图和完全图。简单图的顶点 $v_i$ 和 $v_j$ 之间最多有一条边相连。在网络G中如果两个顶点有边相连，就称它们互为各自的邻居。令n为网络G中所有顶点的平均邻居数目，$n_v$ 为网络G中顶点v的邻居数目（顶点v的度）。完全图的任何两个顶点都有边相连，此时任何顶点的邻居 $n = N - 1$。

## （二）度及其分布

网络中节点 $v_i$ 的度就是与该节点连接的边的总数，即节点的邻居数 $n_v$。网络中所有节点的度的平均值称为网络的平均度，记为：

$$\langle k \rangle = \frac{\sum v_\epsilon V n_v}{N}$$

网络中节点的度分布用 $p(k)$ 来表示，其含义为任意选择一个节点，其度恰好为k的概率，也等于网络中度为k的节点个数 $N_k$ 与网络节点总数N的比值，即 $p(k) = N_k/N$。

## （三）平均路径长度

网络中，一般定义两节点 $v_i$ 和 $v_j$ 间的距离 $d_{ij}$ 为连接两者的最短路径的边数；N为节点总数，下方有节点对之间距离的平均值称为平均路径长度，记为L，则L的数学表达式为：

$$L = \frac{\sum_{j \leqslant i} d_{ij}}{C_N^2}$$

式中，

$$C_N^2 = \frac{1}{2} N (N - 1)$$

## （四）聚类系数

假设网络中的一个节点i有 $k_i$ 条边将它和其他节点相连，这 $k_i$ 个节点就称为节点i的邻居。显然，在这个 $k_i$ 节点之间最多可能有 $k_i (k_i - 1)/2$ 条边。而这 $k_i$ 个节点之间实际存在的边数 $E_i$ 和总的可能的边数 $k_i (k_i - 1)/2$ 之比就定义为节点的聚类系数 $C_i$，即：

$$C_i = 2E_i / [k_i (k_i - 1)]$$

整个网络的聚类系数就是所有节点的聚类系数的平均值。

**（五）无标度网络和标度网络**

现实世界的网络大部分都不是随机网络，少数的节点往往拥有大量的连接，而大部分节点却很少，一般而言它们符合Zipf定律（也就是80/20马太定律）。

**第二节　动物疫病传播社会网络分析方法**

## 一、动物疫病传播网络

自然界及人类社会中存在大量复杂系统，几乎所有系统都可以抽象成网络模型。例如，社会网络是由社会成员及成员之间的关系体系组成的复杂网络，每个行动者在网络中的位置称为"点"或"节点"，也有学者称之为"结点"；行动者之间的关联称为"关系纽带"。因此也可以说，社会网络是由多个点（社会行动者）和各点之间的连线（代表行动者之间的关系）构成的集合。其中节点可能有很多属性，连线也有很多形式。例如，一个养殖场内的动物接触网络（每一只动物为网络中的点，动物之间的直接或者间接接触为点之间的连线）、一个地区牧户之间的交易关系网络（点为该地区内的牧户，连线为牧户之间的动物买卖关系）等。同一个网络中的节点也可能有不同的属性，例如养殖场的养殖动物种类、养殖场地理坐标和养殖规模等。

动物之间的接触是引起疫病扩散的主要原因，动物调运是造成分布于不同区域的动物群体之间直接或间接接触、导致病毒长距离传播的重要因素。动物调运网络结构影响动物疫病传播的模式和特点。在实际研究工作中，对网络的选取取决于所研究的动物疫病种类以及研究目的，例如口蹄疫这样的多重动物共患病来说，猪、牛、羊等易感的偶蹄动物调运信息都必须囊括进网络中。

复杂网络是具有复杂拓扑结构和动力学行为的大规模网络，社会网络属于复杂网络中的一种，动物疫病的传播过程可以通过复杂动态网络方法研究。将度分布符合幂律分布的复杂网络称为无标度网络。比如家禽市场体系中的家禽调运网络。无标度网络具有严重的异质性，其各节点之间的连接状况（度数）具有严重的不均匀分布性，网络中少数称之为Hub点的节点拥有极其多的连接，而大多数节点只有很少量的连接。少数Hub点对无标度网络的运行起着主导的作用。从广义上说，无标度网络的无标度性是描述大量复杂系统整体上严重不均匀分布的一种内在性质。

把养殖场、交易市场和屠宰场等看作网络的节点，动物与动物之间的调运、交换和买卖等社会关系看作网络的边。一个节点在单位时间内动物调入调出次数$k$就是网络中该节点的度，无标度网络的特点是节点之间的度值差异很大，大部分节点的度值都集中在少数几个度值上。若网络的度分布为Delta分布，那么网络中的绝大多数度值都一样，只有极少数的度不同，这类网络可以默认为所有的节点度都相同，称为均匀网络。相对而言，无标度网络则称为非均匀网络。利用网络建立传染病模型，传染项主要考虑易感者所在节点或者感染动物所在节点连接的总边数占整个网络总边数的比例，而标准传染率的SIS均匀混合模型考虑的是个体的数量比例。因此，无标度网络对传染病刻画得更加细致。

## 二、社会网络表达形式

社会网络主要有两种表达方法：一是图论法，用于构建社群图；二是矩阵代数法，用于构建关系矩阵。这两种方法有着内在的联系，根据社群图可以构造关系矩阵。反过来，根据关系矩阵也可以构建社群图。

社群图由点和线构成，点代表行动者，线代表行动者之间的关系，适用于小型群体的分析。行动者之间的关系可以是二值的，也可以是多值的；可以有方向，也可以无方向。社会网络分析中最常用的关系矩阵是邻接矩阵，即方阵。矩阵中的要素一般是二值的，矩阵要素中的"1"或者"0"，分别代表关系的存在与否。

表9-1是一个虚拟的二值有向邻接矩阵，表示某行的节点到某列的节点是否存在某种关系，图9-1是将表9-1中的关系矩阵输入Ucinet 6.0软件后得到的社群图。假设A、B、C、D均代表某个牧户，表9-1中的关系矩阵表示农户/牧户之间的羊只交易关系，矩阵要素0表示0所在行的牧户和所在列的牧户之间不存在羊只交易关系，矩阵要素1表示1所在行的牧户和所在列的牧户之间存在羊只交易关系，行牧户将羊卖给列牧户。这些牧户之间的羊只交易关系可以在图9-1中一目了然。

**表9-1 社会网络关系矩阵表达法**

| 网络节点 | A | B | C | D |
|---|---|---|---|---|
| A | 0 | 1 | 1 | 0 |
| B | 1 | 0 | 0 | 1 |
| C | 0 | 1 | 0 | 1 |
| D | 0 | 0 | 0 | 0 |

矩阵代数法和图论法各有特点，矩阵代数法较为系统，图论法较为清晰简洁，特别是网络节点很少、网络构型较特殊（如等级化结构）时，通过社群图能一目了然地获知网络结构的特点，更有利于后续分析。

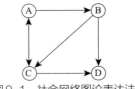

图9-1　社会网络图论表达法

## 三、社会网络分析中的主要测度简介

量化分析和可视化分析是社会网络分析法中的两大支柱。其中，可视化分析是从直观上对社群图进行分析与解释，而量化分析则建立在对关系矩阵的运算之上，通过计算相关指标，探察网络的结构和特征。整体网分析法主要有三个水平上的测度，即网络整体水平、凝聚子群水平和单个节点水平。

### （一）网络整体水平上的测度

网络整体水平上的测度，反映网络的结构特征，主要有密度、捷径、直径、平均路径长度和中心势等。

1. 密度（density）。整体网密度的计算方法是"实际关系数"除以"理论上的最大关系数"，即社群图中实际存在的线条占所有可能线条的比例。

2. 捷径（geodesic）。捷径指图论意义上的捷径，即连接两个节点之间最短途径的长度，即边的数目。

3. 直径（diameter）。直径指整个网络中最长的捷径。

4. 平均路径长度（characteristic path length）。也称特征途径长度，指所有节点对之间距离的平均值，它描述了网络中节点间的分离程度。

5. 中心势（centralization）。中心势表示整个网络呈现中心化结构的程度。

### （二）凝聚子群水平上的测度

在群体内部通常存在许多小群体，即在网络内部有不同的子结构。凝聚子群研究的目的在于揭示网络的结构，分析网络中存在的子结构以及网络的整体结构如何由各部分子结构构成。凝聚子群的主要测度有派系、n－派系和n－宗派、k－丛和k－核以及成分等。

1. 派系（cliques）。派系指的是至少包含三个点的最大完备子图，即其中任意两点都是直接相连的。

2. n－派系（n－Cliques）和n－宗派（n－Clan）。n－派系是指任意两点之间（在总图中）的距离都不超过n的子群。n－宗派是指任意两点之间在子群内部的捷径距离都不超过n的子群。任何n－宗派都是n－派系，反之则不成立。

3. k－丛（k－Plex）和k－核（k－core）。k－丛指的是在节点总数为n的子图中的任何点都与至少（n－k）个节点相连接的凝聚子群。k－核指的是子图中的任何节点都与至少k个其他节点相连接的凝聚子群。

4. 成分（components）。任何两点之间都能通过一定途径相连的凝聚子群称为成分，在有向图中，忽略关系方向的成分称为"弱成分"，任何两点之间都存在双向关系的成分，称为"强成分"。

### （三）单个节点水平上的测度

这类测度指标从不同角度反映单个网络节点的特征及其在网络中的地位。主要有度数中心性、中间中心性和接近中心性等。

1. 度数中心性（degree centrality）。节点的度数中心性是对网络节点重要性最直接的度量指标，一个节点的度数越大就意味着这个节点越重要。点入度指的是指向该节点的点数总和，点出度指的是该节点指向的点的总数。

2. 中间中心性（betweeness centrality）。中间中心性以经过某个节点的捷径的数目来刻画节点重要性，如果一个点处于许多其他点对的捷径上，那么该点具有较高的中间中心性。与度数中心性不同，中间中心性主要用来辨识网络中作为桥梁的节点。

3. 接近中心性（closeness centrality）。接近中心性表示节点与网络中所有其他节点的接近性程度，体现节点不受其他节点"控制"的能力。如果一个节点通过比较短的路径与许多其他节点相连，就认为该点具有较高的接近中心性。

### （四）社会网络分析的软件

近年来，随着社会网络分析技术的发展，也出现了许多应用软件。Peter Carrington等在Models and Methods in Social Network Analysis一书中综述了目前被学术界用于社会网络分析的23种软件。目前，大部分社会网络分析软件都可以从网络上获得，这些软件都具备社会网络分析基本的量化分析功能和可视化分析功能。Ucinet和Pajek是兽医流行病学领域中应用最多的两个社会网络分析软件，Ucinet软件凭借其易操作性而受到许多研究者的欢迎，但是Ucinet软件是商业软件，不经注册仅可以免费使用30d，而Pajek软件是免费的，其功能比Ucinet更强大，并且适用于处理大型数据。

## 四、发展前景及其优缺点

### （一）社会网络分析发展前景

潜藏在动物接触网络中的疫病传播网络是由感染动物逐渐移动至网络全局的动态网络，网络结构的拓扑性影响疫病传播的速度和特点。20世纪初，社会网络分析法开始应用于兽医流行病学的研究。今后，社会网络分析在兽医流行病学中的应用范围将日益深化与发展。一是网络类型将呈现多样化，不同层次的网络节点和连线可以构建不同类型的网络，例如某养殖场内的牲畜接触网络、牧户之间的牲畜交易网络、地区之间的牲畜交易网络等，所选取的网络依据研究内容而定；二是研究方法本身将不断完善与改进，将会有更多的分析性方法支撑社会网络分析在动物疫病防控中的应用，例如流行病学模型、风险分析、时空模型和危害分析和关键控制点（HACCP）等。

### （二）社会网络分析研究的发展方向

社会网络分析与风险分析的结合将更紧密。识别在致病因子入侵和传播过程中起重要作用的节点对防控工作的开展具有重要意义，社会网络分析技术提供了识别这些关键节点的可能性，并使危害识别更加有效、迅速。不同网络中的关键节点的识别方法是不一样的，风险分析人员和兽医流行病学家努力寻找更有效的定义关键节点的方法，这也是社会网络分析在风险分析中的应用趋势之一。社会网络分析的可视化功能为可视化风险分析提供了可能性，运用社会网络分析的凝聚子群研究和可视化分析技术能更好地预估风险的大小与范围。

将社会网络分析技术与动物调运追踪系统结合，能更好地对重大动物疫病进行监测与预警。目前，许多国家已经立法并实行相关政策，对动物交易、调运的来源和路径等信息进行登记，建立专项数据库，例如瑞士动物调运数据库（TVD）。一些欧洲国家启动动物调运的实时追踪系统，以便在疫情发生时能尽早获知致病因子的流向。在重大动物疫病的监测中结合社会网络分析与动物实时追踪系统也是疫病防控的趋势之一，在动物疫病暴发时，及时发现在动物调运网络中加速疫病传播的节点，有效地切断传播路径，从而控制疫情。另外，许多国家的动物调运追踪系统显示，动物的调运模式具有季节差异性和聚集性。对不同时段的动物调运网络的纵向分析、对比不同时段的网络结构及其脆弱性、预测动物疫病发生发展的趋势也是风险分析技术研究的趋势之一。

### （三）社会网络分析的局限性

社会网络分析法尤其适用于传染病的研究，有助于深化对接触性传染病的传播的理解，探索网络结构对疫病流行的影响，为流行病学研究提供了一种全新的视角，在疫病监测和暴发中显示出重要的应用价值。但是，社会网络分析有其自身的局限性。一是如果数据量过大，网络节点和连线过于密集，社会网络分析软件无法清晰地绘制出社群图，缺乏可视化分析的可行性；二是如果缺乏有效的数据，社会网络分析也难以开展；三是如果抽样方法不当，所构建的网络代表性差，分析所得的结果可能会存在偏倚；四是社会网络分析是对关系数据进行分析，而不是分析属性数据，所得结果的概括性与推广性相对较差。关系数据违背了传统的统计学方法的数据独立的原则，因此不适用传统的统计学方法，必须谨慎选择与社会网络分析结合的分析方法。

## 第三节 羊群布鲁氏菌病社会网络分析方法

## 一、活羊调运网络的模式与大小

### （一）研究背景

为调查羊群布鲁氏菌病传播社会网络，在我国北方地区选择了一个农区县、一个牧区县和一个半农半牧区县进行调研。共发放调查问卷378份，回收率为100%。由于调查对象不配合、已搬迁、已不养殖或贩卖羊只、填写不完整等原因剔除无效问卷18份，剩余有效问卷总数为360份，其中，养殖场/户（牧户）调查表300份，经纪人调查表60份。对数据进行整理后，应用Ucinet 6.0中的Netdraw绘图功能，得到活羊调运网络原始图，调整杂乱的原始图，并将不同类型的节点设定为不同颜色，使网络图更加清晰、美观。

图9-2、图9-3和图9-4分别展示了农区、牧区和半农半牧区的活羊调运网络图。三个地区的活羊调运网络图均显得较稀疏，均有不同颜色的四个类型的节点，节点类型包括养殖场/户（牧户）、贩运经纪人、当地屠宰场以及当地市场。养殖场/户（牧户）和活羊贩运经纪人是三张网络图中数量最多且最重要的两个节点类型。通过会议调查与走访调查获知，养殖场/户（牧户）之间的来往主要是羊只的交易、交换、寄养三种联系，交换和寄养的羊只种类以种公羊居多，而养殖场/户（牧户）与活羊贩运经纪人之间的联系比较单一，仅有羊只交易一种联系。

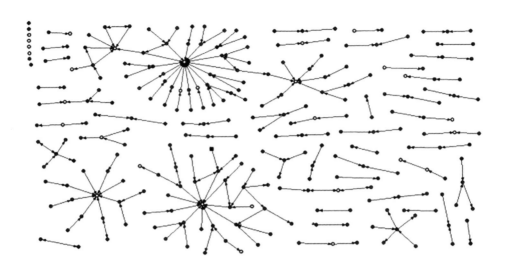

图9-2　农区活羊调运网络图

●表示养殖场/户（牧户）；●表示活羊贩运经纪人；◎表示屠宰场；◉表示市场或饭店

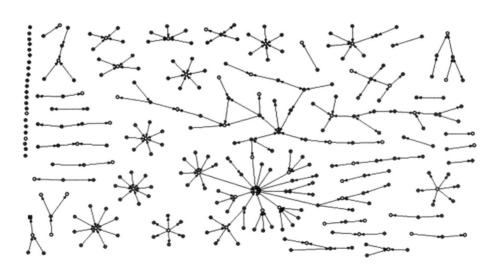

图9-3　牧区活羊调运网络图

●表示养殖场/户（牧户）；●表示活羊贩运经纪人；◎表示屠宰场；◉表示市场或饭店

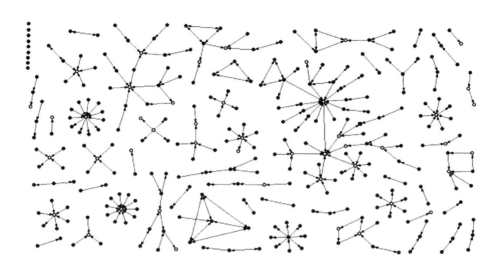

图9-4  半农半牧区活羊调运网络图

●表示养殖场/户（牧户）；●表示活羊贩运经纪人；●表示屠宰场；●表示市场或饭店

### （二）农区活羊调运模式

图9-2表明，农区的活羊调运网络图呈网状结构，有三个明显的hub节点，多数节点环绕在这三个hub节点周围并将关系指向hub节点，形成三个较大的连通片。图中环绕在浅蓝色hub节点周边的节点多以"蓝色节点—蓝色节点—浅蓝色节点"或者"蓝色节点—艳红色节点—浅蓝色节点"的连通方式与之相连。另外两个hub节点均为艳红色节点，环绕在其周边、将关系指向它们的全是蓝色节点。另外，该网络图四周散布着大量由1~5个节点连接而成的小成分，且多数为蓝色节点与蓝色节点直接相连。农区活羊调运网络图表明，养殖场/户之间存在大量的活羊买卖和交换行为，流通环节多，羊只从出生到屠宰上市，一般需要经过几次买卖，表现为"养殖户—养殖户—经纪人—养殖场—屠宰场"流通模式。

### （三）牧区活羊调运模式

图9-3表明，牧区活羊调运网络图由一个大连通片和遍布整个网络图的许多小成分构成。图中存在许多以艳红色节点为中心、周围环绕蓝色节点的雪花状结构，周边的蓝色节点均将关系指向中心的艳红色节点。另外，大多蓝色节点与艳红色节点相连，与其他蓝色节点直接相连的情况较少。牧区网络图的特征表明，牧户之间活羊买卖和交换行为相对较少，流通模式较为单一。活羊从出生到屠宰一般经过2次交易，表现为

"牧户—经纪人—屠宰场"流通模式，或者"牧户—经纪人—交易市场"模式。经纪人在活羊流通过程中起到中转的作用，几乎所有羊只交易都是由经纪人参与的。

### （四）半农半牧区活羊调运模式

半农半牧区的活羊调运网络图兼具农区和牧区网络图的特点，存在许多以艳红色节点为中心的雪花型结构，同时也存在许多蓝色节点之间相互连接而成的小成分。该网络图表明，半农半牧区活羊调运模式兼具农区和牧区的流通特点，养殖户与牧户相对隔离，养殖户的活羊流通行为类似农区，牧户的活羊流通行为类似牧区，表现为"养殖户—养殖户—经纪人—养殖场—屠宰场"流通模式、"牧户—经纪人—屠宰场"流通模式和"牧户—经纪人—交易市场"模式共存的情况。经纪人在活羊流通过程中起到中间人的作用。

### （五）三个地区的活羊调运网络大小对比

应用Ucinet 6.0计算网络大小的相关测度，结果详见表9-2。并采用Excel2007绘制三个地区的节点点出度和点入度的频数分布散点图，结果如图9-5和图9-6所示。

表9-2    不同地区的网络大小测度

| 参数 | 农区 | 牧区 | 半农半牧区 |
|---|---|---|---|
| 规模 | 258 | 284 | 308 |
| 孤立点总数 | 8 | 23 | 9 |
| 有向关系总数 | 225 | 242 | 290 |
| 特征途径长度 | 3.851 | 4.905 | 3.457 |
| 网络直径 | 10 | 13 | 9 |

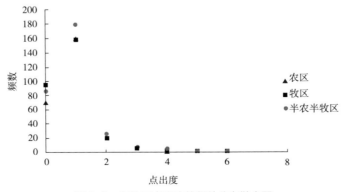

图9-5    各地区点出度的频数分布散点图

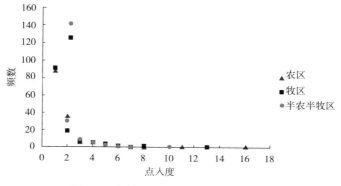

图9-6　各地区点入度的频数分布散点图

规模指的是网络中的节点总数，即本次调查涉及的所有活羊调运利益相关者总数；有向关系总数指网络图中的线条总数，即本次调查中活羊调运总次数；孤立点指与其他网络节点无任何关联的节点，即无活羊调运活动的节点；节点之间的距离指图上距离而非现实距离，在本研究中节点之间的距离反映活羊从一个节点向另一个节点调运的过程中所需要经过的节点数量，特征平均长度指连接网络中任意两个节点的距离的平均长度；网络直径是网络中任何两个节点之间的最大距离。

如表9－2所示，三个网络的特征途径长度、直径相差不大，农区的活羊调运网络的规模、有向关系数均较小；半农半牧区活羊调运网络具有较大的规模、有向关系总数和较小的网络直径；而牧区活羊调运网络的孤立节点较多。表明农区活羊调运网络最小，而半农半牧区活羊调运网络最大，活羊调运相对较频繁。三个地区的活羊调运网络的特征途径长度分别为3.851、4.905、3.457，即在这三个地区的活羊调运网络中任意两个节点平均只需要通过不到5个节点就能建立联系。

点出度反映网络节点向外调运活羊的次数，点入度反映网络节点从外引进活羊的次数。图9－5和图9－6分别展示了节点点出度和点入度的频数分布情况。三个地区的活羊调运网络的节点点出度和点入度的分布基本一致。节点度数、尤其是点入度存在异质性，大部分节点的点出度为1，其次为0，无点出度超过7的节点，而大部分节点的点入度为0，其次为1，个别节点点入度达到10以上。

### （六）三个区域布鲁氏菌病暴发风险对比

应用Ucinet软件矩阵运算功能，获取不同地区的网络整体水平上测度，结果详见表9－3。

表9-3　不同地区疫病暴发风险测度对比

| 参数 | 农区 | 牧区 | 半农半牧区 |
|---|---|---|---|
| 密度 | 0.003 4 | 0.003 0 | 0.003 1 |
| 聚类系数 | 0.062 0 | 0.009 0 | 0.133 0 |
| 成分总数 | 58 | 64 | 62 |
| 最大成分的规模 | 61 | 75 | 57 |
| 成分的平均规模 | 4 | 4 | 5 |

　　表9-3中的几种指标分别从不同角度反映了活羊调运网络的布鲁氏菌病暴发风险大小。密度是实际存在的关系总数与可能存在的关系总数之比，密度越大的网络对节点的影响越大，节点之间的联系越紧密，布鲁氏菌病暴发风险越大。整体网络的聚类系数等于各个节点个体网络密度系数的均值，通过该指标可以分析布鲁氏菌病病原体引起局部疫病暴发或者全局范围感染的可能性大小。成分是网络中的子图，子图中的任何两点之间都能通过一定的途径相连，而子图与子图之间没有任何关联，成分中任何一个节点感染了布鲁氏菌病，很可能快速蔓延至整个成分，因此网络中成分的数量反映了可能的布鲁氏菌病暴发点总数，成分的规模反映了布鲁氏菌病可能传播的最大范围。

　　表9-3表明，三个地区的活羊调运网络密度值均不大，网络均较稀疏。农区和半农半牧区的活羊调运网络的聚类系数均较高，牧区活羊调运网络的聚类系数很小。另外，表9-3中显示三个地区的活羊调运网络的特征途径长度分别为3.851、4.905和3.457，农区和半农半牧区的活羊调运网络图特征途径长度较小。因此，农区和半农半牧区的活羊调运网络均具有较小的特征途径长度和较高的聚类系数，体现出明显的"小世界"特征，而牧区聚类系数小、特征平均长度相对较大，"小世界"特征不明显。三个地区活羊调运网络的成分总数和成分平均规模均差异不大。

## （七）节点传播影响力分析

　　通常依据节点的中心性指标来刻画节点的传播影响力，根据研究目的，本研究采用度数中心性和中间中心性两个指标分析活羊调运网络节点的布鲁氏菌病传播影响力。

　　1. 节点度数中心性分析。将三个地区的活羊调运关系矩阵输入Ucinet 6.0，得到三个地区活羊调运网络的度数中心性描述统计量。运用SAS 9.2分别对三个地区的网络的节点点出度和点入度作相关分析，并对不同类型的节点进行分类统计，结果详见表9-4和表9-5。

表9-4　度数中心性的描述性统计量

| 参数 | 农区 | 牧区 | 半农半牧区 |
|---|---|---|---|
| 点出度 | | | |
| 均值 | 0.872 | 0.852 | 0.942 |
| 标准差 | 0.679 | 0.872 | 0.884 |
| 最小值 | 0 | 0 | 0 |
| 最大值 | 4 | 6 | 7 |
| 点出度中心势(%) | 1.222 | 1.825 | 1.980 |
| 点入度 | | | |
| 均值 | 0.872 | 0.852 | 0.942 |
| 标准差 | 1.529 | 1.499 | 1.390 |
| 最小值 | 0 | 0 | 0 |
| 最大值 | 16 | 13 | 10 |
| 点入度中心势(%) | 5.909 | 4.308 | 2.960 |
| 点出度与点入度的相关系数($P$值) | −0.124 15(0.046 3) | 0.092 22(0.121 0) | 0.087 02(0.127 5) |

表9-5　不同类型节点总数汇总表(%)

| 项目 | 农区 | 牧区 | 半农半牧区 |
|---|---|---|---|
| 孤立点(点出度与点入度均为0) | 8(3.10) | 23(8.10) | 9(2.92) |
| 发送点(只有点出度,点入度为0) | 115(44.57) | 128(45.07) | 130(42.21) |
| 接收点(只有点入度,点出度为0) | 61(23.64) | 71(25.00) | 77(25) |
| 传递点(兼有点出度和点入度) | 74(28.68) | 62(21.83) | 92(29.87) |

　　节点的度数表示与该节点有直接联系的节点总数，是对网络节点重要性最直接的度量指标。节点的点出度指被该节点指向的节点的总数，即调出活羊的次数，点出度高的节点对外传播布鲁氏菌病的可能性较大。点入度指指向该节点的节点总数，即调入活羊的次数，点入度高的节点被感染布鲁氏菌病的风险较大。而节点的度中心势为度数最大的节点的度数值与其他点的度数的差值总和除以理论上各个差值总和的最大可能值，反映了各个节点之间度数差异的大小，与标准差类似，度中心势越大的网络，网络节点之间的度数值越离散。

　　表9-4表明，三个地区的活羊调运网络的点出度与点入度均值都不超过1，且差异微小。且点入度的标准差、中心势普遍都比点出度的大，表明相对于点出度，三个地区的活羊调运网络的节点点入度更加离散，节点的活羊调入次数差异较大，而节点的活羊调

出次数差异较小。另外，点出度的标准差、中心势从农区网络到半农半牧区网络逐渐增大，而点入度的标准差、中心势则正好相反，农区活羊调运网络的值最大，表明半农半牧区网络节点的活羊调出次数差异最大，而农区网络节点的调入次数差异最大。

点出度与点入度的相关系数体现了节点点出度与点入度之间的均衡性，如果点出度与点入度之间存在正相关关系，说明在该网络中，高点出度的节点也倾向于拥有较高的点入度，网络节点的布鲁氏菌病平均传播力较强，布鲁氏菌病菌蔓延至整个网络的速度可能更加迅速。表9-5中，只有农区的相关系数具有统计学意义（P=0.046 3），相关系数为-0.124 15，表明在农区的活羊调运网路中，节点的点出度与点入度存在一定的负相关，高点出度的节点点入度反而较低，但统计学意义不够显著，相关程度也不高。

孤立点无活羊调运活动。发送点（只有点出度）调出活羊而无活羊输入，向外传播布鲁氏菌病的风险高；接收点（只有点入度）调入活羊而不输出活羊，感染布鲁氏菌病的风险高；传递点（兼有点出度与点入度）既调入活羊，又向其他节点输出活羊，该类节点可能在调入活羊的过程中感染布鲁氏菌病，在向外调出活羊的过程中又向其他节点输出布鲁氏菌病病菌，无疑是布鲁氏菌病传播网络中的高风险节点，可以说是布鲁氏菌病的主要传播者。

表9-5汇总了三个地区的活羊调运网络中的各类型节点的总数及其所占的比例，发送点在三个地区的活羊调运网络中均占有最大的比例。经卡方检验，三个地区的各类型节点的分布差异具有统计学意义（$X^2=14.930$，$P=0.021$），其中农区与牧区的差异有统计学意义（$X^2=8.542$，$P=0.036$），农区与半农半牧区的差异无统计学意义（$X^2=0.370$，$P=0.946$），牧区和半农半牧区的差异有统计学意义（$X^2=11.273$，$P=0.010$）。牧区的孤立点比例较大，而传递点比例较小。

2. 节点中间中心性分析。将三个地区的活羊调运关系矩阵输入Ucinet 6.0，通过节点中间中心性的计算路径，得到三个地区活羊调运网络的中间中心性描述统计量，结果详见表9-6和表9-7。

表9-6　中间中心性的描述性统计量

| 参数 | 农区 | 牧区 | 半农半牧区 |
|---|---|---|---|
| 均值 | 0.574 | 1.574 | 1.136 |
| 标准差 | 1.388 | 8.355 | 4.272 |
| 最小值 | 0 | 0 | 0 |
| 最大值 | 8 | 112 | 57 |
| 中间中心势 | 0.01% | 0.14% | 0.06% |

表9-7  三个地区中间度最高的 10 个节点汇总表

| 序号 | 农区 | | 牧区 | | 半农半牧区 | |
|---|---|---|---|---|---|---|
| | 节点标签 | 中间度 | 节点标签 | 中间度 | 节点标签 | 中间度 |
| 1 | NY095 | 8 | MY040 | 112 | BJ38 | 57 |
| 2 | NY017 | 7 | MY035 | 46 | BJ14 | 28 |
| 3 | NY007 | 7 | MY045 | 45 | BY065 | 20 |
| 4 | NY026 | 6 | MY046 | 34 | BJ25 | 12 |
| 5 | NY088 | 6 | MY071 | 27 | BY069 | 12 |
| 6 | NY068 | 6 | MY032 | 27 | BJ07 | 12 |
| 7 | NY055 | 6 | MJ43 | 20 | BY080 | 11 |
| 8 | NY012 | 6 | MJ07 | 15 | BY031 | 9 |
| 9 | NY021 | 5 | MY070 | 11 | BY067 | 9 |
| 10 | NY100 | 4 | MJ31 | 10 | BJ04 | 8 |

节点的中间中心度指的是经过该节点的最短路径的总数。与度中心性不同，中间中心性主要用来辨识网络中作为桥梁的节点，所以，即使一个节点只拥有少数几个与之直接相连的节点，但却占据着网络中重要的枢纽位置时，它依然是网络的中心。在布鲁氏菌病传播网络中间中心性较高的节点对布鲁氏菌病菌的扩散起着相对重要的作用。而中间中心势反映了节点之间中间度的差异，体现网络的中心化程度。

表9-6中的结果表明，牧区和半农半牧区网络节点的中间中心性均值较高，尤其是牧区网络的中间度最大值达到112，标准差、中间中心势也较大，表明牧区和半农半牧区网络节点的中间度两极分化明显，具有较强的集中趋势。农区网络节点的中间中心性均值最小，标准差和中间中心势很小，表明农区网络节点的中间度较小，且差异不大，集中趋势不明显。

表9-7列出了三个地区活羊调运网络中中间度最高的10个节点。农区中间度最高的10个节点全是养殖场/户，而牧区和半农半牧区中间度最高的10个节点中均包含几个贩运经纪人节点，尤其是半农半牧区，BJ38、BJ14是中间度最高的两个节点，它们均代表当地的活羊贩运经纪人。

将表9-7中列出的高中间度节点分别从三个活羊调运网路中去除，再用Ucinet 6.0重新计算反映三个网络的布鲁氏菌病暴发风险大小的指标。在去除高中间度节点后，除半农半牧区网络的聚类系数与原值基本相同之外，其他指标都出现明显的变化，农区和牧区网络的密度、聚类系数和半农半牧区的密度均明显下降，三个地区的成分总数均明显增多，成分的平均规模和最大规模均减小。表明在去除高中间度节点后，三个地区活羊调运网络的布鲁氏菌病暴发风险减小。结果详见表9-8。

**表9-8　不同地区疫病暴发风险大小测度对比**

| 参数 | | 农区 | 牧区 | 半农半牧区 |
|------|------|------|------|------|
| 密度 | 原值 | 0.003 4 | 0.003 0 | 0.003 1 |
| | 新值 | 0.003 0 | 0.002 8 | 0.002 7 |
| 聚类系数 | 原值 | 0.062 | 0.009 | 0.133 |
| | 新值 | 0.045 | 0.000 | 0.134 |
| 成分总数 | 原值 | 58 | 64 | 62 |
| | 新值 | 77 | 79 | 96 |
| 最大成分的规模 | 原值 | 61 | 75 | 57 |
| | 新值 | 41 | 40 | 21 |
| 成分的平均规模 | 原值 | 4 | 4 | 5 |
| | 新值 | 3 | 3 | 3 |

### （八）农牧民布鲁氏菌病影响因素分析

将300户养殖场/户（牧户）按照农牧民是否感染布鲁氏菌病分为两组，其中病例组共47户，对照组共253户。将农牧民是否感染布鲁氏菌病作为因变量，表9-9中的其他31个变量，其中包括社会网络分析的相关指标（标化点出度、标化点入度、中间中心性）作为自变量，采用SAS 9.2软件构建非条件Logistic回归模型，分析农牧民感染布鲁氏菌病的影响因素，结果详见表9-9和表9-10。

**表9-9　人间布鲁氏菌病发生风险单因素 logistic 回归分析结果**

| 影响因素 | 变量名 | $P$值 | OR | OR 95%CI |
|------|------|------|------|------|
| 2011 年末存栏总量 | $x_1$ | 0.766 | 0.999 | （0.996,1.003） |
| 基础母羊数 | $x_2$ | 0.800 | 1.001 | （0.996,1.005） |
| 基础母羊平均存栏时间（月） | $x_3$ | <0.001 | 1.068 | （1.038,1.098） |
| 羔羊数 | $x_4$ | 0.867 | 0.999 | （0.993,1.006） |
| 羔羊平均存栏时间（月） | $x_5$ | 0.009 | 1.104 | （1.025,1.189） |
| 种公羊数 | $x_6$ | 0.990 | 0.999 | （0.866,1.153） |
| 种公羊平均存栏时间（年） | $x_7$ | 0.965 | 1.002 | （0.899,1.118） |
| 是否定时打扫与消毒 | $x_8$ | 0.130 | 17.638 | （0.429,725.069） |
| 如果是的话,时间间隔（月） | $x_9$ | 0.181 | 0.853 | （0.676,1.077） |

（续）

| 影响因素 | 变量名 | P值 | OR | OR 95%CI |
|---|---|---|---|---|
| 羊只调入是否先进行隔离 | $x_{10}$ | 0.056 | 0.476 | (0.222,1.018) |
| 如果羊只出现病态,是否及时对其进行隔离(是:1;否:0) | $x_{11}$ | 0.003 | 0.300 | (0.135,0.670) |
| 除羊之外,还有没有饲养其他动物 | $x_{12}$ | 0.172 | 0.627 | (0.321,1.225) |
| 对布鲁氏菌病知识的了解程度<br>(不知道:2;了解一点:1;基本都懂:0) | $x_{13}$ | <0.001 | 5.170 | (2.659,10.053) |
| 是否自行屠宰羊只 | $x_{14}$ | 0.290 | 1.523 | (0.699,3.315) |
| 是否自行接羔 | $x_{15}$ | 0.330 | 1.731 | (0.574,5.223) |
| 屠宰羊只或接羔时是否戴手套(是:1;否:0) | $x_{16}$ | 0.206 | 1.069 | (0.964,1.186) |
| 羊粪的用途 | $x_{17}$ | 0.068 | 2.764 | (0.927,8.240) |
| 是否有喝羊奶的习惯 | $x_{18}$ | 0.222 | 1.081 | (0.954,1.225) |
| 公羊和母羊是否合在一起养 | $x_{19}$ | 0.134 | 1.456 | (0.891,2.379) |
| 是否有饲料或饲草购销情况 | $x_{20}$ | 0.468 | 1.101 | (0.849,1.427) |
| 是否有羊粪销售情况 | $x_{21}$ | 0.585 | 0.856 | (0.489,1.497) |
| 种公羊购入数量 | $x_{22}$ | 0.261 | 1.019 | (0.986,1.053) |
| 种公羊售出数量 | $x_{23}$ | 0.487 | 1.005 | (0.991,1.019) |
| 种公羊交换数量 | $x_{24}$ | 0.713 | 0.998 | (0.984,1.011) |
| 除种公羊外购入数量 | $x_{25}$ | 0.082 | 1.003 | (1.000,1.007) |
| 除种公羊外售出数量 | $x_{26}$ | 0.066 | 1.007 | (1.000,1.015) |
| 是否与其他场户一起放牧或者共用草场 | $x_{27}$ | 0.234 | 1.006 | (0.996,1.017) |
| 是否曾把种公羊寄养在其他养殖户 | $x_{28}$ | 0.982 | 1.000 | (0.994,1.006) |
| 标化点出度 | $x_{29}$ | 0.173 | 0.362 | (0.084,1.562) |
| 标化点入度 | $x_{30}$ | 0.160 | 1.009 | (0.997,1.021) |
| 中间中心性 | $x_{31}$ | 0.151 | 1.003 | (0.999,1.008) |

表9-10 农牧民布鲁氏菌病影响因素的多因素 logistic 回归分析结果

| 暴露因素 | 回归系数 | 标准误 | 标化回归系数 | P值 | OR | OR 95%CI |
|---|---|---|---|---|---|---|
| 常数项 | -7.963 6 | 1.246 7 | | <0.001 | | |
| $x_3$ 基础母羊平均存栏时间(月) | 0.084 5 | 0.017 7 | 0.811 7 | <0.001 | 1.088 | (1.051,1.127) |
| $x_5$ 羔羊平均存栏时间(月) | 0.167 9 | 0.049 3 | 0.366 3 | <0.001 | 1.183 | (1.074,1.303) |
| $x_{11}$ 如果羊只出现病态,<br>是否及时对其进行隔离? | -2.092 1 | 0.550 2 | -0.607 6 | <0.001 | 0.123 | (0.042,0.363) |
| $x_{13}$ 对布鲁氏菌病知识的了解程度 | 1.811 1 | 0.426 6 | 11.915 8 | <0.001 | 6.117 | (2.651,14.116) |

1. 单因素分析。如表9-9所示,logistic回归模型的单因素分析中,共有4个因素有统计学意义,它们分别是:$x_3$(基础母羊平均存栏时间)、$x_5$(羔羊平均存栏时间)、$x_{11}$(如果

羊只出现病态，是否及时对其进行隔离）、$x_{13}$（对布鲁氏菌病知识的了解程度）。社会网络分析的相关测度（标化点出度、标化点入度、中间中心性）均无统计学意义。

2. 多因素分析。在单因素分析的基础上，应用逐步回归法构建多因素logistic回归模型。模型的显著性检验结果显示，似然比的卡方值为79.178 1，$P < 0.000 1$，表明模型具有统计学意义。共有4个变量进入模型，分析结果详见表9－10。根据输出结果中的标准化回归系数值判断，农牧民对布鲁氏菌病知识的了解程度是其感染布鲁氏菌病的最大影响因素，其次是基础母羊平均存栏时间、是否及时对病态羊进行隔离、羔羊平均存栏时间。其中，$x_{13}$（对布鲁氏菌病知识的了解程度）和$x_{11}$（如果羊只出现病态，是否及时对其进行隔离）两个因素的OR值较高，$x_{13}$的OR值为6.117，95% CI 为（2.651，14.116），即缺乏布鲁氏菌病知识的农牧民感染布鲁氏菌病的风险较高。$X_{11}$（如果羊只出现病态，是否及时对其进行隔离）的OR值为0.123，95% CI：（0.042，0.363），表明及时隔离病态羊的农牧民比未及时隔离病态羊的农牧民感染布鲁氏菌病的风险小。

3. 模型拟合优度评价。根据多因素logistic回归分析的结果，所拟合的logistic回归模型可表示为logit（P）$= 0.084 5x_3 + 0.167 9x_5 - 2.092 1x_{11} + 1.811 1x_{13} - 7.963 6$。应用SPSS 17.0统计软件绘制ROC曲线，评价该模型的拟合优度。结果显示所绘制的ROC曲线下面积为0.902，模型拟合效果好，对农牧民是否感染布鲁氏菌病有较强的预测能力。模型拟合优度评价的ROC曲线图见图9－7。

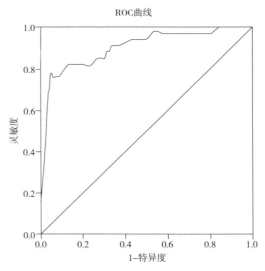

图9-7　logistic回归模型拟合优度评价ROC曲线图

## 二、讨论

近年来，我国畜间和人间布鲁氏菌病发病率快速上升，监测表明，病羊和带菌活羊是我国布鲁氏菌病的主要传染源。布鲁氏菌病在人与人之间不发生传播，人主要通过直接或者间接接触传染源而患病，而人与人之间的活羊交易、交换等社会行为所引导的活羊调运是引起布鲁氏菌病在不同养殖场、不同地区之间扩散的主要原因。布鲁氏菌病传播网络是潜藏在活羊调运网络中的动态网络，活羊调运网络是布鲁氏菌病传播的载体，不同经济区的活羊流通特点具有差异性，因此掌握不同地区的活羊调运网络结构有助于更好了解布鲁氏菌病等动物疫病传播机制、把握传播规律，更好地开展动物疫病防控工作。另外，养殖场/户主、防疫人员等利益相关者长期与牲畜接触，并且生活在可能被布鲁氏菌污染的环境中，其感染布鲁氏菌病的风险比平常人高，是我国布鲁氏菌病的主要患病人群。Kenneth Earhart 等、H. A. AL–SHAMAHY 等在对布鲁氏菌病危险因素的研究中也证实了职业为农牧民是布鲁氏菌病的危险因素。因此，探索农牧民感染布鲁氏菌病的影响因素对降低人间布鲁氏菌病发病率有重要意义。

### （一）不同性质网络布鲁氏菌病传播风险不同

本研究构建了内蒙古自治区兴安盟三个不同地区（农区、牧区、半农半牧区）过去一年的活羊调运网络，调运包括活羊交易、交换与寄养。由于羊畜牧业的生产周期较长，通常一只羊从出生到屠宰、进入市场环节需要半年以上，甚至更长时间，另外，当地养殖场/户（牧户）通常在使用种公羊一两年后才进行种公羊的更新。因此，所构建的三个活羊调运网络均显得较稀疏，且节点度数具有异质性，除少数hub节点外，绝大部分养殖场/户（牧户）在过去一年内参与活羊流通活动的次数仅为一到两次。

活羊调运是引发布鲁氏菌病长距离传播的主要原因，不同地区的羊群养殖的特点不同，其活羊流通模式及其疫病暴发风险也具有差异性，本研究证实了农区和半农半牧区活羊调运网络是具有"小世界"特征的无标度网络，布鲁氏菌病暴发风险较大，而牧区活羊调运网络的"小世界"特征不明显，布鲁氏菌病暴发风险较小。许多国家的研究者在对当地牲畜调运网络的社会网络分析研究中也发现，当地的牲畜调运网络表现出"小世界"的特征，如意大利的活牛交易网络、英国的活羊调运网络、丹麦养猪业的调运网络。在具有"小世界"特征的牲畜调运网络中，节点之间的平均距离较小，网络的聚类系数高，养殖户之间牲畜流通频繁、联系紧密，加速了动物疫病的传播速度，暴发风险不容忽视。

农区羊以圈养为主，户与户之间相邻近，养殖场/户之间存在较频繁的活羊买卖和交换行为，并且存在大量育肥场，当地部分羔羊由育肥场统一收购、集中饲养后经过经纪人流入市场。另外，农区的活羊贩运经纪人大多从外地批量引进羊只，再散卖给当地的养殖场/户，或者从当地各个养殖场/户收购羊只之后转卖给其他养殖场/户。而牧区地广人稀，羊只以放养为主，牧户之间相对隔离，活羊交易、交换的行为相对较少，基本没有育肥场。经纪人在活羊流通过程中起到中转的作用，几乎所有羊只交易都是由经纪人参与的，牧户将羊只批售给贩运经纪人，经由贩运经纪人进入市场，活羊基本输出到外地屠宰加工，跨境流通是主要流通方式，活羊基本供外地消费。半农半牧区流通兼具农区和牧区的流通特点，养殖场/户与牧户相对隔离，养殖户的活羊流通行为类似农区，牧户的活羊流通行为类似牧区。

总体来说，农区活羊调运活动的流通环节多，活羊调运网络呈现网状结构，活羊在当地养殖场/户之间流通的比例较大，布鲁氏菌病暴发风险大；牧区羊畜牧业集约化较高，活羊流通环节较少，其活羊调运网络存在很多牧户共同指向贩运经纪人的雪花型结构，活羊在当地牧户之间流通的比例小，布鲁氏菌病暴发的风险相对较小，其感染布鲁氏菌病的风险主要是从外地引进羊只所引起的外来性风险；半农半牧区的活羊调运网络则兼具农区和牧区网络的特点，本研究结果表明其布鲁氏菌病风险也不小。因此，农区的布鲁氏菌病防控应将重点放在对养殖场/户的管理上；牧区应完善贩运经纪人的管理制度，加强活羊及其产品的防疫检测，控制输入和输出性传染源；半农半牧区应同时严格管理养殖场/户（牧户）和贩运经纪人。

### （二）适时构建基于 GIS 的活羊调运系统

目前，许多国家已经立法并实行相关政策，对动物交易、调运的来源和路径等信息进行登记，建立专项数据库，例如瑞士动物调运数据库（TVD）。一些欧洲国家已经启动动物调运的实时追踪系统，以便在疫病疫情发生时能尽早获知病原体的流向。将社会网络分析技术与活羊调运追踪系统结合，能更好地支撑布鲁氏菌病的防控工作。

（1）对不同风险类别的节点进行分类管理，对高风险节点进行重点监测与预警。分类管理指的是根据农户/牧户之间接触的性质和频率对其进行划分，对不同类别的农户/牧户采取不同管理办法，是2006年世界动物卫生组织（OIE）推荐的两种疫病管理策略之一。本文根据节点度数中心性的不同，将节点分为孤立点、发送点（如自繁自养的养殖场/户、牧户）、接收点（如屠宰场和市场）、传递点（如育肥场和活羊贩运经纪人）。不同类别的节点，布鲁氏菌病风险各不相同：孤立点因与外界无联系，因此其无风险；发送点向外界输出活羊，具有向外传播布鲁氏菌病病原的可能；接收点不向外输出活羊而只从外界引进活羊，不会向外传播布鲁氏菌病菌而有被感染布鲁氏菌病菌的风险；传递点是布鲁氏菌病传播影响力最强的节点，它可能从外界引入活羊后被感染布鲁氏菌病，在向外输出活羊的过程中也可能向外传播布鲁氏菌病病菌，尤其是同时具有高点出度和高点入度的传递点，可能是加速布鲁氏菌病蔓延至整个网络的罪魁祸首。本研究结果表明，牧区活羊调运网络的孤立点比例较高而传递点比例较低，而农区和半农半牧区的活羊调运网络的节点类型比例无差异。在布鲁氏菌病防控工作中，运用社会网络分析技术对活羊调运数据进行实时分析，估计节点的风险大小，针对不同类别的节点采取不同的防治措施，并对传递点与度数较高的hub节点进行重点监测与防控是控制疫情的有效方法之一。

（2）在布鲁氏菌病暴发时，及时发现在动物调运网络中加速布鲁氏菌病传播的节点，有效地切断传播路径，从而控制疫情。对引发动物疫病并造成传播的高危个体或群体的尽早识别是兽医流行病学的基本目标，通过节点重要性指标的计算可以识别在布鲁氏菌病传播中可能的防控关键节点，这些节点在布鲁氏菌病传播过程中较为活跃，感染或者传播布鲁氏菌病的风险较高。运用社会网络分析的凝聚子群研究和可视化分析技术能更好地预估风险的大小与范围。本研究采用度数中心性和中间中心性指标定义关键节点，在布鲁氏菌病防治中，度数中心性和中间中心性较高的节点都应作为重点监测与防控对象。S. Rautureau等认为牲畜调运网络中强成分的存在反映了网络对疫病传播的脆弱性，验证了消除强成分最有效的办法是将中间中心性较高的一些关键节点移除，该方法可用于突发状况下的疫情控制，此方法被应用于2005年法国肉牛交易网络的疫病防控。另外，有研究表明，通过降低网络密度，即减少网络节点的接触对象数量和频率也是控制疫病暴发的有效措施。本研究结果显示，在去除中间中心性较高的几个节点后，三个地区活羊调运网络的密度、聚类系数等指标均明显下降，布鲁氏菌病暴发风险降低。因此，在布鲁氏菌病暴发时，可通过冻结高中间中心性节点的活羊买卖活动等方法，以降低活羊调运网络的密度，减缓布鲁氏菌病的传播速度。另外，连接不同连通片的"桥梁节点"也应该作为重点防控对象，在疫情暴发时冻结这些"桥梁"节点的活羊买卖活动，能够改善其网络结构，使各个连通片分离成彼此不相连的成分，防止布鲁氏菌病在不同区域之间蔓延。

### （三）农牧民感染布鲁氏菌病的影响因素

许多国家如乌兹别克斯坦、伊朗、吉尔吉斯斯坦、沙特阿拉伯、也门等在近几年也曾进行关于布鲁氏菌病风险因素的研究。许多研究表明，直接接触病畜及其流产物和排泄物、为动物接生是人感染布鲁氏菌病危险性最高的因素，但是在本研究中，"自行屠宰羊只"和"自行接羔"均未显现出统计学意义，原因在于本研究是专门针对农牧民开展的布鲁氏菌病的危险因素调查，调查对象均为内蒙古自治区兴安盟的农牧民，大多数调查对象均有自行接羔、屠宰羊只的习惯，所以未能体现差异性。

一些研究者证实了饮用生奶、食用奶制品也是人感染布鲁氏菌病的高危行为。而本研究结果显示，饮用羊奶不具有统计学意义，其原因在于兴安盟当地的农牧民均没有饮用羊奶的习惯，羊奶均用于喂养小羔羊。当地农牧民主要饮用牛奶，牧民家中自制的以及市场上的奶制品的生产来源均为牛奶。一些学者认为，相关部门应加强对公众饮食奶制品的安全性教育，防止布鲁氏菌病的病从口入。

另外，Masomeh Sofian、Kenneth Earhart等在伊朗和乌兹别克斯坦的病例对照研究中发现，一般布鲁氏菌病病例家中还有其他病例，家庭成员的生活环境、饮食生活习惯都大同小异，具有相同或者相近的布鲁氏菌病危险因素，因此导致同个家庭多个病例的情况。

本研究结果显示，缺乏布鲁氏菌病的相关知识是农牧民感染布鲁氏菌病的高危因素。Turatbek B. Kozukeev等在吉尔吉斯斯坦巴特肯州进行的病例对照研究中也得出相似的结论：掌握布鲁氏菌病的传播方式等知识是人感染布鲁氏菌病的保护因素。据统计，本研究所调查的300户养殖场/户（牧户）中，对布鲁氏菌病的危害、预防基本都懂的养殖场/户（牧户）为55户，仅了解一点的养殖场/户（牧户）为170户，其余75户对布鲁氏菌病一无所知。缺乏布鲁氏菌病防控意识的养殖场/户（牧户）卫生观念淡薄，在平时的养殖作业中表现出许多不良的卫生习惯，增加了患布鲁氏菌病的危险，例如，在接羔或者屠宰羊、清理羊圈的时候不戴手套、口罩，对病羊、死羊以及母羊的流产物随意处理等。因此，寻求有效的宣传教育方式、加强宣传教育的力度势在必行。

但是，"屠宰羊只或接羔时是否戴手套"这一因素在本研究并无统计学意义，而"如果羊只出现病态，及时对其进行隔离"这一因素具有显著的统计学意义，是农牧民感染布鲁氏菌病的保护因素。病羊及其排泄物是布鲁氏菌病的主要传染源，虽然处于潜伏期的病羊也可以向外排菌，但是其传染力不如发病期的病羊。及时对病羊进行隔离，限制其活动范围，避免其向周边环境大范围散布布鲁氏菌病菌，也避免其他健康牲畜与其接触，降低养殖场内牲畜的布鲁氏菌病发病率，从而降低农牧民感染布鲁氏菌病的风险。

"母羊平均存栏时间"和"羔羊平均存栏时间"均具有统计学意义，羔羊和母羊存栏时间过长都是农牧民感染布鲁氏菌病的危险因素。兴安盟当地多数养羊户都是在母羊出现病态特征或者明显老化后才将其转卖给贩运经纪人或者当地屠宰场。病母羊由于其分泌物较多，相比种公羊有更强的传染力，患病母羊的子宫分泌物、流产胎儿和胎衣是布鲁氏菌病致病性最强的传染源。除了与其他病羊直接或者间接接触这一途径，母羊还可通过与患病种公羊配种而感染布鲁氏菌病，另外，存栏时间较长的母羊较为老化，对布鲁氏菌病病原的抵抗力较弱，患病风险较高。因此，母羊感染和传播布鲁氏菌病的风险较高，其存栏时间过长可能会导致农牧民感染布鲁氏菌病的概率增加。另外，兴安盟当地大多数农牧户均自繁羊羔，在接羔后几个月将公羔羊卖出，母羔羊留作基础母羊，因此存栏时间长的羔羊一般为母羔羊，羔羊存栏时间较长也可能导致其他牲畜和农牧民的患病风险升高。鼓励农牧民及时淘汰基础母羊可作为养殖人员预防布鲁氏菌病的措施之一。

## 参考文献

林聚任. 2009. 社会网络分析：理论、方法与应用 ［M］. 北京：北京师范大学出版社.

刘军. 2007. 社会网络分析法 ［M］. 重庆：重庆大学出版社.

刘军. 2009. 整体网分析讲义——UCINET 软件实用指南 ［M］. 上海：格致出版社.

Amirkhanian YA, Kelly JA, McAuliffe TL. 2005. Identifying, recruiting, and assessing social networks at high risk for HIV/AIDS: methodology, practice, and a case study in St Petersburg, Russia ［J］. AIDS Care, 17（1）: 58 – 75.

Aznar MN, Stevenson MA, Zarich L, et al. 2011. Analysis of cattle movements in Argentina, 2005 ［J］. Preventive Veterinary Medicine, 98（2 – 3）: 119 – 127.

Barabási AL, Albert R. 1999. Emergence of Scaling in Random Networks ［J］. Science, 286（5439）: 509 – 512.

Bigras – Poulin M, Barfod K, Mortensen S, et al. 2007. Relationship of trade patterns of the Danish swine industry animal movement network to potential disease spread ［J］. Preventive Veterinary Medicine, 80（2 – 3）: 143 – 165.

Bigras – Poulin M, Barfod K, Mortensen S, et al. 2007. Relationship of trade patterns of the Danish swine industry animal movement network to potential disease spread ［J］. Preventive veterinary medicine, 80（2 – 3）: 143 – 165.

Bigras – Poulin M, Thompson RA, Chriel M, et al. 2006. Network analysis of Danish cattle industry trade patterns as an evaluation of risk potential for disease spread ［J］. Preventive Veterinary Medicine, 76: 11 – 39.

Bigras – Poulin M, Thompson RA, Chriel M, et al. 2006. Network analysis of Danish cattle industry trade patterns as an evaluation of risk potential for disease spread ［J］. Preventive veterinary medicine, 76: 11 – 39.

Carrington PJ, Scott J, Wasserman S. 2005. Models and Methods in Social Network Analysis [M]. Cambridge: Cambridge University Press.

Chen D, Lü L, Shang M S, et al. 2012. Identifying influential nodes in complex networks [J]. Physica A, 391 (4): 1775 – 1787.

Christley RM, Pinchbeck GL, Bowers RG, et al. 2005. Infection in social networks: using network analysis to identify high – risk individuals [J]. American Journal of Epidemiology, 162 (10): 1024-1031.

Christley RM, Pinchbeck GL, Bowers RG, et al. 2005. Infection in social networks: using network analysis to identify high – risk individuals [J]. American Journal of Epidemiology, 162 (10): 1024 – 1031.

Christley RM, Robinson SE, Lysons R, et al. 2005. Network analysis of cattle movement in Great Britain [M]. Scotland: Society for Veterinary Epidemiology and Preventive Medicine, 234 – 244.

Cook VJ, Sun SJ, Tapia J, et al. 2007. Transmission network analysis in tuberculosis contact investigations [J]. Infectious Disease, 196 (10): 1517 – 1527.

Corner LAL, Pfeiffer DU, Morris RS. 2003. Social – network analysis of Mycobacterium bovis transmission among captive brushtail possums (Trichosurus vulpecula) [J]. Preventive veterinary medicine, 59 (3): 147 – 167.

De Rubeis E, Wylie J L, Cameron D W, et al. 2007. Combining social network analysis and cluster analysis to identify sexual network types [J]. STD AIDS, 18 (11): 754 – 759.

Dent JE, Kao RR, Kiss IZ, et al. 2008. Contact structures in the poultry industry in Great Britain: Exploring transmission routes for a potential avian influenza virus epidemic [J]. BMC Veterinary Research, 4 (1): 1 – 14.

Dubé C, Ribble C, Kelton D, et al. 2009. A Review of Network Analysis Terminology and its Application to Foot – and – Mouth Disease Modelling and Policy Development [J]. Transboundary and Emerging Diseases, 56 (3): 73 – 85.

Firestone SM, Christley RM, Ward MP, et al. 2012. Adding the spatial dimension to the social network analysis of an epidemic: investigation of the 2007 outbreak of equine influenza in Australia [J]. Preventive Veterinary Medicine, 106 (2): 123 – 135.

Firestone SM, Ward MP, Christley RM, et al. 2011. The importance of location in contact networks: Describing early epidemic spread using spatial social network analysis [J]. Preventive Veterinary Medicine, 102 (3): 185 – 195.

Firestone SM, Ward MP, Christley RM, et al. 2011. The importance of location in contact networks: Describing early epidemic spread using spatial social network analysis [J]. Preventive veterinary medicine, 102 (3): 185 – 195.

Frossling J, Ohlson A, Bjorkman C, et al. 2011. Application of network analysis parameters in risk –

based surveillance – examples based on cattle trade data and bovine infections in Sweden［J］. Preventive Veterinary Medicine, 105（3）：202 – 208.

Green DM, Kiss IZ, Kao RR. 2006. Modelling the initial spread of foot – and – mouth disease through animal movements［J］. Proceedings. Biological sciences/The Royal Society, 273（1602）：2727 – 2735.

Hou B, Yao Y, Liao D. 2012. Identifying all – around nodes for spreading dynamics in complex networks［J］. Physica A, 391（15）：4012 – 4013.

Kabakchieva ES, Vassileva J A, Kelly Y A, et al. 2006. HIV risk behavior patterns, predictors, and sexually transmitted disease prevalence in the social networks of young Roma（Gypsy）men in Sofia, Bulgaria［J］. Sexually Transmitted Disease, 33（8）：485 – 490.

Kao RR, Danon L, Green DM, et al. 2006. Demographic structure and pathogen dynamics on the network of livestock movements in Great Britain［J］. Proceedings. Biological sciences ／ The Royal Society, 273（1597）：1999 – 2007. Kao RR, Danon L, Green DM, Kiss IZ. 2006. Demographic structure and pathogen dynamics on the network of livestock movements in Great Britain［J］. Proceedings. Biological sciences ／ The Royal Society, 273（1597）：1999 – 2007.

Keeling MJ, Eames KTD. 2005. Networks and epidemic models［J］. Journal of the Royal Society Interface, 2（4）：295 – 307.

Kelly JA, Amirkhanian YA, Kabakchieva E, et al. 2006. Prevention of HIV and sexually transmitted diseases in high risk social networks of young Roma（Gypsy）men in Bulgaria：randomized controlled trial［J］. British Medical Journal, 333（7578）：1098.

Kenah E, Robins J M. 2007. Network – based analysis of stochastic SIR epidemic models with random and proportionate mixing［J］. Journal of theoretical biology, 249（4）：706 – 722.

Kenah E, Robins JM. 2007. Network – based analysis of stochastic SIR epidemic models with random and proportionate mixing［J］. Theoretical Biology, 249（4）：706 – 722.

Kiss IZ, Green DM, Kao RR. 2006. Infectious disease control using contact tracing in random and scale – free networks［J］. Journal of the Royal Society Interface, 3（6）：55 – 62.

Kiss LZ, Green DM, Kao RR. 2006. The network of sheep movements within Great Britain：network properties and their implications for infectious disease spread［J］. Journal of The Royal Society Interface, 3（10）：669 – 677.

Kitsak M, Gallos L K, Havlin S, et al. 2010. Identification of influential spreaders in complex networks［J］. Nature Physics, 6：886 – 893.

Lurette A, Belloc C, Keeling M. 2011. Contact structure and Salmonella control in the network of pig movements in France［J］. Preventive Veterinary Medicine, 102（1）：30 – 40.

Mader N, Kalisky T, Cohen R, et al. 2004. Immunization and epidemic dynamics in complex networks [J]. European Physical Journal B, 38 (2): 269 – 276.

Martin V, Zhou XY, Marshall E, et al. 2011. Risk – based surveillance for avian influenza control along poultry market chains in South China: The value of social network analysis [J]. Preventive Veterinary Medicine, 102 (3): 196 – 205.

Martínez – López B, Perez A M, Sánchez – Vizcaíno JM. 2009. Combined application of social network and cluster detection analyses for temporal – spatial characterization of animal movements in Salamanca, Spain [J]. Preventive veterinary medicine, 91 (1): 27 – 38.

Martínez – López B, Perez AM, Sánchez – Vizcaíno JM. 2009. Combined application of social network and cluster detection analyses for temporal – spatial characterization of animal movements in Salamanca, Spain [J]. Preventive veterinary medicine, 91 (1): 29 – 38.

Martínez – López B, Perez AM, Sánchez – Vizcaíno JM. 2009. Combined application of social network and cluster detection analyses for temporal – spatial characterization of animal movements in Salamanca, Spain [J]. Preventive Veterinary Medicine, 91 (1): 29 – 38.

Natale F, Giovannini A, Savini L, et al. 2009. Network analysis of Italian cattle trade patterns and evaluation of risks for potential disease spread [J]. Preventive Veterinary Medicine, 92 (4): 341 – 350.

Natale F, Giovannini A, Savini L, et al. 2009. Network analysis of Italian cattle trade patterns and evaluation of risks for potential disease spread [J]. Preventive veterinary medicine, 92 (4): 341 – 350.

Nöremark M, Håkansson N, Lewerin SS, et al. 2011. Network analysis of cattle and pig movements in Sweden: measures relevant for disease control and risk based surveillance [J]. Preventive veterinary medicine, 99 (2 – 4): 78 – 90.

Nöremark M, Håkansson N, Lewerin SS, et al. 2011. Network analysis of cattle and pig movements in Sweden: measures relevant for disease control and risk based surveillance [J]. Preventive Veterinary Medicine, 99 (2 – 4): 78 – 90.

Ortiz – Pelaez A, Pfeiffer DU, Soares – Magalhães RJ, et al. 2006. Use of social network analysis to characterize the pattern of animal movements in the initial phases of the 2001 foot and mouth disease (FMD) epidemic in the UK [J]. Preventive veterinary medicine, 76 (1 – 2): 40 – 55.

O' Malley AJ, Marsden PV. 2008. The analysis of social networks [J]. Health Services and Outcomes Research Methodology, 8 (4): 222 – 269.

Paster – Satorras R, Vespignani A. Immunization of complex networks [J]. 2002. Physics Review E, 65 (3): 036104. 1 – 036104. 8.

Porphyre T, Mckenzie J, Stevenson MA. 2011. Contact patterns as a risk factor for bovine tuberculosis infection in a free – living adult brushtail possum Trichosurus vulpecula population [J]. Preventive Veterinary Medicine, 100 (3 – 4): 221 – 230.

Rautureau S, Dufour B, Durand B. 2011. Vulnerability of Animal Trade Networks to The Spread of

Infectious Diseases: A Methodological Approach Applied to Evaluation and Emergency Control Strategies in Cattle, France, 2005 [J]. Transboundary and Emerging Diseases, 58 (2): 110 – 120.

Rautureau S, Dufour B, Durand B. 2011. Vulnerability of Animal Trade Networks to The Spread of Infectious Diseases: A Methodological Approach Applied to Evaluation and Emergency Control Strategies in Cattle, France, 2005 [J]. Transboundary and emerging diseases, 58 (2): 18 – 120.

RM Christley, NP French. 2003. Small – world topology of UK racing: the potential for rapid spread of infectious agents [J]. Equine Veterinary Journal, 35 (6): 586 – 589.

Robinson SE, Christley RM. 2007. Exploring the role of auction markets in cattle movements within Great Britain [J]. Preventive Veterinary Medicine, 81 (1 – 3): 21 – 37.

Saramaki J, Kaski K. 2005. Modelling development of epidemics with dynamic small – world networks [J]. Theoretical Biology, 234 (3): 413 – 421.

Saramäki J, Kaski K. 2005. Modelling development of epidemics with dynamic small – world networks [J]. Journal of Theoretical Biology, 234 (3): 413 – 421.

Smith RP, Cook AJC, Christley RM. 2012. Descriptive of social network analysis of pig transport data recorded by quality assured pig farms in the UK [J]. Preventive Veterinary Medicine, 108 (2 – 3): 167 – 177.

Tao Z, Zhongqian F, Binghong W. 2006. Epidemic dynamics on complex networks [J]. Progress in Natural Science, 16 (5): 452 – 457.

Tildesley MJ, Smith G, Keeling MJ. 2012. Modeling the spread and control of foot – and – mouth disease in Pennsylvania following its discovery and options for control [J]. Preventive veterinary medicine, 104 (3 – 4): 224 – 239.

Turner J, Bowers R G, Clancy D, et al. 2008. A network model of E. coli O157 transmission within a typical UK dairy herd: the effect of heterogeneity and clustering on the prevalence of infection [J]. Journal of Theoretical Biology, 254 (1): 45 – 54.

Watts DJ, Strogatz SH. 1988. Collective dynamics of 'small – world' networks [J]. Nature, 393: 440 – 442.

Zhou TF, Zhong Q, Wang BH. 2006. Epidemic dynamics on complex networks [J]. Progress in Natural Science, 16 (5): 452 – 457.

第十章

# 风险损失经济学评估

风险是风险事件发生的可能性和风险主体遭受可能损失的大小。动物疫病风险一旦转化成危害，会使养殖业及其相关产业遭受巨大经济损失。探讨动物疫病暴发的风险损失，并运用相应的经济学理论和方法对其进行评估，对于把握风险的大小具有重要意义。由于风险是还没发生的、但有可能发生的危害，所以风险损失评估不是一种已经发生的损失评估，而是潜在损失的评估。风险损失经济学评估实际是假设风险已经转化为危害的情况下，依据经验、逻辑推理或者是有关理论对各种可能发生的损失进行评估，因此风险损失经济学评估有其特殊性。

## 第一节　风险损失概念与分类

### 一、风险损失概念

风险损失是用货币来衡量的、由于一个或多个意外事件一旦发生所导致的社会、相关产业和相关企业内外部产生的多种损失的总和。在不同学科中，风险损失的概念也有相应的差异。在风险管理中，风险损失是指非故意的、非预期的、非计划的经济价值的减少，即经济损失，一般以丧失所有权、预期利益、支出费用和承担责任等形式表现。风险管理中的损失通常分为实质损失、额外费用损失、收入损失和责任损失四类。在保险实务中，通常将损失分为直接损失和间接损失两种形态。直接损失是指由风险事故直接造成的物质形态的破坏，如畜禽死亡、扑杀、畜禽产品价格下降，以及房屋建筑、公共设施及设备的破坏等财产本身损失和人身伤害，这类损失又可称为实质损失。间接损失则是指由危害引发或带来的、除了直接损失以外的其他有形和无形损失，包括额外费用损失、收入损失和责任损失等。一般情况下，间接损失可能要超过直接损失。

动物疫病暴发的风险损失，则是指由于某种动物疫病暴发、传播等可能造成的生产、销售等方面的直接和间接风险损失总和。运用相应的经济学评估方法，对动物疫病暴发所造成的各种风险损失进行评估并对其进行管理，能够为决策者制定相应的应对策略、法律、法规和条款等提供科学依据。

风险损失评估中，第一项工作就是对风险损失进行较为明确的定义。动物疫病暴发的风险损失由于评估范围和对象的不同，其含义也有较大的差距，主要从以下几个角度对已有的损失评估概念进行划分。

（1）宏观损失评估和微观损失评估。宏观损失评估就是从宏观角度对动物疫病暴发进行的风险损失评估，所研究的范围是宏观区域；微观损失评估则是从微观角度进行的风险损失评估，它针对某一种动物疫病在特定范围造成的损失进行评估。

（2）直接损失评估和间接损失评估。直接损失评估，也就是疫病暴发给经济社会发展所带来的各种物质形态的破坏，包括农户经济损失、疫病防控投入成本、饲料投入、市场价值损失、人身伤害等；间接损失评估，指的是动物疫病暴发会给社会就业、公共安全、居民消费等带来不利影响，这些负面影响就是疫病导致的间接损失，需要在研究中用相应的替代指标进行衡量。

（3）动态损失评估和静态损失评估。动态损失评估是指有传导机制、能够产生连锁反应并造成滞后损失的动态评估；静态损失评估则是指疫病暴发在某一时点、某一空间内所造成的各种损失。

（4）定性损失评估和定量损失评估。定性损失评估是从疫病暴发可能造成的各种影响入手，进行定性分析；定量损失评估也就是从定量角度设置统计指标，然后运用数学模型进行定量分析，估计出疫病暴发可能导致的损失值。

（5）广义损失评估和狭义损失评估。这是两个比较宽泛的概念，广义损失评估可能包括上述宏观的、动态的损失，而狭义损失评估则是针对微观、静态角度的损失。

## 二、风险损失分类

目前，国内学者分别从多种角度对动物疫病暴发所造成的经济损失进行了大量的研究，动物疫病暴发风险损失的经济学评估可以按照研究对象、动物疫病暴发的影响和损失是否具有市场价值进行归类。

1. 按照研究对象分类。动物疫病损失可以从研究对象分类。

（1）从农户角度分类。主要从直接损失和间接损失方面分析疫病暴发给农户带来的经济损失。其中，直接损失包括动物死亡损失、强制扑杀损失、动物产品损失（注射疫苗导致减少的产品量、疫情发生导致产品价格下降的损失）、免疫费用、设施损毁费用、处理费（包括运输费、屠宰费、销毁费、动物粪便处理费、运输工具和场地消毒费等）、疫后饲料销毁、其他损失，间接损失包括副产品损失、人工机会成本、饲料成本、药物浪费、其他机会成本。

（2）从政府角度分类。主要分析动物疫病暴发时，政府在疫病控制、全面管理中所担负的责任和投入的成本。具体包括强制免疫成本（免疫数、每头份疫苗的价格、疫苗成本费、疫苗保存和运输费、免疫注射和耗材费、疫苗有效率）、消毒（药品、消毒面积、消毒设备的成本费、环境消毒费用、消毒运输工具费用、人工费）、疫区封锁（应急物资储备、人工费、检测费、封锁持续天数、平均每天封锁费用）、扑杀（发病群数、发病数、死亡数、扑杀数、扑杀补偿标准、饲养密度、无害化处理费用）、人员感染医疗和误工费，以及专项防控基金、生活以及恢复生产的援助、技术指导投入、动物防疫的基础设施建设投入、疫病监测投入等。

（3）从市场角度分类。从市场角度对动物疫病暴发的经济损失进行评估，主要是指动物疫病暴发对畜禽产品生产加工企业、市场消费等带来的影响。所使用的直接指标主要包括畜禽产品加工企业的成本、畜产品的出口价格和出口量、畜禽产品加工业的就业率、从业人员的收入损失等，间接指标则包括城镇消费量、农村消费量等。

2. 按照动物疫病暴发的影响分类。主要从经济影响、社会影响、环境影响三个角度进行分析。

（1）动物疫病暴发对经济的影响。主要分析动物疫病暴发带来的各种产业经济损失。在对产业的影响方面，首先分析对畜牧产业的直接影响，动物疫病暴发导致畜禽产品价格下降、养殖成本增加、饲养规模下降（此外，分析扑杀导致的经济损失、出口受阻、消费减少、流通受阻、产品质量下降），其次分析对相关产业的间接影响，主要是旅游业、餐饮业、宾馆业、运输业、服务业从业人员数量的减少、综合服务业累计收入额的变化、商品零售额的变化等。

（2）动物疫病暴发对社会的影响。主要分析动物疫病暴发导致的公共卫生安全问题、农村剩余劳动力增多、政府对农业动物疫情的转移支付大幅增加、消费者消费心理的变化。

（3）动物疫病暴发对环境的影响。主要分析动物疫病暴发对生物安全性、地表水质量环境、废弃物的处理和环境的影响以及对野生动物保护、人类健康等方面产生的影响。

3. 按照是否具有市场价值分类。按照是否具有市场价值分类要从三种价值角度进行分类：

（1）市场价值。主要从国内消费量变化、产品出口量变化的角度来衡量市场价值的变化。

（2）收益价值，主要从畜产品价格变化来进行分析。

（3）成本损失，分析方法是用动物疫病暴发后相比疫病暴发之前成本的增加来分析成本的变化，得出成本损失值。

## 第二节　文献综述

## 一、发展历史

我国是世界上驯养动物最早的国家之一，也是最早认识到对畜禽疫病防疫检疫重要性的国家。但是直到新中国成立之前，全国的动物疫病防疫检疫工作并没有在总体上形成系统机构和体系。新中国成立以来，尤其是改革开放30多年来，我国畜牧业快速发展和生产方式不断转变，在保障畜禽产品有效供给和促进农民增收方面发挥了至关重要的作用。但是伴随而来的是动物疫病风险问题的日益突出，成为我国畜牧业发展的关键制约因素，对公共卫生安全和公众健康存在着较大威胁。

党和政府十分重视动物疫病防检的法制建设，陆续颁布了一系列专门的法律法规。1959年农业部、卫生部、对外贸易部、商业部联合颁发了《肉品卫生检验试行规程》，1985年国务院颁发了《家畜家禽防疫条例》，1987年国务院发布《兽药管理条例》，1991年全国人大通过了《中华人民共和国进出境动物植物检疫法》，1997年全国人大通过《中华人民共和国动物防疫法》，2004年国务院重新颁布修订后的《兽药管理条例》，2007年8月30日《中华人民共和国动物防疫法》由中华人民共和国第十届全国人民代表大会常务委员会第二十九次会议修订通过。这些法律法规的颁布实施，使得重大动物疫病的防、检、治工作逐步走上有法可依和以法治疫的轨道。

同时，党和政府也注重动物疫病防治的计划性、前瞻性和预防性。2012年国务院又颁布了《国家动物疫病中长期防治规划（2012—2020年）》，对16种重要动物疫病、13种重点防范的外来动物疫病的防治工作提出中长期防治要求。各省份根据国家计划的要求，制定了地方性中长期动物疫病防治规划。

此外，随着国际贸易的发展和贸易自由化程度的提高，各国实行的动物检疫制度对贸易的影响越来越大。某些国家，尤其是一些发达国家，为了保护本国农畜产品市场，利用非关税壁垒措施阻止国外农畜产品进入本国市场，其中动植物检疫就是一种隐蔽性很强的技术壁垒措施。由此而来的一系列问题引起了关贸总协定的关注，并成为乌拉圭回合谈判中的一个重要议题，WTO最终制订了《卫生和植物卫生措施协议》（简称SPS协议）。SPS协议是规范农产品国际贸易的国际准则，该协议和其他协议以及

1994年修订的《关税与贸易总协定》共同构建了世界贸易组织行为准则。自从SPS协议签订后，风险分析已经成为WTO各成员国动物卫生管理领域的重要决策依据。2007年5月，OIE恢复了我国作为主权国家在该组织的合法地位。同年11月，农业部在北京召开了全国动物卫生风险评估专家委员会成立大会，这标志着我国动物卫生风险评估工作全面启动。2009年12月，海南省无口蹄疫区通过专家的现场评估，成为我国动物卫生管理工作逐步实现由"被动防疫"向实施以风险管理为标志的"主动防疫"转变的里程碑。

伴随着动物疫病防治法律法规的逐步完善，相关的动物疫病防治工作也得到了积极开展，许多重大动物疫病得到了有效控制。同时，许多学者也对动物疫病及其防控措施的选择进行了系列研究，为动物疫病防治政策的制定提供了参考。但是在已有的研究中，有关动物疫病暴发的风险损失评估的研究成果并不多。

## 二、现状

改革开放以来，我国畜牧业得到了快速发展，对于保障城乡食品价格稳定、促进农民增收发挥了至关重要的作用。许多地方畜牧业已经成为农村经济的支柱产业，成为增加农民收入的主要来源。然而，在畜牧业发展过程中，动物疫病暴发的风险及其所造成的损失日益严重，《全国动物防疫体系建设规划》（2004—2008）指出，据专家估计，每年动物疫病使畜牧业遭受的直接经济损失近1 000亿元，仅动物发病死亡造成的直接损失就将近400亿元，相当于养殖业总产值增量的60%左右，成为制约我国畜牧业发展的关键因素。在动物疫病的风险分析中，经济、社会、生物因素是重要影响因素，其中经济因素是一个关键因素。对动物疫病暴发的风险损失进行相应的经济学评估，能提供防治政策制定的技术支撑，最大程度地降低疫病对畜牧业和社会经济发展的影响。

国内外许多学者对动物疫病暴发后的经济损失评估技术进行了研究。Nielsen等（1993）在分析西班牙1992—2011年非洲猪瘟根除计划的收益时，借鉴了Bennet（1991）建立的时间序列模型，同时参考了1960—1963年西班牙第一次暴发非洲猪瘟流行时的数据，从而计算出如果不实施该计划，西班牙每年感染非洲猪瘟的猪的数量会增加20% ～33%的结论；Berentsen（1992）在分析荷兰的口蹄疫的收益时，引入感染及密切接触比例指标；Buijtels（1997）则将未被感染疫病动物感染的概率表述为由于接触带毒畜（禽）、空气传播、运输工具和人员传播以及因其他原因感染的总和；Otte（2000）将动物疫病暴发对经济的影响划分为直接影响和间接影响。直接影响主要包括动物繁殖性能下降（幼畜死亡率上升）、资源要素的使用效率降低和畜产品的质量和数量变化等方面，间接影响则主要包括防疫措施的成本上升和人畜共患病对人类健康的损害；Landman等（2004）分析荷兰暴发的高致病性禽流感（HPAI）疫情给该国带来了2.7亿欧元的直接损失，以及超过7.5亿欧元的间接损失，其他影响还包括疫病暴发后的动物福利损益及防控开支，以及对农场主和饲养户的心理影响。Thompson等（2002）对2001年英国暴发口蹄疫进行了经济评估，发现疫情对畜牧业产生的直接损失和给英国旅游业造成的间接损失均接近60亿美元；Meuwissen（1999）对1995—1998年荷兰暴发的猪瘟（CSF）的经济损失总额为23亿美元，其中农户和相关产业的间接损失分别为4.23亿美元和5.96亿美元；Brahmbhatt（1998）的研究表明，当动物疫病暴发后，为防止疫情扩散和传播，采取的管制措施会使旅游、宾馆、餐饮、交通运输等上下游产业遭受程度不同的经济损失。

## 三、发展方向

我国现有关于动物疫病风险分析技术的研究，总的来说可以从自然科学和社会科学两个方面进行。自然科学领域的研究重点在动物疫病的致病机理、疫情传播途径、流行特点、疫苗防治等方面，社会科学领域的研究重点主要集中从某一角度对疫情风险的经济评估、防控机制的建立、疫情对全球或者区域宏观经济的影响、在人禽之间传播的社会性风险以及对政府补偿标准的探讨等方面。但是总体来看，在动物疫病风险损失的经济学评估方面，已有的成果还较少，且主要集中在对养殖户、企业等微观主体的直接经济损失评估方面，许多研究在风险损失评估的范围界定、评估指标体系的设定以及评价方法上还存在进一步完善的空间。

### （一）评估方法

学科之间的交叉发展逐渐形成了一批交叉学科。20世纪下半叶，交叉学科研究解决了许多科学前沿中无法突破的问题，随着交叉学科研究的兴起和流行，它所产生的理论影响和实践作用也越来越突出。所谓交叉学科研究，也就是指学科间方法、理论等的相互渗透，即学科中不再是单纯的某一学科知识，学科发展也不再局限于单纯的某一领域的研究。交叉学科研究特别是学科之间相关理论与方法的相互借鉴，是转变学术发展方向、提高学术水平的很好手段，也是拓宽学科研究思路的一种重要途径。

动物疫病暴发的风险损失评估研究涉及兽医学、经济学、信息学等多学科的知识，属于交叉学科的研究范畴。因此，在疫病暴发的风险损失评估中，就要运用多学科的分析方法和理论对其进行较为全面的分析，而经济学评估作为其中的一个重要组成部分，通过分析疫病暴发可能造成的各方面经济损失，对政府提供补偿、制定相应的应对策略具有重要的作用，也是在今后研究中需要重点考虑的内容。

### （二）评价指标体系

在经济社会领域问题的研究中，在对研究对象进行评估时，通常需要设定相应的评价指标体系，依据经济分析方法对研究对象进行相应的评价。评价指标体系是由表现评价对象各方面特性及其相互联系的多个指标构成的，是具有内在结构的有机整体。在指标体系的设计过程中，为了使其更好地反映评价对象的特点，使之更加科学化规范化，就要遵循科学性、实用性的总指导原则，同时要遵循系统性、典型性、动态性和可操作性等原则，使得指标体系的设计能够较好地满足对研究对象进行评价的需要。

在已有的研究中，许多学者分别从不同的研究角度出发，如从微观角度的养殖户、规模化养殖企业到宏观角度的区域化经济发展等，设定不同的指标体系，对某种动物疫病暴发所造成的损失进行相应评估，这些指标体系都在一定程度上反映了疫病暴发可能会给社会、经济等带来的不同影响。在经济学评估中，成本收益分析及其指标体系最为常用，被许多国家和OIE、FAO、WHO等国际组织广泛采用。但是已有研究有一个共同缺点，就是研究者大多是从自身理解和知识层次出发构建不同的评价指标体系，并未形成公认的科学评价指标体系。在动物疫病的风险损失评估研究中，对风险损失没有相应的明确定义，所设定的指标体系往往反映的是疫病暴发所造成的损失的一个或某几个方面。因此，在今后的研究中，对动物疫病暴发的风险损失进行评估的指标体系的健全和完善，是一个重要的研究内容。

### （三）研究范围

现有的动物疫病风险损失评估的研究范围大多集中在一个国家或地区内部，对于动物疫病暴发可能给周边国家带来的影响、以及疫病在地区之间的跨区域传播与影响等方面，相应的研究成果则较少。这种国家和地区之间的影响分析需要各个国家和地区之间的合作。2004年亚洲禽流感疫情的暴发给各国动物卫生领域的合作提供了机会，但是合作的内容主要集中在流行病学和免疫学方面，在动物疫病的经济学影响及风险损失评估方面合作非常有限。因此，要解决跨区域动物疫病的风险评估及制定相应的防控策略，需要各国之间在动物卫生、疫病风险损失的经济学评估等方面开展广泛的合作，通过借鉴不同国家在疫病研究成果和防控方面的实践经验来保护全人类的共同利益。

## 第三节　评估目的、 意义和原则

## 一、目的

　　动物疫病暴发风险损失经济学评估是运用经济学的理论、分析方法和相应的评估模型，对动物疫病暴发使区域经济发展所遭受的各项损失进行界定、分析和评估。动物疫病暴发经济学评估技术研究主要进行方法学探索，旨在筛选、创立适合动物疫病风险损失评估的技术方法体系，并以此为基础构建较为完善的评估指标体系。在此基础上，进行实证研究，进一步通过时间调整和完善理论体系和方法体系。实证分析中，通过对各种风险损失的经济学评估，相对科学地预测政府的防控投入，并对风险防控策略的成本和效益进行评估。这些结果能够对政府制定动物疫病防治政策提供技术支撑。

　　动物疫病经济学评估运用宏观、微观分析相结合的方法、选择特定区域，将标准单位疫病损失评估方法、福利经济学评估方法、成本收益分析法三种理论与方法相互融合、相互借鉴，对特定区域动物疫病所导致的各项损失进行分析，并根据设计的评估模型进行损失测算。在评估的过程中，为了较为全面地反映动物疫病给经济社会发展所带来的影响，需要全面获取数据和相关各项研究指标进行方法学的讨论、说明和验证，在具体评估的过程中，这些指标可以根据地区实际进行相应的调整和完善。其中，标准单位疫病损失是我们根据实际工作需要提出来的新的评估方法，这种方法可以将不同地域、不同病种和不同社会背景下的动物疫病经济损失进行对比分析，能够快速对动物疫病暴发造成的经济损失进行评估，实现了动物疫病防治政策制定的时效性，更加具有实用价值。

## 二、意义

　　对动物疫病暴发的风险损失进行经济学评估，建立相应评估模型具有重要的理论意义和实践意义。对疫病暴发的风险损失进行经济学评估，一是能够实现防疫资金的优化利用。政府及其相关机构实施动物疫病防治需要投入大量资金，这些资金如何分配、怎么利用都需要进行合理的优化。经济学评估能够对检疫、免疫、消毒、调运限制和风险交流等各个方面进行成本和实施效果的科学评估，对行业发展、环境损失和破坏等进行分析，使得政府投入的有限防疫资金能够得到充分合理的利用。二是能够在一定程度上为社会公共安全提供保障。动物疫病暴发，尤其是一些重大动物疫病的影响往往具有很强的外延性和不确定性，如果不能进行及时有效的防治，很可能会引发严重的公共安全事件，扰乱正常的社会生活秩序，并可能产生严重的社会和政治问题，影响国民经济的持续健康发展。对这些疫病暴发的直接和间接风险损失进行评估和预测，了解疫病给社会公共安全造成的各方面威胁，有利于制定公共卫生防控政策，并间接地维护着社会稳定。三是能够在一定程度上丰富动物疫病的研究内容。现有关于动物疫病的理论研究文献中，自然科学领域的研究重点在于探讨其发病原因、传播途径、病原特征以及流行特点等，社会科学的研究重点则是探讨动物疫病暴发对全球或者区域宏观经济的影响、传播风险性、防控机制的建立以及对补偿标准的探讨等，但是在经济损失方面的系统研究成果还较少。研究运用相应的经济学理论和方法对疫病暴发的风险损失进行评估，能够在一定程度上对已有的研究内容进行相应的补充。四是能够为防控规划的制定和实施提供依据。对疫病暴发所导致的各类风险经济损失进行测算和预测，了解区域内动物疫病的暴发和传播对区域疫病防控造成的影响以及带来的损失，并根据这种损失制定相应的疫病防控规划，使疫病防控规划较好地适应地区疫病防控的需求。五是能够为免疫、扑杀补偿、防控知识宣传和调运限制政策和措施的制定提供成本和效果的参考。通过对经济主体所遭受的经济损失、社会福利损失等进行评估，了解疫病暴发可能给经济主体所带来的损失范围，能够在一定程度上为政府制定科学合理的补偿政策、确定补偿标准等相关政策制定提供参考，这也是提高经济主体疫病防控积极性的重要前提条件。

## 三、原则

在进行动物疫病风险损失的评估中，需要遵循客观性、系统性、现实性和前瞻性等原则。

1. 客观性原则。在动物疫病的风险损失评估中，要尊重客观规律，避免主观性和片面性，通过深入调查获得较为可靠的信息资料，为进行客观评估提供比较科学的资料支撑。

2. 系统性原则。风险损失的大系统是由经济损失、社会损失、环境损失等子系统构成，其中每一个子系统又都是由相互关联、相互制约的内部要素构成的有机整体。因此，在进行评估时，既要注重每个环节的科学严谨性，又要重视整体与各部分之间的关联性。

3. 定性与定量分析相结合原则。要按照定性分析与定量分析相结合的原则进行经济损失评估。在对风险损失进行定性分析的同时，运用相应的经济学模型进行定量系统分析，并将定性分析与定量分析的结果同时纳入到总体评估中。

4. 现实性与前瞻性相结合。风险损失评估既要依据现有的数据资料、现实客观要求和科学技术水平，尽量做到概念规范、资料完备、计算准确、操作方便，又要具有战略眼光，将现实与长远、局部与整体相结合，使得风险损失评估的全套方法可以在一定时期沿用下去，保持分析方法的稳定性。

## 第四节　评估方法与影响因素分析

### 一、评估方法

动物疫病暴发经济损失评估的方法很多，常用的方法包括成本收益分析法、福利经济测算法等。所要评估的影响因素包括经济损失、社会损失、环境损失。在这些损失的测算中，分别涉及政府、畜禽生产者、消费者、人畜共患病患者以及相关产业链等经济主体损失。通过对上述风险主体进行直接损失、间接损失等评估，可以估算地区的综合损失。

### 二、评估范畴

评估的范畴分为经济损失、公共卫生损失、社会损失、环境损失等方面，这些损失分别涉及经济社会发展不同行业领域的研究内容，评估的内容涉及直接经济损失、间接经济损失等方面。

#### （一）经济损失评估

动物疫病暴发给经济社会领域不同的经济主体带来许多直接和间接经济损失，其中直接损失是疫病暴发直接造成的物质形态破坏和收入减少，间接经济损失则是从疫病暴发直到生产恢复之前相关领域的社会生产下降、收入减少、支出增加等，这些损失包含多方面的内容。针对政府、羊生产者、消费者、布病患者等不同的经济主体，其经济损失评估的内容大致可以包括生产者损失、政府损失、消费者损失和产业损失等方面。详见表10－1。

表10-1    经济损失的分类和主要评价指标

| 分类 | 直接经济指标 | 间接经济指标 |
|------|------|------|
| 生产者损失 | 畜禽价值损失(扑杀畜禽数量、病死畜禽的疫苗投入量、畜禽感染疫病死亡损失、强制扑杀损失)、因疫病暴发而废弃的机械设备、养殖工具损失、饲料损失等、疫病暴发前后产品的市场价格、预计出栏数及出栏时期、病死畜禽的疫苗投入量 | 生产者预期收益损失、人感染疫病的各种医疗费用和非医疗费用、本该用于生产性投资而用于疫病防控的资金 |
| 政府损失 | 检疫费用、免疫费用、扑杀处理及补偿费用、消毒费用、流通监管费用、宣传费用 | 政府资金的机会损失、税收损失 |
| 消费者损失 | 疫病结束后,畜禽产品均价、畜禽产品的消费,以及遭受到的健康损失、人身伤害等 | 生活质量和舒适度的影响等 |
| 产业损失 | 产品的市场价格、受损企业个数、停减产时间、产出减少的数量、原料价格的变动额、出口减少量、外商投资变动额等 | 疫区前后向关联产业、临近地区关联产业损失 |

### (二)社会损失评估

　　国内外重大动物疫病暴发和流行的经验证明,重大动物疫病不仅会造成畜禽死亡和畜产品损失,影响畜牧业发展和流通贸易,造成相应的交通损失,其影响还具有很大的外延性和不确定性,会给人们的身心健康、公共卫生安全等带来很大的威胁,一旦处理不当,很可能会引发较大的公共卫生安全事件。对动物疫病暴发的社会损失进行评估,制定相应的应对策略,是保证公共卫生安全、维护社会稳定的重要内容。

　　公共卫生损失评估主要是评估人类由于感染动物疫病等所造成的健康和生命损失、医疗损失、误工损失等个体的直接和间接经济损失等。人感染疫病需要进行及时的治疗和抢救,需要运用流行病学方法等确定发病人数、死亡人数和隔离人数等,并对因病致残和死亡所导致的人力资本的潜在损失进行评估;经济损失包括医疗救助费用、疫病防控费用,以及个人因就医等造成的医疗费用(包括药物费、门诊费、住院费、监测诊断费等)、误工费用(即疫病暴发阶段因误工造成的收入损失、因寿命低于预期值造成的损失、陪护人员的误工费等)和所承担的交通、住宿等费用。

　　此外,动物疫病的暴发和传播会影响正常的社会生产,使畜禽产品的流通受限,在一定程度上减少市场上特定产品的供给,如果不能及时处理和正确引导,极有可能会引发市场上为了获取暴利而哄抬物价等情况的发生,极大地扰乱市场秩序;在疫病防治和防控的过程中,政府会注入大量的资金,不同利益相关者会由于自身需求的不同导致利益分配的矛盾，违背国家财经管理制度、挪用特定款物等职务犯罪就有可能会出现；同时，动物疫病的暴发有可能会引起人们的恐慌情绪，疫病谣言的散播有可能会降低人们对政府、市场经济的信任，扰乱社会秩序等。这些社会问题的解决需要投入巨大的成本。

因此，在动物疫病发生后，通过对市场上畜禽产品的运输群体（包括个人、企业等）由于市场需求减少所导致的收入减少和运输损失等进行调查，对感染动物疫病的患者所花费的医疗费（通过医疗卫生机构的记录获得信息）、生活成本以及误工费、相关人员的陪护费、误工费等进行调查，获得社会损失的相关指标数据，对社会损失进行评估。这些指标可能只是社会损失的一部分内容，一些社会发展指标如贫困发生率、较短时期内贫困率下降的幅度和速度、劳动人口失业率、失业持续的时间、人们对政府作为的满意度等都可以作为评估社会损失的指标。

### （三）生态环境损失评估

对生态环境损失进行评估，也就是对由于动物疫病病原扩散、废弃物污染等给环境系统带来的破坏和不利影响进行货币估值。动物疫病的暴发导致畜禽感染疫病死亡，如果得不到及时有效的处置或者处置不当，极易造成病原的扩散，进而污染环境。特别是一些小规模的饲养场和饲养户，由于缺乏配套的病死动物无害化处理设施，加之饲养人员防疫意识淡薄，经常将死亡动物乱扔到河道、马路边等地，不但严重污染环境，还会扰乱社会安定。因此，有必要对生态环境损失进行评估，以分析当前动物疫病的环境影响，提出努力的方向。

## 三、考量因素分析

1. 收入水平。养殖户、生产企业、交通运输业等的收入水平，直接影响着经济社会的总体发展状况。动物疫病的暴发会从微观的角度给这些主体带来不利影响，造成各种直接、间接经济损失，对于这些由于动物疫病构成风险损失的主体，需要采取相应的方法进行评估。

2. 产量和销量。动物疫病暴发前后，养殖户家庭养殖的畜禽出栏量、畜禽产品生产企业及前后向的生产关联企业的产品销量、产品的市场价格等，是评估其经济损失的很重要的依据。

3. 价格水平。市场上畜禽产品及其他产品的供给变动会影响其价格变动，进而影响到消费者的消费选择和社会福利，在此基础上评估政府应补偿的数量，能够为政府制定相应决策提供参考。

4. 社会效益。政府实施防控策略的相关效益、进行环境治理可能获得的效益等评估，能够为政府的防控措施实施、社会治理投资决策提供参考，同时社会效益有许多潜在的影响，对其进行评估具有一定的现实价值。

## 第五节 标准单位疫病损失评估方法及模型

　　动物疫病暴发具有干预性和社会反应性的特点。动物疫病一旦暴发，相关机构、组织和业主会立即采取相关措施。此时，技术措施评估的时效性显得尤为重要，评估技术的简便性、实用性是衡量评估技术优劣的重要指标，因此，提出了标准单位疫病损失评估方法。标准单位疫病损失评估方法，是在动物疫病暴发的经济损失估计中，选择一个或者若干个具有特定的、有代表性的区域作为研究评估对象，通过设定相应的评价指标，对这些地区因疫病暴发所导致的各种经济损失进行评估，通过反复论证，将这些地区的疫病暴发经济损失作为标准单位，并拟定相应折算方法，以期对其他地区的相关动物疫病暴发经济损失进行快速评估。当需要评估其他地区动物疫病暴发所造成的经济损失时，可以参照标准单位疫病损失快速实施。

　　标准单位疫病损失评估法的特点主要包括：一是具有较好的可操作性和便捷性。这种方法在获取标准单位疫病损失时，已经将大部分计算和评估工作完成。在对其他地区进行评估时，只需要根据模型需求，对有差异的指标进行数据收集，并进行比较和测算，能够快捷、方便地获取相关地区疫病经济损失，因此这种方法具有较好的可操作性；二是具有较好的准确性。以特定地区作为评估标准，根据疫病暴发的级别、地区之间相关指标的比例系数等，能够对区域突发疫病的风险损失进行较为准确的、迅速的估算，为制定应急策略提供技术支持；三是数据获取容易。动物疫病的暴发一般具有突发性、区域性等特点，选择具有代表性的典型地区进行疫病风险损失的评估，且选择地区历年GDP、产业收入、交通收入等作为对比分析的依据，数据比较容易获得，参照标准易于选择，能够为其他地区的疫病损失评估提供较好的参照标准。

## 一、指标的选取

标准单位疫病损失评估法对特定地区动物疫病损失进行评估，损失评估的内容包括直接经济损失和间接经济损失。直接经济损失是指疫病暴发所直接导致的养殖户、规模化养殖场等的物质形态的破坏和收入减少，间接经济损失则是指疫病灾害对社会正常功能的影响和干扰所引起的非实物经济损失，是指除了直接经济损失之外的其他经济损失，也称之为疫病暴发导致的"软损伤"。借鉴日本栗林经济损失评估法的作用机制（1980），将从当地居民生活水平、生产经营状况、交通和动物调运状况以及环境治理等几个方面入手，构建标准单位疫病损失评估法指标体系。

1. 生活水平指标。主要针对区域内的生产主体和居民生活水平收集数据，通过其收入变化反映。

2. 相关畜牧业产业链生产经营状况指标。主要包括畜禽产品生产企业、前后向关联企业的停减产损失等，主要从直接经济损失、间接经济损失两个角度进行评估，前者主要针对的是畜禽产品生产企业，后者则主要针对前后向关联企业。

3. 动物调运和道路交通状况指标。动物疫病暴发区域需要采取措施来防止风险扩散，包括活动物调运限制和封锁交通等措施，可以用动物调运限制造成的损失和交通运输成本的提高部分表示。

4. 环境治理指标。包括由疫病导致的次生灾害、以及由于疫病导致的污染治理费用。

动物疫病暴发可能还会给经济社会许多方面带来影响，这里所涉及的只是具有代表性的几个大类，暂不考虑其他方面的内容。

## 二、评估流程及方法

### （一）模型变量

标准动物疫病模型变量包括生活指标、畜牧业产业链生产经营状况、动物调运和交通状况以及环境治理状况等。具体包括：所选择的评估区域 $W_1$、人均GDP $x_{11}$ 元/人、产业总收入水平 $x_{12}$ 元、交通收入 $x_{13}$ 元、环境效益 $x_{14}$ 元，暴发的动物疫病种类 $R$，"受灾人数""受损企业个数""封锁道路里程""环境污染类型"等变量。

### （二）损失的计量

1. 生活损失。动物疫病的暴发会给疫病暴发地区的养殖户、养殖企业等带来巨大的损失，并使疫区人们的生活水平出现下降。因此，在对疫区人们生活水平进行评估时，主要从直接经济损失和间接经济损失两个方面进行评估，下面以羊群布病暴发为例阐明技术方法，对生活损失的评估指标和评估公式见表10-2。

**表10-2　羊群生活损失评估指标和公式**

| 损失类别 | 指标 | 考量因素 | 计算公式 |
|---|---|---|---|
| $L_{ld}$：直接损失 | $L_d$：死亡损失 | $v$：羊市场价格；$n_d$：死亡只数 | $L_d = v \cdot n_d$ |
| | $L_k$：扑杀损失 | $v$：羊市场价格；$n_k$：扑杀只数；$r$：政府补偿 | $L_k = (v-r) \cdot n_k$ |
| | $L_g$：其他支出 | 设备损失、废弃费、饲料费、医疗损失费等 | $L_g$ |
| $L_{li}$：间接损失 | 养殖机会成本 | $N$：疫区人口数；$I_L$：人均月收入损失；$mpc$：边际消费倾向；$t$：恢复生产所需时间 | $L_{li} = mpc \cdot I_L \cdot N$ |
| 生产主体生活损失：$L_l = L_{ld} + L_{li}$ | | | |

在上表直接经济损失的评估中，主要选择养殖户家庭的羊感染疫病死亡损失和强制扑杀损失两部分。记每只羊的市场价格为$v$，当年因布病死亡的羊的数目为$n_d$，则羊感染疫病的死亡损失为：$L_1 = v \cdot n_d$。强制扑杀损失为养殖户自行承担的，所扑杀羊的价值与政府扑杀补偿费用的差额，记每只羊的政府补偿费用为$r$，当年扑杀的羊的数目为$n_k$，则养殖户因为扑杀造成的损失为：$L_k = (v-r) \cdot n_k$。此外，疫病暴发还会导致养殖户支付额外的费用，如因布病暴发所废弃的养殖工具、机械设备、饲料及医疗损失等，记为$L_g$。因此，直接经济损失$L_{ld}$的计算公式为：$L_{ld} = L_d + L_k + L_e$。

在间接经济损失评估中，由于通常生活水平不易度量，我们选择疫病暴发后疫区人均消费减少量作为生活水平的间接度量指标，对于收入下降造成的这部分间接经济损失，用公式表示为：$L_{li} = mpc \cdot I_L \cdot N \cdot t$。其中，$L_{li}$表示因疫病暴发给当地居民生活带来的间接经济损失（单位：元）；$N$表示疫区人口数量（单位：人）；$I_L$表示损失的人均月收入（单位：元）；$mpc$表示边际消费倾向；$t$表示恢复生产所需的时间（单位：月）。由于收入损失随着时间变化具有动态性，此处为简化计量假定恢复期内收入损失为一定值。

那么，由于疫病暴发所导致的生活水平的下降，就可以用公式表示为：

$$L_l = L_{ld} + L_{li}$$

2. 相关畜牧业产业链生产经营损失。动物疫病的暴发会给畜牧业、畜产品加工业、饲料加工业等带来毁灭性的打击，造成巨大的直接经济损失，并会给旅游、餐饮、纺织、零售业等带来巨大的间接经济损失。因此，在产业损失的测算中，也主要从直接经济损失和间接经济损失两个角度，对动物疫病暴发使畜产品生产及前后向关联企业造成的损失进行评估。评估指标和评估公式见表10-3。

表10-3　动物疫病暴发使企业遭受的损失

| 损失类别 | 指标 | 考量因素 |
|---|---|---|
| $L_{pd}$：直接经济损失 | 停减产损失 | $p_{1i}$：产品平均价格；$q_{1i}$：疫病暴发之前的产品平均月销量；$q'_{1i}$：疫病暴发之后的产品平均月销量；$t$：停产时间 |
| $L_{pi}$：间接经济损失 | 停减产损失 | $p_{2i}$：产品平均价格；$q_{2i}$：疫病暴发之前的产品平均月销量；$q'_{2i}$：疫病暴发之后的产品平均月销量；$t$：停产时间 |
| | 人员失业损失 | $h$：失业人员数；$I$：人员每月预期收入；$r$：贴现率 |
| 整体损失：$L_p = L_{pd} + L_{pi}$ | | |

　　在直接经济损失的评估中，主要计算畜产品加工业等的损失，也就是动物疫病暴发以后、企业由于产品销量减少、停产减产等的损失，主要计算公式为：

$$L_{pd} = \sum_{i=1}^{n} p_{1i} \left( q_{1i} - q'_{1i} \right) t$$

式中，$L_{pd}$为区域畜产品生产企业等的直接经济损失（单位：元）；$i$为企业编号；$p_{1i}$为编号$i$的企业所生产产品的平均市场价格（单位：元/kg）；$q_{1i}$为动物疫病暴发之前、编号$i$的企业的平均月销量（单位：kg/月）；$q'_{1i}$为疫病暴发之后编号为$i$的企业平均月销量（单位：kg/月）；$t$为停产时间。

　　在间接经济损失的评估中，动物疫病的暴发会给畜产品生产的上下游相关产业的企业产品生产带来不利影响，如餐饮、旅游、纺织等，使企业的产品销量减少，甚至造成企业的停产减产，此外，疫病暴发还可能会给区域内各个行业的就业、治安等带来许多不利影响，这也是动物疫病暴发不利影响的外延。对这部分损失的评估，可以通过加总区域内企业由于疫病暴发所导致的停减产损失、企业失业人员的预期损失等获得。用公式表示为：

$$L_{pi} = \sum_{i=1}^{n} p_{2i} \left( q_{2i} - q'_{2i} \right) t + \sum_{h=1}^{H} I_h \left( 1+r \right)^{-1} t$$

式中，$L_{pi}$为区域内关联企业停减产损失与人员失业损失的综合，是区域产业的间接经济损失（单位：元）；$\sum_{i=1}^{n} p_{2i} \left( q_{2i} - q'_{2i} \right) t$代表区域内关联企业的停减产损失；$\sum_{h=1}^{H} I_h \left( 1+r \right)^{-1}$为人员失业损失（可以看作是企业的人力资本损失）。其中，$i$为企业编号，为了与上面直接经济损失的编号区分开，我们用$p_{2i}$代表编号为$i$的关联企业所生产产品的平均市场价格（单位：元/kg）；$q_{2i}$是动物疫病暴发之前、编号为$i$的企业的平均月产量（单位：kg/月）；$q'_{2i}$是疫病暴发之后编号为$i$的企业平均月产量（单位：kg/月）；$t$为停产时间；$h$代表所有企业的失业人员数量（单位：人）；$I$为人员失业之前的每月预期收入（单位：元）；$r$为贴现率，也就是其预期收入贴现后的实际数目。

因此，动物疫病暴发给企业生产经营带来的损失可以用下式表示：

$$L_p = L_{pd} + L_{pi}$$

3. 动物调运和道路交通损失。当动物疫病的暴发严重危害人、动物健康时，国家会将动物发病地点以及周围一定范围的地区封锁起来，以切断动物疫病的传播途径。对疫区的封锁会在一定程度上给公共交通运输带来损失，用疫区封锁后、原本通过疫区的车辆交通成本的增加来表示交通成本的提高，也就是疫区交通的间接经济损失，主要计算公式为：

$$TS = （C_2 - C_1）· （V_0 - V_1）· L · t + （C_1 - C_0）· V_1 · L · t$$

式中，$TS$ 为由于疫病暴发、封锁公共交通所带来的总体经济损失；$C_0$ 为道路被封锁前车辆的平均耗费（单位：元·辆/km）；$C_1$ 为道路被封锁后车辆的平均耗费（单位：元·辆/km）；$C_2$ 为道路封锁后车辆为到达目的地采取绕行的平均耗费（单位：元·辆/km）（不同车型的耗费可能不同，如越野车和运输卡车运输耗费不同，在此处取平均值）；$V_0$ 为道路封锁之前的平均交通流量（单位：辆/h）；$V_1$ 为道路封锁之后的平均交通流量（单位：辆/h）；$L$ 为被封锁的公路里程（单位：km）；$t$ 为交通从封锁到恢复开通所需要的时间。

4. 环境污染损失。动物疫病病原的扩散、病死畜禽处理不当等，可能会导致水污染、废弃物污染等，会给生态环境系统带来污染和破坏，对这些污染进行治理需要相应的费用。计算公式为：

$$E = \sum_{i=1}^{n} E_i · t_i$$

式中，$E$ 为动物疫病暴发对环境破坏所造成的间接经济损失；$i$ 为污染的类型；$E_i$ 为治理第 $i$ 种类型污染所需的费用（单位：元）；$t$ 为污染治理的时间（单位：月）。

5. 误差项。通过上述讨论可以得知，动物疫病暴发所导致的经济损失是上述各项损失的加总，但是由于区域内部多种条件的限制，测算结果可能会存在一定程度的误差。因此在讨论时，加入误差项 $u$，$u$ 表示多次重复试验的平均误差，那么标准单位疫病损失的评估公式为：

$$A = L_l + L_p + TS + E + u$$

式中，$A$ 为区域内由于疫病暴发所导致的总体经济损失，它由直接经济损失 $A_1$ 和间接经济损失 $A_2$ 两部分组成。其中：

$$A_1 = L_{ld} + L_{pd}$$
$$A_2 = L_{li} + L_{pi} + TS + E$$

## （三）其他地区动物疫病暴发的经济损失

在计算出以特定地区为单位的标准单位疫病损失以后，以这种评估方法作为基准来估算其他地区的经济损失，也就是说，在评估其他地区的动物疫病风险损失时，就可以将上述地区的直接经济损失、间接经济损失作为评估两种损失的"标准单位"对其他地区由于疫病暴发所导致的各类损失进行评估。在计算时，需要采用相应的方法来确定不同指标的权重，下面给出比例系数法、熵权法两种不同的计算指标权重的方法，以及等级相关系数法、疫病程度系数两种计算其他地区疫病损失的方法以供参考。

1. 比例系数。先用一种较为简便的方法来确定损失评估中不同因素的影响系数。假定 $W_1$ 区域内，地区GDP为3亿元、产业总收入为1亿元、交通收入为1亿元、环境总收益为1亿元，而 $W_2$ 区域内各个因素的值分别为2亿元、1亿元、0.5亿元、0.5亿元，由于疫病暴发导致的各类损失与其总体经济发展水平是呈正向关系，以 $W_1$ 地区为基准单位计算上述各类损失，那么 $W_2$ 地区的上述各类损失的系数等于不同类收入在地区总收入中所占比重的比值，即 $W_2$ 地区的生活水平损失、产业损失、交通损失、环境损失的系数分别为1、$\frac{3}{2}$、$\frac{3}{2}$、$\frac{3}{4}$，那么 $W_2$ 区域内的经济损失为：

$$A' = L_i + \frac{3}{2}L_p + \frac{3}{4}TS + \frac{3}{4}E + u$$

式中，直接经济损失为：

$$A' = \frac{2}{3}L_{ld} + L_{pd}$$

间接经济损失为：

$$A'_2 = \frac{2}{3}L_{li} + L_{pi} + \frac{1}{2}TS + \frac{1}{5}E$$

比例系数法忽略了地区之间经济的严格相关性，没有考虑地区之间经济、社会要素的相互影响，而是通过简单地计算相关指标的比重确定指标系数，较为迅速地估算待评估地区的疫病损失，对于待评估地区疫病损失的计算有一定的参考。

2. 熵权法。仍然假定作为标准单位的 $W_1$ 区域内，地区GDP为3亿元、产业总收入为1亿元、交通收入为1亿元、环境总收益为1亿元，而 $W_2$ 区域内各个因素的值分别为2亿元、1亿元、0.5亿元、0.5亿元。那么可以将 $W_1$ 地区的相应数据看作是 $W_2$ 地区数据的原始值，然后根据指标的变异性大小来确定客观权重。原始数据矩阵为：

$$Y = \begin{bmatrix} y_{11} & y_{12} & y_{13} & y_{14} \\ y_{21} & y_{22} & y_{23} & y_{24} \end{bmatrix}$$

式中，第一行 $y_{11}$，$y_{12}$，$\cdots$，$y_{14}$ 分别为 $W_1$ 地区的各类产值，第二行为 $W_2$ 地区的各类产值。将矩阵进行归一化处理，即取矩阵中列向量 $y_{ij}$ 与该矩阵中所有元素之和的比值作为归一化结果，计算公式为：

$$z_{ij} = \frac{y_{ij}}{\sum_{i=1}^{n} Y_{ij}}, \quad (j = 1, 2, \cdots, m)$$

式中，$z_{ij}$ 为归一化后矩阵中的元素。在确定评价指标的熵权值时，运算公式如下：

$$H(y_j) = -k \sum_{i=1}^{n} z_{ij} \ln z_{ij}, \quad (j = 1, 2, \cdots, m)$$

式中，$k$ 为调节系数，$k = 1/\ln n$。$z_{ij}$ 为第 $i$ 个评价单元第 $j$ 个指标标准化值。将评价指标的熵值转化为权重值：

$$d_j = \frac{1 - H(y_j)}{m - \sum_{j=1}^{m} H(y_j)}, \quad (j = 1, 2, \cdots, m)$$

式中，$0 \leqslant d_j \leqslant 1$，$\sum_{j=1}^{m} d_j = 1$。

在指标的权重确定以后，$W_2$ 地区动物疫病暴发导致的经济损失的评估公式可以表示为：

$$A' = d_1 L_i + d_2 L_p + d_3 TS + d_4 E + u$$

3. 斯皮尔曼等级相关系数与线性方程计算。根据动物疫病对养殖业生产和人体健康的危害程度，我国《动物防疫法》将动物疫病分为一类、二类和三类疫病三大类别。在上面的分析中，进行疫病风险损失评估的一个前提，就是假定疫病暴发地区与作为标准单位地区的动物疫病暴发等级是相等的，也就是说进行疫病损失评估是在同一个疫病类别上，即同为一类、二类或三类疫病。但是在实际研究中，各个地区的疫病暴发等级可能并不在一个水平上，如选择作为标准单位的地区疫病等级为一类，而待评估地区的突发疫病等级为二类或三类，不同类别疫病所造成的破坏程度和损失级别不能单纯依靠相关指标的关联系数来进行核算，因此需要对相应的关联系数进行评估。

根据上述指标，分别选定有疫病暴发的5个地区，计算这些地区的疫病损失。然后，将这些地区的疫病等级与疫病损失看作两个变量，所得数据排成两列，计算这两组变量之间联系的密切程度。当两者之间关联程度较大时，可以看作两个变量之间呈较强的正相关关系。将一类、二类、三类的疫病等级分别设为数值1、2、3，5个地区假定的疫病损失数据详见表10-4。

**表10-4　5个地区的疫病损失比较**

| 地区 | 疫病等级 | 疫病损失（万元） | $X$ | $Y$ | $d$ | $d^2$ |
|------|---------|----------------|-----|-----|-----|-------|
| 1 | 1 | 800 | 1.5 | 2 | -0.5 | 0.25 |
| 2 | 2 | 1 000 | 3 | 3 | 0 | 0 |
| 3 | 3 | 1 800 | 4.5 | 4 | 0.5 | 0.25 |
| 4 | 3 | 2 000 | 4.5 | 5 | -0.5 | 0.25 |
| 5 | 1 | 500 | 1.5 | 1 | 0.5 | 0.25 |
| Σ | 10 | 6 100 | 15 | 15 | 0 | 1 |

其中 $X$ 为疫病等级的排序，$Y$ 为疫病损失的排序，$d$ 为 $X$ 与 $Y$ 的等级之差。将 $n=5$、$\sum d^2$ 代入斯皮尔曼等级相关系数的计算公式中，即 $\rho = 1 - \dfrac{6\sum d_i^2}{n^3 - n}$ 中，计算得出：$\rho = 0.95$，即疫病暴发等级与疫病损失之间高度相关，等级相关系数为 0.95。那么，我们可以试着构造一个线性方程，来评估疫病等级与疫病损失之间的各项关联系数。

根据上面对标准地区疫病损失的评估过程，我们不考虑疫病发生的时间及其频数，假定所评估的疫病都发生在同一个时间阶段内。我们选择发生过动物疫病的几个地区，分别评估其疫病损失、疫病等级、疫病持续的时间，然后将其所处地域作为虚拟变量，构造一个疫病损失与疫病等级之间的简单的线性方程，即 $Y_i = \alpha G_i + \beta D_i + \gamma t_i + u$。其中 $Y_i$ 为第 $i$ 个地区的疫病经济损失，$G_i$ 为疫病暴发的等级，一类、二类、三类疫病等级分别赋值为 1、2、3，$D_i$ 为该地区所处的大的区域，是一个虚拟变量，其中标准地区和待评估的地区的 $D$ 为 1，其他地区设为 0，$t_i$ 为某一次疫病的持续时间，然后，根据每一项的统计数据对方程进行计算，得出每一项的系数，此时，也就计算出了不同疫病等级对经济损失的影响系数。然后，对评估地区的疫病等级、疫病持续时间进行大概估计，代入方程后大概计算这一地区的疫病经济损失。

4. 疫病影响程度系数。借鉴米锋等（2008）对林木损失计算中损毁程度系数的研究，将损毁程度系数（$K_d$）作为林木损失额价值计量的调整值，其中损毁程度系数是根据林木损毁程度（$d$）与价值损失之间的强度系数 $\varepsilon$ 来确定的，$K_d = d \cdot \varepsilon$，意在探讨林木损伤程度的不同所体现的林木价值损失额的不同。

我们知道，在一定的地区范围内，疫病的暴发一般都会呈点环状分布，暴发疫病的区域在这个地区所占的范围与导致的疫病损失之间是呈现较大的关联性的。因此，我们可以试着借用林木损毁程度系数的公式，在进行疫病影响的评估时，可以设定一个疫病的影响程度系数 $K_d$，它由疫病的影响程度（$d$）与价值之间的强度系数 $\varepsilon$ 来决定。其中，当疫病的影响程度（$d$）的区域占区域总面积的比例为 0～30% 时，损失强度系数 $\varepsilon = 1.5$；当影响程度 $d$ 为 31%～50% 时，损失强度系数为 $\varepsilon = 2$，当 $d$ 为 51%～70% 时，损失强度系数为 $\varepsilon = 2.5$，当 $d \geqslant 71\%$ 时，疫病的影响范围为整个考察区域，此时损失程度系数 $K_d = 1$。通过公式 $K_d = d \cdot \varepsilon$ 计算不同影响程度下的损失强度系数。然后，以标准地区的疫病损失 $A$ 作为评估基准，在计算出标准地区的疫病损失强度系数（$K_{dA}$）与待评估地区的疫病损失强度系数（$K_{dB}$）的比值 $K_{dB}/K_{dA}$，用标准地区的疫病损失 $A$ 乘以系数比，就可以简单估算待评估地区的疫病损失。

此外，在一个疫病暴发点，由于疫病等级以及距离疫病暴发点距离的不同，疫病的损失程度系数也不同，其中距离疫病暴发点越近的地区疫病影响越大，疫病损失也越大，距离疫病暴发地区越远，地区内的疫病损失就越小，那么，可以将疫病暴发的地区进行划分。比如在一次疫病暴发时，疫病暴发中心区的疫病等级为3级，而越向外围扩散，疫病的等级越低，或者是在一次疫病等级为1级时，那么越向外围扩散，疫病的影响就越小。将影响程度$K_d$划为不同的等级影响区域，其中不同等级疫病所造成的损失强度系数也是不同的。例如，当疫病等级为3级的环状影响面积占区域总面积的比例为0~30%时，损失强度系数为2.5，损失程度系数为$K_{dB1}$；距离暴发点有一定距离的区域范围内，当疫病影响等级可能只有2级，此时的影响程度（$d$）占区域总面积为0~30%时，损失强度系数为$\varepsilon=2$，损失程度系数为$K_{dB2}$；继续外推，当疫病等级为1级的区域面积占总面积为0~40%，此时的损失强度系数为1.5，损失程度系数为$K_{dB3}$。越向外围扩散，疫病的影响等级可能就越小，甚至没有影响。因此，疫病的损失程度系数$K_{dB}$就可以分别计算出来。然后，以标准地区的疫病等级作为基准，评估其疫病等级及损失程度系数，然后，将待评估地区不同疫病等级的损失程度系数$K_{dB1}$、$K_{dB2}$、$K_{dB3}$分别与标准地区的损失程度系数$K_{dA}$进行对比求出比值，再以标准地区的疫病损失$A$乘以各个比值，就可以简单估算待评估地区一个疫病暴发的大概损失。值得注意的是，待评估地区也可能会有多个疫病暴发点，且不同的疫病暴发点的疫病等级的分布可能不同，那么，用上述方法分别计算以后，再分别求出各个等级的疫病影响程度系数的总和，与标准单位地区的等级影响程度系数对比后，再用标准单位疫病损失$A$分别乘以各个疫病损失程度对比系数，求得地区的大概疫病损失值。

## 第六节　福利经济学角度的经济损失评估

## 一、福利经济学的基本理论

### （一）福利经济学的基本观点

在福利经济学中，一个基本的观点是社会效用的最大化，也就是当无差异曲线与预算约束线相切时的效用是最大的。

试着建立一个坐标系。设横轴代表所研究商品的数量$x_1$，其他所有商品的单价为1并将其数量$x_2$设为纵轴（$x_2$同时也代表其他商品的总价值），在此基础上构造一条整个社会

的预算约束线，它表示在一定的价格水平下，消费者用既定收入购买两种物品的最大可
能组合的一条直线，它规定了在一定的价格和收入水平下消费者能够获取两种物品的可
能性界限，表达式为：

$$Y = px_1 + x_2$$

同时构造一条整个社会的效用曲线（柯布道格拉斯函数），其表达式为：

$$U = x_1^\alpha x_2^{1-\alpha}$$

求出两条曲线的交点，便能够得到在预算约束下使社会效用最大化的商品组合，如
图10－1所示，$S$点即为最优商品组合点。

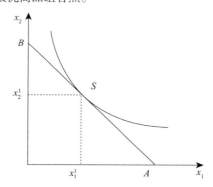

图 10 － 1　预算约束下社会效用最大化的商品组合

## （二）总剩余理论

总剩余分析是对社会总福利的一种度量，包括消费者剩余、生产者剩余以及社会总
剩余分析。消费者剩余是指消费者购买一定数量的商品时愿意支付的最高价格与实际支
付的价格之间的差额，它衡量的是消费者从中得到的净利益，其变化反应消费者通过购
买商品所感受到的净利益变化，是评价消费者合意程度的指标。生产者剩余是指厂商
（养殖户）实际接受的总支付和愿意接受的最小支付之间的差额，是衡量生产者净利益的
指标。社会总剩余即消费者剩余和生产者剩余的总和，是衡量全社会福利水平的指标，
使总剩余最大化的结果被称为有效率的结果。如图10－2所示，消费者剩余为需求曲线$D$
之下与均衡价格之上的三角形区域面积，生产者剩余则是供给曲线$S$之上与市场价格之下
的三角形区域面积，社会总剩余则是生产者剩余与消费者剩余的综合。

动物疫病的暴发影响畜禽产品的市场供给和市场需求，进而影响生产者剩余和消费
者剩余的变动。如图10－3所示，假设在动物疫病暴发之前，畜产品的市场均衡交易价格
位于$E$点，对应的供给曲线为$S_1$，需求曲线为$D_1$。

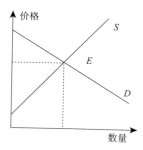

图 10 - 2　供给需求曲线

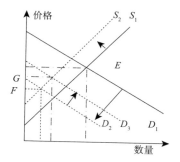

图 10 - 3　动物疫病对社会剩余的影响

在疫病暴发期间，对于消费者而言，由于疫病带来的心理恐慌，不敢购买该类畜产品，从而使得需求减少，需求曲线左移到 $D_2$ 的位置；政府及养殖户不得不扑杀感染疫病的牲畜，再加上病死的牲畜，市场上的畜产品供给明显减少，因此供给曲线向左移动到 $S_2$ 的位置，此时的均衡价格为 $F$，也就是养殖户不得不以低于生产成本的价格卖出畜产品。此时，生产者剩余和消费者剩余都有明显的减少，社会总剩余下降。

由于疫病防控措施的实施，在疫病得到控制以后，养殖户逐渐重新恢复生产，消费者对畜产品的信心逐渐增加，市场需求逐渐增加，但是由于疫病暴发所导致的产业链断裂、生产设施毁坏等，生产的恢复需要一个相应的过程，因此短时期内的市场供给不会发生较大变化，而需求曲线则向右移动到 $D_3$，此时市场上畜产品的均衡价格为 $G$。此时，与疫病暴发时期相比，生产恢复期及之后的生产者剩余和消费者剩余都得到了相应提高，社会总剩余也相应提高。但是，与疫病暴发之前相比，新的均衡 $G$ 点所对应的价格与数量都低于原均衡 $E$ 点，社会总剩余仍然是下降的。

## 二、经济损失对社会福利的影响机理

### （一）收入变化影响社会福利

动物疫病的暴发会通过影响国民收入来影响社会福利，所造成的损失由直接经济损失和间接经济损失两部分构成。直接损失主要包括农户家庭收入损失、企业利润损失、旅游业收入三个类别；间接损失则主要包括经济恢复期生产瘫痪、停滞、不健全导致社会产品总量的减少。这些资产或者有形或者无形，但它们的共同特点就是自身价值以及未来可能产生的资金流都是整个社会收入的一部分，它们的损失都会导致社会收入的减少。这类经济损失造成的社会福利的减少是通过减少收入这一途径实现的，如图10 - 4所示。

当以上几类经济损失造成社会收入减少时，则 $Y$ 减少，预算约束线从 $AB$ 下移至 $A'B'$，

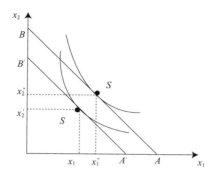

图 10 - 4　收入变化影响社会福利

与之相切的社会效用曲线在原来的效用曲线之下，说明最优的社会福利比疫病暴发之前减少。

### （二）供应数量和质量变化影响社会福利

在动物疫病暴发以后，畜禽产品及上下游相关产业的产品供应数量会急剧下降，同时部分产品的质量还可能会降低，这也是经济损失的一种体现，这一类损失可以从数量损失和质量损失两个角度衡量。

1. 供应数量减少。动物疫病的暴发会使市场上畜禽产品及相关产业产品供应减少，此时产品的供给就会限制在一定的低水平，社会效用函数为：

$$U = x_1^a x_2^{1-a}$$

令 $x_1$ 为畜禽产品及相关产业产品的总量，在 $x_2$ 不变的条件下，$x_1$ 被控制在一个比原来的最优点低的水平，此时效用 $U$ 减少，整个社会的效用曲线向内移动，效用减少。

2. 物品质量的降低。动物疫病暴发后，如果处理不当，很可能会造成严重的环境污染和疫病蔓延，在降低产品质量的同时，又会进一步导致社会产品总产出的减少，进而导致社会收入的减少。

### （三）价格变化影响社会福利

动物疫病暴发以后，一般会采取扑杀和疫苗防治相结合的控制方式，养殖主体和企业等就会遭受重大的经济损失，政府需要投入相应的资金对其进行补偿，同时还需要投入资金进行疫病的防控，对这部分资金进行准确的评估，可以作为对居民进行补偿和进行防控投入的标准。将这一部分内容看作是补偿变化，也就是在产品价格变动以后需要增加多少投入才能回到原来的效用水平，可以将其作为疫病暴发以后对经济主体进行补偿的标准。疫病的暴发会使许多社会产品和服务的供应不足，导致相关产品和服务的价格提高，因此可以通过分析价格变化以及与之相关的补偿变化，将恢复生产所需投入的全社会产品总量纳入到经济损失的统计之中。如图10-5所示。

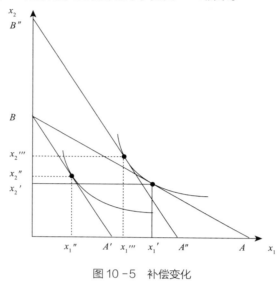

图10-5　补偿变化

当疫病暴发导致畜禽类产品供不应求时，$x_1$ 价格上涨，预算约束线绕 $B$ 点内旋转至 $BA'$。在新的价格水平下，为了使社会效用水平仍然处在疫病暴发之前的水平上，将 $BA'$ 平移到 $B''A''$，使之与原来的效用曲线相切。那么，新的预算约束线 $B''A''$ 时应有的收入水平 $m_2$ 与旧的预算约束 $m_1$ 之间的差额，就是在疫病暴发后、为了使消费者的效用达到与疫病暴发之前相同的效用水平所应当支付的补偿收入。

## 三、福利经济学角度的经济损失评估模型

根据上述从福利经济学角度进行的损失评估，试着运用不同的测算方法对不同类别经济损失进行评估。

### （一）收入变化类

1. 家庭损失（现行市价法）。动物疫病暴发时，需要采取措施对发病的畜禽实施扑杀、消毒和无害化处理，此时畜禽养殖农户、规模化养殖场等都要面临重大损失，养殖主体扑杀畜禽、畜禽感染疫病死亡、家庭生产设备以及养殖工具等实物资产等都会遭受相应损失，需要对这一部分损失进行评估。

对于家庭的养殖损失，主要从直接经济损失和间接经济损失两个方面进行考虑。其

中直接经济损失与标准单位疫病损失评估中的生活水平的损失有一定的相似点，将其看作是养殖户因为布病发生而支付的额外费用和既有羊产品的市场价值损失，其中直接经济损失由羊价值损失$L_d$、强制扑杀损失$L_k$、机械等的废弃损失$L_e$构成，直接损失的计算公式为：$L_1 = L_d + L_k + L_e$。

间接经济损失则是指因为疫病导致的预期机会收益损失。设在时刻$t$，当地共有$n_i$种羊；对于某种羊$i$，可怀孕母羊的总只数为$N_i$；布病的感染率为$S_i$；发病母羊的空怀率为$I_i$；经过时间$\Delta t$，在$t + \Delta t$时刻，该地区羊的出栏量为$M_i$；$\Delta t$为如果这些流产的羊羔存活，则经过$\Delta t$的时间间隔后出栏。在$t + \Delta t$时刻，该地区羊产品消费额为$C$。考虑数据的可获得性，羊产品消费额可近似为各种羊产品如羊肉、羊毛等的销售额$T$。设共有$n_j$种羊产品，每种产品的销售额为$T_j$，那么，养殖户的间接经济损失的计算公式为：

$$L_2 = \frac{N_t \cdot S_t \cdot I_t}{M_t + \Delta t} \cdot T'_{t + \Delta t}$$

式中，在测算家庭实物资产也就是生产养殖设备等的损失时，可以采用现行市价法确定其资产价值。现行市价法分为两种：一种是直接法。也就是在市场上能够找到与损失资产完全相同的全新资产的现行价格，其价格可以作为受损资产的价值；另一种是市价类比法。在市场上找不到与损失资产完全相同的物品，但与其技术标准、功能相类似的产品存在活跃的市场，以此类似产品的价格为基础，通过相应调整来确定评估资产价值的方法。将损失的家庭实物资产按以上标准分为两类，分别估计资产价值，然后相加即可得到家庭实物资产损失额。

2. 企业损失（收益现值法）。动物疫病暴发时，畜产品加工企业及上下游相关产业都会在一定程度上遭受利润损失，其资产的预期收益会相应下降。对这部分损失，试着采用收益现值法，通过企业历年收入的增长来估计其未来可能的收益，这部分收益包括企业固定资产的预期收益，然后通过折现确定其收益现值。计算公式为：

$$P = \sum_{i=1}^{n} \frac{R_i}{(1 + r)^n}$$

3. 旅游业损失（旅行成本法）。疫病的暴发会给地区旅游业发展带来障碍，市场旅游需求的降低引起需求曲线的移动，进而引起福利的变化和旅游业收入的减少。

旅游者在去某一景点旅游时，主要受到收入和时间两方面的约束，消费者收入约束方程可以用下式表示：

$$M + Wt_w = X + cr$$

式中，$M$为外生收入；$W$为工资水平；$t_w$为工作时间；$X$为其他所有商品的价值；$C$为一次旅行的货币费用，不包括时间成本；$r$为旅行的次数。时间约束方程为：

$$t^* = t_w + t_j$$

式中，$t^*$ 为旅游者的可支配时间，$t_w$ 和 $t_j$ 分别为工作时间和旅行时间。把上两式合并后就可得出旅行者总的预算约束方程。因此，需要同时满足：

$$\mathrm{Max}U\,(X,\ r,\ q)$$

$$M + Wt^* = X + c_r r$$

在效用函数中，$q$ 为景点的质量，一般假定 $r$ 是 $q$ 的增函数；$c_r$ 为旅行一次的全部费用，包括一次旅行的货币费用和时间成本。

4. 经济恢复期生产瘫痪、停滞、不健全导致的社会产品总量减少（历史数据法）。动物疫病的暴发使得畜禽养殖业、畜产品加工业以及与之相关的上下游产业受到较大影响，使生产不能正常进行，无法获得应有水平的产出。在疫情暴发导致停产一直到恢复正常生产之前（即经济恢复期），生产受到限制导致社会总产品的减少，因此可以依据历史数据来对经济恢复期内农业和工业原本应当生产的产品数量进行估计，同时考虑物价水平的变化，从而测算间接经济损失。计算公式为：

产业间接经济损失值＝平均年产值×年物价上升指数×比较期间（年）

其中平均年产值是通过分析在过去较长一段时间区域内的历史数据得到。

5. 政府损失。在动物疫病的防控过程中，政府需要支付相应的防控成本，包括检疫费用、免疫费用、扑杀处理及补偿费用、消毒费用、流通监管费用等，这些构成了政府的直接经济损失，对其评估可以参照政府的各项支出费用。政府的间接经济损失则是指政府资金若用于其他方面可能获得的收益，以及因为疫病所导致的税收减少损失。

## （二）数量质量变化类

1. 疫病的机会成本。疫区的封锁使得区域内可用道路的里程数有相应的较少，同时道路的封锁又会增加人们到达目的地的时间成本，而这些时间本可以被人们用在增加社会产品总量、增加社会收入方面，因此疫病暴发导致的机会成本也是经济损失的一部分。计算公式为：

$$Y_{oc} = WT_{total}2V$$

式中，$Y_{oc}$ 为机会成本；$W$ 为人均小时工资；$T_{total}$ 为绕行、堵车等浪费的小时总数；$V$ 为小时车流量（假设一车内平均有2人）。

2. 质量变化的经济损失。动物疫病的暴发、疫病病原的扩散、病死畜禽处理不当等会造成相应的环境污染，将其看做非市场产品的质量。它也是市场上产品生产的投入要素之一，其质量的变化会通过生产过程影响到生产活动，并最终引起产量的变化，使社会福利遭受损失。

对于环境损失的评估，可以借鉴洪灾损失中生态损失的评估模型，用可恢复费用与损失效益之和来表示：

$$E = \sum_{t=1}^{T_2} \left( C_t + G_t \right) \left( 1 + r \right)^{-t}$$

式中，$C_t$、$G_t$分别为第$t$年的恢复费用和损失效益；$r$为贴现率，取值3%；$T_2$为生态环境恢复到突发事件发生前水平所需年数。

### （三）价格变化类

1. **模型计算法**。假定市场上消费者对商品的消费主要分为畜产品（用横轴$x_1$表示）和其他商品（用纵轴$x_2$表示）两大类，$p_1$为畜产品的平均市场价格，$p_2$则为其他商品的平均市场价格，为了便于计算，假定商品$x_2$的价格一直是固定不变的，即$p_2$是固定的。那么，消费者的效用函数和预算约束线可以分别设定为：

效用函数：

$$U = x_1^{\alpha} x_2^{1-\alpha}$$

预算约束线：

$$m_1 = p_1 x_1 + p_2 x_2$$

根据消费者历年的收入水平和对商品的消费情况，可以大概计算出其预算约束线，并通过市场调查，大概估算出消费者效用水平，在此基础上确定预算约束线和社会效用曲线，主要的指标包括消费者的收入水平、对商品$x_1$和$x_2$的消费量、两种商品的市场平均价格及变动后的价格等。那么，需要分析的是当商品$x_1$的价格$p_1$提高时，需要多少额外的收入才能够使消费者在新的价格水平下获得价格变化之前的效用水平，也就是补偿变化。仍然以图10-6为例进行说明。

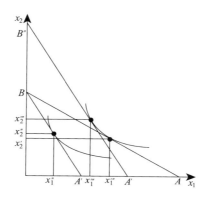

图 10-6　补偿变动情况

动物疫病暴发之前，消费者的既定收入水平为$m_1$，预算约束线$BA$与效用曲线的切点分别为$x_1'$和$x_2'$，$x_1$的商品价格为$p_1'$，$x_2$的商品价格固定为$p_2$，此时预算约束线的表达式为：$m_1 = p_1'x_1' + p_2x_2'$。动物疫病暴发时，商品$x_1$的价格上涨为$p_1''$，由于$x_2$价格不变，此时预算约束线绕$B$点向内旋转至$BA'$，与效用曲线的切点分别为$x_1''$和$x_2''$，总收入$m_1$保持不变，那么在新的价格水平下，$m_1$的表达式为：$m_1 = p_1'x_1' + p_2x_2' = p_1''x_1'' + p_2x_2''$。此时，效用水平为$U = (x_1'')^{\alpha}(x_2'')^{1-\alpha}$，此时可以估算出商品消费量$x_1''$和$x_2''$。

为了使消费者的效用水平达到与疫病暴发之前相同的效用水平，我们将预算约束线$BA'$向右移动与原效用曲线相切，此时商品$x_1$和$x_2$的价格水平分别为$p_1''$和$p_2$，新的切点所对应的两种商品的消费量分别为$x_1'''$和$x_2'''$，新的预算约束线的表达式为$m_2 = p_1''x_1''' + p_2x_2'''$，此时效用水平为原来的效用曲线，表达式为：$U = (x_1''')^{\alpha}(x_2''')^{1-\alpha}$，$m_2$也就是消费者为了达到原来的效用水平所应具有的收入水平。

那么，补偿变化即为$CV = m_2 - m_1 = p_1''(x_1''' - x_1'') + p_2(x_2''' - x_2'')$，两种商品的价格以及消费者对两种商品的消费量很容易测得，此时可以简要估计出疫病暴发后到恢复生产期间、政府应当补偿的社会产品总价值，这也是疫病暴发所导致的间接经济损失量。

2. 叙述性偏好法。在疫病暴发的背景下，对感染疫病的畜禽进行扑杀等，需要给予养殖主体一定的补偿以尽可能地降低其损失。通过对补偿要素、补偿标准等进行虚拟组合，采用社会调查的方法，让农户、规模化养殖场等从组合方案中选出满意的方案，根据被调查者所表达的意愿来推算出应当支付的补偿量，并以此作为制定补偿标准的依据，这就是叙述性偏好法。

## 第七节　成本收益分析方法及模型

成本效益分析是通过比较项目的全部成本和效益来评估项目价值的一种方法，作为一种经济决策方法，它经常被用于政府部门的计划决策之中，以寻求在投资决策上如何以最小的成本获得最大的收益。对于政府部门来说，进行成本收益分析是疫病控制过程中的重要方面，在保证社会稳定等的情况下，如果某一项防控措施实施的效益大于其成本，且不低于其他措施的成本效益率，则不失为一项有效的措施。在本项目的研究中，将主要针对防控措施的支出与效益，运用成本收益分析来评估政府实施疫病防控措施的价值。

# 一、成本收益分析法的评估内容

## （一）成本与效益的内容

在疫病防控的过程中，成本（$C$）主要体现在相关年份内政府实施防控措施的各项投入，包括检疫费用、免疫费用、扑杀处理及补偿费用、流通监管费用、宣传费用等，详见表10-5。

表10-5　防控措施成本指标体系

| 一级指标 | 二级指标 |
| --- | --- |
| 检疫成本 | 检疫材料费用；交通费；工时费；隔离费用 |
| 免疫成本 | 免疫疫苗、设备购置及耗材费；工时费；疫苗效价评估经费；隔离费 |
| 扑杀成本 | 扑杀补偿费 |
| | 扑杀处理费：(1)隔离饲养费；(2)无害化处理费，包括：材料费用；交通费用；工时费用 |
| 消毒成本 | 工时费；消毒药品费用；消毒设备费用 |
| 流通监管成本 | 流行病学调查费用；督查、验收经费 |
| 宣传成本 | 公共宣传及培训：材料费；场租费；交通费；人工费；讲课费 |
| | 专业技术人员培训：材料及试剂耗材费；设备购置费；场地费；交通费；人工费；讲课费 |

疫病防控的效益（$B$）则是指在各相关年份内，实施疫病防控计划与不实施疫病防控计划时的疫病损失差，模型的时间跨度为达到既定目标所需要的年数。

## （二）成本收益分析法的计算

当某一疫病控制计划实施以后，政府的成本和效益在整个时期内的发展变化趋势有较大的差异。通常情况下，在计划实施的初期，需要投入大量的成本，而效益则体现得较慢，这一时期的成本超过了效益；随着计划的实施和成效的体现，发展趋势开始变化，实施措施的效益会逐渐超过当年的成本。为了能够进行比较，需要参照某一给定的时点来计算效益和成本的总价值，这一时点选择的是当前这一时刻。下面通过贴现计算来对效益和成本进行贴现，以得到成本现值和效益现值。

1. 成本现值（$PVC$）。即按照各年计算的防控成本的全部贴现值的总和。用公式表示为：

$$PVC = \sum_{1}^{n} \frac{C_t}{(1+i)^t}$$

式中，$C_t$ 为第 $t$ 年成本；$n$ 为年数；$t$ 为某一给定年份（$1 \sim n$）；$i$ 为用小数表示的贴现率。

2. 效益现值（$PVB$）。即按照各年计算的防控效益的全部贴现值的总和。用公式表示为：

$$PVB = \sum_{1}^{n} \frac{B_t}{(1+i)^t}$$

式中，$B_t$ 为第 $t$ 年效益。

3. 效益—成本比（$B/C$）。即用效益现值除以成本现值，其基本原则是将效益现值与成本现值进行比较，$B/C = PVB/PVC$。其数学公式可以表示为：

$$B/C = \frac{\sum_{1}^{n} \frac{B_t}{(1+i)^t}}{\sum_{1}^{n} \frac{C_t}{(1+i)^t}}$$

如果 $B/C$ 的比值大于1，该项计划可以接受，即疫病防控措施的效益如果高于成本，则该防控措施可以接受。

## 二、成本收益分析的评估模型

政府实施布病防控措施所带来的效益主要包括社会经济效益、公共卫生效益等方面，下面将主要针对这两大方面进行效益评估，并对防控措施效益—成本比进行计算。

### （一）社会经济效益

社会经济效益指因采取布病防控措施而带来的整个社会经济损失的减少额。如果不采取任何防控措施，在理想情况下，根据动力学模型，患有布病的羊群会在一段时间后规模减少到一定量；采取防控措施后，羊群布病得到控制，羊产品产业链中各环节获得相应收益。故因采取防控措施而带来的社会经济效益为羊产品产业链中各环节的价值增值中的一部分，即各产业的净收益中的一部分。在这3年的时间里，假设在未采取防控措施时，羊群的规模从年初的某一量减少到年末 $I$ 只；采取措施后，在同一时间段内，羊群的规模减少 $J$ 只，各产业的净收益总额为 $M$。因采取防控措施，故 $J$ 大于 $I$。则采取防控措施所带来的社会经济效益 $B_s$ 可表示为：

$$B_s = M \cdot \frac{J-I}{J} \cdot 100\%$$

但羊产品产业链涉及的行业众多，如种植业、饲料加工业、餐饮业、加工业、旅游业等，核算因羊产品带来的每个行业的净收益几乎是不可能的。以羊产品某一流通链作为示例：

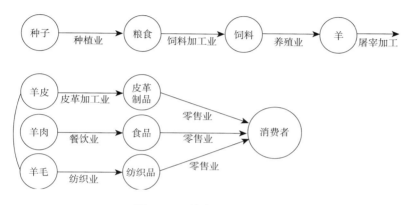

图 10 -7　羊产品产业链示例

从图10 -7中可以看出，虽然羊产品产业链比较复杂，计算每一个环节的净收益值是较难的，但鉴于羊产品每个环节的价值增值最终反映在消费者的消费额中，故考虑从国民经济核算中的最终产出角度出发，即社会经济效益为消费者购买羊产品的消费额。消费者分为国内消费者和国外消费者。国外消费者的消费额可表示为羊产品的出口额。在羊产品的最终消费额中包含着流向政府部门的羊产品交易的税收。综上，布病防控措施的社会经济效益包括消费者羊产品消费额$Con$、出口额$Exp$、三部分除去成本$A$，即

$$B_s = (Con + Exp - A) \cdot \frac{J-I}{J} \cdot 100\%$$

此处的成本为产业链最底层的成本，其值相对于整个产业链而言较小，故忽略不计。故社会效益可最终表示为：

$$B_s = (Con + Exp) \cdot \frac{J-I}{J} \cdot 100\%$$

计算效益的时期为从当地采取扑杀补偿措施开始至今。

根据实施防治措施具体地区的情况，当地对羊产品交易近年来没有征收税收，故国内消费额中所包含的税收额为0。如果羊产品主要用于内销，故出口额可估算为0。则这个地区社会效益为：

$$B_s = Con \cdot \frac{J-I}{J} \cdot 100\%$$

### （二）公共卫生效益

采取防控措施的直接公共卫生效益包括医疗费用减少值和非医疗费用减少值。医疗费用包括人因为感染布病而支出的药物费、门诊费、住院费、检测诊断费。非医疗费用包括交通费、住院伙食、营养费、陪护费等。如果政府采取防控措施，则在一定程度上减少了人畜共患病的发生，进而减少了医疗费用与非医疗费用。

间接公共卫生效益为误工费减少值，包括患布病阶段因误工造成的损失减少值，以及因寿命低于预期值造成的损失减少值。这一部分需要估算当地近几年因布病造成的公共卫生损失，记为$y_t$。假设在时刻$t$，当地开始实行布病防控措施，那么如果没有采取防控措施，则$t$时刻的布病公共卫生损失记为$y_t$；采取防控措施的布病公共卫生损失记为$y'_t$。其中$y'_t$、$y_{t-1}$、$y_{t-2}$……为实际评估值。若要估计因采取防控措施而带来的布病损失减少值，需预测$y_t$，$y_t$与$y'_t$的差值即为公共卫生损失的减少值，即布病防控措施在公共卫生方面的效益。预测$y_t$可通过建立自回归模型（$AR$），即

$$y_t = c_0 + c_1 y_{t-1} + c_2 y_{t-2} + \cdots + c_p y_{t-p} + \varepsilon_t$$

式中，$\varepsilon_t$为残差项；$p$为滞后阶数。

记直接与间接公共卫生效益为$B_p$，则

$$B_p = y_t - y'_t$$

综上，防控措施的成本效益分析中，效益的指标已基本涵盖社会经济效益$B_s$和公共卫生效益$B_p$，即：

$$B = B_t + B_p$$

具体而言为：

$$B = Con \cdot \frac{J - I}{J} \cdot 100\% + y_t - y'_t$$

### （三）防控措施的效益—成本比

成本效益分析的成本指标体系包括政府采取检、免、杀、消、管、宣的措施所投入的成本，记为$C$。则综合成本与效益的指标，可得到效益—成本比的表达式：

$$B/C = \frac{\sum_1^n \dfrac{Con_t \cdot \dfrac{J_t - I_t}{J_t} \cdot 100\% + y_t - y'_t}{(1+i)^t}}{\sum_1^n \dfrac{C_t}{(1+i)^t}}$$

式中，$Con_t$为$t$时刻羊产品消费额；$J_t$为采取防控措施后，$t$时刻羊群的规模；$I_t$为未

采取防控措施时，$t$ 时刻羊群的规模；$y_t'$ 为采取防控措施后，$t$ 时刻公共卫生经济损失；$y_t$ 为未采取防控措施时，$t$ 时刻公共卫生经济损失；$C_t$ 为 $t$ 时刻政府防控措施的成本；$t$ 为贴现率。

## 三、小结

在这一章中，主要介绍了标准单位动物疫病损失评估法、福利经济学角度的评估方法、成本收益分析法三种有关动物疫病暴发的风险损失评估方法，这三种方法有各自的特点和优缺点。

### （一）指标的选择

标准单位疫病损失评估法是本项目尝试提出的一种新的经济学损失评估方法，也就是在动物疫病损失评估的过程中，首先选择一个地区作为标准单位，分别从生产、生活、社会交通和环境污染损失等宏观和微观角度选择经济社会发展的相关评估指标，对疫病暴发给经济社会相关方面所带来的直接和间接经济损失进行评估，指标的选择和设计要贴合地区经济发展的实际，具体指标的选择可以结合实际评估的需要进行调整。然后，在评估其他地区的疫病经济损失时，提出了比例系数法、熵权法、等级相关系数法和疫病程度系数几种不同的计算指标权重、评估疫病损失的方法，在实际操作中，可以根据需要进行方法的选择，其中疫病程度系数是根据地区之间疫病等级与影响程度的关系所设计的，是项目提出的一个评估概念，这几种方法都在于对待评估地区的经济损失进行较为快速的评估，是对损失的大概估计，这也是标准单位疫病损失评估方法不同于其他评估法的一个重要特点。

福利经济学评估方法则主要评估疫病暴发引起的各方面社会福利变化，从收入水平、产品数量与质量、价格角度设定评估指标体系，分别对家庭、企业、政府、旅游业、停产以及机会成本等方面的损失进行评估，目的在于探讨地区疫病所引起的各种福利损失。福利经济学评估法在指标的选择和设计上与标准单位疫病损失可能存在一定的相同点，但是在具体计算上有一定的差别，而且考虑问题的出发点不同。这一部分的分析使我们较好地了解社会福利的变化，为政府制定损失补偿策略提供相应的参考。

成本收益分析法是通过比较动物疫病防控措施实施时的全部成本和收益，对防控措施的可行性进行评估，它是动物疫病损失评估的一个重要研究方法，主要是利用已经发生的动物疫病的相关资料和数据、结合数理统计以及逻辑推理等方法建立模型，对动物防控策略进行风险经济学分析和方案优选。本项目主要针对政府的防控策略，通过收集政府的检疫、免疫、扑杀补偿费用、监管费用等成本数据，以及防控措施实施后所产生的社会经济效益和公共卫生效益指标，对成本收益进行分析，以此评估政府防控措施的可行性。

### （二）资料的可得性

由于研究方法和研究角度的不同，上述三种评估方法分别需要不同的数据资料。在标准单位疫病损失法和"福利经济学损失评估法"所需要的资料中，一部分常用的数据如畜禽产品历年的产销量、价格以及动物疫病暴发的检疫率、免疫率等都可以通过统计年鉴、统计公报、文献资料等渠道获得，但是一些较为详细的、涉及微观层面生产经营的损失数据，如养殖场（户）的具体损失、畜牧生产企业在疫病暴发前后产销量与产品价格的变动等数据，可以通过实地调研获取，但是可能由于统计口径、日常记录习惯等的差异和缺失造成数据获取的难度加大，需要在调研时花费一定的时间和精力。总体而言，标准单位疫病损失和福利经济学评估法可以根据社会实际的生产经营状况和统计资料的详实程度，对所设定的指标进行调整，使其更适应经济社会损失评估的需要。

相比而言，成本收益分析法主要针对政府防控措施实施的成本和效益，所需要的研究资料可以根据政府在动物疫病防控中的相关统计资料和数据进行整理，研究资料比较易于获得。

### （三）方法的可行性

动物疫病损失所涉及的评估范围较广，几乎涉及经济社会发展的方方面面，进行损失评估既需要评估直接损失，又需要评估间接损失。从整体上看，标准单位疫病损失评估法和福利经济学评估法所设计的评估指标体系，考虑了生产生活相关方面的损失，指标涉及的内容较为广泛，且选取的指标尽可能贴近宏观和微观角度分析的需要，在方法上具有可行性。政府防控措施的成本收益分析具有较强的针对性，指标易于获得和计算。

从整体上看，三种评估方法分别有其评估的侧重点，在指标的设计和损失评估上表现出一定的差异，在一定程度上较为全面地考虑了经济社会的损失评估内容。同时，在某些方面，这三种方法还具有一定的互补性，方法较为可行。对补偿变化、政府防控策略的效果评估等，能够在一定程度上为政府决策提供参考；标准单位疫病法基于标准单位损失对其他地区疫病损失的探索，为快速了解区域疫病损失、制定紧急应对策略提供了相应的参考。

从经济学角度出发，探讨相应的动物疫病暴发的经济学损失评估方法，对疫病暴发所导致的经济、社会等损失以及防控措施的相关实施效果进行分析，无论是对动物疫病损失评估的相关理论完善，还是针对了解动物疫病的影响、制定防控措施等，都是一个有益的尝试，项目对三种经济学评估方法的探讨达到了相应的目的。

## 第八节　风险损失经济学评估实证分析

### 一、标准单位疫病损失实证分析

#### （一）生活损失

1. 直接经济损失。在生活水平的损失评估中，关于家庭养殖户的直接经济损失包括羊感染疫病的死亡损失、养殖户自行承担的扑杀损失以及其他损失。根据已获得数据，假设某省2010年羊出栏量约400万只，布病感染率约3.71%，假设每只羊价值1 000元，已感染布病的羊的空怀率为60%，感染布病的羊的死亡率很低，假设为0.01%，本年度共扑杀羊400只。扑杀补偿政策中规定扑杀羊的价值中20%由养殖户自行承担。鉴于其他损失数据的获得较难，故假设为死亡损失和扑杀损失之和的0.5倍，即生产者直接损失为死亡损失和扑杀损失的1.5倍。基于上述数据，可估计得生产者直接损失为14.226万元。

$$L_d = v \cdot n_d = 1\,000 \times 400 \times 3.71\% \times 0.01\% = 1.484 （万元）$$

$$L_k = 1\,000 \times 20\% \times 400 = 8 （万元）$$

$$L_{ld} = L_d + L_k + L_e = （1.484 + 8） \times 1.5 = 14.226 （万元）$$

2. 间接经济损失。假定疫病暴发地区的受影响人口数量为20 000人，人均月收入为3 000元，从疫病暴发到恢复生产所需要的时间为5个月，消费者的边际消费倾向为0.2，那么间接经济损失为：$L_{li} = mpc \cdot I_L \cdot N \cdot t = 0.2 \times 3\,000 \times 20\,000 \times 5 = 6\,000 （万元）$。

此时，区域内人们的生活水平损失为6 014.226万元。

#### （二）相关畜牧业产业链生产经营损失

动物疫病暴发的生产经营损失主要是指由于疫病暴发所导致的肉制品、纺织业、皮革制造业等羊产品相关产业的直接和间接损失。

直接经济损失：假定区域内畜产品加工企业共有10家，所生产产品的平均市场价格为38

元/kg，疫病暴发之前所有企业的平均月销量为2 000kg，疫病暴发之后平均月销量变为1 200kg，企业从疫病暴发停减产到恢复生产所需要的时间为5个月，那么直接停减产损失为：

$$L_{pd} = 10 \times 38 \times（2\,000 - 1\,200）\times 5 = 152（万元）$$

间接经济损失：假定区域内畜产品的后向相关生产如皮革制造、纺织等企业共有20家，所生产产品的平均市场价格为50元/kg，疫病暴发之前的企业平均月销量为1 000kg，疫病暴发之后的平均月销量变为600kg，企业停产时间为5个月。此外，所有企业的失业人数共计为800人，失业之前的每月预期收入为2 000元，贴现率为3%。那么，间接经济损失为：

$$L_{pi} = 20 \times 50 \times（1\,000 - 600）\times 5 + 800 \times 2\,000 \times（1 + 3\%）^{-1} \times 5 = 976.7（万元）$$

那么，动物疫病给企业生产经营带来的损失共有1 128.7万元。

### （三）动物调运和道路交通损失

假定疫区封锁之前，车辆为了到达目的地所需要的平均耗费为50元·辆/km，封锁后车辆的平均耗费为80元·辆/km，为了到达目的地绕行疫区的平均耗费为100元·辆/km。道路封锁之前的平均交通流量为200辆/h，封锁之后的平均交通流量为100辆/h，被封锁的公路里程为50km，交通从封锁到恢复开通所需时间为5个月，那么这一时期的交通收入损失为：

$$TS =（100 - 80）\times（200 - 100）\times 50 \times 5 +（80 - 50）\times 100 \times 50 \times 5 = 125（万元）$$

### （四）环境污染损失

假定由于病死畜禽处理不当，导致地下水污染和固体废弃物污染两种污染，对它们进行治理分别需要投入费用2万元/月和3万元/月，污染治理的时间分别为2年和3年，那么环境治理费用共计：$E = 2 \times 24 + 3 \times 36 = 156（万元）$。

通过上面各项损失的计算，可以得到该地区总的疫病损失：

$$A = 6\,014.226 + 1\,128.7 + 125 + 156 = 7\,423.926（万元）$$

以该地区的疫病损失作为标准单位疫病损失，试着对其他地区的经济损失进行评估。根据上面模型分析中的假设，运用比例系数法得到$W_2$区域内的经济损失评估公式为：

$$A' = L_i + \frac{3}{2}L_p + \frac{3}{4}TS + \frac{3}{4}E + u$$

那么，根据上面计算的A的各项损失值，可以大概估计出这一地区的经济损失为：

$$A' = 6\,014.226 + 1\,128.7 \times \frac{3}{2} + 125 \times \frac{3}{4} + 156 \times \frac{3}{4} = 7\,918.026（万元）$$

因此，标准地区的疫病损失总计为7 423.926万元，$W_2$区域内的疫病损失合计为

7 918.026万元。

## 二、福利经济损失评估

### （一）收入变化类

1. 家庭损失。对于直接经济损失，仍然按照上例中的生产者直接经济损失进行计算，可估计得生产者直接损失为14.226万元。

假设某省2010年养殖户直接卖出羊150万只，且羊的出栏周期为1年。2010年羊出栏量约398.79万只，2009年羊的存栏数为422.9万只。则生产者间接经济损失为：

$$L_{pi} = \frac{N_t \cdot S_t \cdot I_t}{M_{t+\Delta t}} \cdot T'_{t+\Delta t} = \frac{422.9 \times 1.32\% \times 60\%}{398.79} \times 150 \times 1\ 000 = 1\ 259.824（万元）$$

综上所述，生产者损失为1 274.05万元。

2. 企业损失。假定本年度一个生产养殖企业的净收益50万元，利润的增长率为10%，利润贴现率为3%，未来两年内企业的生产会由于疫病的后续影响而遭受一定的损失，这样的企业共有30家，那么，这部分企业损失为：

$$P = \left[ \frac{50（1+10\%）}{（1+0.03）} + \frac{50（1+10\%）^2}{（1+0.03）^2} \right] \times 30 = 3\ 312（万元）$$

3. 旅游业损失。假定2010年，动物疫病暴发之前、来疫区旅游的人数为10万人次，疫病暴发之后年旅游人次减少到5万人。假定旅游者的平均外生收入为2万元/人，平均工资水平为6 000元·人/月，工作时间为10个月，而购买其他所有商品的价值、储蓄等的总价值为7万元，那么消费者总的旅行费用为：

$$cr = （2+0.6 \times 10-7）\times（10-5）=5（万元）$$

那么，在疫病暴发后的一年内，受消费者心理的影响，人们可能会减少去疫区旅游的次数，那么疫区由于疫病暴发所导致的总旅游收入就是消费者在本地所花费的总的旅行费用。

4. 社会产品总量减少的损失。假定疫区过去几年内的产业平均年产值为78万元，年物价上涨指数为3%，比较年限为2年，那么这两年内的产业间接经济为：

$$L_4 = （78 \times 3\% \times 2）\times 30 = 140.4（万元）$$

5. 政府经济损失。由于政府间接损失无法估计，本部分损失指的是政府直接经济损失。假设某省2011年防控布病共需经费1 408.275万元（不含扑杀和无害化处理经费），其中，监测经费727.855万元，免疫经费227.72万元，消毒经费150万元，采购手套经费100万元，培训经费51.2万元，两市完善实验室和冷链体系经费80万元，奶牛健康证经费

60万元，疫苗效价评估经费11.5万元。上述经费，应由省、市、县三级财政分别承担。假设2010年的防控经费与2011年的预算经费相同即1 408.275万元。根据扑杀羊价值的80%由政府承担，共扑杀400只羊，每只羊价值约1 000元，每只羊无害化处理费用200元，则扑杀和无害化处理经费为40万元。则政府经济损失为：

$$L_g = 1\,408.275 + 40 = 1\,448.275 （万元）$$

### （二）数量质量变化类

1. 疫病的交通机会成本。假定疫区道路的封锁导致人们到达目的地的绕行、堵车等时间增加。假定人均小时工资为25元，为到达目的地所绕行、堵车浪费的小时总数为1 000h，采取绕行的车辆总数为500辆，那么这一部分的机会成本损失为：

$$Y_{oc} = 25 \times 1\,000 \times 2 \times 500 = 2\,500 （万元）$$

2. 环境质量损失。假定疫病暴发造成了较为严重的环境污染，需要投入相应的费用进行污染质量和环境功能的恢复。假定生态环境恢复到疫病暴发前的水平所需年数为3年，第一年的恢复费用为30万元，第二年的恢复费用为25万元，第三年的恢复费用为20万元，每一年的损失效益均为50万元。

每一年的恢复费用平均为20万元，预期每一年的损失效益为50万元，贴现率为3%，那么环境损失为：

$$E = （30 + 50）（1 + 0.03）^{-1} + （25 + 50）（1 + 0.03）^{-2} + （20 + 50）（1 + 0.03）^{-3}$$
$$= 212.5 （万元）$$

### （三）价格变化类

根据模型计算法，运用调研等方式获得动物疫病暴发之前，消费者的家庭收入、所购买的畜禽产品数量与其他产品量、两类产品的平均市场价格等资料，然后调查获得疫病暴发之后两类产品的价格水平、消费者的产品购买量等。在获得这些基本数据以后，运用消费曲线和消费者预算约束线，求得为达到原来的效用水平、消费者消费的商品组合，从而求得消费者在最优消费组合下应具有的收入水平，然后用补偿变化公式来计算政府为了维持消费者原有效用水平所应投入的补偿额度。假定这一应付补偿量为500万元。

根据上面求得的各种损失，可以大概估算出疫病暴发情况下、用福利分析法所测得的经济损失总量，即：

$$L = 1\,274.05 + 3\,312 + 5 + 140.4 + 1\,448.275 + 2\,500 + 212.5 + 500 = 9\,392.225 （万元）$$

即损失值为9 392.225万元。

## 三、成本收益评估

应用某省已有的疫病数据，对该省布鲁氏菌病防控策略的成本、防控策略效益和成本效益进行了评估。

### （一）防控策略成本评估

假设某省布鲁氏菌病防控措施是从2010年开始，到2012年年底，共3年时间。假设这三年防控措施的成本相同，贴现率为10%。则防控措施的成本为：

$$C = \sum_{1}^{n} \frac{C_t}{(1+i)^t} = \sum_{t=1}^{3} \frac{1\,448.275}{(1+10\%)^t} = 3\,601.646 \text{（万元）}$$

### （二）防控策略效益评估

布鲁氏菌病防控措施所带来的效益包括社会经济效益、公共卫生效益等。社会经济效益指因采取布鲁氏菌病防控措施而带来的整个社会经济损失的减少额。采取防控措施的直接公共卫生效益包括医疗费用减少值和非医疗费用减少值。本项目所评估的防控策略效益包括社会经济效益和直接公共卫生效益。其计算公式为：

$$B = \sum_{1}^{n} \frac{Con_t \cdot \frac{J_t - I_t}{J_t} \cdot 100\% + y_t - y'_t}{(1+i)^t}$$

由于2011年、2012年数据未能收集到，故假设：

$$\frac{J_t - I_t}{J_t} = 1\%$$

$$y_t - y'_t = 1\% c$$

则

$$B = \sum_{1}^{n} \frac{Con_t \cdot 1\% + 1\% y_t}{(1+i)^t} = 1\% \sum_{1}^{n} \frac{Con_t}{(1+i)^t}$$

假设2010—2012年羊产品消费额不变，均为：

$$Con = 54\,009 \times 38 + 17\,305 \times 12 + 168 \times 150 = 228\,520.2 \text{（万元）}$$

$y_t$ 为 3 020 万元。则

$$B = 1\% \sum_{1}^{n} \frac{Con_t y_t}{(1+i)^t}$$

$$= 1\% \left[ \frac{228\,520.2 + 3\,020}{(1+0.1)^3} + \frac{228\,520 + 0.99 \times 3\,020}{(1+0.1)^2} + \frac{228\,520.2 + (0.99)^2 \times 3\,020}{(1+0.1)^1} \right]$$

$$= 5\ 757.266$$

即采取防控措施的这三年，收益为5 757.266万元。

## （三）成本效益分析

成本效益分析采用指标效益—成本比来表示，即：

$$B/C = \frac{\sum_{1}^{n} \frac{B_t}{(1+i)^t}}{\sum_{1}^{n} \frac{C_t}{(1+i)^t}}$$

综合防控措施成本与效益评估，可以得到：

$$B/C = \frac{5\ 757.266}{3\ 601.646} = 1.6$$

即政府防控成本为3 601.646，收益为5 757.266，效益成本比为1.6 > 1。可以认为这三年内政府实施防控措施的综合效益大于成本，防控措施是有效率的。

## 参考文献

陈茂盛，董银果. 2006. 动物检疫定量风险评估模型述论 [J]. 世界农业，6：52 – 55.

傅湘，纪昌明. 2000. 洪灾损失评估指标的研究 [J]. 水科学进展，11（4）：432 – 435.

李亮，浦华. 2011. 经济评估在动物卫生风险分析的应用与启示 [J]. 世界农业，3：19 – 22.

李亮. 2011. 基于风险评估的动物疫病防控经济学研究 [D]. 安徽：安徽农业大学.

李文柏，杜怀礼，柳淑琴. 2012. 动物防疫工作的重要性、示范作用及完善措施 [J]. 行业发展论坛，8：270.

刘瑞鹏. 2012. 动物疫情风险下养殖户经济损失评价研究 [D]. 陕西：西北农林科技大学.

陆昌华，胡肄农. 等. 2012. 动物及动物产品质量安全的风险评估与风险预警 [J]. 食品安全质量检测学报，1：45 – 52.

梅付春，张陆彪. 2009. 加拿大应对禽流感的扑杀补偿政策及启示 [J]. 中国农学通报，25：304 – 306.

梅付春. 2011. 禽流感扑杀补偿政策的市价补偿标准问题探析 [J]. 河南农业科学，40（4）：30 – 33.

米锋，韩征，孙丰军. 2008. 林木损失额价值计量及损毁程度系数研究——以北京地区为例 [J]. 林业经济，5：58 – 61.

浦华. 2006. 动物疾病防控的经济学研究综述 [J]. 农业经济问题，6：61 – 64.

浦华. 2007. 动物疫病防控的经济学分析 [D]. 北京：中国农业科学院.

任强. 2006. 希腊防控禽流感应急机制值得借鉴 [J]. 全球科技经济瞭望，9：60－63.

世界动物卫生组织，农业部畜牧兽医局. 2000. 国际动物卫生法典 [M]. 北京：兵器工业出版社.

王济民. 2008. 对重大动物疫病防控的若干反思及建议 [J]. 中国畜牧兽医报，1：8－9.

王志彬，刘瑞鹏. 2012. 高致病性禽流感疫情风险下养殖户经济损失评价 [J]. 广东农业科学，4：5－7.

吴春艳，王靖飞，赵丽丹，等. 2006. 中国高致病性禽流感免疫预防风险评估 [J]. 畜牧兽医学报，37 (6)：621－624.

夏咸柱. 2005. 加强动物疫病防治保障人类健康和畜牧业可持续发展 [C]. 王健. 第二届中国畜牧科技论坛论文集. 重庆荣昌：中国畜牧学会，9－11.

闫俊平，魏伟，陈溥言，等. 2009. 动物卫生风险评估方法研究 [J]. 上海畜牧兽医通讯，2：57－59.

叶和平. 2010. 动物疫病风险分析及其要素评价 [J]. 食品安全导刊，12：60－62.

张汉荣. 2010. 如何建立动物疫病防控补偿有效机制 [J]. 中国动物保健，10：1－2.

张莉琴，康小玮，林万龙. 2009. 高致病性禽流感疫情防制措施造成的养殖户损失及政府补偿分析 [J]. 农业经济问题，12：28－33.

张志诚，李长友，黄保续，等. 2010. 中国禽群高致病性禽流感发生状况及其风险预测 [J]. 畜牧兽医学报，4：454－462.

Berentsen P. B. M. 1992. Adynamic model for cost－benefit analyses of foot－and－mouth disease control strategies [J]. Preventive veterinary medicine，12：229－243.

Brahmbhatrm. 1998. Measuring global economicintegration：a review of the literature and recent evidence [R]. Washington：The World Bank.

Buijtels J. etal. 1997. Computer simulation to support policy making in the control of pseudorabies [J]. Veterinary M icrobiology，55：181－185.

Euwissen M，Horst SH，Huirne RBM，et a1. 1999. A model to estimate the financial onsequences of classical swine fever ontbreaks：principles and outcomes [J]. Preventive Veterinary Medicine，3 (4)：249－270.

Landman W J M. 2004. Avain influenza—eradication from commercial oultry still not in sight [J]. Agricultural Sciences of Dutch，129：782－796.

Thompson D，et al. 2002. Economic Costs of the Foot and Mouth Disease Outbreak in the United Kingdom in 2001 [J]. Rev. Sci. Tech. Off. Int. Epiz，21：675－87.

第十一章

# 进口动物和动物产品风险分析

动物和动物产品进口风险分析是风险分析的重要组成部分。动物和动物产品的进口对于进口国来说有一定程度的风险，这种风险表现为一种或几种疫病的传入。进行进口风险分析可以是针对某种疫病进行分析，也可以针对某种进口的商品进行分析。进口风险分析由危害识别、风险评估、风险管理、风险交流四个过程组成。

# 一、危害识别

动物和动物产品国际贸易会产生动物疫病跨境传播风险。在对进口动物及动物产品进行风险分析过程中，主要考虑的危害因子是动物病原体。

1. 确定潜在危害因子。在确定与进口动物及动物产品有关的潜在危害因子时，既可以考虑OIE所公布的A类、B类疫病，也可以考虑进口国关注的动物疫病，进口国官方控制的疫病，或者其他危害后果严重的疫病。同时，要通过风险交流，广泛收集与进口活动有关的利益各方对危害的信息和观点。在确定潜在危害因子之后，要列出与危害因子有关的各种风险因素清单，清单要尽可能全面，以确保没有明显遗漏。

2. 过滤和筛选。危害清单中所包括的潜在危害因子是很多的，对每一个危害因子都进行评估和管理显然是不现实的。所以，需要利用危害识别方法对清单中的危害因子进行过滤和筛选。危害因子过滤和筛检的步骤详见图11－1。

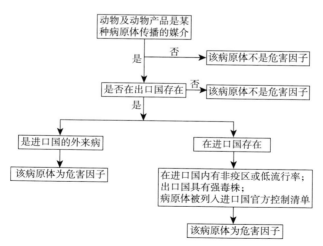

图 11-1    进口风险分析危害识别过程

3. 危害因子描述。潜在危害因子过滤筛选后，需要对每种危害因子分别进行描述。描述内容包括病原名称、血清型、疫病发生历史及地理分布、易感动物、传播方式、临床症状、发病机理及病理变化、诊断方法、防治措施和主要危害等。以识别的危害因子为OIE A类疫病疯牛病（BSE）为例，可以进行如下描述：

（1）危害因子名称。牛海绵状脑病（Bovine Spongiform Enphalopathy，BSE），又称疯牛病，是一种慢性、消耗性、对牛科动物中枢神经系统有严重影响的疫病，它属于传染性脑病的一种。

（2）病原。到目前为止疯牛病的病原还没有被完全认识，但科学界目前倾向于认为疯牛病病原为朊病毒（Prion），它是一种变性的蛋白粒。它是人类在继细菌、病毒、真菌和寄生虫之后发现的又一类传染因子。

（3）历史及地理分布。自从1986年英国报道发生第一例疯牛病以来，疯牛病已经在欧洲、亚洲、北美洲等大陆相继发生。到2006年年底，全球共有25个国家和地区报告发生BSE。报道BSE国家和地区分布详见图11－2。

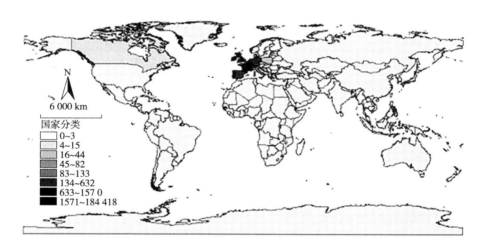

图11-2　全球BSE累计发生状况（数据来源：OIE，2006）

（4）易感动物。家牛、奶牛、野牛、大羚羊等易感。猫科动物如家猫、虎、豹、貂、狮等和其他食肉动物也有一定易感性。

（5）传播方式。疯牛病病原主要产生于病牛和病羊的尸体，通过食物链进行传播。最近研究发现，BSE能经母源传播，但概率较低，只靠此方式似不足以使 BSE 持续流行；目前尚未发现疯牛病在牛群内个体之间的相互传染，即未发现水平传播。

（6）传染源。目前普遍认为造成BSE大规模暴发的主要原因是由于牛食用了含有羊痒病朊病毒的精饲料——肉骨粉所致，即存栏绵羊数额较大并有痒病流行或从国外进口了被痒病朊病毒感染的动物或被污染的动物产品。

（7）主要危害。疯牛病暴发使世界养牛业遭受了沉重打击，在国际农产品贸易中，一个国家的疯牛病风险状况已成为其他国家对其实施贸易壁垒手段的重要依据。研究表明，人类克雅氏病的传播与食用受疯牛病因子污染的食物密切相关。从1995年到目前为止，全世界共有11个国家出现人感染BSE事件，病死率约95％。

4.BSE欧盟GBR风险等级。欧盟标准的GBR（疯牛病地理风险）评估分为4个等级（表11－1）。目前只有英国和葡萄牙因为疯牛病发生和流行规模大被欧盟科技委员会划分为GBR Ⅳ级，其他确诊疯牛病病例的国家都被归类为GBR Ⅲ级。

表11-1　欧盟疯牛病地理风险（GBR）分类标准

| GBR 分类等级 | 一个国家或地区有一头或多头牛出现 BSE 症状或处于 BSE 潜伏期风险 |
| --- | --- |
| Ⅰ | 非常不可能 |
| Ⅱ | 不可能但不可以排除 |
| Ⅲ | 可能但还未证实或虽然已经证实,但处于较低的水平 |
| Ⅳ | 已经证实,且处于较高的水平 |

## 二、风险评估

风险评估是风险分析的第二步，也是最关键的一步。OIE陆生动物卫生法典中关于进口动物和动物产品风险评估框架定义了释放评估、暴露评估、后果评估和风险估计几个部分。释放评估是指对致病因子随动物及动物产品传入进口国可能性的评估，暴露评估是指对致病因子暴露于进口国易感动物可能性的评估，后果评估是指对致病因子在进口国易感动物中定植及传播所造成的生物学及经济损失评估，风险估计是对释放评估、暴露评估和后果评估的归纳和总结。风险评估可以是定性的，也可以是定量或半定量的。

进行风险评估需要制定完善的评估计划和评估框架才能科学地完成评估任务。疯牛病风险评估框架详见图11－3。

### （一）释放评估

释放评估是指对致病因子随动物及动物产品传入进口国可能性的评估。进行释放或传入评估时，一般用情景树方法（scenario trees）进行分析。通过情景树分析法，分析、评估动物及动物产品在出口国饲养、屠宰、加工和出口过程中危害因子发生的生物学途径，分析的终结点是动物或动物产品抵达进口国。如果致病因子能够到达进口国就需要进行下一步的暴露评估。在释放情景树中要对动物和动物产品养殖加工的每个环节进行评估和报告。

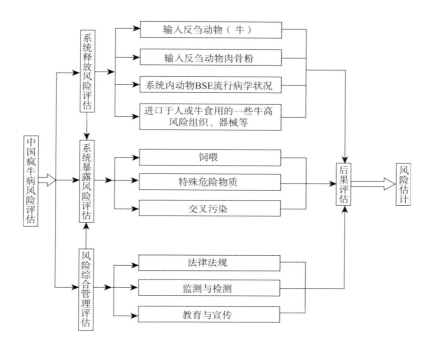

图 11-3　疯牛病风险评估的概念框架

图11-4为由疯牛病风险国家出口的反刍动物释放风险评估的框架图。$f_1$ 为输入牛的风险释放概率。$f_2$ 为选择供屠宰出口的畜群中个体感染率。考虑到动物疫病具有动态波动性，BSE畜群内的感染率要根据该疫病在特定地区的流行情况决定。$f_3$ 代表1个感染BSE动物在宰前后没有检出或剔除的概率。$f_3$ 的大小取决于出口国检验检疫程序和准则。$f_4$ 代表动物胴体经熟化后致病因子没有被灭活的概率，$f_4$ 与致病因子的特性、感染程度、屠宰加工工艺流程有密切关系。$f_5$ 表示胴体在一定pH下，致病因子经酸化过程没有灭活的概率。肌肉组织的pH在尸僵过程中随着乳酸累积不断下降，酸化后最终的pH与动物品种、宰前宰后应激反应、加工过程相关。在不同组织之间，如肌肉组织、淋巴结、血凝块、内脏等，pH存在差异，不同的致病因子对pH的敏感性也不一致。$f_6$ 表示动物产品在冷藏和运输过程中致病因子存活的概率。$f_6$ 与冷藏和运输过程中的温度、储藏时间、运输时间等有关。对某些致病因子（尤其是肠道微生物）要考虑在加工过程中出现的污染情况。致病因子在屠宰、剔除内脏、剔骨和修饰胴体时污染肌肉组织的可能性取决于相关致病因子的物理特性。$f_7$ 表示在生产线上致病因子感染反刍动物饲料的概率，$f_8$ 表示反刍动物食用感染饲料的概率。

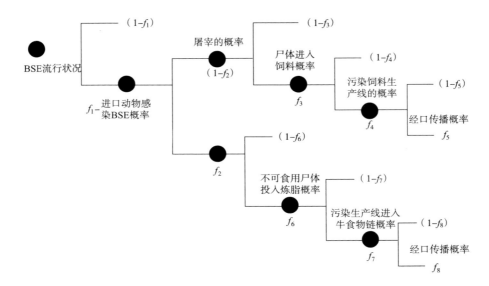

图 11-4　BSE风险国家输入活反刍动物（牛）暴露和释放风险框架模型

### （二）暴露评估

危害因子一旦传入，在风险分析中评估风险因子进入进口国中并暴露于易感动物的过程称为暴露评估。暴露评估是评估进口动物及动物产品的去向分布情况以及易感动物暴露于风险因子或易感动物与之接触的可能性。在进行暴露评估时，首先要对进口动物及动物产品的去向分布情况进行分析。然后要根据进口动物产品总量、分布比例、各分布途径产生的废弃物比例等参数，对进口动物或动物产品产生的风险进行估计。

下面以疯牛病进口风险分析为例说明暴露评估流程。

1. 中国进口牛总体情况。中国是一个农业大国，对牛的相关产品进口有比较长的历史。来自海关总署信息中心和国家统计局统计数据表明，1983年至2004年10月，中国从缅甸、德国、尼泊尔、丹麦、荷兰、澳大利亚、朝鲜、日本、美国、加拿大、新西兰、法国、老挝、苏联等十几个国家进口过种牛和其他用途的活牛，数量大约为176 870头。同期，中国从德国、丹麦、荷兰、日本、美国、加拿大、法国7个疯牛病地理风险（GBR）为高风险等级的国家进口了18 816头活牛科动物。这些动物分布在我国大部分省份，在疯牛病暴发的1990—1993年，输入数量比较大的地区为北京、河南、安徽、内蒙古。

在20世纪80年代初期英国疯牛病已经出现，而全球大规模暴发是在1992年左右。全球主要扩散和传播时期则是在1992年以后的10年之间。而疯牛病病例发现和检测需要一系列技术手段和认识水平作为保障，无论哪个环节在管理水平和技术层面上出现问题都会掩盖和人为缩小对疯牛病实际发生风险的评估。筛选、检测、确诊和监测等是在20世纪末和21世纪初期才有了相对科学的方法和易于操作的手段。因此对疯牛病的潜在发生风险应该给予充分估计和评估。

2. 牛科动物及其产品输入暴露评估。

（1）由于国际和地区间贸易自由化和贸易协定的存在，动物产品相关贸易协定相似的国家和地区具有相似的疯牛病风险。因此疯牛病风险扩散和传播输入具有明显的区域性。

加拿大被欧盟评为疯牛病地理风险GBR Ⅲ级。欧盟科技委员会认为加拿大从1993年起，牛的相关产品就具有疯牛病潜在风险。1993年至2004年10月间，中国从加拿大连续输入活牛4 681头。2003年加拿大发现疯牛病阳性牛，2004—2006年期间又连续发生疯牛病病例。计算结果表明，1993年以来，所有从加拿大输入的活牛中至少有1头是感染病牛的概率为0.001 5。

丹麦为GBR Ⅲ级风险。中国在1983—1990年间从丹麦进口活牛3 442头，1990年以后再没有进口记录。评估结果表明，进口活牛中有1头以上为BSE感染牛的概率为0.096 9。

欧盟SSC把德国出口风险划分为2个时段，1980—1988年期间为GBR Ⅰ级风险时期，1988年以后为GBR Ⅱ级风险时期。1983年至2004年10月期间，中国从德国进口活牛4 173头。其中，在GBR Ⅰ级风险时期进口4 046头，风险可以忽略；在GBR Ⅱ级风险时期进口127头。评估结果表明，进口活牛中有1头以上为BSE感染牛的概率为0.08。

法国在1983—1992年间出口到中国的活动物数量为443头，以后再无记录。欧盟SSC把法国1979—1980年评为GBR Ⅰ级风险时期，1980年以后为Ⅱ级。中国在法国GBR Ⅰ级风险时期没有进口活动物的记录，在GBR Ⅱ级风险时期进口443头活牛。评估结果表明，进口活牛中有1头以上为BSE感染牛的概率为0.009 2。

日本首例疯牛病确诊病例出现在2002年，2004年又出现确诊病例。欧盟SSC认定日本BSE风险等级为GBR Ⅲ级。1983年至2004年10月间，中国从日本进口活牛291头。评估结果表明，进口活牛中有1头以上为BSE感染牛的概率为0.001。

SSC把荷兰1985—1987年之间出口风险划分为Ⅰ级，1987年以后为Ⅱ级。中国在荷兰GBR Ⅰ级风险时期从荷兰进口活牛302头。评估结果表明，进口活牛中有1头以上为BSE感染牛的概率为0.004。

美国从1993年开始具有欧盟GBR的1级风险，1998年开始为2级风险。1993年至今美国共向中国出口活牛1 816头。美国在2005年检出2例疯牛病阳性牛，2006年年初又检出1例。评估结果表明，进口活牛中有1头以上为BSE感染牛的概率为0.000 04。

综上所述，按照风险评估的风险最大化原则，来计算来自欧盟四国输入的1 433头牛中存在1头以上感染BSE病牛的期望为0. 126 2。中国从加拿大、日本、美国等疯牛病发生国家输入了一定数量的牛，其中存在1头以上感染的期望为0. 013 6。

（2）输入肉骨粉的评估。来自海关总署信息中心和国家统计局的数据表明，1983年至2004年10月，中国从缅甸、印度尼西亚、泰国、秘鲁、新加坡、澳大利亚、马来西亚、新西兰、巴西、苏联、阿根廷、蒙古、老挝、奥地利、加拿大、比利时、丹麦、法国、德国、意大利、日本、荷兰、瑞士、西班牙、美国和英国等几十个国家以及中国香港（1997年以前）和台湾省等地区购买过肉骨粉，累计进口916 165.95t，其中从奥地利、加拿大、比利时、丹麦、法国、德国、意大利、日本、荷兰、瑞士、西班牙、美国和英国13个疯牛病高风险国家进口658 157. 51t（从英国直接输入肉骨粉5 059. 78t）。

来自英国的肉骨粉（包括通过香港转口的）主要在广东省和福建省消费。英国肉骨粉在辽宁省、天津市、上海市和山东省也有输入。由于英国BSE感染率高，由进口肉骨粉所带来的风险不可以忽略。

中国从其他的疯牛病发生国家进口了大量肉骨粉，包括美国和加拿大等国。这些肉骨粉消费地区分布在全国大部分省份。其中进口输入数量较多的省份包括辽宁、山东、广东等，这些肉骨粉的消费也构成了非常高的外来输入风险。

（3）中国进口羊只痒病风险状况评估。痒病是自然发生于绵羊、山羊的慢性致死性中枢神经系统变性传染病。目前，很多科学家认为痒病是传染性海绵状脑病（TSE）的原型，牛海绵状脑病（BSE）很可能是由于牛食用了污染痒病致病因子的饲料引起的。OIE将痒病列为B类疫病，我国农业部颁布的96号令将痒病列为一类动物疫病。按照1997年《中国人民共和国动物防疫法》的规定，痒病为强制报告疫病，并需要对其制定严格的监测计划。

目前有28个国家发生过痒病，其中主要分布在欧洲、美国和中东等地区。1984—2004年，中国进口绵羊27 961只，进口山羊15 749只，包括从痒病发生地区（英国、法国、德国、俄罗斯和吉尔吉斯坦等）引入的5 461只羊。中国从英国进口了112只山羊，这些羊中极有可能存在痒病致病因子。

（4）进口的牛组织或生产加工的衍生物的评估。OIE对进口用于人或牛食用的一些牛高风险组织或在其基础上生产加工的衍生物进行了规定。这些物质包括3个大类，一是反刍动物扁桃体、回肠末梢，以及由这些组织提炼出的蛋白为材质制造的用于食品、饲料、肥料、化妆品、生物和医药等方面的用品；二是大于30月龄的牛大脑、眼睛、脊髓、头颅、脊椎骨等提炼出的食品、饲料、肥料、化妆品、生物和医药用品等产品，以及由这些危险物质制成的物品等；三是从疯牛病风险国家输入的大于12月龄的牛的大脑、眼睛、脊髓、头颅、脊椎骨等提炼出的食品、饲料、肥料、化妆品、生物和医药用品等产品，以及由这些物质制成的物品等。

海关统计年鉴的数据表明，从1983年开始我国就有从BSE发生的国家进口大量相关物品的记录，这些物品数量很多，对我国食品安全和人民健康构成了严重的、潜在的和不可低估的影响。但由于我国在进口物质的追溯和管理技术上的滞后性，这些潜在的风险物质给我国BSE的风险管理带来的不确定性难以估计。

1990年，有人提出化妆品是传播疯牛病的风险物质。由于化妆品是累计性的、习惯性的日用物品，其累计效应非常明显。针对有关化妆品所带来的BSE公共卫生安全问题，中华人民共和国卫生部和国家质量检验检疫总局在2002年3月联合发布公告，禁止进口和销售含有疯牛病风险国家和地区的牛、羊的脑及神经组织、内脏、胎盘和血液等动物源性原料成分的化妆品，并且对2类85种牛羊源性成分的化妆品禁止进口。目前国内市场存在大量通过非正常渠道进口的化妆品，但由于大部分消费者对疯牛病以及牛羊源性产品的风险认知能力非常有限，这些产品仍然在消费。

3. 我国牛饲喂系统暴露风险评估。

（1）中国牛养殖结构和饲喂结构特点。2003年全国牛科动物存栏量达到了1.42亿头，其中奶牛为893万头。我国黄牛和水牛占存栏主体，乳牛和奶牛仅占总量的6.63%。我国传统的农业种植地区同时也是牛饲喂的养殖重点区域，牛主要以散养为主，主要饲喂农户自产的植物秸秆等氨化饲料，添加商品性动物蛋白的量非常低。

（2）肉骨粉等饲料的生产和加工。我国目前反刍动物饲料的结构为粗饲料有余、蛋白质饲料相对匮乏、精饲料相对资源不足。

肉骨粉是指利用屠宰动物废弃物、下脚料、杂骨等经过高温处理、脱水、脱脂，经过干燥、粉碎成流动性好的粉状物。我国国产肉骨粉既包括骨粉也包括肉骨粉，统计的时候没有详细区分骨粉和肉骨粉。肉骨粉中，纯粹的肉骨粉所占比例很小，约占30%的份额。我国城乡居民喜欢将动物内脏加工成食品，绝大部分动物内脏被加工成熟食制品出售和食用。因此，我国能够生产肉骨粉的原料很少，一般是收购的杂骨，最好的原料也只是从屠宰场购入的带有肉渣的新鲜骨头以及废弃的内脏，因此动物蛋白进入饲料的比例非常低。国内肉骨粉生产一般采用压榨——热喷工艺。肉骨粉的热喷工艺使原材料在高压灌内经受压力1.10MPa，温度160℃、10min条件处理，高于OIE规定的133℃、0.3MPa，20min的条件。

综上所述，我国牛以散养为主，主要饲喂饲草，动物性蛋白的饲喂在强度上和数量上都非常有限。同时，我国动物性蛋白的生产、加工、饲喂等方面都有严格的规定和管理办法，动物性蛋白主要饲喂猪和禽。

牛饲喂体系内疯牛病风险扩散和传播的理论模型详见图11－5。

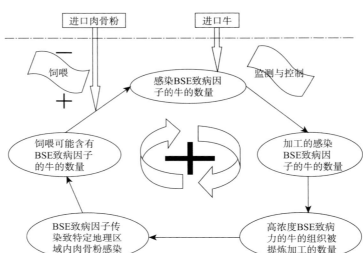

图11-5　BSE扩散和传播模型

4. 反刍动物胴体、副产品和加工废料的暴露风险评估。大量研究结果表明，疯牛病致病因子主要存在于牛的大脑和脊柱等特殊危险物质。特殊危险物质包括大脑、脊髓、脊柱、淋巴结、扁桃体、脾脏，以及与淋巴系统相关联的小肠和胎盘、脑垂体、肾上腺、胰腺、肝脏、中枢神经系统、背根神经、三叉神经等。通过口腔和胃肠道暴露BSE致病因子导致感染的概率远小于通过脑部和腹膜内接种的概率。我国目前还没有关于如何处理特殊危险物质的法律和行政规定。由于中国特有的经济发展状况和风俗习惯，以及普通民众对疯牛病的认识和了解非常有限，因此对动物内脏、脑、脊髓等的食用非常普遍。这些习惯导致普通居民BSE的暴露风险。

5. 反刍动物肉骨粉交叉感染的风险评估。即使没有直接使用反刍动物肉骨粉饲喂牛、羊，BSE致病因子依然可以通过饲料的交叉污染和交叉饲喂导致牛羊暴露。在同时生产牛/猪/禽类饲料的生产线上，能够产生交叉污染，不同的饲料使用同一运输工具运输也可能产生交叉污染。

我国对饲料的生产、销售、饲喂制定了严格的标准。1999年，国务院颁布了《饲料和饲料添加剂管理条例》，农业部也颁布了生产许可证管理办法。按照这个管理办法的规定，所有生产、进口和交易动物饲料的公司和企业都必须先到地方工商管理部门注册。在经过工商管理部门和相关部门的考核和认证后，才发给生产和经营的许可证。2004年农业部又颁布了关于动物源性饲料的安全规定。

　　按照中国官方统计数据，2003年，全国共注册饲料加工企业13 384家，其中生产蛋禽类配合饲料14 334 113t，占配合饲料总数的22.3%；肉禽料18 318 010t，占总数的28.5%；猪料21 297 466t，占总数的33.1%；反刍动物饲料2 043 355t，占饲料总量的3.2%。反刍动物饲料生产工业化规模非常小，反刍动物饲料大部分是饲养场和农户自己生产和加工，商品性反刍动物饲料所占比例很小。我国反刍动物主要依靠家庭饲养和小规模农户饲喂，植物性蛋白饲喂和草食饲喂是我国反刍动物饲喂的主要特征。但近几年由于乳牛产业的快速发展，不可以排除有一部分生产猪料和禽料的生产线同时生产反刍动物饲料，这种生产方式是反刍动物饲料产生交叉污染最有可能的途径。

## （三）后果估计

　　损失后果包括直接后果和间接后果。直接后果包括风险对畜禽健康和生命的影响，可以导致畜禽发病和死亡、生产性能降低、对公共卫生产生影响、对环境产生影响等。间接后果包括防治费用、赔偿费用、监督/监测费用、国内贸易损失、国际贸易损失（贸易制裁、散失市场机会等）、环境后果、减少旅游活动和社交活动的损失等。

　　对于每一项直接和间接后果评估，需要从4个水平考虑：风险事件发生地、地区、区域和国家。对每个水平的影响，一般应用定性术语来描述，如忽略不计、低、显著、非常显著等。在后果评估时，要对每种易感动物感染已识别的危害因子的危害程度分别进行评估。后果评估包括以下几个步骤：

　　（1）分析某种危害因子在每种易感动物中扩散后的影响，具体包括致病因子在暴露畜群中传播危害、致病因子传播扩散到其他同类易感畜群的危害。

　　（2）估计疫病暴发后造成的经济损失、公共卫生影响、自然环境的影响等。定性评估常用定性描述术语，一般为损失高、中、低、很低、极低和忽略等。在评估前，一般应该先对不同级别的损失进行定义，即损失高是损失多少、损失低是损失多少。如果需要进行定量估计，就需要构建统计学模型或者是数学模型。结果是损失的数字或者是置信区间。

　　（3）综合直接后果和间接后果，形成对总后果的估计。根据直接后果和间接后果的估计，可形成总损失后果的估计。

　　来自欧盟、美国等疯牛病发生国家的活牛和肉骨粉存在释放风险；目前脆弱的畜牧业体系和牛饲喂管理体系难以及时检测出疯牛病阳性牛；在动物的监管、屠宰、运输、消费和废弃物处理等方面还存在暴露风险。因此，我国存在疯牛病发生风险，但风险很低。

　　（4）风险计算。获取了风险发生的概率和一旦发生疫病可能的损失之后，需要进行风险计算。风险是危害事件发生的可能性和损失的综合，一般来说，风险的计算方法就是用风险事件发生的概率乘以潜在的损失。

## 三、风险管理

风险管理的目的是在遵循SPS协议和OIE法典的前提下，确定和采取一定的风险管理措施和手段，将进口国所遭受的风险降低到可接受水平，同时确保动物及动物产品国际贸易正常进行。风险管理首先需要确定可接受风险水平，然后进行风险管理措施评估，最后是措施实施和实施效果反馈。

### （一）SPS 协议

实施卫生与植物卫生措施协议，即SPS协议，是世界贸易组织（WTO）框架内管理一个国家在进出口货物方面采用措施的程序性规则的多边贸易协议，1995年世界贸易组织成立之日起开始施行。SPS协议的基本目标是界定一个所有成员国共同认可的框架，允许各成员国为保护本国植物、动物和人类生命和健康在这个框架内采取必要的措施，但所采取的措施必须建立在风险评估基础之上，不得把动植物卫生检疫措施作为不正当的贸易保护手段。保护措施可应用于下列领域：

（1）保护人类生命和健康免受植物和动物携带的疫病侵害。

（2）保护人类和动物的生命和健康免受食品中添加剂、污染物、毒素和致病微生物产生的危害。

（3）保护动物或植物免受有害生物的侵害。

（4）防止有害生物入境、定植和传播而导致的其他损害。

### （二）适度保护水平

一些国家采用零风险方法管理国际贸易，意味着只要进口过程中有风险，进口贸易就会停止。在现实中，在贸易中保持零风险政策是不可能的，也是不科学的。可行的方法是，通过风险管理措施把风险降低到一定的可接受水平。

SPS协议提出适度保护水平（appropriate level of protection，ALOP）的概念，即成员国在制定保护其人类和动植物的生命和健康的卫生措施时，认为是适当的保护水平。目前，国际上有3种方法确定适度保护水平，即澳大利亚方法、美国方法和新西兰方法。

确定适度保护水平的基本步骤：

（1）计算和评估风险水平。

（2）制定适度保护水平。

（3）列出要采取的风险管理措施。

（4）通过与适度保护水平比较，选择能够适度降低风险水平的方法。

如果风险管理措施不能将评估的风险降低到可接受风险水平，进口国将会遭受不必要的损失，如果风险管理措施将评估的风险降低到远低于可接受风险水平，会对贸易构成不必要的限制。

### （三）可接受风险

针对动物及动物产品的贸易风险管理，OIE提出可接受风险的概念。可接受风险就是成员国确定的、与保护国内动物和公共卫生相适应的风险水平。风险的可接受水平可以看作是对某特定风险可以忍受的最高水平，风险管理的目标就是采用风险管理措施将风险降低到可接受水平之内。

SPS使用了ALOP概念，并将其等同于可接受风险。但有些风险分析专家认为，这两个概念不能等同。可接受风险是国家固定的，适度的保护水平根据情形不同是变化的，要依赖于每种情形下评估的风险。如果评估得出的风险超过进口国的风险可接受水平，则应停止进口或采取有效的降低风险的措施；如果可接受水平较高，或评估的风险不太高于可接受水平，较低的保护水平就可能是适当的。

### （四）我国 BSE 风险管理措施

英国等发达国家发现疯牛病后，我国采取加强立法、严格风险物质进口监管、强化监测和饲料管理、广泛开展宣传培训、健全应急反应机制等多种措施防范疯牛病的发生。

1. 将疯牛病列为一类动物疫病。1999年，农业部根据《中华人民共和国动物防疫法》的规定发布了《一、二、三类动物疫病病种名录》，将疯牛病、痒病列为一类动物疫病，要求任何单位和个人发现患有疫病或疑似发病的动物，都应当及时向动物防疫监督机构报告。

2. 严格风险物质进口管理。1992年，农业部根据《中华人民共和国进出境动植物检疫法》的规定制定了《中华人民共和国进境动物一、二类传染病、寄生虫病名录》，将牛海绵状脑病和痒病列为一类传染病，对疯牛病易感动物及相关风险物质实施严格的进出境检疫监管。1990年至今，农业部、卫生部和国家质检总局先后发布多项公告、禁令和通知，加强对BSE风险物质的进口监管。主要措施包括：

（1）禁止从疯牛病报道国家进口牛、牛精液及牛胚胎。1990年，农业部发布《关于严防牛海绵状脑病传入我国的通知》（1990农〔检疫〕字第8号），该通知禁止英国牛及其产品进口。规定在英国未消灭牛海绵状脑病之前禁止从英国进口牛、牛精液及牛胚胎，已进口的牛精液和胚胎立即停止使用，并对从英国进口的牛、牛精液、牛胚胎及其后代进行BSE监测，发现疫情立即上报。

2001年3月，根据《中华人民共和国进出境动植物检疫法》等有关法律法规的规定，

438

农业部、国家出入境检验检疫局颁布《关于禁止从疯牛病国家或地区进口牛、牛胚胎、牛精液、牛肉类产品及其制品的规定》（联合公告第143号），禁止直接或间接从发生疯牛病国家或地区进口牛、牛胚胎、牛精液、牛肉类产品（包括牛内脏）及其制品、反刍动物源性饲料等。此外农业部、国家质检总局还连续颁布涉及进口牛、牛精液及牛胚胎的法令，如农业部农检疫发〔1996〕3号、农业部1997第17号令、国质检动函〔2002〕375号、国质检动函〔2001〕396号、国检发明电〔2000〕55号等。

（2）禁止从疯牛病报道国家进口肉骨粉和含有肉骨粉的动物性饲料。疯牛病风险国家肉骨粉和含有肉骨粉的动物性饲料是疯牛病传播的高风险物质。1996年，农业部发布《禁止从有疯牛病报道的国家进口肉骨粉和含肉骨粉的饲料》的禁令禁止进口肉骨粉和含肉骨粉的饲料。2001年，发布了《关于禁止从疯牛病和痒病疫区国家或地区进口动物性饲料产品的规定》（农业部公告144号）。此外，农业部、国家质检总局还连续颁布禁止进口疯牛病报道国家肉骨粉和含有肉骨粉的饲料，这些禁令有农业部1997第17号令、国检发明电〔2000〕55号、农牧发2000年21号、农业部、质检总局联合公告2001第143号、国质检动函〔2001〕396号等。

（3）严防痒病传入我国。痒病和疯牛病发生有密切联系。为防止由于输入痒病而导致疯牛病发生，我国政府在1996年颁布《关于严防痒病传入我国的通知》（农检疫发〔1996〕7号），1997年颁布《关于严防痒病传入我国的补充通知》（农检疫发〔1997〕1号），2000年颁布《关于禁止从奥地利共和国进口羊和牛及其产品的规定》（农业部令第30号），2000年颁布《关于禁止从希腊共和国进口偶蹄动物及其产品的规定》（农业部令第39号），2001年颁布《关于禁止从疯牛病和痒病疫区国家或地区进口动物性饲料产品的规定》（农业部公告第144号）等一系列法规和禁令。

（4）禁止从疯牛病国家和地区进口牛肉类产品及其制品。疯牛病风险国家的牛肉类产品及其制品具有潜在的风险，对公共卫生具有潜在风险。2001年农业部和质检总局联合发布第143号公告，发布《关于禁止从疯牛病国家或地区进口牛、牛胚胎、牛精液、牛肉类产品及其制品的规定》。

（5）禁止从疯牛病国家或地区进口反刍动物源性生物制品和用于制造生物制品的原材料。疯牛病国家或地区反刍动物源性生物制品和用于制造生物制品的原材料含有潜在的风险物质。为防止疯牛病通过进口反刍动物源性生物制品传入我国，切实保护我国畜牧业生产安全和人民身体健康，根据《兽药管理条例》的规定，农业部2001年发布《关于禁止从发生疯牛病的国家或地区进口反刍动物源性生物制品和用于制造生物制品的原材料的规定》，禁止直接或间接从发生疯牛病的国家或地区进口反刍动物源性生物制品和用于制造生物制品的原材料。

（6）禁止从疯牛病发生国家进口含牛羊源性成分化妆品和牛羊组织细胞的医疗器械。疯牛病国家的含牛羊源性成分化妆品和牛羊组织细胞的医疗器械是疯牛病潜在的传播介质。为防止由于此类风险产品而使疯牛病传入我国，保障我国人民身体健康和生命安全，根据《中华人民共和国进出境动植物检疫法》《中华人民共和国进出口商品检验法》和《化妆品卫生监督条例》的规定，卫生部、国家质检总局2002年第1号、2号和3号公告，禁止进口（包括采用携带、邮寄等方式进口）和销售含有发生疯牛病国家或地区牛、羊的脑及神经组织、内脏、胎盘和血液（含提取物）等两类含85种牛羊源性成分的化妆品。同时在2002年，国家药品监督管理局也发布了关于禁止从发生疯牛病的国家或地区进口和销售含有牛羊组织细胞的医疗器械产品的公告，禁止从发生疯牛病的国家或地区进口和销售任何含有牛羊组织细胞（如骨、皮肤、黏膜、牙齿、心膜、血清、胶原蛋白等）的医疗器械产品（国药监械〔2002〕112号）。

## 四、风险交流

风险交流是在风险分析期间，从利益相关各方或当事方收集与风险有关的信息和意见，并向进出口国家决策者或当事方通报风险评估结果或风险管理措施的过程。风险交流一方面是信息交流、意见沟通的手段，另一方面也是重要的风险管理措施。风险交流对于加强进出口国家之间的合作交流、解决贸易争端、促进动物及动物产品的国际贸易具有重要意义。

我国有关疯牛病风险认知开展了很多教育和培训活动，疯牛病的教育和认知是疯牛病风险管理的重要内容，也是风险交流的重要内容。从2001年开始，农业部先后组织了3期BSE防控与诊断技术培训班，对全国各省、自治区、直辖市兽医行政管理人员和技术人员进行BSE防控与诊断技术培训，培训500余人次。部分省市，如河北、宁夏等还对本省不同级别的兽医技术人员进行了相关培训，培训1 200余人次。卫生部门也开展了相关培训，培训内容包括BSE、痒病等发病机理、流行病学特征、诊断方法与技术、防控措施及世界范围内对BSE开展的风险分析等。宣传部门还通过各种媒介对有关国家疯牛病的发生、传染以及对人的潜在感染风险进行了大量的宣传和报道，以提高公众认知能力。

## 参考文献

Anderson R. M, Donnelly C. A, Ferguson N. M, et al. 1996. Transmission dynamics and epidemiology of BSE in British cattle [J]. Nature, 382: 779 – 788.

Heim D, Kihm U. 2003. Risk management of transmissible spongiform encephalopathies in Europe [J]. Rev. sci. tech. OFF. int. Epiz. , 22 (1): 179 – 199.

Mattews D. 2003. BSE: a global update [J]. Journal of Applied Microbiology, 94: 120 – 125.

European Commission Directorate – General for Agriculture. Prospects for agricultural markets 2004 – 2011 update for EU25, 2004. (URL: http: //europa. eu. int/comm /agriculture /publi/caprep/ prospects2004b/index_ en. htm accessed on February 23, 2005).

European Commission – SSC. The assessment of the geographical risk of bovine spongiform encephalopathy carried out worldwide by the European commission's scientific steering committee, 2002. (URL: http: //europa. eu. int/comm/food /fs/sc/ssc /out363 en. pdf. accessed on February 23, 2005).

Wells G. A. H, Scott A. C, Johnson C. T, et al. 1987. A novel progressive spongiform encephalopathy in cattle [J]. Vet. Rec. , 121: 419 – 420.

Prince M. J, Baily J. A, Barrowman P. R, et al. 2003. Bovine spongiform encephalopathy [J]. Rev. sci. tech. OFF. int. Epiz. , 22 (1): 37 – 60.

Ferguson N. M, Donnelly C. A. 2003. Assessment of the risk posed by bovine spongiform encephalopathy in cattle in Great Britain and the impact of potential changes to current control measures [J]. Proc. R. Soc. Lond. B, 529: 1 – 6.

Wilesmith J. W, Ryan J. B. M, Atkinson M. J. 1991. Bovine spongiform encephalopathy: epidemiological studies of the origin [J]. Vet. Rec, 128: 199 – 203.

Horn G. 2001. Review of the origin of BSE [J]. DEFRA, London, 66.

Bruce M. E, Will R. G, Ironside J. W, et al. 1997. Transmissions to mice indicate that "new variant" CJD is caused by the BSE agent [J]. Nature, 389 (6650): 498 – 501.

Wilesmith J. W, Wells G. A. H, Cranwell M. P, et al. 1988. Bovine spongiform encephalopathy: epidemiological studies [J]. Vet. Rec, 123: 638 – 644.

Bradley R. 2002. Bovine spongiform encephalopathy update [J]. Acta neurobiol. Exp. , 62: 183 – 195.

Dawson M, Wells G A. H, Parkker B. N. J, et al. 1990. Primary parenteral transmission of bovine spongiform encephalopathy to the pig [J]. Vet Rec, 127: 338.

Gibbs Jr. , Clarence F. 1996. Bovine spongiform encephalopathy: the BSE dilemma [M]. New York: Springer – Verlag, 28 – 44.

Zepeda C, Salman M, Ruppanner R. 2001. International trade, animal health and veterinary epidemiology: challenges and opportunities [J]. Preventive Veterinary Medicine, 48: 261 – 271.

WTO. Review of the operation and implementation of the agreement on the application of sanitary and

Phytosanitary issues, 1999. (http: //www. worldtradelaw. net/uragreements/ sps agr eemreement. pdf accessed on February 24, 2005).

European commission (EC). 2001. Commission Decision 2001/2/EC of 27 December 2000 transmissible spongiform encephalopathies (text with EFA relevance) (notified under document number C [2000] 4143). Off. J. Eur. Communities, L 006, 16 – 17.

European Commission (EC). 2001. Commission Decision2001/233/EC of 14 March 2001 amending Decision 2000/418/EC as regards mechanically recovered meat and bovine vertebral comumn (text with EFA relevance) (notified under document number C [2000] 705). Off. J. Eur. Communities, L 084, 59 – 61.

Stevenson M. A, Wilesmith J. W, Ryan J. B. M, et al. 2000. Temporal aspects of the bovine spongiform encephalopathy epidemic in Great Britain: individual animal – associated risk factors for the disease [J]. Vet. Rec. 147: 349 – 354.

European Commision (EC). 1994. Commission Decision94/381/EC of 27 June 1994 concerning certain protection measures with regard to bovine spongiform encephalopathy and the feeding of mammalian derived protein (text with EFA relevance). Off. J. Eur. Communities, L 172, 23 – 24.

Barlow R. W, Middleton D. J. 1990. Dietary transmission of bonice spongiform encephalopathy to mice [J]. Vet. Rec., 126: 111 – 112.

Hadow W. J, Race R. E, Kennedy R. C, et al. 1979. Natural infection of sheep with scrapie virus. In Slow transmissible diseases of the nervous system [M]. New York: Academic Press.

Hadlow W. J, Kennedy R. C, Race R. E, et al. 1980. Virologic and Neurohistologic findings in dairy goats affects with natural scrapie [J]. Vet. Pathol., 17: 187 – 199.

Hadlow W. J, Kennedy R. C, Race R. E. 1982. Natural infection of Suffolk sheep scrapie virus [J]. J. infect. Dis., 146: 657 – 664.

Race r, Jenny A, Sutton D. 1988. Scrapie infectivity and proteinase k – resistant prion protein in sheep placenta, brain, spleep and lymph node: implications of transmission and ante mortem diagnosis [J]. J. infect. Dis., 178: 949 – 953.

Groschup M. H, Weiland F, Straub O. C, et al. 1996. Detection of the scrapie agent in the peripheral nervous system of a diseased sheep [J]. Neurobiol. Dis., 3: 191 – 195.

Wells G. A. H, Dawson M, Hawkins S. A. C, et al. 1994. Infectivity in the ileum of cattle challenged orally with bovine spongiform encephalopathy [J]. Vet. Rec., 135: 40 – 41.

Wells G. A. H, Hawkins S. A. C, Green R. B, et al. 1998. Preminary observations on the pathogenesis of experimental bovine  spongiform encephalopathy (BSE): an undate [J]. Vet. Rec., 142: 103 – 106.

European Commission (EC). 1997. Commssion decision 97/534/EC of 30 July 1997 on the prohibition of the use of material presenting risks as regards transmissible spongiform encephalopathies (text with EFA relevance). Off. J. Eur. Communities, L 216, 95 – 98.

European Commission (EC). 2000. Council Decision 2000/766/EC of 4 december 2000 concerning certain protection measures with regard to transmissible spongiform encephalopathies and the feeding of anumal protein. Off. J. Eur. Communities, L 306, 32 – 33.

European Commission (EC). 2001. Commission Deciosion 2001/384/EC of 3 May 2001 amending Decision 2000/418/EC as regards imports from Brazil and Singapore (text with EFA r3elevance) (notified under document number C [2001] 1170). Off. J. U. Eur. Communities, L 137, 29.

Kimberlin R. H. Bovine spongiform encephalopathy. 1992. In transmissible spongiform encephalophaties of animals [J]. Rev. Sci. Tech. OFF. Int. Epiz, 11 (2): 347 – 390.

Anon. Department of environment, food and rural affairs. Bovine spongiform encephalopathy Information. Legislation, feed ban, British legislation, 2002. (www. defra. gov. uk/ animalh/ bse/ animal – health/ feedban – legislation. html. accessed on 29 November 2004).

Taylor D. M, Woodgate S. L. 2003. Rendering practices and inactivation of transmissible spongiform encephalopathy agents [J]. Rev. Sci. Tech . OFF. Int. Epiz. , 22 (1): 297 – 310.

Wilesmith J. W, Ryan J. B. M. 1997. Absence of BSE in the offspring of pedigree suckler cows affected by BSE in Great Britain [J]. Vet. Rec. , 141: 250 – 251.

Wilesmith J. M, Wells G. A, Ryan J. B, et al. 1997. A cohort study to examine maternally – associated risk factors for bovine spongiform encephalopathy [J]. Vet. Rec. , 141: 239 – 243.

Krenk P. 1991. An overview of rendering structure and procedures in the Eruopean Community [J]. Kluwer, Dordrecht, 161 – 167.

Taylor D M, Woodgate S. L. 1997. Bovine spongiform encephalopathy: the causal role of ruminant-derived protein in cattle diets [J]. Rev. sci. tec. Off. int. Epiz. , 16 (1): 187 – 198.

Taylor D. M, Woodgate S. L, Atkinson M. J. 1995. Inactivation of the bovine spongiform encephalopathy agent by rendering procedures [J]. Vet. Rec. , 137: 605 – 601.

European Commission (EC). 1996. Commssion Decision 96/499/EC of 18 July 1996 on the approval of alternative heat treatment systems for processing animal waste with a view to the inactivation of spongiform encephalopathy agents (text with EFA relevance). Off. J. Eur. Communities, L 184, 43 – 46.

Prusiner S B. 1997. Prion Diseases and the BSE Crisis [J]. Science, 278 (5336): 245 – 251.

Prince M J, Baily J A, Barrowman P R, et al. 2003. Bovine spongiform encephalopathy [J]. Rev. Sci. Tech. OFF. Int. Epiz, 22 (1): 37 – 60.